高等教育安全科学与工程类规划教材

安全系统工程

吴立荣 曹庆贵 主编

应急管理出版社

· 北 京 ·

内 容 提 要

本书从安全工程专业本科教学特点和安全系统工程课程的学习要求出发，系统、全面地介绍了安全系统工程的基本概念和分析方法，以及安全评价原理和评价方法，简明地介绍了安全预测、危险控制与安全系统工程新技术和新方法的研究思路。

本书包括三篇，第一篇是系统安全分析，主要内容包括安全系统工程的概念和内容、安全检查表、鱼刺图分析、事件树分析、事故树分析、因果分析、预先危险性分析、故障类型和影响分析、危险与可操作性研究及系统安全分析的其他方法。第二篇是系统安全评价，主要内容包括系统安全评价概述、安全评价的原理与指标体系、危险辨识与评价单元划分、定性与定量安全评价方法、国内外安全评价常用方法、安全对策措施、安全评价的工作程序与技术文件。第三篇是安全预测、危险控制与安全系统工程应用，主要内容包括安全预测与决策方法、危险控制技术，以及安全系统工程新技术、新方法研究应用。本书注重理论与实践结合，在基本概念和分析方法讲清的基础上，通过例题增强学习效果。每章均有学习目标和本章小结，并附有思考与练习题，方便教学。

本书主要作为高等学校安全工程专业学生教材，也可作为工程类其他专业的教学参考书，同时可供安全技术人员、安全管理人员学习参考。

编 委 会

主　　编　吴立荣　曹庆贵

副主编　陈　静　黄冬梅　俞　凯　陈海燕

编写人员（按姓氏笔画排序）

　　　　　王林林　刘业娇　周鲁洁　聂　文
　　　　　曹　青

前　　言

安全是当今世界普遍关注的重大课题，安全问题是我国现阶段面临的严重问题，已经成为构建和谐社会的主要障碍之一。安全科学是产业安全和社会安全的基础和保障，对社会的安定和国民经济的持续、健康发展具有重要的支持和保障作用；安全系统工程最能体现安全学科的综合属性，是安全工程专业的核心课程。

本书内容分为3篇：第1篇，系统安全分析；第2篇，系统安全评价；第3篇，安全预测、危险控制与安全系统工程应用。编写过程中，力求讲清方法思路、注意体系上的完整性和条理性，从安全系统工程的基本理论方法和应用实践2个方面充实和完善内容；在选材上力求新颖，尽量吸收国内外最新科研成果，部分内容取材于编者近年来的研究成果和现场的安全工作实践；在内容安排上，充分考虑教学特点和满足教学需要，既简明扼要地讲清基本理论方法，又提供详细、实用的应用案例，供学生研读、体会，每章均附有思考与练习题，供学生思考和练习。

由本书主要作者编写，2010年经煤炭工业出版社出版的《安全系统工程》，作为山东科技大学、内蒙古科技大学等高校安全工程专业"安全系统工程"课程的教材，已经应用多年，亟须重新编写出版。此次重新编写出版，结合了近年来的教学工作实践，以及国家安全工作的发展进步，在体系上做了进一步的完善，在内容上做了大量的补充、修订工作。本书第2篇和第3篇的部分内容还曾作为山东科技大学安全工程专业"安全评价与预测"课程的教材，在多个年级应用。

本书由吴立荣、曹庆贵主编。各章的编写分工如下：第1、第3、第6、第14、第15章——吴立荣、曹庆贵；第2、第7、第9、第13章——陈静；第4、第8、第16章——黄冬梅；第5、第20章——刘业娇；第10章——陈海燕；第11、第12章——俞凯；第17章——吴立荣、聂文；第18章——周鲁洁；第19章——王林林、曹青。在本书的编写过程中，参阅了众多专家和学者的论著。借出版之际，向上述同人及论著的作者致以

1

衷心的感谢！

　　由于编者水平所限，书中疏漏和错误在所难免，敬请读者多加指正。

编　者

2023 年 12 月

目　　次

第2篇　系统安全评价

第3篇　安全预测、危险控制与安全系统工程应用

0 绪 论

0.1 人类面临的新课题

人类物质文明的提高、科学技术的高速发展、生产规模的日益扩大和生产过程的日益复杂化，在给人们带来便捷、舒适、富足的物质享受和良好的精神享受的同时，也带来了其相反的效应。例如，2022 年 9 月 18 日凌晨，黔南州三都至荔波高速三都段发生一起客车侧翻事故，造成 27 人死亡。2009 年 5 月 17 日 16 时 24 分，湖南省株洲市红旗路高架桥轰然倒塌，几十辆汽车瞬间被埋，造成 9 死 16 伤。2000 年 12 月 25 日晚，河南省洛阳市东都商厦发生特大火灾事故，导致 309 人死亡。2005 年 2 月 14 日，辽宁省孙家湾煤矿海州立井发生特别重大瓦斯爆炸事故，造成 214 人死亡，30 人受伤。美国分别在 1986 年和 2003 年发生航天飞机爆炸事故，都造成航天飞机上的全部 7 位宇航员丧生。1986 年 4 月 26 日，苏联的切尔诺贝利核电站爆炸，造成几十人死亡，且核辐射影响到瑞典、芬兰、丹麦等国家。

在现代社会每年的生产和生活过程中，全世界约有 400 万人死于意外事故，同时约有 1500 万人受到失能伤害。经过多年的努力，虽然我国的安全工作取得了长足的进步，但 2022 年上半年全国共发生各类生产安全事故 11076 起，死亡 8870 人，安全形势仍然不容乐观。因此，为了人类社会的发展和进步，为了追求健康、美好的生活，安全已成为当今世界上普遍关注的一个重大课题；况且，人类社会越向前发展，人们对安全的重视程度就越高。

0.2 安全及安全系统工程

经过几十年的发展，安全已经成为一门独立的学科，安全科学已经初步形成了自身的学科体系。

安全系统工程是安全学科体系中的重要课程。安全系统工程是以系统工程理论为基础，以系统工程、可靠性工程方法和风险分析与风险控制方法为手段，以安全学原理为指导，辨识系统存在的危险因素，分析和评价系统的安全状况，调整系统的相关因素，降低系统风险，以预防和减少事故发生为目的的科学理论和方法。因此，它既属于安全工程学科体系中的重要一员，又可以看作是系统工程的一个重要分支。

安全系统工程属于安全工程的方法论范畴。

0.3 安全系统工程的产生与发展

安全系统工程是最近几十年发展起来的一门新的工程技术学科，是为了满足军事工业和尖端技术的需要而产生的。安全系统工程的产生与发展可以从如下几个方面加以概括。

1. 可靠性和系统工程技术的发展

早在 1940 年第二次世界大战期间，德国试验 V - 1 型导弹时，发射 11 次就失败了 10 次，事故率高达 0.9。于是，请来数学家进行可靠性研究，对火箭装置系统的可靠性加以改进，将 V - 2 型导弹的事故率降低到 0.25。这种计算和改进系统安全可靠性的做法，对于安全系统工程的发展具有重要意义。

第二次世界大战期间，美国实行"曼哈顿"计划，动员了 15000 余人参加研制原子弹，全面使用系统工程方法，取得了良好的效果。

1961 年，美国开始实施"阿波罗"登月计划，参加工程的有 200 多所大学、80 多家科研机构和 2 万家企业，总人数超过 30 万人参加。以系统工程的方法为指导，经过不到 10 年的努力，终于在 1969 年 7 月 20 日，用"阿波罗 11 号"飞船把尼尔·阿姆斯特朗等 3 名宇航员送上月球。系统工程技术的成功应用，为安全系统工程的产生和发展奠定了坚实的基础。

2. 系统安全分析技术的发展

1957 年，苏联发射了第一颗人造地球卫星，在全世界引起了很大的反响。这一时期，美国为了摆脱被动局面，匆忙地进行导弹技术的开发，采取了规划、设计、研制和试验同时并进的开发方案。由于对系统的安全性缺乏严格的分析处理，以致在一年半的时间里，接连发生 4 次重大事故。这一惨痛教训，迫使美国空军以系统工程的基本原理和管理方法来研究导弹系统的安全性和可靠性。

1961 年，美国贝尔电话研究所在系统安全的基础上，创造了事故树分析法，促成了美国民兵式导弹的研制。

英国较早开展了核电站安全研究，到 20 世纪 60 年代中期就已建成了系统可靠性服务所和可靠性数据库，成功开发了概率风险评价技术，从而以概率来计算核电站系统风险大小，以及是否可以接受。

1972 年，美国三里岛核电站发生泄漏事故，引起了公众的恐慌和指责。为此，美国组织了以麻省理工学院拉斯姆逊教授为首的 14 名专家，用了两年多的时间，耗资 300 万美元，对核电站的危险性进行研究和评价。1974 年，美国原子能委员会发表了拉斯姆逊的《核电站风险评价报告》（被称为拉斯姆逊报告）。该报告收集了核电站各部位历年发生的事故，计算事故发生概率；报告中大量地采用了事故树分析法和事件树分析法，对核电站的危险性进行了定量评价。该报告对世界各国影响很大，促进了系统安全分析技术的发展。应用该技术，可以科学地预测事故危险，为安全管理工作从传统的经验管理向科学管理转化奠定了重要基础。

3. 系统安全程序的发展

随着系统安全技术的全面发展，美国军方提出了系统安全程序，对国防装备系统和工程系统的各个阶段，如设计、研究、开发、试验、生产、维修等阶段提出了安全要求，以便早期查明、消除或控制危险。

1962 年，美国军方首次公开发表了《空军弹道导弹安全系统工程大纲》说明书，同年 9 月制定了《武器系统安全标准》；1963 年又提出了"系统安全程序"，到 1967 年 7 月由美国国防部确认，将其升格为美军标准；之后又经两次修订，成为现在的《系统安全程序要求》（MIL - STD - 882B）。它以标准的形式规范了美国军事系统的工程项目在招标以及研发过程中对安全性的要求和管理程序、管理方法、管理目标，成为美国军事装备合同的必要条件，同时也是产业界安全系统工程的重要依据。

4. 安全系统工程向民用工业发展

安全系统工程在军事系统应用的同时，也在向民用工业发展。美国道化学公司于1964年发表了化工厂"火灾爆炸指数评价法"（俗称道氏法）。该法经过多年的使用，修订了6次，到了第7版，并出版了教科书。该法是基于物质的理化特性确定的，以物质系数为基础，综合考虑一般工艺过程和特殊工艺过程的危险特性，计算系统火灾爆炸指数，评价系统损失大小，并据此考虑安全措施，修正系统风险指数。之后，英国帝国化学公司在此基础上开发了蒙德评价法。20世纪70年代日本劳动省发表了定性评价与定量评价相结合的《化工厂安全评价指南》，亦称"化工企业六阶段安全评价法"，其规定了系统生命周期每个阶段用哪种评价方法、如何进行评价等，并作为正式标准要求化工行业执行，对其他行业也有很大的影响。

5. 安全系统工程在我国的应用与发展

我国于20世纪70年代末80年代初引进安全系统工程，其研究、开发和应用也是从这一时期开始的。天津东方化工厂应用安全系统工程成功地解决了高危险企业的安全生产问题，为我国各个领域学习、应用安全系统工程起了带头作用。其后，各类企业借鉴引用国外的系统安全分析方法，对现有系统进行分析；安全工作者采用事故树分析等方法，对工伤事故开展系统安全分析，寻求科学、合理的事故防范措施。到20世纪80年代中后期，人们研究的重心逐渐转移到系统安全评价的理论和方法，开发了多种系统安全评价方法，特别是企业安全评价方法，重点解决了对企业危险程度的评价和企业安全管理水平的评价。目前，各类企业及各级各类应急管理部门，都在事故预防工作中（如安全检查、设计审查、投产验收、事故调查等）广泛应用安全系统工程方法，如安全检查表、事故树分析、统计图表分析法等。

需要特别指出的是，作为解决安全问题的主要手段之一，安全评价的研究和应用受到广泛的关注；2002年以来，随着《中华人民共和国安全生产法》的颁布实施，安全评价已步入法治化、常态化、职业化轨道，促进和保障了我国安全生产工作的发展和进步。

0.4 安全系统工程的性质

综上所述，安全系统工程是安全学科体系中的重要组成部分，属于其技术科学层次的学科分支。安全系统工程既具有较为完善的理论体系，又为安全工程的其他分支学科提供科学方法，在安全工程体系中具有方法论的性质。

安全系统工程是安全工程专业的专业基础课，也是其他工程类专业学习、掌握安全思路和安全方法的基础课程。

通过安全系统工程课程的学习，应该掌握安全系统工程的基本概念和基本方法，学会辨识系统危险因素，分析和评价系统安全性，有针对性地提出控制系统风险、消除事故隐患的技术措施和方法；掌握安全评价的原理和基本方法，能够根据被评价系统的具体情况，选用或设计合理、有效的安全评价方法体系。安全系统工程课程中，还将注重培养学生分析、解决复杂安全问题的能力，为今后的安全技术或安全管理工作打下坚实基础，也为后续课程的学习建立基础。

第 1 篇

系统安全分析

1 安全系统工程的概念和内容

📝 **本章学习目标：**

（1）熟悉安全系统工程的基本概念。

（2）熟悉安全系统工程的研究对象、研究内容及应用特点。

（3）概括性了解系统安全分析的概念及常用方法。

安全系统工程，是以安全学和系统科学为理论基础，以安全工程、系统工程、可靠性工程等为手段，对系统风险进行分析、评价、控制，以期实现系统及其全过程安全目标的科学技术。

安全系统工程是现代科技发展的必然产物，是安全科学学科的重要分支。

1.1 安全系统工程的基本概念

安全系统工程是一门涉及自然科学和社会科学的横断学科。学习安全系统工程，除掌握其本身的定义之外，还需弄清相关学科的有关概念。

1.1.1 系统和系统工程

1.1.1.1 系统

系统是系统工程的研究对象。系统的概念是在长期的社会实践中不断发展并逐渐形成的。一般系统论的创始人贝塔朗菲指出，系统的定义可以确定为处于一定的相互关系中，并与环境发生关系的各组成部分的总体。其他科学家也对系统的定义进行了论述。其中比较简洁、明确的系统定义是：系统是由相互作用和相互依赖的若干组成部分结合成的、具有特定功能的有机整体。换言之，系统是由两个或两个以上元素组成的集合。

为研究、分析方便，可以将系统划分为多种类型：自然系统与人造系统，封闭系统与开放系统，静态系统与动态系统，实体系统与概念系统，宏观系统与微观系统，软件系统与硬件系统，等等。

不管系统如何划分，凡是能称其为系统的，都具有如下特性。

1. 整体性

系统是由两个或两个以上相互区别的要素（元件或子系统）组成的整体。

构成系统的各要素虽然具有不同的性能，但它们通过综合、统一（而不是简单拼凑）形成的整体就具备了新的特定功能。也就是说，系统作为一个整体才能发挥其应有功能，所以系统的观点是一种整体的观点、一种综合的思想方法。

2. 相关性

构成系统的各要素之间、要素与子系统之间、系统与环境之间都存在着相互联系、相互依赖、相互作用的特殊关系，通过这些关系，使系统有机地联系在一起，发挥其特定功能。

3. 目的性

任何系统都是为完成某种任务或实现某种目的而发挥其特定功能的。要达到系统的既定目的，就必须赋予系统规定的功能，这就需要在系统的整个生命周期，即系统的规划、设计、试验、制造和使用等阶段，对系统采取最优规划、最优设计、最优控制、最优管理等优化措施。

4. 有序性

系统的有序性主要表现在系统空间结构的层次性和系统发展的时间顺序性上。

系统可分成若干子系统和更小的子系统，而该系统又是其所属系统的子系统。这种系统的分割形式体现了系统空间结构的层次性；另外，系统的生命过程也是有序的，它总是要经历孕育、诞生、发展、成熟、衰老、消亡的过程，这一过程体现了系统发展的有序性。系统的分析、评价、管理都应考虑系统的有序性。

根据系统所含元素（子系统）多少、系统的结构复杂程度等，人们又将系统分为简单系统和复杂系统。

5. 环境适应性

系统是由许多特定部分组成的有机集合体，而这个集合体以外的部分就是系统的环境。一方面，系统从环境中获取必要的物质、能量和信息，经过系统的加工、处理和转化，产生新的物质、能量和信息，然后再提供给环境。另一方面，环境也会对系统产生干扰或限制。环境特性的变化往往能够引起系统特性的变化，系统要实现预定的目标或功能，必须能够适应外部环境的变化。研究系统时，必须重视环境对系统的影响。

系统论将世界视为系统与系统的集合，认为世界的复杂性在于系统的复杂性，研究世界的任何部分，就是研究相应的系统与环境的关系。系统论将研究和处理对象作为一个系统即整体来对待，其主要任务是调整系统结构、协调各要素关系，使系统达到优化的目的。系统论的基本思想、基本理论及特点，反映了现代科学整体化和综合化的发展趋势，为解决现代社会中政治、经济、科学、文化和军事等各种复杂问题提供了方法论基础。

1.1.1.2 系统工程

系统工程是为达到系统目标而对系统的构成要素、组织结构、信息流动和控制机构等进行分析与设计的技术。即系统工程是以系统为研究对象，以达到总体最优化为研究目标的综合性管理工程技术。或者说系统工程是组织管理系统的规划、设计、制造、试验和使用的科学方法，是一种对所有系统都具有普遍意义的科学方法。

上述定义表示：①系统工程属工程技术范畴，主要是组织管理各类工程的方法论，即组织管理工程；②系统工程是解决系统整体及其全过程优化问题的工程技术；③系统工程对所有系统都具有普遍适用性。

系统工程是20世纪50年代发展起来的一门新兴学科，是半个多世纪以来发展很快、应用很广的一门学科，它的广泛应用为管理科学的发展，为各行各业、各个领域的管理现代化提供了基本理论和方法。

系统工程的主要特点有：①整体性，也称系统性，即从系统整体考虑、解决问题；②关联性，也称协调性，即要认真协调各个部分（子系统）的关系；③综合性，即从系统的总目标出发，综合开展工作；④满意性，即追求系统总体性能的最优化（如果达不到，则追求满意效果）是系统工程的最终目的。

1.1.1.3　可靠性、可靠度与可靠性工程

可靠性是指系统在规定的条件下和规定的时间内完成规定功能的能力。这里指的规定的条件都是设计规定的，规定的功能也是设计赋予的。

可靠度是衡量系统可靠性的标准，它是指系统在规定的时间内完成规定功能的概率。相反，系统在规定的条件下和规定的时间内不能完成规定功能的概率就是系统的不可靠度。

可靠性工程则是研究系统可靠性的工程技术。可靠性工程要解决的是如何提高系统可靠度，使系统在其寿命周期内正常运行，圆满完成其规定功能的问题。

就系统规定功能而言，系统整体功能除了应具备加工产品、提供服务等功能外，还必须有保障人员、设备、财产、环境不受损害的安全功能。

系统可靠性与系统安全性是两个既有区别又有联系的功能，与它们相对应的也是相应的分支学科或分支系统。

1.1.2　安全与系统安全

1.1.2.1　安全

安全一词是人们经过抽象思维确定的一个概念或理念。人们对安全的认识存在一个逐步深入的过程，即从绝对安全到目前为大多数人所接受的相对安全。绝对安全观认为，安全指没有危险、不受威胁、不出事故，即消除能导致人员伤害、发生疾病、死亡或造成设备、财产破坏、损失，以及危害环境的条件。例如，劳伦斯（Lawrence W. W.）认为，安全是免于能引起人员伤亡或财产损失的条件。由于事故的发生有一定的概率，从而不能忽视在概率论中所谓"没有零概率现象"的理论。因此，从严格意义上讲，绝对安全的说法是不严密的，现实社会中并不存在绝对安全。

为了研究的方便，许多学者提出了相对安全的观点。相对安全观认为，安全是在具有一定危险性条件下的状态，安全并非绝对无事故。例如，在《英汉安全专业术语词典》中将安全定义为，安全意味着可以容许的风险程度，比较地无受损害之忧和损害概率低的通用术语。有的学者指出，安全是指在生产活动中，能将人员或财产损失控制在可接受水平的状态；换言之，安全即意味着人员或财产遭受损害的可能性是可以接受的，若这种可能性超过了可接受水平的状态，即为不安全。国家经济贸易委员会发布的《职业安全健康管理体系审核规范》（GB/T 28001—2001）、国家市场监督管理总局国家标准化管理委员会发布的《职业健康安全管理体系要求及使用指南》（GB/T 45001—2020）对安全的定义，均属于相对安全。前者是：免除了不可接受的损害风险的状态。后者是：免遭不可接受的损害的风险的状态。从这些定义可以看出，人们对某一类的损害有一个认识标准，低于此标准，就认为是安全的。

在企业生产中，任何生产系统都是由人、机、环三个子系统构成的，只有保障子系统不被损害，才能保障生产系统正常运行，这种不被损害只能被控制在力所能及的范围之内。故从人、机、环三者构成的生产系统全面地描述安全的概念是：安全是在人类生产过程中，将系统的运行状态对人类的生命、财产、环境可能产生的损害控制在人类能接受水平以下的状态，即把风险率控制在人们能接受水平以下的状态。

用发展的观点讨论安全，那么安全的接受水平是与社会的发展、技术的进步、人类整体知识素质水平的提高、经济的强弱密切相关的；不同社会发展时期，不同行业，其接受

水平是不同的；对于同一行业，不同国家也有不同的接受水平，安全必须与当前的国家整体发展水平相适应。

从以上讨论可以看出，安全不只是一种目的，也是一种手段。广义上讲，安全就是预知人类活动各个领域里存在的固有或潜在的危险，并为消除这些危险所采取的各种方法、手段和行动的总称。

1.1.2.2　安全性

安全性指确保安全的程度，是衡量系统安全程度的客观量。与安全性对立的概念是描述系统危险程度的指标——风险率（又叫危险度）。假定系统的安全性为 S，危险度为 R，则有

$$S = 1 - R \qquad\qquad (1-1)$$

显然，R 越小，S 越大；反之亦然。若在一定程度上消减了危险因素，就等于创造了安全条件。

与安全性联系密切的术语是可靠性，在实际应用中存在着将可靠性与安全性混用的现象，有的学者甚至认为，安全是可靠性的全部特性中的一个单元特性。因此，有必要明确两者之间的差别。可靠性是指系统或元件在规定条件下、规定时间内，完成规定功能的能力；而安全性则是指系统的安全程度。可靠性与安全性有共通之处，从某种程度上讲，可靠性高的系统，其安全性通常也较高。许多事故之所以发生，就是由于系统可靠性较低所致。但是可靠性不同于安全性，可靠性要求的是系统完成规定的功能，只要系统能够完成规定功能，就是可靠的，不管是否带来安全问题；安全性则要求识别系统的危险所在，并将其排除。此外，故障的发生不一定导致损失，而且也存在这样的情形——当系统所有元件均正常工作时，也可能伴有事故发生。例如，在防护不严的情况下，即使系统所有元件均处于正常工作状态，但由于人的操作失误，也有可能发生事故。

1.1.2.3　安全系统

安全问题是一个复杂的系统工程问题，解决安全问题应该采用系统工程的理论和方法。但对于"安全系统"，人们的认知还比较模糊，下面对这一概念作细致分析。

以往学者给出的定义是：安全系统是以人为中心，由安全工程、卫生技术工程、安全管理、人机工程等几部分组成，以消除伤害、疾病、损失来实现安全生产为目的的有机整体，它是生产系统的一个重要组成部分。此定义是具体针对生产系统的安全给出的，是"特指"的。本书给出"泛指"的定义如下：安全系统是以"安全"为原则和目标组成的系统，其元素是为保证安全而存在的；并在保障安全的前提下，实现系统的其他目标。

下面再具体用企业安全系统作进一步讨论。

连续化生产、超长生产流程、超大能量和超常生产条件（高温、高压、剧毒、强腐蚀……）等是现代化生产越来越突出的特点，这些特点要求企业的生产必须处于强有力的"安全"保障之下。在整个企业中，"安全系统"和"生产系统"是互相作用、互相制约的，可以看作它们处于平等的位置，也有人认为"安全系统"是"生产系统"的子系统。编者认为，"安全系统"是企业生产中不可缺少和不可削弱的构成部分，是企业正常运转的基本保证；况且，在企业生产过程中，"安全系统"和"生产系统"经常是互相交叉、密不可分的。所以，"安全系统"和"生产系统"处于同等的位置，两者同属于"企业系统"的子系统。

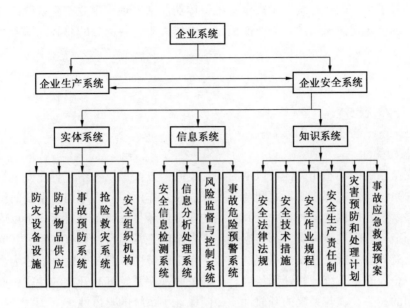

图1-1 企业安全系统构成

企业安全系统是由多种要素按特定的组织形式构成的，以实现企业安全保障功能为目的的统一整体。如上所述，企业安全系统是企业大系统中的子系统；同时，它本身也是一个复杂系统，由多个子系统组成。具体地说，企业安全系统由实体系统、信息系统和知识系统3个子系统组成，如图1-1所示。

图1-1中，明确给出了企业安全系统的构成及其在企业系统中的定位。其中，安全系统的3个子系统的概念如下。

实体系统：指由物质实体要素或组织体制要素构成的，保障企业安全生产的有形系统，其包括防灾设备设施、防护物品供应等硬件系统，以及事故预防系统、抢险救灾系统和安全组织机构等体制系统。

信息系统：指以信息为基础的、对企业安全生产起监督保障作用的软、硬件系统，其包括安全信息检测系统、信息分析处理系统、风险监督与控制系统和事故危险预警系统等。

知识系统：指以概念、原理、原则、方法、制度、程序等知识体系为构成要素的、对企业安全生产起保障促进作用的软件系统，其包括安全法律法规、安全技术措施、安全作业规程、安全生产责任制、灾害预防和处理计划，以及事故应急救援预案等。

企业安全系统的有效运作是一个复杂的系统工程课题，需要方法论的指导。用系统论的观点对企业安全系统进行分析，其主要特征表现为整体性、动态相关性、预决性和层次性。

1. 整体性

企业安全系统的整体性表现为系统是由众多具有独立功能的单元（或子系统）和要素构成的有机集合体，这些子系统和要素按照逻辑统一性的要求，共存于企业安全系统之中。安全系统的任何一个要素和子系统都不能脱离整体，以便以整体目标——系统的最大安全性——为基准，对其实行高度集中的统一协调，使局部利益服从全局利益，各要素密切配合，将各子系统的运行统一于安全系统整体功能来实现。企业安全系统的整体性特征可用系统论的著名定律来描述：就效能而言，整体大于它各部分的总和。即若系统由 n 个部分组成，则

$$A > \sum_{i=1}^{n} a_i \qquad\qquad (1-2)$$

式中　A——系统整体；

　　　a_i——系统的第 i 个组成部分。

2. 动态相关性

企业安全系统的动态相关性可以从时间和空间两方面加以考察。企业安全系统作为具有整体性的系统，其内部诸要素之间相互关联、相互作用，共同地构筑系统的整体。系统要通过各要素相互协调地运转去完成其特定的安全保障目标，每个要素均不可或缺，其中任何一个环节出现问题或失误，都会影响整个系统的正常运行；只有各要素共同正常发挥作用，才能有效地实现企业安全系统的功能。在空间域内，其相关性可表述为内部相关和外部相关。企业安全系统与其外部环境之间的关联，使系统具有开放的性质；而系统内部诸要素之间的相关性，与系统的开放性质一同保证了系统的整体性。

企业安全系统的相关性不是静态的，而是与时间有关的，且其动态性与相关性有密切联系。相关性强调的是各要素之间空间的分布，而动态性则强调时间上的变化。一方面，系统内部的结构，其分布位置不是固定不变，而是随时间变化的；另一方面，系统的开放性、关联性强调系统同外界存在物质、能量、信息的关联、交换，动态性则强调物质、能量、信息的存在状态随时间而变化。它们在系统中可以表现为相对的稳定，但稳定绝不是静态，稳态是含有动态的一种运动状态，是非稳态的特殊形式。作为一个开放的系统，企业安全系统每时每刻都处于物质、能量、信息的交换、流动之中。

3. 预决性

系统的预决性，或称为系统的目的性，是企业安全系统的另一个重要特征。即在企业安全系统中客观存在着这样的特点：系统的发展方向，不但取决于实际的状态（偶然性），而且还取决于一种对未来的预测（必然性），两者的统一便是所谓的预决性。

贝塔朗非认为，从广义上讲，一般系统论中的预决性就是目的性；从狭义上讲，目的性可以仅限于系统要达到的那种"最后状态"。

4. 层次性

企业安全系统作为一个相互作用的整体，有一定的层次结构，即所谓的层次性。如系统结构图（图1-1），整个系统可以分解成若干子系统，而子系统又可以分解为若干更小的子系统。同时，企业安全系统本身又属于一个更大的系统，并且是它的有机组成部分。

1.1.2.4 系统安全

在企业生产过程中，或者说在任何一个系统的运行过程中，导致事故发生的因素是很多的。因此，必须从系统的观点出发，运用系统分析的方法去分析、评价，以及消除系统中的危险，即消除事故的根源，才能实现系统的安全。

所谓系统安全，是指在保证系统的功能、最短时间、最经济成本，以及其他条件限制下，在系统寿命周期的各个阶段均可达到的最佳安全程度。换言之，系统安全是一个系统的最佳安全状态。

应用系统安全的思想方法指导安全生产，是从全局的观点和事物内部相互联系的观点来开展安全活动；而安全系统工程，则是系统安全思想在安全生产科学技术中的实践。因此，系统安全所达到的目标，就是安全系统工程的目标。对于一个给定的系统，系统安全所应达到的安全目标是要建立这样一种状态：使系统中的每个人在系统的危险性均已被识别，并被控制在一个可以接受的水平的环境中生活和工作。

例如，1974年美国原子能委员会发表的《核电站风险评价报告》，就是应用安全系统工程中系统安全分析的方法，定量地对核电站可能带来的风险进行分析、论证，明确给出系统的危险程度，令人信服地得出了核电站是安全的结论。

1.1.3 安全系统工程

1.1.3.1 安全系统工程的定义

通俗地讲，采用系统工程解决系统安全问题，就是安全系统工程。其定义如下：安全系统工程是采用系统工程的基本原理和方法，预先识别、分析系统存在的危险因素，评价并控制系统风险，使系统发生事故的可能性降低到最低限度，从而使系统达到最佳安全状态的一门综合性技术科学。

对这个定义，可以从以下几个方面理解：

（1）安全系统工程是使系统安全性达到预期目标的一整套管理程序和方法体系。

（2）安全系统工程的理论基础是安全科学和系统科学。它是工矿企业劳动安全卫生领域的系统工程。

（3）安全系统工程追求的是整个系统的安全和系统全过程的安全。

（4）安全系统工程的重点是系统危险因素的识别、分析，系统风险评价和系统安全决策与事故控制。

（5）安全系统工程要达到的预期安全目标是系统风险控制在人们能够容忍的限度以内，并力求达到最佳安全状态。也就是在现有经济技术条件下，最经济、最有效地控制事故，使系统风险降低到安全指标以下，并尽可能降至最低。

1.1.3.2 安全系统工程的任务

为了实现系统安全的目标，安全系统工程涉及安全技术和安全管理两方面的问题。

安全系统工程的任务可概括为如下几点：

（1）事故危险辨识，包括危险源和事故隐患、人为失误的辨识。

（2）分析、预测危险由触发因素作用而引发事故的类型和后果。

（3）评价系统的危险状况（安全状况）。

（4）设计和选用安全措施方案，进行安全决策。

（5）实施安全措施和对策，对实施效果作出评价。

（6）不断改进，获得安全措施的最佳效果，使系统达到最佳安全状态。

1.2 安全系统工程的内容和特点

1.2.1 安全系统工程的研究对象

安全系统工程有其本身的研究对象。任何一个生产系统都包括3个部分，即从事生产活动的操作人员和管理人员，生产必需的机器设备、厂房等物质条件，以及生产活动所处的环境。这3个部分构成一个"人—机—环"系统，每一部分就是该系统的一个子系统，称为人子系统、机器子系统和环境子系统。安全系统工程的研究对象就是这种"人—机—环"系统。

1. 人子系统

人子系统的安全与否涉及人的生理和心理因素，以及规章制度、规程标准、管理手段、方法等是否适合人的特性，是否易于被人们所接受的问题。研究人子系统时，不仅要把人当作"生物人"，更要看作"社会人"，必须从社会学、人类学、心理学、行为科学的角度分析问题、解决问题；不仅要把人子系统看作系统固定不变的组成部分，更要看到人有自尊自爱、有感情、有思想、有主观能动性的特性。

2. 机器子系统

对于机器子系统，不仅要从工件的形状、大小、材料、强度、工艺、设备的可靠性等方面考虑其安全性，而且要考虑仪表、操作部件等对人提出的要求，以及从人体测量学、生理学、心理与生理过程有关参数对仪表和操作部件的设计所提出的要求。

3. 环境子系统

对于环境子系统，主要应考虑环境的理化因素和社会因素。理化因素主要有噪声、振动、粉尘、有毒气体、射线、光、温度、湿度、压力、热、化学有害物质等，社会因素包括管理制度、工时定额、班组结构、人际关系等。

上述3个子系统相互影响、相互作用的结果，就会使系统总体安全性处于某种状态。也就是说，这3个相互联系、相互制约、相互影响的子系统构成了一个"人—机—环"系统的有机整体。分析、评价、控制"人—机—环"系统的安全性，只有从这3个子系统内部及子系统之间的这些关系出发，才能真正解决系统的安全问题，从而实现安全系统工程的目标。

1.2.2 安全系统工程的研究内容

安全系统工程是专门研究如何用系统工程的原理和方法实现系统安全功能的科学技术。其主要技术手段有系统安全分析、系统安全评价、安全决策与事故控制。

1. 系统安全分析

要提高系统的安全性，使其不发生或少发生事故，就需要预先发现系统可能存在的危险因素，明确其对系统安全性影响的程度，并针对系统存在的主要危险，采取有效安全防护措施，改善系统安全状况。也就是说，无论在系统生命周期的哪个阶段，都要提前进行系统的安全分析，发现并掌握系统的危险因素。这就是系统安全分析要解决的问题。

系统安全分析是使用系统工程的原理和方法对系统存在的危险因素进行定性、定量分析的一系列技术方法的总称，如安全检查表和事故树分析等。

2. 系统安全评价

系统安全评价是通过分析和掌握系统存在的危险因素，采用定性评价或定量评价方法，明确系统的实际危险性大小，并采取措施消除或控制危险的一系列方法。

安全评价是安全系统工程的重要组成部分，也是近年来发展最快、应用最为广泛的一个领域。

3. 安全决策与事故控制——安全措施

任何一项系统安全分析技术或系统安全评价技术，如果没有一种强有力的管理手段和方法，也不会发挥其应有的作用。因此，在出现系统安全分析和系统安全评价技术的同时，也出现了系统安全决策以及与之相关的安全措施，其最大的特点是从系统的完整性、相关性、有序性出发，对系统实施全面、全过程的安全管理，实现对系统的安全目标控制。

安全措施是消除和控制危险的技术手段。安全措施主要有两个方面：一是预防事故发生的措施，即在事故发生之前采取适当的安全措施，排除危险因素，避免事故发生；二是控制事故扩大的措施，即在事故后采取补救措施，避免事故扩大，将事故损失降到最低。

安全系统工程主要从方法论的层面介绍安全科学技术方法，一般不对安全措施做具体、深入的探讨；这方面的技术措施主要在相关的安全技术课程中讲述，如防火防爆、电气安全、矿山通风与安全等。

上面介绍的 3 方面内容，是目前安全系统工程课程中讲述的主要研究内容，也可以说是安全系统工程的狭义内容；从广义上讲，安全系统工程包括事故理论、事故危险性辨识、事故危险性评价和事故危险控制技术 4 大部分，如图 1-2 所示。

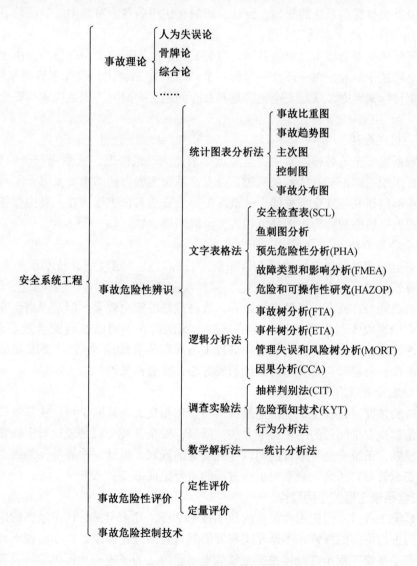

图 1-2　安全系统工程的内容

其中，事故危险性辨识采用系统安全分析方法，事故危险性评价采用系统安全评价方法，事故危险控制技术则包括安全措施、危险控制方法和安全防灾技术等；事故理论是安全系统工程的基础。

1.2.3 安全系统工程的方法论

安全系统工程的方法是依据安全学理论，在总结过去经验型安全方法的基础上日渐丰富和成熟的。概括起来可以归纳为以下5个方面。

1. 从系统整体出发的研究方法

安全系统工程的研究方法必须从系统的整体性观点出发，从系统的整体考虑解决安全问题的方法、过程和要达到的目标。例如，对每个子系统安全性的要求，要与实现整个系统的安全功能的要求相符合。在系统研究过程中，子系统和系统之间的矛盾，以及子系统与子系统之间的矛盾，都要采用系统优化方法寻求各方面均可接受的满意解；同时，要把系统优化的思想贯穿到系统的规划、设计、研制和使用的各个阶段中。

2. 本质安全方法（本质安全化）

本质安全化是安全技术追求的目标，也是安全系统工程方法中的核心。由于安全系统工程把安全问题中的人—机—环统一作为一个"系统"来考虑，因此不管是从研究内容，还是从系统目标来考虑，本质安全化都是其核心问题，要研究实现系统本质安全的方法和途径。

3. 人—机匹配法

在影响系统安全的各种因素中，至关重要的是人—机匹配。从系统安全的目标出发，采用人—机匹配的理论和方法解决问题，是安全系统工程方法的重要支撑点。对于这一方面，在产业部门研究与安全有关的人—机匹配称为安全人机工程，在人类生存领域研究与安全有关的人—机匹配称为生态环境和人文环境问题。

4. 安全经济方法

由于安全的相对性，安全的投入与安全（目标）在一定经济、技术水平条件下呈对应关系。也就是说，安全系统的"优化"同样受制于经济和投入；解决安全问题时，要考虑经济承受能力，或者说以最小的投入，取得最好的安全效果。但是，由于安全经济的特殊性（安全性投入与生产性投入的渗透性、安全投入的超前性与安全效益的滞后性、安全效益评价指标的多目标性、安全经济投入与效用的有效性等），就要求安全系统工程方法在考虑这一问题时，要有超前的意识和方法，要有预见性。

5. 系统安全管理方法

从学科的角度讲，安全系统工程是技术与管理相交叉的横断学科；从系统科学原理来分析，它是解决安全问题的一种科学方法。所以，安全系统工程是理论与实践紧密结合的专业技术基础，系统安全管理方法则贯穿到安全的规划、设计、检查与控制的全过程。因此，系统安全管理方法是安全系统工程方法的重要组成部分。

1.2.4 安全系统工程的应用特点

安全系统工程是一门应用性很强的科学技术学科，几十年来，许多经典的应用范例始终激励人们进行不懈的探索，不断充实和发展其自身的理论体系，以期实现更好的应用效果，这是安全系统工程始终保持快速发展的重要原因。为了进一步促进学科发展，提高其实用性，有必要对安全系统工程的应用特点做如下总结。

1. 系统性

无论是系统安全分析、系统安全评价的理论，还是系统安全管理模式和方法的应用，安全系统工程都体现了系统性的特点。它从系统的整体出发，综合考虑了系统的相关性、环境适应性等特性，始终追求系统总体目标的满意解或可接受解。

2. 预测性

安全系统工程的分析技术与评价技术的应用，无论是定性的，还是定量的，都是为了预测系统存在的危险因素和风险水平，通过这些预测来掌握系统安全状况如何，风险能否接受，以便决定是否应当采取措施，控制系统风险。所以，安全系统工程也可称作是系统的事故预测技术。

3. 有序性

安全系统工程的应用是按照系统的时空两个跨度有序展开的。按照系统的生命周期有序开展系统安全分析和安全评价，实施风险控制措施，而且贯彻到系统的方方面面。因此，安全系统工程具有明显的"动态过程"研究特点。

4. 择优性

择优性的应用特点主要体现在系统风险控制方案的综合与比较，从各种备选方案中选取最优方案。在选取控制风险的安全措施方面，一般按下列优先顺序选取方案：设计上消除→设计上降低→提供安全装置→提供报警装置→提出专门规程。

因此，冗余设计、安全联锁、有一定可靠度保证的安全系数，是安全系统工程经常采用的设计思想。

5. 技术与管理的融合性

前已述及，安全系统工程是自然（技术）科学与管理科学的交叉学科。随着科技与经济的发展，人们对安全的追求目标是本质安全，特别是在生产领域中。但是，一方面由于新技术的不断涌现，另一方面由于经济条件的制约，对于一时做不到本质安全的技术系统，则必须用安全管理来补偿。所以，在相当长的时间内，解决安全问题还必须把技术与管理通过系统工程的方法有机地结合起来。

1.3　系统安全分析概述

1.3.1　系统安全分析的概念和作用

系统安全分析（System Safety Analysis）是使用系统工程的原理和方法，辨别、分析系统存在的危险因素，并根据实际需要对其进行定性、定量描述的技术方法。或者说，系统安全分析就是对生产系统（包括生产装置、工艺过程、作业环境，以及人员状况）的安全性进行检查诊断和危险预测的方法，以便进行科学的安全决策和安全管理。

系统安全分析的目的，是保证系统的安全运行，查明系统中的危险因素，以便采取相应措施消除危险，防止事故发生。

1.3.2　系统安全分析的常用方法

系统安全分析方法很多，相关文献记载的就多达数十种。这些方法中，有定性分析，也有定量分析；有归纳分析，也有演绎分析；有宏观分析，也有微观分析；有动态分析，也有静态分析。对某一具体系统进行安全分析时，可针对不同情况使用不同的分析方法，也可综合使用几种分析方法。

目前使用较多的系统安全分析方法有安全检查表、事故树分析、事件树分析、鱼刺图分析，以及预先危险性分析、控制图分析和主次图分析等。这些方法中，既有定性方法，又有定量方法，都可以对事故进行分析和预测。

本 章 小 结

本章主要介绍了安全系统工程的基本概念、研究对象、主要内容、研究方法及特点，简要说明了系统安全分析的概念及常用方法，可为系统、深入地学习安全系统工程建立基础。

思 考 与 练 习

1. 名词解释：安全、系统、系统工程、安全系统、安全系统工程、系统安全。
2. 名词解释：安全性、风险率、可靠性、可靠度、可靠性工程。
3. 系统具有哪些特性？
4. 说明安全性与风险率的关系。
5. 分析安全性与可靠性的区别与联系。
6. 安全系统工程的研究对象有哪些？
7. 安全系统工程的主要研究内容有哪些？
8. 安全系统工程的任务有哪些？
9. 简述企业安全系统的组成及主要特征。
10. 简述安全系统工程的方法论及其应用特点。
11. 何为系统安全分析？有哪些主要方法？

2 安全检查表

📝 **本章学习目标：**

（1）理解安全检查表的定义及主要分类。

（2）掌握安全检查表的编制方法并能灵活应用。

（3）熟悉安全检查表的主要特点。

安全检查表（Safety Check List，SCL）是最基本的一种系统安全分析方法。自 20 世纪 20—30 年代开始采用以来，至今沿用不衰。安全检查表的应用，蕴含着系统工程的思想和原则，它是安全系统工程的初步应用形式。

2.1 安全检查表的定义与分类

2.1.1 安全检查

安全检查是通过巡视、观察、询问和测量等常规手段，对特定对象（生产场所、公共场所、工艺系统等）的安全状况进行分析和确认，以及时发现、查明系统中的不安全因素（不安全状态和不安全行为），及时采取措施消除事故隐患，防止事故发生的常规安全工作。

安全检查是保证企业安全生产工作正常开展、保护劳动者生命和健康，促进企业产量和效益提高的重要手段，一直受到我国政府和生产企业的高度重视，国务院 1963 年 5 月制定的"五项规定"中，就明确包括"安全生产定期检查"，规定对企业的安全生产情况必须定期进行检查，包括全面检查、专业检查（针对行业安全特点）和季节性检查。要求安全检查必须有计划、有领导地进行，并且要依靠群众，讲究实效。

1. 安全检查的分类

安全检查既包括企业本身对生产卫生工作进行的经常性检查，也包括地方政府负责安全生产监督管理部门、行业主管部门联合组织的定期检查。可以对安全卫生进行普遍检查，也可以对某项问题，如防暑降温、电气安全、矿井防治水等进行专业重点或季节性检查。

2. 安全检查的内容与结果处理

安全检查的内容可以概括为查思想、查管理、查隐患、查事故处理。

安全检查是发现危险因素的手段，是为了采取措施消除危险因素，把事故和职业通病消灭在事故发生之前。因此，不论何种类型的安全检查，都要防止搞形式、走过场，更要反对那种"老问题、老检查、老不解决"的僵化作风。要讲究实效，认真贯彻"边检查、边整改"的原则，对检查出来的问题，必须做到"条条有着落、件件有交代"，及时、认真地进行整改。

安全检查最有效的工具是安全检查表。按照事先编制好的安全检查表进行检查，能有效避免安全检查流于形式，避免检查过程走过场和盲目性，同时还可以防止漏掉重要的危险因素，克服了许多传统检查的弊端，有利于提高安全检查工作的效果和质量。安全检查表是企业实行安全生产标准化常用的管理方法。

2.1.2 安全检查表的定义

为了查明系统中的不安全因素，以提问的形式，将需要检查的项目按系统或子系统顺序编制而成的表格，叫作安全检查表。安全检查表实际上是实施安全检查的项目清单和备忘录。

制定安全检查表进行安全检查是安全管理的一项基础工作。为了系统地发现厂矿、车间、工序或机器、设备、装置，以及各种操作管理和组织措施中的不安全因素，应对整个系统进行深入、细致的分析，把大系统分成若干小的子系统，再根据有关安全规范、标准、制度，以及其他系统分析方法的分析结果，针对各个子系统中需要查明的不安全因素，确定需要检查的项目和要点，编制成安全检查表，以便进行安全检查，避免检查时漏项。

安全检查表既是安全检查和诊断的一种工具，又是发现潜在危险因素的一种有效手段，它简单实用，很受生产现场欢迎。我国引进安全系统工程后，首先在各行业应用的即是安全检查表。

2.1.3 安全检查表的种类

安全检查的对象和目的不同，所采用的安全检查表也不尽相同，因此需要编制多种类型的安全检查表。根据检查周期的不同，可将安全检查表分为定期安全检查表和不定期安全检查表；根据检查的目的不同，即根据安全检查表的用途不同，可分为设计审查用安全检查表、厂（矿）级安全检查表、车间（工区）用安全检查表、班组及岗位用安全检查表和专业性安全检查表等。

1. 设计审查用安全检查表

设计审查用安全检查表主要供设计人员在设计工作中应用，同时供安全人员进行设计审查时应用。设计审查用安全检查表中应列出有关的规程、规定和标准，以便于设计人员按规程要求进行设计，并可避免设计人员和审查人员发生争议。

设计审查用安全检查表应该系统、全面。例如，煤矿设计审查用安全检查表应将重点放在矿井开拓、采区准备、回采工艺、采掘设备、通风、排水压气及提升运输设备、通风系统和供电系统的安全性和可靠性、人员操作的安全性以及安全组织与管理的合理性和有效性等方面。

2. 厂（矿）级安全检查表

厂（矿）级安全检查表既可供全厂（矿）安全检查时应用，又可供地方政府负责安全生产监督管理部门进行日常巡回检查时应用，还可供上级有关部门的巡回检查应用。这种安全检查表既应系统、全面，又应充分结合本厂（矿）实际，设置安全检查项目。

例如，矿级安全检查的主要内容有：矿井巷道的布置与维修、采矿工艺过程和掘进工艺过程的重点危险部位、主要机电设备的安全性和可靠性、主要安全装置与设施的灵敏性和可靠性，以及炸药雷管的使用、储存和运输工作的安全性等方面，还包括各生产环节的操作管理和遵章守纪情况。

3. 车间（工区）用安全检查表

车间（工区）用安全检查表供各车间（工区）进行定期安全检查或预防性安全检查工作中应用。其内容主要集中在防止人身及机械设备的事故方面。

例如，煤矿企业工区用安全检查表包括采掘工艺过程的安全性、通风系统的可靠性和稳定性，采区供电系统、运输系统和防火系统的安全性和可靠性，防尘洒水系统的可靠性，瓦斯检查、监测工作的可靠性和及时性，以及人员操作的安全性等方面。

4. 班组及岗位用安全检查表

班组及岗位用安全检查表可供班组、岗位（一般一个班组从事同一岗位）进行自查、互查或进行安全教育用。其内容主要集中在防止人身事故及误操作引起的事故方面，应根据所在岗位的工艺与设备的防灾控制要点来确定，要求内容具体、易于检查。

例如，对于普通机械化采煤班组采用的安全检查表，要包括液压泵站与液压系统的可靠性、支架架设的及时性和有效性、回柱放顶的安全性、采煤机组的安全性和可靠性，以及防火、防尘和防止瓦斯事故的可靠性等方面。

5. 专业性安全检查表

专业性安全检查表主要用于专业性的安全检查或特种设备的安全检查。例如，煤矿企业中可编制用于对采矿、掘进、运输等系统进行检查或对主提升机、主要通风机、主排水泵等重要设备进行检查用的专业性安全检查表。专业性安全检查表应突出重点，而不必面面俱到，具有专业性强、技术要求高的特点。该表一般由专业机构或职能部门编制和使用，以保证其工作质量。

此外，针对危险性大或是较经常、重复发生的事故，如采掘工作面冒顶事故、瓦斯爆炸事故、火灾事故等，可编制相应的事故分析检查表，也有人称之为"事故分析检查表"，一方面用于找出事故发生的原因，另一方面便于有的放矢地采取预防措施和整改措施。

2.2 安全检查表的编制与应用

2.2.1 安全检查表的内容与格式

安全检查表在编制时要综合考虑人、机、环、管 4 个方面的因素（即 4M 因素）。最简单的安全检查表只有 4 个栏目，即序号、检查项目、回答（"是""否"栏）和备注（注明措施、要求或其他事项），见表 2 - 1，其中，检查项目一般采用提问方式，以"是"或"否"来回答。"是"表示符合要求，"否"表示还存在问题，有待进一步改进。煤矿爆破工安全检查表见表 2 - 2，属于岗位用安全检查表，就采用了安全检查表的基本格式。

表 2-1 安全检查表的基本格式

序号	检查项目	回答	备注
×××	×××	×××	×××
×××	×××	×××	×××
⋮	⋮	⋮	⋮

表2-2 煤矿爆破工安全检查表

班（组）名称 _____ 检查日期 _____ （早中晚）班

序号	检 查 项 目	检查结果	备注
1	起爆器是否充好了电？		
2	爆破母线长度是否符合规定？		
3	爆破母线无破口吧？		
4	下井时带起爆器钥匙了吗？		
5	炮眼附近的支护是否符合规定？		
6	打眼、装药、填炮眼的操作符合《煤矿安全规程》《爆破安全规程》规定吗？		
7	装药量是否符合规定？		
8	是否做到了一炮三检？		
9	是否派出了警戒岗哨？		
10	爆破前是否已把人员撤到安全地点？		
11	爆破前是否发出警报？		
12	爆破后班长和安检员是否先进入爆破区查看？		
13	爆破崩坏的支架是否及时修复？		
14	拒爆是否按规定处理？		

检查人 _____ 班（组）长 _____ 爆破工 _____

　　为了提高检查效果，可以通过增设栏目使安全检查表进一步具体化。例如，可以增加"标准及要求"栏目，列出各检查项目的检查标准、要求及有关规定，使检查者和被检查者明确应该怎样做、做到什么程度；还可增设"改进措施""处理意见"和"处理日期"等栏目，以便及时解决存在的问题，确保系统的安全。同时，还可在表末或表头注明被检查对象（地点）、检查者、检查日期、直接负责人等信息，以便有效落实安全责任制，督促做好安全管理工作。此外，为了使检查人员特别重视对危险性大的项目进行检查，可以对各个检查项目的轻重程度作出标记，即分析各检查项目的危险程度并划分为不同的重要等级（如A、B、C级），或按危险程度给出它们的权值。

　　由上可见，安全检查的目的和对象不同，检查的着眼点就不同，因而，安全检查表的格式也就有所不同，可视具体情况确定。一般来说，可以包括下面各项或其中的某些项：

　　（1）序号（统一编号）。

　　（2）项目名称，如子系统、车间、工段、设备等。

　　（3）检查内容，可用直接陈述句，也可用疑问句。

　　（4）检查标准，如标准要求、指标参数的允许范围。

　　（5）检查方法，如查记录、现场检查（包括使用必要的检测技术及手段）。

（6）应得分或列出项目的相对重要程度，或注明必要项目。

（7）回答，实得分或"是/否"的回答。

（8）处理意见。

（9）备注，可注明建议改进措施或情况反馈等事项。

（10）检查人、检查时间、检查地点等。

2.2.2　安全检查表的编制

1. 安全检查表的编制原则及依据

编制不同类型的安全检查表，要整体上把握一个总原则，即检查对象越大，检查项目越侧重于影响全局；反之，检查对象越小，越侧重于局部。同时还要遵循以下基本原则：①符合有关法律、法规、标准及其他要求；②针对行业、企业的风险性质、特点、规模；③概括要点，不能漏项，应突出风险重点；④简单明了，条款层次清晰，直观易懂。

安全检查表的编制依据：

（1）国家、地方有关法规、规程、规范、规定和标准，行业、企业规章制度、标准及安全生产操作规程。例如，采煤工作面安全检查表应以《煤矿安全规程》和地方政府公布的相应操作规程和作业规程中的有关规定作为编制的依据，使安全检查表的内容符合这些规程的要求。

（2）行业及企业安全生产经验，特别是本企业安全生产的实践经验。例如，本单位长期以来形成的安全管理经验和生产管理经验，以及基于本单位实际状况，对本单位事故预防工作有效的安全技术措施。

（3）国内外同行业、同类型企业事故案例资料以及经验教训。

（4）上级、行业和单位（企业）领导对安全生产的要求。

（5）系统安全分析的结果。即通过事故树分析、事件树分析等系统安全分析方法，找出导致事故发生的各个基本事件，并以之作为编制安全检查表的依据。

2. 安全检查表的编制步骤

编制安全检查表可遵循以下基本步骤：

（1）确定人员，进行必要的培训。落实并培训编制人员。为了提高安全检查表的编制质量，编制工作应由安全技术人员、生产技术人员和技术工人等专业人员，以及管理人员和实际操作者共同进行。为确保编制工作顺利进行，应对相关人员进行必要的编制知识、方法培训。

（2）全面策划，拟定可行的方案。按照人、机、环、管四要素，精心策划，根据生产实际及安全控制需要，拟定编制方案，明确需要编制检查表的种类、责任人员、编制范围、技术要求，以及工作日程安排等。

（3）收集资料，开展法规辨识。收集系统的说明书、布置图、结构图、环境条件等技术文件和有关安全生产方面的法律、法规、标准、技术规程、规章制度、企业安全生产方面的经验及其过去发生的事故教训等，为安全检查表的编制提供依据。

（4）熟悉系统，开展系统安全分析。编写人员应根据单位生产特点、性质、规模，全面熟悉系统，重点分析系统的结构、功能、工艺流程、操作条件、安全设施等；全面细致了解系统有关资料，包括系统或同类系统发生过的事故、事故原因和后果。例如，通过事故树分析，查出事故的基本原因事件，明确各基本事件与事故的关系，以便有针对性地编制安全检查表。

（5）辨识危害与风险，确定事故发生的可能途径和影响后果：

①根据危险识别和风险评估的结果，按照可能发生事故的概率及危险度，按系统功能、结构或因素方法，逐一列出可能影响部件、零件及整机系统安全的因素清单，并将其纳入安全检查表的检查项目和检查重点。

②针对危险因素清单，从有关法规、标准等安全技术文件中，逐一找出对应安全要求及应达到的安全指标和应采取的安全措施，形成一一对应的系统安全检查表。此外，有关安全管理机构、安全管理制度方面的检查，可一并列入安全检查表中。

（6）确定安全检查表格式，编写检查内容。结合安全检查目的及需求，参照表2-1设计并确定所编制安全检查表的具体栏目组成，如序号、检查对象、检查项目、检查要点、标准及要求、检查结果或打分、情况记录、备注等。之后，根据对系统的全面分析，参照有关法规、规章制度、标准和安全技术等要求，完成检查表的具体内容制定工作。

（7）审查批准。安全检查表编制完成后，应由相关安全管理职能部门审核，并注意在实践应用中不断完善，以确保其科学性、全面性、实用性。

3. 安全检查表编制的注意事项

编制安全检查表时，应注意以下事项：

（1）检查内容要系统、全面。要包括需要查明的、可能导致事故发生的所有不安全状态和不安全行为。但也要注意，不同类型的安全检查表应各有侧重，分清各自职责，有重点地设置检查项目。

（2）检查项目要突出重点，抓住要害。如机械设备及特种设备中的易损坏零件和部件，易燃易爆岗位、着火源，各类管道、设备连接处的泄漏程度，计量仪表、防护装置是否灵敏、可靠，生产环境条件是否符合安全要求，职业危害程度是否得到控制等要重点关注。

（3）编写要符合实际。可以按生产系统、车间、班组、工段、岗位的实际情况编写，也可以按专题编写，如对重要设备和容易出现事故的工艺流程，就应该编制该项工艺的专门的安全检查表。

（4）检查条目不可过繁或过简。检查条目过少，难以包括导致事故的多种因素；检查条目过多，又会分散注意力，冲淡对重要项目的检查。因此，编制检查表时，要对众多的检查要点进行归纳，使设置的检查项目既不遗漏，也不重复，简繁适当，富有启发性。

（5）语言要简练准确。为了能顺利付诸实践，在使用的语句上应用简短的日常语句和肯定的提问，切不要使用模棱两可的提问。

（6）编制岗位安全检查表时，要着眼于对操作及与操作有关的工艺、设备和环境条件的具体安全检查，不要混同于一般的安全操作规程。岗位上可查可不查的内容，不要列入岗位安全检查表中。

（7）检查表要适时更新与完善。随着工艺改进、设备更新以及生产环境等因素变化，检查表也要相应调整，应邀请安全专业干部、生产技术人员和有一定工作经验的老工人共同参与，不断修改和完善安全检查表的内容，使其适用于新的情况，并在实践检验中逐渐达到标准化、规范化。

4. 不同类型安全检查表的编制示例

由于安全检查表格式多样，且其内容与开展检查的对象、目的及要求等紧密关联，很难简单地评价其优劣。在此，为了便于理解和学习，现就不同类型安全检查表给出编制示例，供参考借鉴。

需要说明的是，以下示例是在前些年有关企业或单位应用的安全检查表的基础上编写的，仅供参考。具体应用时，其标准及要求、所引用的标准号等均应按照我国最新的法律法规、国家标准和行业标准等修改。

（1）厂（矿）级用安全检查表。示例为某厂厂级安全检查考核表，见表2-3。

表2-3　某厂厂级安全检查考核表

项　目	序号	检 查 内 容	检 查 要 求	得　分	
				计划	实得
安全管理 （33分）	1	领导小组成员，不脱产安全员是否安全	组织落实	1	
	2	安全例会是否召开过（每月一次）	分管主任主持	2	
	3	车间领导是否参加轮流安全值班	记录为准	2	
	4	出了工伤事故是否按规定上报	及时	4	
	5	事故后是否严格执行"三不放过"原则	分管主任主持	4	
	6	是否用检查表对班组每月一次检查	分管主任主持	5	
	7	岗位安全检查表和ABCDE卡的应用是否相符	表卡一致	10	
	8	隐患整改通知卡（D卡）执行是否良好	验收签字为准	5	
安全教育 （12分）	1	新工人上岗前是否进行过安全教育	考试合格	2	
	2	安全黑板报稿件是否达到要求	一月一期一篇	2	
	3	违章违制人员处罚后是否上警告牌	干部工人一样	2	
	4	厂下达的安全教育指标是否完成	100%	1	
	5	班组安全活动日发言人数是否有50%	每周一次	5	
作业现场 （23分）	1	车间内人行道是否有杂物、垃圾堆放	整洁无杂物	3	
	2	工作场所是否有自行车放置	自行车放棚内	2	
	3	工具箱是否在规定地点放整齐	分类放齐	2	
	4	除尘管道是否有严重泄漏	发现填卡上报	2	
	5	平台走道是否有严重积油、水	不影响行走安全	3	
	6	水沟矿槽篦条盖板是否齐全	不影响行走安全	2	
	7	生产设备四周是否有杂物、备件堆放	不影响操作	2	
	8	水冲地坪胶管是否乱拖乱放	用后盖好	2	

表2-3（续）

项 目	序号	检 查 内 容	检查要求	得 分 计划	实得
作业现场（23分）	9	工作区灯具是否完好	损坏填卡上报	1	
	10	危险点的安全标志是否损坏、丢失	完整齐全	2	
	11	特殊岗位工人是否持证上岗操作（徒工不单独顶岗工作）	培训合格	2	
安全技术（32分）	1	临时行灯是否采取低压	安全电压	2	
	2	电器线路是否有乱搭挂、裸露漏电	绝缘、完整	4	
	3	电器开关是否有乱挂物件和是否完好	绝缘、完整	2	
	4	高速传动装置是否有牢固的安全罩	完好牢固	5	
	5	起重吊车限位是否灵敏完好	灵敏可靠	4	
	6	起重吊车钢丝绳是否有严重断丝	一捻距小于10%	2	
	7	氧气瓶与乙炔桶摆放距离是否符合要求	离明火10 m 两距5 m	3	
	8	乙炔桶安全壶内水是否缺少和浑浊	有效可靠	3	
	9	电焊机接线头是否有防护罩	安全可靠	4	
	10	2 m以上平台栏杆是否符合要求	牢固完好	3	

（2）车间（工区）用安全检查表。示例为采煤工作面安全检查表，见表2-4。

表2-4 采煤工作面安全检查表

局　　　矿　　　井　　　　　　　　检查时间　　　　　　　检查人

序号		检 查 内 容	回答	备注
操作	1	煤壁采直了吗？		
	2	没留有伞檐吧？		
	3	敲帮问顶了吗？		
	4	顶帮背严了吗？		
	5	放顶时有人观察顶板吗？		
	6	放顶时人员站在安全区吗？		
	7	爆破崩倒的棚子及时扶好了吗？		
	8	爆破后及时挂梁了吗？		

表 2-4（续）

序号		检 查 内 容	回答	备注
操作	9	机组割煤时机道内没有人吧？		
	10	爆破距离符合《爆破安全规程》规定吗？		
工作面状况	11	工作面没有接近或处于过废巷、老空区阶段吧？		
	12	工作面不处于过断层或构造带阶段吧？		
	13	不是初放阶段吧？		
	14	不处于初次来压阶段吧？		
	15	不处于周期来压阶段吧？		
	16	顶板不破碎吧？		
支护	17	工作面支护形式正确吗？		
	18	断层或顶板破碎等特殊地点是否有特殊支护？		
	19	支柱强度足够吗？		
	20	支柱密度符合作业规程要求吗？		
	21	支柱支设在硬底上了吗？		
	22	支柱迎山合适吗？		
	23	支柱穿鞋戴帽符合规定吗？		
	24	没有断梁折柱吧？		
	25	单体液压支柱不漏油吧？		
	26	支设摩擦支柱使用升柱器了吗？支柱楔紧了吧？		
	27	25°以上的工作面有保持支架（在倾斜方向）稳定的措施吗？		
放顶	28	放顶顺序正确吗？		
	29	放顶用回柱绞车吧？		
	30	放顶区的支柱、木垛回清了吗？		
	31	放顶、回采等平行作业的安全距离符合规定吗？		
	32	初次放顶、过破碎带等特殊情况有措施吗？		
上下安全出口	33	安全出口高度符合规定吗？		
	34	支护形式符合规定吗？		
	35	支护质量合格吗？		
	36	顺槽超前支护符合规定吗？		

表2-4（续）

序号		检 查 内 容	回答	备注
分层开采	37	人工假顶（金属网、荆笆）铺设符合规定吗？		
	38	再生顶板合格吗？		
	39	上、下工作面错距合适吗？		

（3）岗位用安全检查表。示例为桥式起重设备岗位安全检查表，见表2-5。

表2-5　桥式起重设备岗位安全检查表

序号	检 查 项 目	标准及要求	检查情况					
			1	2	3	4	5	6
1	操作室电气柜门是否完好	完整关严						
2	电铃是否完好	完好、声音清晰						
3	紧急开关	可靠						
4	大、小钩限位器	完好						
5	大、小车极限	完好						
6	仓门、栏杆开关	完好						
7	各部分制动器是否完好	完好						
8	照明是否完好	工作区明亮						
9	外露传动部分防护保护罩	完好、可靠						
10	钢丝绳是否完好	完好						
11	走梯、平台、走台栏杆是否完好	完好						
岗位工人签字			1		3		5	
			2		4		6	

使用说明：1. 将检查情况在小格内打"√"或"×"。

　　　　　2. 发现问题填附表上报车间解决。

（4）专业性安全检查表。示例为高校实验室危险化学品安全检查表，见表2-6。

表2-6　高校实验室危险化学品安全专项检查表

序号	检查项目	检 查 内 容	分值	打分	备注
1	组织机构 A_1 （5分）	1.1　院系设立管理机构或指定专职人员负责本部门危险化学品的安全管理工作	2.5		
2		1.2　各实验室有专职或兼职人员负责危险化学品的日常管理工作	2.5		

表 2-6（续）

序号	检查项目	检 查 内 容	分值	打分	备注
3	规章制度 A_2（6分）	2.1 院系根据学科特点制定危险化学品安全管理制度	3		
4		2.2 实验室编制相应实验和设备的安全操作规程	3		
5	人员培训 A_3（20分）	3.1 院系和实验室安全管理人员每年接受安全培训，具备危险化学品管理知识和能力	10		
6		3.2 开展实验操作的教职工、学生和其他实验人员遵守实验室安全准入制度，进入实验室前接受危险化学品相关安全知识培训和考核	10		
7	安全设施 A_4（11分）	4.1 建筑设计：实验室设计符合《科研建筑设计标准》（JGJ 91—2019），有关安全卫生设计符合《化工企业安全卫生设计规范》（HG 20571—2014）的规定	1		
8		4.2 储存设施：实验室内设立危险化学品专用储存设施，设施摆放符合规范	5		
9		4.3 消防器材：实验室根据《建筑灭火器配置设计规范》（GB 50140—2005）配备与危险化学品火灾相适应的消防器材，灭火设备摆放在明显位置，便于取用	3		
10		4.4 应急装备：根据实验性质配备必要的应急处理设施（淋洗器、洗眼器等）；实验室应在方便取用地点设置急救箱或急救包	1		
11		4.5 防护用品：实验室根据职业健康危害因素为师生和其他实验人员配备符合《个体防护装备配备规范 第1部分：总则》（GB 39800.1—2020）的个人防护用品	1		
12	过程管理 A_5（58分）	5.1 采购管理：实验室采购过程符合法律法规要求，并保留采购记录	5		
13		5.2 储存管理：危险化学品的储存符合法律法规和各项国家（地方）标准要求	16		
14		5.3 使用管理：所有实验人员在使用危险化学品（含气瓶）时须遵守发放、领取、退回管理制度，严格执行单位制定的相应安全操作规程，发生事故时能按照单位制定的现场应急处置方案快速处理	16		
15		5.4 应急处置管理：实验室具有危险化学品现场应急处置的机制和能力	5		
16		5.5 危险废物管理：实验室危险废物管理须符合《危险废物贮存污染控制标准》（GB 18597—2023）、《实验室废弃化学品收集技术规范》（GB/T 31190—2014）的相关规定	16		
		总得分			

2.2.3 安全检查表的应用

安全检查工作中，应对照安全检查表中的检查项目逐项认真检查，检查结果用"是""否"来回答，或用"√""×"符号来表示，或用打分来表示；需要采取的措施、要求等事项记录在"备注"栏内。如果检查表中有"处理意见""处理时间"等栏目，则根据实际情况填写。

应用安全检查表时，需要注意以下几个问题：

（1）各类检查表都有其适用范围和适用对象，不宜通用。

（2）安全检查表的实施工作应由具体的部门或人员负责。矿厂级安全检查表，应由安全监察处（站）、技术科会同其他有关部门（如保卫部门等）联合实施；工区用安全检查表，应由工区领导负责人实施或指定专人负责实施；岗位安全检查表应指定专人负责完成。

（3）应制定安全检查表的实施办法和管理制度，保证安全检查表的实施效果。例如，可把安全检查表的实施工作列入安全例会及交接班工作中，或将其与奖惩制度挂钩。

（4）安全检查表的实施工作中，要注意信息的反馈和处理，对查出的问题要及时进行处理，以有效地防止事故的发生。

（5）为了提高安全检查表的应用效果，应根据系统工程的原理，积极地研究安全检查表的新的应用方法，进一步提高其发现和处理事故隐患的效果。早在20世纪80—90年代在我国煤矿中广泛应用的"煤矿安全信息管理"方法，就是安全检查表在煤矿安全管理工作中的一个较好的应用方法；近年来，以安全检查表为基础，对事故风险进行检查和评价，并据此开展有针对性的风险管理工作，取得了很好的效果。

2.3 安全检查表的特点

在各类工业企业中，安全检查都是安全工作中最常用的一种方法；行业主管部门和政府部门的安全监管中也是如此，安全检查是最常用，也是最重要的一种方法。安全检查表的采用，给安全检查工作带来了新的活力，使安全检查工作的手段和效果得到了很大的改观。

2.3.1 安全检查表检查与传统安全检查的区别

传统安全检查的工作形式很多，也很普遍。虽然传统安全检查的作用和效果是不可磨灭的，但由于这些检查往往缺乏系统的检查提纲，很多情况下只能凭几个有经验的检查人员根据自己的经验进行判断，因而往往存在检查中漏项、忽视重要问题的检查、检查结果不客观，甚至因人而异等一些明显的问题。

应用安全检查表进行安全检查，是安全工作中的一种有效手段，可以大大提高安全检查工作的效果。这是由于，安全检查表是采用系统的观点编制的，它将复杂的大系统分割成若干子系统或更小的单元，然后集中各类有关人员的经验和智慧，对这些简单的单元或子系统中可能存在的危险性、可能造成的事故后果，以及如何消除和控制事故的危险性进行深入、细致的分析研究，并列出安全检查的详细提纲。这样，经过编制人员对单元、子系统以至整个系统进行详细推敲后编制出的安全检查表，可以做到周密、全面、不漏项。所以，安全检查表对于安全检查工作可以起到指南和备忘录的作用；应用安全检查表进行安全检查，可以使检查结果全面、准确地反映系统的实际安全状况，对安全管理工作有较强的指导作用。

2.3.2 安全检查表的优点

安全检查表的优点归纳如下：

（1）具有全面性、系统性。由于安全检查表能够事先编制，因而有充足的编制时间，可以组织熟悉检查对象的各类人员进行深入、细致的分析和讨论。在此基础上编制的安全检查表，可以做到系统、全面，使可能导致事故的各种隐患因素不致被遗漏。这样，可以克服安全检查的盲目性，避免安全检查工作中的走过场现象，提高安全检查工作的质量。

（2）安全检查表采用提问的方式进行表述，有问有答，可以给人以深刻印象，让人知道如何做才是正确的，因而可以起到安全教育的作用。在督促各项安全规章制度的实施、制止违章作业和违章指挥等工作中，安全检查表均具有指导和提示的作用。

（3）可以根据已有的规程、标准和规章制度等进行编写，利于实现安全工作的标准化和规范化。

（4）可以和生产责任制相结合。由于不同的检查对象有不同的安全检查表，因而易于分清责任，可以作为安全检查人员履行职责的考核依据。同时，安全检查表中还可以注明对改进措施的要求，便于隔一段时间再有针对性地检查改进情况。

（5）安全检查表是定性的检查方法，是对传统安全检查工作的改进和提高。它简明易懂、容易掌握，不仅符合我国现阶段使用，而且还可以为进一步采用其他更先进的安全系统工程方法，进行事故预测和安全评价工作打下基础。

本 章 小 结

本章主要介绍了安全检查表的定义及分类，说明了安全检查表的编制原则及依据、编制步骤、使用方法及注意事项，分析了安全检查表的主要特点，为灵活编制使用安全检查表打下基础。

思 考 与 练 习

1. 安全检查表如何分类？
2. 安全检查表的基本格式如何？
3. 如何编制安全检查表？
4. 为提高安全检查表的应用效果，可做哪些改进？
5. 安全检查表有哪些优点？
6. 如何将安全检查表与其他系统安全分析方法结合应用？
7. 采用安全检查表检查与传统安全检查有哪些区别？
8. 编制歌舞厅防火安全检查表。
9. 编制学生宿舍防火安全检查表。
10. 编制煤矿主要通风机安全检查表。

3 鱼刺图分析

📝 **本章学习目标:**

(1)掌握鱼刺图分析的基本概念和分析步骤。

(2)理解、领会鱼刺图分析在不同情况下的应用方式。

(3)综合应用鱼刺图分析与其他系统安全分析方法,特别是与主次图分析方法的结合应用。

3.1 鱼刺图的概念与作用

鱼刺图又称为因果分析图、树枝图或特性要因图。它是1953年由日本的质量管理专家石川馨最早使用的,所以也叫石川图。最初鱼刺图主要用于质量管理方面,之后将它移植到安全分析方面,成为一种重要的事故分析方法。

鱼刺图是根据其形状命名的(图3-1)。当我们进行事故分析时,将事故的各种原因进行归纳、分析,并用简明的文字和线条加以全面表示,绘制成一幅鱼刺形的事故分析图形,即为鱼刺图或因果分析图。

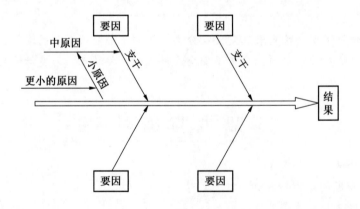

图 3-1 鱼刺图的形状

用这种方法分析事故,可以使复杂的原因系统化、条理化,把主要原因搞清楚,以便明确事故的预防对策,采取有效的措施,防止事故的发生。

鱼刺图既可以用于进行一次事故的深入分析,也可以对多次事故作综合定性分析,还可以用于分析与指导安全管理工作。它的主要作用有以下几点:

(1)既可用于事前预测事故及事故隐患,亦可用于事后分析事故原因,调查处理事故。

(2)可用以建立安全技术档案,一事一图。这样,便于保存事故资料,作为安全管理和技术培训工作的技术资料。

（3）指导事故预防工作。鱼刺图既来源于实践，又高于实践。它使存在的问题系统化、条理化后，再返回到事故预防工作的实践中去，检验指导实践，以改善安全管理工作。

3.2 鱼刺图的形状与做法

鱼刺图的形状（格式）如图3-1所示。图中的主干线右端标上箭头，表示"结果"，指某个不安全问题、事故类型或灾害结果；主干线表示原因与结果的关系，箭头所指方向表示事件的发展方向。在主干线的上、下画出向右倾斜的支干线，并用箭头指向主干线，他们表示某个不安全问题的原因。图中"要因"是指事故的主要原因，即对造成结果起决定作用的主要因素。"中原因""小原因"则是指引起"要因"的因素。分析某个不安全问题产生的原因时，要从大到小、从粗到细，一直到能采取措施消除这种原因时，就不再细分而绘成鱼刺图。

鱼刺图分析的基本步骤为：

（1）调查。对所分析的事故要作全面了解，通过广泛的调查研究，把事故的所有原因都找出来进行讨论、分析。

（2）定题。将要分析的事故、要解决的问题或要研究的对象作为"结果"定下来，画在图的右方，并画出主干和箭头。

（3）原因分类。按照人、机、环、管等几大因素，把调查和分析的原因由大到小、由粗到细地进行分类，明确各个原因对事故的影响。要审慎确定要因，然后将各原因层层展开，直到不能再分为止。

进行原因分析时，常用主次图来确定原因的主次。

（4）填图。根据上述原因分类，按照各个原因的从属关系，逐一填入图中。

鱼刺图绘制完成后，据其分析和制定事故预防措施，系统、全面地开展事故预防工作。

鱼刺图分析的步骤可归纳为：针对结果，分析原因；先主后次，层层深入。

3.3 鱼刺图分析应用实例

下面分3种情况说明鱼刺图的应用。

3.3.1 用于一次事故的深入分析

【例3-1】某厂在马路旁清理铸钢件，工人在捆扎后起吊，起重机吊杆旋转过程中，钢丝绳摆动撞坏施工现场上空9 m高的高压输电线，从而造成触电死亡事故。试用鱼刺图分析这一事故。

首先，进行该事故的因-果分析：

（1）发生这起事故的主要原因可从以下4个因素分析：①现场安全管理上没有做到先调查；②操作者在无人监护下独自进行作业；③起重机工作幅度范围上空通过高压线路；④钢丝绳接通高压电源，与人体形成回路。

（2）分析每个大原因，找出直接构成大原因的较小因素：①现场未做调查是由于全厂没有成文的安全规程，布置任务时未考虑到起重机回转吊杆时钢丝绳与高压线交叉；

②操作者未发现上空通过高压线，或者虽经发现，但起吊时吊杆钢丝绳与高压线之间没有安全间距；③钢丝绳接通电压是由于撞坏高压线绝缘所致。

（3）进一步深入分析更小因素：①未发现高压线是由于缺乏安全教育，操作者不了解工作中可能出现的危险；②未留安全间距可能是没有目测高压线高度或目测错误。

（4）再追查分析：钢丝绳撞击高压线是起吊施工中没有控制载荷惯性的结果。

再继续分析，一直到不能再分解的基本事件为止。

这时，就可根据上述分析，按照鱼刺图的做法，绘制出鱼刺图，如图3-2所示。

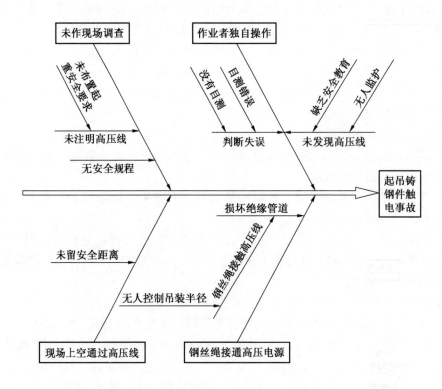

图3-2 起吊铸钢件触电事故鱼刺图

【例3-2】公路上发生一起货车翻车事故。这起事故的主要原因是驾驶员麻痹大意，在小雨、路滑、视线不良的弯道上不提前减速，以至于在对面来车时，避免不及，造成车辆侧滑；车载货物固定不牢，重心偏移，导致车辆倾覆。

根据上述事故原因分析，绘制出该事故的鱼刺图，如图3-3所示。

在找出这起事故的主要原因、次要原因的基础上，便可以有针对性地采取措施。

【例3-3】采煤工作面回柱时冒顶死亡事故。山东某矿1609工作面采用走向长壁采煤法采煤，金属摩擦支柱配铰接顶梁支护，全部垮落法管理顶板。1988年3月12日19时30分，该工作面上出口下20 m处回柱时顶板垮落，压住回柱工头部，当场死亡。

通过深入调查分析，绘制出该事故的鱼刺图，如图3-4所示。

3.3.2 用于多次事故的综合分析

【例3-4】坠入煤仓事故。由于管理不善等原因，经常发生人员坠入煤仓事故。煤仓

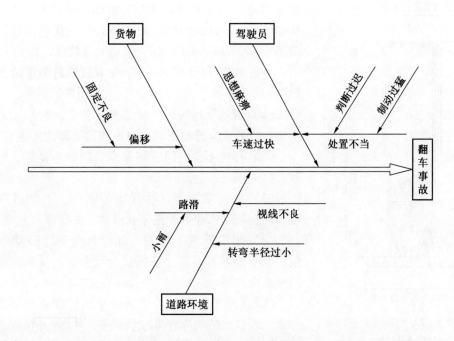

图 3-3 翻车事故鱼刺图

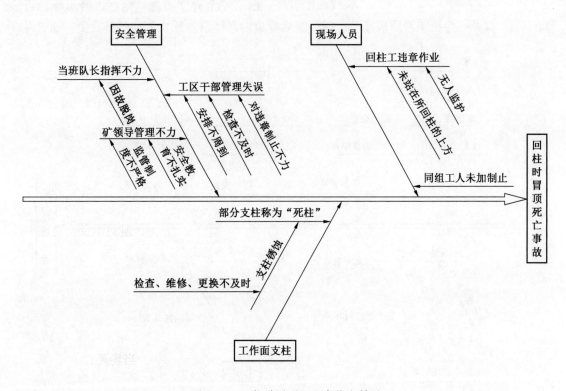

图 3-4 回柱时冒顶死亡事故鱼刺图

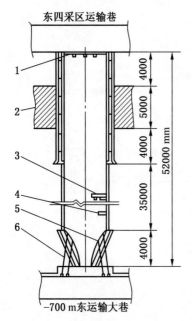

1—铁篦子；2—穿煤段；3—缓冲台；
4—煤位计；5—双曲线钢漏斗；
6—空气炮

图3-5 某采区煤仓整体布置图

的结构可参考图3-5，煤仓上口铺设铁篦子，以杜绝大块煤矸卡仓事故；同时，防止有人掉入煤仓。铁篦子网口尺寸 400 mm×400 mm。

分析多起煤矿井下煤仓坠仓事故，此类事故的原因如下：

（1）现场管理失误，缺乏安全装置，特别是未设安全栅栏或者安全栅栏损坏，是造成坠仓事故的重要原因。

（2）环境不良，即空间狭窄、照明不良等，容易导致人员失误而坠仓。

（3）人员素质差，注意力不集中、不熟悉井下环境，甚至违章作业等，是坠仓事故的主要原因。

（4）组织管理不完善，如设计失误、劳动组织失误，以及检查不力等，是导致人员失误，从而造成事故的深层次原因。

从现场管理、环境、人员和组织管理4个要因进行分析，绘制出坠入煤仓事故鱼刺图，如图3-6所示。

【例3-5】报废巷道中瓦斯窒息事故。因为报废巷道不通风，巷道内的瓦斯聚集，容易导致瓦斯浓度超限、氧气浓度不足；由于安全管理不善，栅栏、警示标志设置不当，以及一些员工素质较差等原因，报废巷道内瓦斯窒息死亡事故时有发生。通过对

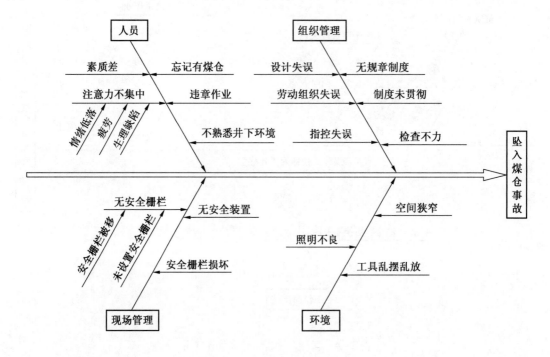

图3-6 坠入煤仓事故鱼刺图

多次事故的调查分析，绘制出鱼刺图，如图 3 - 7 所示。

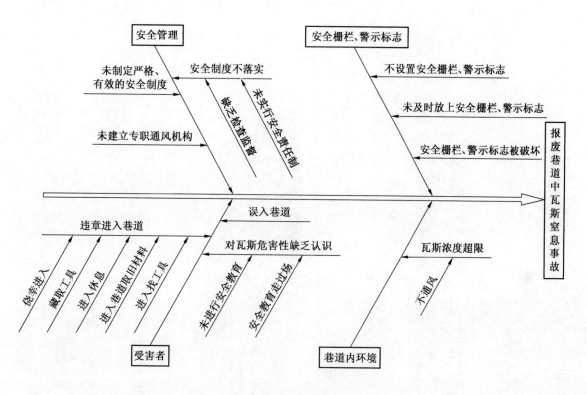

图 3 - 7　报废巷道中瓦斯窒息事故鱼刺图

3.3.3　用于分析与指导安全管理工作

利用鱼刺图，可以分析与指导安全管理工作。以事故调查的内容为例进行说明，其鱼刺图如图 3 - 8 所示。

3.4　鱼刺图分析注意事项

利用鱼刺图进行事故分析时，应注意如下几个方面的问题：

（1）集思广益。把各种不同的见解都收集、记录下来。为此，可以召开不同类型人员的调查会，广泛收集意见。

（2）细致具体。分析事故原因要细致具体，便于采取切实可行的事故预防措施。

（3）抓主要矛盾。寻找事故原因时，切忌罗列表面现象，而不深入分析它们的因果关系，不区分主次。确定原因的主次时，可以采用统计方法或民主讨论的方法。

（4）结合其他分析方法，如安全检查表、主次图分析等。

特别值得指出的是，鱼刺图和主次图经常需要结合使用，以便找出影响事故的主要原因，针对主要原因采取措施，并用主次图检查措施的实施效果。

鱼刺图与主次图结合使用的具体方法是：①用鱼刺图系统、全面地分析事故原因；②用主次图找出影响事故的主要原因；③结合鱼刺图和主次图分析结果，采取针对性事故防范措施；④用主次图检查措施的实施效果。

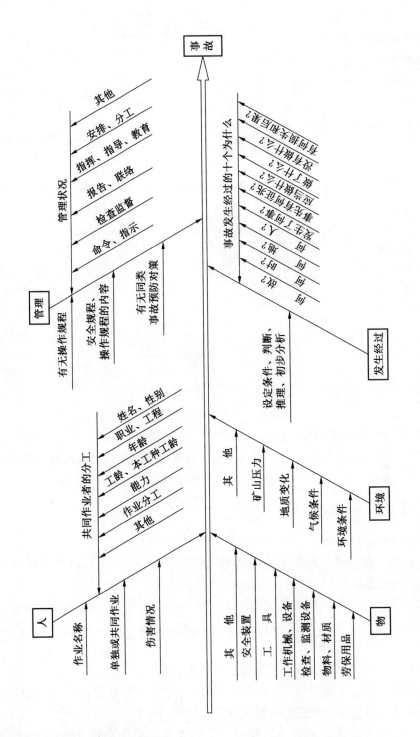

图 3 – 8　事故调查分析方法鱼刺图

本 章 小 结

本章介绍了鱼刺图分析的概念和作用；详细介绍了鱼刺图的形状、分析步骤及其应用。之后，简要介绍了鱼刺图分析的注意事项。

通过本章学习，掌握鱼刺图分析（因果分析图分析）的概念和方法步骤，能够熟练地应用其进行系统安全分析。

思 考 与 练 习

1. 在企业事故预防及事故分析工作中，如何应用鱼刺图？

2. 说明鱼刺图的格式和鱼刺图分析方法步骤。

3. 说明鱼刺图的作用、用法与注意事项。

4. 如何结合使用鱼刺图和主次图进行事故分析？

5. 发射演习中，在炮位 A 处发射炮弹，炮弹预定落在 B 处（图 3-9）。但由于大炮外弹道有擦伤，操作人员未发现外弹道伤痕，加上对当时的风力（西南风）影响考虑不足，瞄准方向偏北，致使弹丸飞行不正常，落在预定点北侧的 C 点（事故点），将未进掩体的工作人员炸伤。试用鱼刺图分析这一事故。

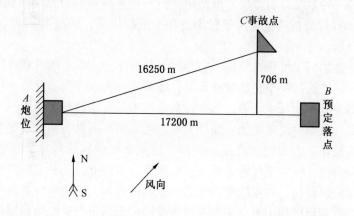

图 3-9 发射炮弹伤人事故示意图

4 事件树分析

📝 **本章学习目标：**

(1) 了解事件树分析的演化发展及基本原理，掌握事件树分析的概念。

(2) 熟悉事件树分析的作用，了解事件树分析的注意事项。

(3) 掌握事件树的编制和实施，能根据实际分析对象编制事件树。

4.1 事件树分析的概念

4.1.1 事件树分析的基础与演化

事件树分析（Event Tree Analysis，ETA）是安全系统工程中最重要的系统安全分析方法之一，是运筹学中的决策树分析（Decision Tree Analysis，DTA）在可靠性工程和系统安全分析中的应用，但它的结果仅仅依赖系统的内在客观规律，而不是像在决策树中取决于决策者的主观控制的影响。

决策树分析是决策论中一种重要方法，是利用决策树对客观问题进行分析研究，从而作出最佳决策的一种系统分析方法。事件树分析则是从决策树分析引申而来的分析方法。1972 年以前，事件树分析法主要用于管理工作中进行决策；1972 年以后，开始应用于安全方面的事故分析。

事件树分析最初用于可靠性分析，它是用元件可靠性表示系统可靠性的系统分析方法之一。事件树分析法是从一个初始事件开始，按顺序分析事件向前发展中各个环节成功与失败的结果，即系统中的每个元件，都存在具有与不具有某种规定功能的两种可能。元件正常，则说明其具有某种规定功能；元件失效，则说明其不具有某种规定功能。人们把元件正常状态记为成功，把失效状态记为失败。按照系统的构成状况，顺序分析各元件成功、失败的两种可能，将成功作为上分支，失败作为下分支，不断延续分析，直至最后一个元件，就可形成事件树，对系统作出动态、全面的分析。通过事件树分析，可以把事故发生发展的过程直观地展现出来，如果在事件发展的不同阶段采取恰当措施阻断其向前发展，就可达到预防事故的目的。

4.1.2 事件树分析的概念

1. 事件树分析的概念和基本原理

事件树分析是一种从原因到结果的过程分析，属于逻辑分析方法，遵照逻辑学的归纳分析原则。

对于每一个系统，其各个组成部分（元素）都存在着正常工作（成功）和失效（失败）两种状态。各个元素工作状态的不同组合，决定了系统的工作状态——成功或失败。事故的发生也是这样，它是许多事件相继发生、发展的结果。其中，一些事件的发生是以另一些事件首先出现为条件的。事故发展过程中出现的事件可能有两种情况，即事件出现或不出现，或者事件导致成功或导致失败。各个事件的发生、发展状态是随机的，但最终是以事故发生或不发生为结果。这样，如果我们能够掌握可能导致事故发生的各个事件的发展顺序和逻辑关系，对事故分析和预测、预防工作无疑是很有帮助的。

从事件的起始状态出发，按照事故的发展顺序，分成阶段，逐步进行分析，每一步都从成功（希望发生的事件）和失败（不希望发生的事件）两种可能后果考虑，并用上连线表示成功，下连线表示失败，直到最终结果。这样，就形成了一个水平放置的树形图，称为事件树，这种分析方法就称为事件树分析法。

2. 事件树分析引例

【例4-1】有一个泵和一个阀门串联的液体输送系统，如图4-1所示。

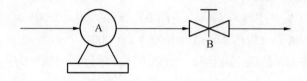

图4-1　泵-阀系统简图

液体沿箭头方向顺序经过泵A、阀门B。组成系统的元件A、B都有正常和失效两种状态。根据系统实际构成情况，当泵A接到启动信号后，可能有两种状态：正常起动开始运行；或失效，不能抽出液体。画出泵A运行的2个分支，并将正常作为上分支、失效作为下分支。

在泵A正常后，再分析阀门B的两种状态：正常和失效。事件树的结构是按照系统的具体情况做出的，故阀门B的正常与失效只能接在泵A正常状态的分支上；泵A处于失效状态，系统就呈失效状态（状态③），阀门B对此结果没有影响，不再延续分析。当阀门B正常时，系统处于状态①——正常；阀B失效时，系统处于状态②——失效。这样，就形成了这个液体输送系统的事件树，如图4-2所示。

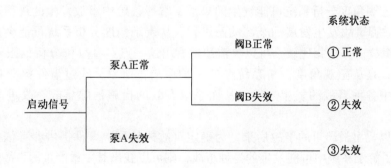

图4-2　液体输送系统事件树

从该事件树中可以清楚地看出系统的运行状态以及系统中各个事件的动态变化过程。可以看出，只有泵A和阀门B均处于正常状态时，系统才能正常运行，而其他两种情况均是系统失效状态。

采用事件树分析法，不但能够定性地了解整个事件的动态变化过程，而且可以定量地计算各个阶段的概率（如果已知有关中间事件发生概率的话），最终计算系统各种状态的发生概率，以及系统成功和失败的概率。

例如，若上述泵 – 阀系统中，泵 A 正常的概率 $P\{A\}=0.9999$，阀 B 正常的概率 $P\{B\}=0.999$，求系统正常和失效的概率。

先求出系统各个状态的概率。

状态①：$P_1=P\{A\}P\{B\}=0.9999\times0.999=0.9989$

其中 $P\{A\}$，$P\{B\}$ 分别为 A，B 处于正常状态的概率。相应地，$P\{\overline{A}\}$，$P\{\overline{B}\}$ 分别为 A，B 处于失效状态的概率。

状态②：$P_2=P\{A\}P\{\overline{B}\}=P(A)[1-P(B)]=0.9999\times0.001=0.0010$

状态③：$P_3=P\{\overline{A}\}=1-P(A)=1-0.9999=0.0001$

因为只有在状态①系统能正常运行，所以系统正常运行的概率为：

$$P\{正常\}=P_1=0.9989$$

状态②和状态③均为系统的失效状态，所以系统失效的概率为：

$$P\{失效\}=P_2+P_3=0.0010+0.0001=0.0011$$

4.2 事件树分析的作用和步骤

4.2.1 事件树分析的作用

通过以上介绍，可以总结出事件树分析的作用如下：

（1）能明确事故的发生、发展过程，指出如何控制事故的发生。通过事件树分析可以看出导致事故的各个事件的发生、发展过程，以及系统的结果，也就是查明各个事件的发生顺序和它们对导致事故发生，以及避免事故发生的作用和它们的相互关系，从而判明事故发生的可能途径及其危害，也就指出了防止事故发生的可能途径及其危害，同时也就指出了防止事故发生的可能途径和方法。可用以指导事故预防工作，并可用来对职工进行直观的安全教育。

（2）从宏观角度分析系统可能发生的事故，掌握系统中事故发生的规律，应用事件树分析能够掌握事故发生发展的全部动态过程，从宏观角度分析系统可能会发生哪些事故。将它与事故树分析相比较，可以更清楚地看出这一点：事故树分析仅限于事故的瞬间静态分析，是从微观角度分析系统中的一种事故。所以，通过事件树分析，能够全面掌握系统中各种事故的发生规律，从而采取有效的措施消除事故，改进系统的安全状况。

（3）可以找出最严重的事故后果，为确定事故树的顶上事件提供参考依据。通过事件树分析，了解了系统中可能发生的各种事故，则可以找出其中最严重的事故后果，再利用事故树分析法对这一最严重事故作更进一步的分析。

（4）可以作为对已发生的事故进行原因分析的技术方法。利用事件树对已发生的事故进行技术分析，可以快速地找出事故的发生原因及其发生过程，有利于吸取事故教训，防止类似事故的发生。

一般说，事件树分析对任何系统均可使用，而尤其适用于多环节事件的事故分析。

4.2.2　事件树分析的步骤

事件树分析大致按如下 4 个步骤进行：

（1）确定系统及其组成要素。也就是明确所分析的对象及范围，找出系统的构成要素，以便于展开分析。

（2）对各子系统（要素）进行分析。也就是分析各要素的因果关系，并对其成功与失败两种状态进行分析。

（3）编制事件树。根据因果关系及状态，从初始事件开始由左向右展开编制事件树；根据编制出的事件树，进行定性分析，说明分析结果，明确系统发生事故的动态过程。

（4）定量计算。标示各要素成功与失败的概率值，求出系统各个状态的概率，并求出系统发生事故的概率值。

作事件树定性分析时，只需进行前 3 步。

目前，对各类事故进行事件树分析时，由于各个中间事件的概率值很难确定，定量计算很难进行，所以往往只进行定性分析。

4.3　事件树分析应用示例

4.3.1　事件树分析示例

下面举例说明事件树分析在煤矿安全工作中的应用。

【例 4 - 2】行人走运输斜巷事件树。

某矿井中的一运输斜巷，设有胶带输送机运送煤炭，在胶带输送机旁边敷设检修轨道，未留人行道。两工人从运输斜巷底部开始，沿检修轨道向上行走。由于绞车司机不知有人行走，从运输斜巷的上部车场放下一辆矿车，向两工人直冲过来。多亏在巷道底部工作的一位老工人发现险情，及时发出了紧急停车信号，矿车在接触第一个工人的刹那间停住，才避免了一起死亡事故。但向上行走的两个工人中，一人受重伤，一人受轻伤。试用事件树分析这一事故。

分析这一事故，如果两工人进入运输斜巷前发出了行人信号，绞车司机不会向下放车，两工人可安全通过运输斜巷；若两工人未发行人信号，但这段时间不向下放车，亦可顺利通过运输斜巷，但这是不保险的；若恰在两工人向上行走时放下车来，则要看在巷道底部工作人员是否发现了险情，是否向绞车司机发出了紧急停车信号，以及信号是否有效。若未发紧急停车信号，矿车直冲下来，必然碾过上行的工人而造成伤亡事故；若发了紧急停车信号，但信号无效，结果也是一样的；若发了紧急停车信号，矿车在接触上行工人之前停下来，则两工人可冒险通过；若矿车停止之前接触上行工人，也会发生受伤甚至死亡事故。

这是一个以向上行走的工人、绞车司机、巷道底部工作人员、矿车和巷道为分析对象的综合系统。以行人进运输斜巷为初始事件，用事件树进行分析，如图 4 - 3 所示。事件树分析得出了 10 个结果，有 5 个是危险的，3 个是冒险的，1 个是侥幸的，1 个是安全的，即我们希望的结果只有 1 个。从事件树中还可看出，若该巷道设有人行道，而行人又走人行道的话，虽然冒险但一般不至于发生伤亡事故。所以，该巷道未设人行道是不合适的。

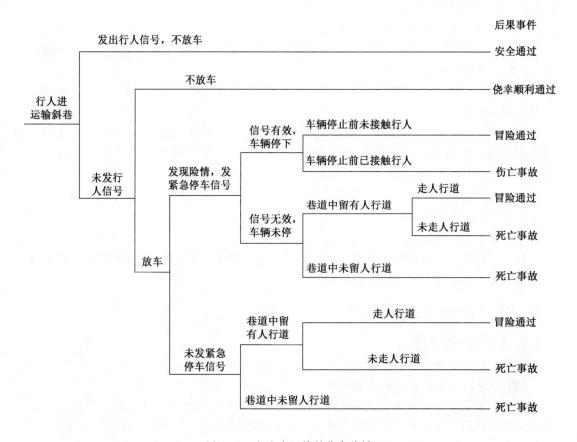

图 4-3 行人走运输斜巷事件树

【例4-3】工人坠入煤仓事件树。

某矿一工人在煤仓上口附近工作，不慎坠入煤仓窒息死亡。分析这一事故，如果煤仓口装设安全栅栏并且安全栅栏完好的话，不会发生坠仓事故；如果未装安全栅栏或栅栏损坏，但工人看见煤仓，亦无危险；否则，虽未看见煤仓，但未走到仓口，亦可侥幸不发生事故；若走到仓口，则坠入煤仓。此时，需要看仓内状况如何，再判断是可能会摔死、摔伤或窒息死亡中哪一种。编制出该事故的事件树，如图4-4所示。从该事件树中，可以明显地看出可能发生的各种事故以及避免事故的途径。

【例4-4】行人过马路事件树。

马路边有行人要过马路，过马路过程中因有车辆通过，发生撞人事故导致人员伤亡。分析这一事故，就一段马路而言可能有车来往，也可能无车通行。当无车时，过马路当然会顺利通过；若有车，则看行人是在车前通过还是在车后通过。若在车后通过，当然也会顺利通过；若在车前通过，则看行人是否有充足的时间。如果有，则不会出现车祸，但很冒险；如果没有，则看司机是否采取紧急制动措施或避让措施。若未采取措施必然会发生撞人事故，导致人员伤亡；若采取措施，则取决于制动或避让上是否有效。有效，则人幸免于难；失败则必造成人员伤亡。编制出该事故的事件树，如图4-5所示。从该事件数中，可以明显地看出可能发生的各种事故以及避免事故发生的途径。

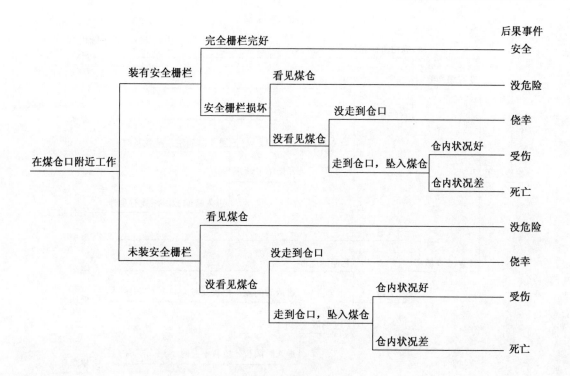

图4-4 坠仓事故事件树

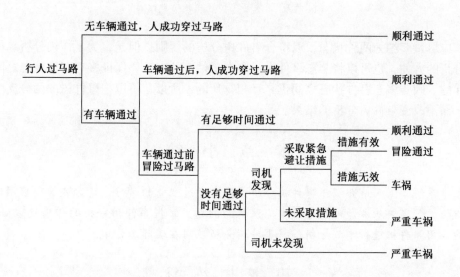

图4-5 行人过马路事件树

【例4-5】报废巷道中瓦斯窒息事件树。报废巷道内瓦斯窒息死亡事故时有发生。编制出其事件树，如图4-6所示。

4.3.2 事件树分析注意问题

对于某些含有两种以上状态的环节事件的系统来说。例如，脚手架护身栏的高度有正常、高、低3种状态；化学反应系统的反应温度，也有正常、高、低3种状态。对于这种

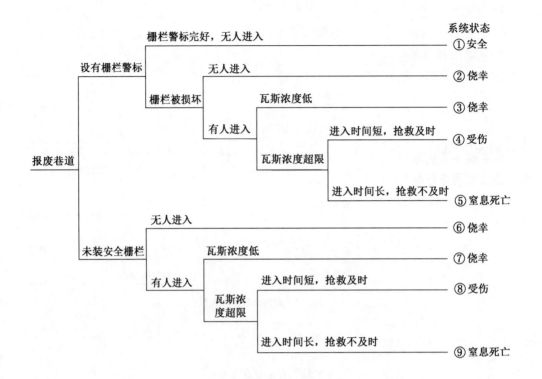

图 4-6 报废巷道中瓦斯窒息事件树

情况，应尽量归纳为两种状态，以符合事件树分析的规则；但是，为了详细分析事故的规律和分析的方便，也可以将两态事件变为多态事件。此时，要保证多态事件状态之间是互相排斥的。因为多态事件状态之间仍是互相排斥的，所以，可以把事件树的两分支变为多分支，而不改变事件树分析的结果。

本 章 小 结

本章系统、深入地介绍了事件树分析方法。通过本章的学习，读者能够理解事件树分析的概念，了解其基本原理及分析中应注意的问题，掌握事件树分析的作用及方法步骤，熟练地应用事件树进行事故分析，将事件树分析应用在实际工作中。

思 考 与 练 习

1. 何为事件树和事件树分析？如何进行事件树定量分析？
2. 试说明事件树分析的作用和步骤。
3. 事件树分析中，若某一环节事件含有 2 种或 2 种以上状态，应该如何处理？
4. 试述事件树分析的优缺点。
5. 试说明如何编制事件树？试举例说明。
6. 试说明事件树分析的注意事项。

7. 试说明事故树分析与事件树分析的异同。

8. 试说明事件树分析在事故预防方面的作用。

9. 某反应器系统如图4-7所示。该反应是放热的,为此在反应器的夹套内通入冷冻盐水以移走反应热。如果冷冻盐水流量减少,会使反应器温度升高,反应速度加快,以致反应失控。在反应器上安装有温度测量控制系统,并与冷冻盐水入口阀门连接,根据温度控制冷冻盐水流量。为安全起见,安装了温度报警仪,当温度超过规定值时自动报警,以便操作者及时采取措施。

如果这个系统出现冷冻盐水流量减少,会按照如下步骤进行控制:高温报警仪报警,操作者发现反应器超温,操作者恢复冷冻盐水流量,操作者紧急关闭反应器。每一步骤的故障率见表4-1,试对其进行事件树定性、定量分析(求该反应器系统"反应失控"的概率)。

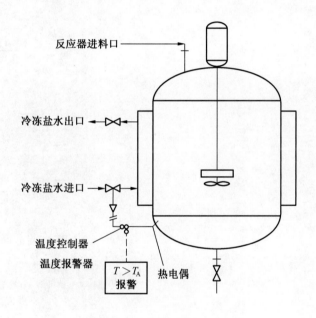

图4-7 反应器的温度控制

表4-1 各步骤的故障率

A	B	C	D	E
安全功能	高温报警仪报警	操作者发现短路	操作者恢复冷却剂流量	操作者紧急关闭反应器
故障率	0.01	0.25	0.25	0.1

10. 一仓库设有由火灾监测系统和喷淋系统组成的自动灭火系统。设火灾监测系统的可靠度和喷淋系统的可靠度皆为0.99,应用事件树分析法计算一旦失火时自动灭火失败的概率。

11. 一斜井提升系统,为防止跑车事故,在矿车下端安装了阻车叉,在斜井里安装了人工启动的捞车器。当提升钢丝绳或连接装置断裂时，阻车叉插入轨道枕木下阻止矿车下滑。当阻车叉失效时，人员启动捞车器拦住矿车。设钢丝绳断裂概率 10^{-4}，连接装置断裂概率 10^{-6}，阻车叉失效概率 10^{-3}，捞车器失效概率 10^{-3}，人员操作捞车器失误概率 10^{-2}。画出因钢丝绳（或连接装置）断裂引起跑车事故的事件树，计算跑车事故发生概率。

5 事故树分析

📝 **本章学习目标：**

（1）掌握事故树、事故树分析、最小割集、最小径集、结构重要度、概率重要度、临界重要度等基本概念。

（2）掌握事故树分析的编制方法，能够编制出合理的事故树。

（3）掌握事故树分析步骤，熟练掌握事故树定性分析和定量分析知识，重点掌握事故树最小割集、最小径集、顶上事件发生概率、基本事件结构重要度、概率重要度和临界重要度的确定和计算方法。

（4）综合应用：选择实际事故案例，进行事故树分析，并结合其他系统安全分析方法（如安全检查表等），制定科学、可行的事故预防方案。

事故树分析也称为故障树分析（Fault Tree Analysis，FTA），是安全系统工程中最重要的分析方法，也是系统安全分析方法中得到广泛应用的一种方法。实践证明，事故树分析是对各类事故进行分析、预测和评价的有效方法，可为安全管理提供科学的决策依据，具有重要的推广、应用价值。

事故树分析方法起源于美国贝尔电话研究所。1961年华特逊（Watson）在研究民兵式导弹发射控制系统的安全性评价时首先提出了这种方法。接着，该研究所的 A. B. 门斯（A. B. Mearns）等人改进了这种方法，对预测导弹发射偶然事故作出了贡献。后来，波音公司对 FTA 进行了重要改革，使之能够利用计算机进行模拟。20 世纪 60 年代后期，FTA 由航空航天工业发展到以原子能工业为中心的其他产业部门。1974 年美国原子能委员会利用 FTA 对商业核电站事故危险性进行评价，发表了著名的拉斯姆逊（N. C. Rasmussen）报告，引起世界各国的广泛关注。目前，各个行业和系统安全分析、安全评价的许多领域都在应用这一方法。

5.1 事故树分析的概念与步骤

5.1.1 事故树的概念和作用

1. 树

树是图论中的概念。图论是将客观世界中的系统抽象为图来进行研究的一门近代数学分支。

图，是由若干个点，以及连接这些点的线段组成的图形。图中的点称为节点，线段称为边或弧。

一个图中，若任何一个节点至少有一边与另一节点相连，就称为连通图，图 5 - 1 就是一个连通图。

连通图中，若某一节点和边的顺序衔接序列中，始点和终点重合，则称之为回路。图 5 - 1 中由 *A*、*B*、*C* 围成的三角形就是一个回路。

树，就是没有回路的连通图。例如，把图5-1中的回路全部破掉，就变成一棵树，如图5-2所示。

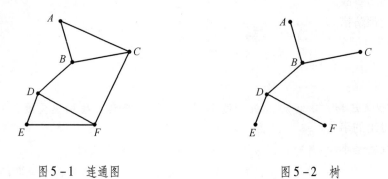

图5-1　连通图　　　　　　　　　　图5-2　树

2. 事故树与事故树分析

事故树，是从结果到原因描绘事故发生的有向逻辑树。逻辑树是用逻辑门连接的树图。

事故树分析，是一种逻辑分析工具，遵照逻辑学的演绎分析原则，即从结果分析原因的原则。事故树分析用于分析所有事故的现象、原因、结果事件及它们的组合，从而找到避免事故发生的措施。

3. 事故树分析的作用

（1）能够较全面地分析导致事故的多种因素及其逻辑关系，并对它们作出简洁和形象的描述。

（2）便于发现和查明系统内固有的和潜在的危险因素，为制定安全技术措施和采取安全管理对策提供依据。

（3）能够明确各方面的失误对系统的影响，并找出重点和关键，使作业人员全面了解和掌握各项防止、控制事故的要点。

（4）可以对已发生事故的原因进行全面分析，以充分吸取事故教训，防止同类事故的再次发生。

（5）便于进行逻辑运算，进行定性、定量分析与评价。

5.1.2　事故树分析的步骤

完整的事故树分析可以分为以下4个步骤。实际进行事故树分析时，分析人员可根据需要和可能，选择其中的几个步骤。

1. 编制事故树

为编制事故树，要全面了解所分析的对象系统的运行机制和事故情况，选定事故树分析的对象——顶上事件。然后，编制出事故树。

2. 事故树定性分析

事故树定性分析包括：

（1）化简事故树。

（2）求事故树的最小割集和最小径集，亦可只求出两者之一。

（3）进行结构重要度分析。

（4）定性分析的结论。

定性分析是事故树分析的核心内容。通过定性分析，可以明确该类事故的发生规律和特点，找出预防事故的各种可行方案，并了解各个基本事件的重要性程度，以便准确地选择并实施事故预防措施。

3. 事故树定量分析

事故树定量分析包括：

（1）确定各基本事件的发生概率。

（2）计算顶上事件的发生概率。计算出顶上事件的发生概率后，应将计算结果与通过统计分析得出的事故发生概率进行比较。如果两者相差悬殊，则必须重新考虑事故树是否正确，以及各基本事件的发生概率是否合理等问题。

（3）进行概率重要度分析和临界重要度分析。

4. 安全评价

安全评价亦称为风险评价，即根据风险率的大小评价该类事故的危险程度。风险率等于事故损失严重程度与事故发生概率的乘积，是衡量危险性的指标。

如果风险率超过允许的安全指标，则必须予以调整，从定性和定量分析的结果中找出降低顶上事件发生概率的最佳方案，使事故的风险率降至预定值以下。

事故树分析的 4 个步骤中，第 1 步编制事故树是分析正确与否的关键；第 2 步定性分析是事故树分析的核心；第 3 步定量分析是事故树分析的方向，即用数据准确地表示事故的危险程度；第 4 步安全评价是事故树分析的目的。目前，采用事故树分析法对各类事故进行分析时，由于难以准确求得基本事件的发生概率，进行事故树定量分析比较困难，所以往往只进行到第 2 步——事故树定性分析；但是，事故树定量分析是事故树分析的方向，应尽可能地进行，对所分析事故的危险程度予以准确定量。

5.2 事故树的编制方法

事故树编制是 FTA 中最基本、最关键的环节。编制工作一般应由系统设计人员、操作人员和可靠性分析人员组成的编制小组来完成，经过反复研究，不断深入，才能趋于完善。

事故树编制得是否完善直接影响到事故树定性分析与定量分析的结果是否正确，关系到运用 FTA 的成败。所以，事故树编制实践中及时进行总结提高，以编制出正确、合理的事故树，是非常重要和关键的步骤。

5.2.1 事故树的编制过程

1. 确定所分析的系统

确定所分析的系统，即确定系统中所包含的内容及其边界范围，并要熟悉系统的整个情况，了解系统状态、工艺过程及各种参数，以及作业情况、环境状况等；要调查系统中发生的各类事故情况，广泛收集同类系统的事故资料，进行事故统计，设想给定系统可能要发生的事故。例如，如果分析建筑防火系统，需要确定是哪种类型的建筑（如普通民用建筑、高层民用建筑等），明确所分析建筑物的具体范围，熟悉它们的具体状况及其防火设备、设施的性能和参数，调查相应建筑物中的各类火灾事故，分析事故发生的规律；如果分析煤矿采煤工作面系统，则要确定是哪种类型的工作面（如单一走向长壁、高档普采工作面等），划定工作面的具体范围，熟悉工作面的煤层特征、顶底板岩性、支架类型以及机电设备性能、瓦斯等级、通风状况等各方面的情况，并调查工作面发生的各类事故，了解事故发生的规律。

2. 确定事故树的顶上事件

顶上事件，即事故树分析的对象事件，也就是所要分析的事故。

对于某一确定的系统而言，可能会发生多种事故，一般首先选择那些易于发生且后果严重的事故作为事故树分析的对象——顶上事件。同时，那些虽不经常发生，但对整个系统的安全状况造成重大威胁的事故，也常选作顶上事件，如工厂中的锅炉爆炸和煤矿中的瓦斯爆炸事故等。另外，根据事故预防工作的实际需要，也可选择其他事故进行事故树分析。

3. 调查与顶上事件有关的所有原因事件

原因事件包括与顶上事件有关的所有因素，可从4M因素（人、机、环、管）着手进行调查。例如，若顶上事件是建筑火灾事故，则建筑材料和建筑中的可燃物情况、防火设施和灭火器材情况、防灭火工作程序、现场人员和消防人员状况等都是与顶上事件有关的原因事件，都需要调查清楚；若顶上事件是采煤工作面冒顶伤人事故，则工作面顶板状况、支护和支架情况、操作程序、现场指挥和人员状况等都是与顶上事件有关的原因事件，都需要加以调查和明确。

4. 画出事故树

首先画出顶上事件，在它下面的一层并列写出其直接原因事件，并用逻辑门连接上、下两层事件；然后，再把构成第二层各事件的直接原因写在第三层上，并用适当的逻辑门连接起来……这样，层层向下，直到最基本的原因事件，就画出一个完整的事故树。

最基本的原因事件称为基本事件，基本事件与顶上事件之间的各个事件称为中间事件。

事故树的最下一层事件，也可能是省略事件或正常事件，它们也属于基本事件。

5.2.2 事故树的符号

事故树是用逻辑门连接的各种事件符号组成的。其中，事件符号是树的节点，逻辑门是表示相关节点之间逻辑关系的符号，逻辑门与事件符号之间的连线是树的边。事故树的符号有事件符号、逻辑门符号和转移符号，下面分别予以介绍。

1. 事件符号

1）矩形符号

矩形符号表示顶上事件或中间事件（图5-3），即需要继续往下分析的原因事件。作事故树图时，将事件的具体内容简明扼要地写在矩形方框中。需要注意的是，由于事故树分析是对具体系统作具体分析，所以顶上事件一定要清楚、明了，不能笼统、含糊。例如，可以将"化工厂火灾爆炸事故"作为顶上事件，而不宜将"化工厂事故"作为顶上事件。

2）圆形符号

圆形符号表示基本原因事件（图5-4），即最基本的、不能再向下分析的原因事件，基本事件可以是设备故障、人的失误或与事故有关的环境不良等。

3）屋形符号

屋形符号表示正常事件（图 5-5），即系统在正常状态下发挥正常功能的事件。这是由于事故树分析是一种严密的逻辑分析，为了保持其逻辑的严密性，正常事件的参与往往是必须的。

4）菱形符号

菱形符号可表示两种事件（图 5-6），一是表示省略事件，即没有必要详细分析或其原因尚不明确的事件；二是表示二次事件，即不是本系统的事故原因事件，而是来自系统以外的原因事件。例如，在分析矿山井下火灾时，地面的火源（能引起井下火灾）就是二次事件。

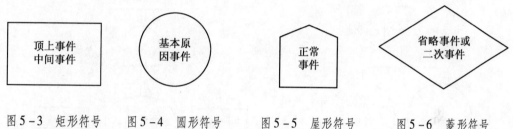

| 图 5-3　矩形符号 | 图 5-4　圆形符号 | 图 5-5　屋形符号 | 图 5-6　菱形符号 |

4 种事件符号内都必须填写内容具体、概念清楚的事件内容。在具体进行事故树分析时，也可以根据实际需要选用其他的图形符号。

2. 逻辑门符号

逻辑门连接着上下两层事件，表明相连接的各事件间的逻辑关系。逻辑门的应用是事故树作图的关键，只有正确地选择和使用逻辑门，才能保证事故树分析的正确性。

逻辑门的种类很多，其中最为基本、应用最多的有与门、或门、条件与门、条件或门和限制门。下面举例说明几种常用逻辑门的用法与作用。

1）与门

与门如图 5-7 所示。与门连接表示，只有当其下面的输入事件 B_1、B_2 同时发生时，上面的输出事件 A 才发生，两者缺一不可。它们的关系是逻辑积关系，即 $A = B_1 \cap B_2$，或记为 $A = B_1 \cdot B_2$；若有多个输入事件时也是如此，如 $A = B_1 \cdot B_2 \cdots B_n$。

图 5-7　与门符号

【例 5-1】对于图 5-8 所示电路，若以"K_1 断开"和"K_2 断开"分别表示开关 1 和开关 2 为断开状态，则它们为基本原因事件，用圆形符号表示；电灯不亮为事故树分析的结果事件，用矩形符号表示。

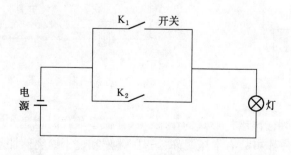

图 5-8　并联开关电路

那么，基本原因事件与其造成的结果事件的关系是逻辑"与"的关系，将其画成事故树，如图5-9所示。

【例5-2】瓦斯爆炸必须满足3个条件：瓦斯积聚（浓度为5%~16%）、引爆火源（温度大于650℃），以及氧含量大于12%。只有这3个原因事件同时发生时，才会发生瓦斯爆炸；3个事件中缺乏任何一个，瓦斯爆炸都不会发生。所以，以瓦斯爆炸作为顶上事件，用逻辑门将它和3个原因事件连接起来，就形成图5-10所示的与门连接的事故树图。

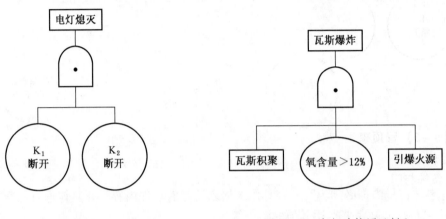

图5-9　与门连接图示例1　　　　　图5-10　与门连接图示例2

需要说明的是，造成上层结果的下层原因事件必须是直接原因事件，而不应该是间接原因事件，以免造成分析的混乱或漏掉重要的原因事件。

2）或门

或门（图5-11）连接表示，输入事件B_1、B_2至少有一个发生，输出事件A就发生。它们的关系是逻辑和关系，即$A = B_1 \cup B_2$或$A = B_1 + B_2$。若有多个输入事件时也是如此。

【例5-3】图5-12所示的串联开关电灯回路，只要开关K_1，K_2中任一个断开，电灯就会熄灭。所以，"电灯熄灭"和"K_1断开""K_2断开"的关系是逻辑和的关系，可用图5-13表示。

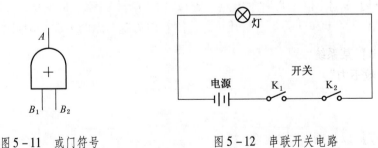

图5-11　或门符号　　　　　图5-12　串联开关电路

或门连接还有罗列输出事件形式的作用，这在做事故树时也是经常用到的。

【例5-4】锅炉爆炸事故有常压爆炸、超压爆炸和烧干锅突然加水爆炸，可用或门将它们连接起来，如图5-14所示。

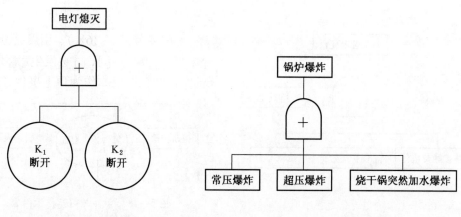

图 5-13 或门连接示例 1　　　　　　　图 5-14 或门连接示例 2

【例 5-5】 冒顶事故有采煤面冒顶和掘进头冒顶，可用或门将它们连接起来，如图 5-15 所示。

3）条件与门

条件与门（图 5-16）表示，必须在满足条件 α 的情况下，输入事件 B_1、B_2 同时发生，输出事件 A 才发生，否则就不发生。这里，α 指输出事件 A 发生的条件，而不是事件。它们的关系是逻辑积关系，即 $A=(B_1\cap B_2)\cap\alpha$，或 $A=B_1\cdot B_2\cdot\alpha$。

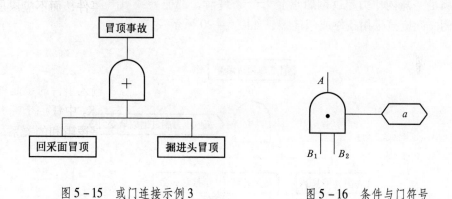

图 5-15 或门连接示例 3　　　　　　　图 5-16 条件与门符号

【例 5-6】 某系统发生低压触电死亡事故的直接原因是"人体接触带电体""保护失效"和"抢救不力"。但这些直接原因事件同时发生也并不一定死亡，而最终取决于通过心脏的电流 I 与通电时间 t 的乘积 $I\cdot t\geqslant 50$ mA·s（毫安·秒），这一条件必须在条件与门的六边形符号内注明，如图 5-17 所示。

【例 5-7】 以瓦斯爆炸事故为例，当瓦斯浓度为 5% ~16%，氧的浓度大于 12% 和引火温度大于 650 ℃ 这 3 个原因事件都具备时，但瓦斯不与火源相遇则绝对不会发生瓦斯爆炸事故。所以，瓦斯爆炸事故需要在同时具备以上 3 个原因事件且满足"相遇"这一条件时才会发生，可用条件与门将它们连接起来，如图 5-18 所示。

4）条件或门

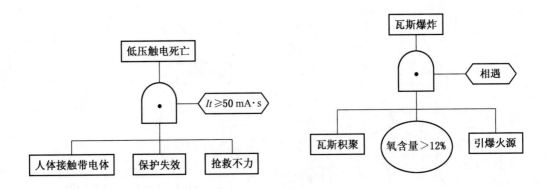

图 5-17 条件与门连接示例 1　　　　　图 5-18 条件与门连接示例 2

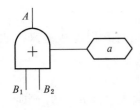

图 5-19 条件或门符号

条件或门（图 5-19）表示，在满足条件 α 的情况下，输入事件 B_1、B_2 至少一个发生，输出事件 A 就发生。输入事件 B_1、B_2 与输出事件之间是逻辑和的关系，输入事件与条件 α 则是逻辑积的关系。由此，它们的逻辑关系为 $A = (B_1 \cup B_2) \cap \alpha$ 或 $A = (B_1 + B_2) \cdot \alpha$。

【例 5-8】氧气瓶超压爆炸事故的原因事件是"在阳光下暴晒""接近热源"或"与火源接触"，3 个原因事件至少发生一个，又满足"瓶内压力超过钢瓶承受力"条件时，都能导致氧气瓶爆炸事故的发生。因此，它们之间应该采用条件或门连接，如图 5-20 所示。

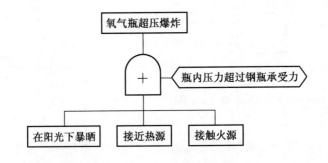

图 5-20 条件或门连接示例 1

【例 5-9】引起瓦斯爆炸的"引爆火源"可以是"明火""爆破火源""摩擦撞击火花""自燃火源"或"电气火花"等，只要有一个发生，火源能量又达到引爆能量时，都能使"引爆火源"成为瓦斯爆炸的直接原因。因此，它们之间应该采用条件或门连接，"能量达到引爆能量"是其条件，如图 5-21 所示。

5）限制门

限制门（图 5-22）也称为禁门，它表示：当输入事件 B 发生时，如果满足条件 α，输出事件 A 就发生；否则，输出事件 A 就不发生。它们是逻辑积的关系，即 $A = B \cap \alpha$ 或

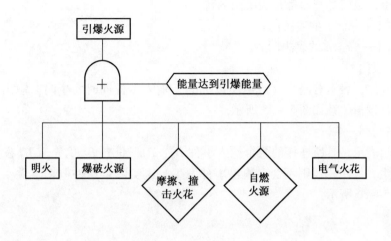

图 5 – 21　条件或门连接示例 2

$A = B \cdot \alpha$。需要注意的是，限制门的输入事件只有一个，这与其他逻辑门是不同的。

【**例 5 – 10**】"滑落煤仓死亡"事故，其直接原因是"误坠煤仓"，但能否造成死亡后果，则取决于"煤仓高度及仓内状况"条件，故用限制门连接，如图 5 – 23 所示。

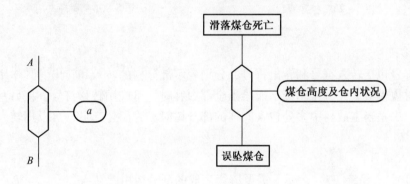

图 5 – 22　限制门符号　　　　　　　图 5 – 23　限制门连接图

上面介绍的 5 种逻辑门最为常用，应该熟练掌握。其中，又以与门、或门最为重要，其他逻辑门均是从这两个门派生出来，可从明确逻辑关系和逻辑表达式入手，理解和掌握各个逻辑门的应用及其关系。

除上面介绍的 5 种逻辑门外，较为常见的还有"表决门""排斥或门"和"顺序与门"，下面对它们做一简单介绍。其他逻辑门在事故树中很少出现，不再赘述。

6）表决门

表决门（图 5 – 24）表示，下面 n 个输入事件 B_1，B_2，…，B_n 中，至少有 r 个发生时输出事件才发生的逻辑关系。这种情况在电气、电子行业出现较多，其他行业不常出现。

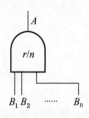

图 5 – 24　表决门符号

可以看出，或门和与门都是表决门的特例：

（1）或门——$r=1$ 的表决门。

（2）与门——$r=n$ 的表决门。

7）排斥或门

也称异或门，表示若两个（或两个以上的）输入事件同时发生时，输出事件就不发生。其符号及逻辑关系如图 5-25 所示。

8）顺序与门

顺序与门表示，其所连接的两个输入事件 B_1，B_2，只有 B_1 优先于 B_2 发生才会有输出事件 A 发生，顺序相反则不会有输出事件发生。这实际是条件概率事件，其符号及逻辑关系如图 5-26 所示。

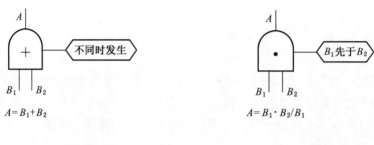

图 5-25 排斥或门　　　　　　　　图 5-26 顺序与门

3. 转移符号

转移符号包括转入符号和转出符号，分别表示部分树的转入和转出。其作用有二：一是当事故树规模很大，一张图纸不能绘出全部内容时，可应用转移符号，在另一张图纸上继续完成；二是当事故树中多处包含同样的部分树时，为简化起见，可以用转入、转出符号标明。

1）转入符号

转入符号（图 5-27）表示，需要继续完成的部分树由此转入。

2）转出符号

转出符号（图 5-28）表示，尚未全部完成的事故树由此转出。

一般地，转出、转入符号的三角形内要对应标明数码或字符，以示呼应。

图 5-27 转入符号　　　　　　　　图 5-28 转出符号

5.2.3 事故树编制实例

事故树的编制方法一般分为两类，一类是人工编制，另一类是计算机辅助编制。

5.2.3.1 人工编制事故树

1. 编制事故树的规则

事故树的编制过程是一个严密的逻辑推理过程，应遵循以下规则：

（1）顶上事件的确定应优先考虑风险大的事故事件。

（2）合理确定边界条件。明确规定所分析系统与其他系统的界面，需要时可做一些合理的假设。

（3）保持逻辑门的完整性，不允许门与门直接相连。事故树编制时应逐级进行，不允许跳跃；任何一个逻辑门的输出都必须有一个结果事件，不允许不经过结果事件而将门与门直接相连，否则，将很难保证逻辑关系的准确性。

（4）确切描述顶上事件。明确地给出顶上事件的定义，即确切地描述出事故的状态，及其什么时候在何种条件下发生。

（5）编制过程中及编成后，需及时进行合理的简化。

2. 人工编制事故树的方法

人工编制事故树的常用方法为演绎法，它是通过人的思考去分析顶上事件是怎样发生的，并根据其逻辑关系画出事故树。演绎法编制时首先确定系统的顶上事件，找出直接导致顶上事件发生的直接原因事件——各种可能原因或其组合，即中间事件（也可能是基本事件）。在顶上事件与其紧连的直接原因事件之间，根据其逻辑关系画上合适的逻辑门。然后再对每个中间事件进行类似的分析，找出其直接原因事件，逐级向下演绎，直到不能继续分析的基本事件为止。这样，就可画出完整的事故树。

编制出事故树后，要对其正确性进行全面检查，判断其逻辑关系是否正确。其正确与否的判别原则是：上一层事件是下一层事件的必然结果；下一层事件是上一层事件的充分条件。

3. 事故树编制示例

下面通过几个事故树编制的示例，进一步说明事故树编制的全过程。

【例 5 – 11】车床绞长发事故树。

机械工厂中，由于车床旋转运动时将员工，特别是女工的长发绞进去，从而造成伤害的事故时有发生。所以，将这种事故作为顶上事件，进行事故树分析。在对车床系统的运行和事故情况调查、了解清楚后，就可以按照演绎分析的原则进行分析，编制出"车床绞长发事故"的事故树。

首先确定，所分析的系统是机械工厂中的车床运行系统，包括车床及其旋转运动，以及操作车床的人及其工作行为，不包括系统之外的因素。

将顶上事件"车床绞长发事故"记入最上端的矩形符号内，这即是事故树的第一层。车床绞长发事故的直接原因事件是"车床旋转"和"长发落下"，将这 2 个原因事件记入第二层。其中，"车床旋转"是正常事件，用屋形符号表示；"长发落下"需继续向下分析，属于中间事件，记入矩形符号内。两者必须是同时发生才会导致顶上事件的发生，用与门将第一、第二层事件连接起来比较适宜；但是，第二层的 2 个原因事件要使顶上事件发生，还应满足"长发接触旋转部位"条件，所以，采用条件与门将第一、第二层事件连接起来，如图 5 – 29 的第一、二两层所示。

再以第二层事件作为结果事件，找出它们的所有直接原因事件，记入第三层的相应事件符号内，并用适当的逻辑门将它们与第二层连接起来。第二层的"车床旋转"为正常事件，无须向下分析；"长发落下"为中间事件，则需继续向下分析。"长发落下"的直接原因事件为"留有长发"和"长发未在帽内"，将它们记入"长发落下"下方的第三层，并根据它们的逻辑关系用与门连接。"留有长发"是基本原因事件，用圆形符号；"长发未在帽内"是中间事件，用矩形符号，如图5-29的第二、三两层所示。

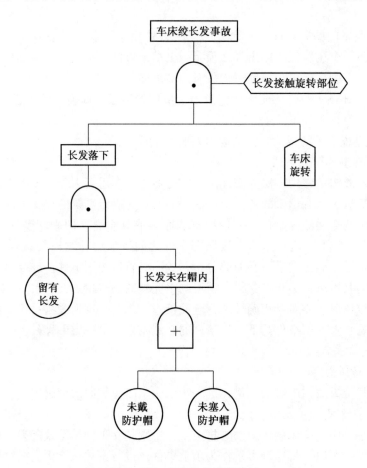

图5-29 车床绞长发事故树

第三层中的"留有长发"是基本原因事件，不再向下分析；"长发未在帽内"的直接原因事件是"未戴防护帽"和"未塞入帽内"，写在事故树的第四层，并根据它们的逻辑关系用或门连接；两事件都是基本原因事件，都用圆形符号表示。至此，该事故树分析到了最基本的原因事件，也就完成了整个事故树的编制，如图5-29所示。

绘出事故树图后，还要按照上述原则进行全面的正确性检查，判断事故树编制得是否正确。

【例5-12】"斜巷（井）运输事故"事故树。

在矿山生产过程中，"斜巷（井）运输事故"是发生较为频繁的事故之一，所以将此事故作为顶上事件，进行事故树分析。下面编制发生在轨道运输的斜巷或斜井中的运输事故的事故树。

首先确定，所分析的系统是采用轨道矿车运输的斜巷或斜井中的人和物，不包括其他类型的巷道。在对系统的运行和事故情况调查、了解清楚后，就可以按照演绎分析的原则进行分析，编制出"斜巷（井）运输事故"的事故树。

将顶上事件"斜巷（井）运输事故"记入最上端的矩形符号内，这即是事故树的第一层。斜巷（井）运输事故的直接原因是系统处于"故障状态""安全措施失效"和"人员位置错误"，将这三个原因事件记入第二层的矩形符号内。三者必须是同时发生才会导致顶上事件的发生，所以用与门将第一、第二层事件连接起来，如图 5 – 30 所示。

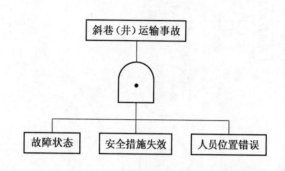

图 5 – 30 事故树的第一、二层

再以第二层事件作为结果事件，分别找出它们的所有直接原因事件，记入第三层的相应事件符号内，并用适当的逻辑门将它们与第二层连接起来。第二层的"故障状态"包括"设备故障"和"操作失误"，将它们记入"故障状态"下方的矩形符号内，并根据或门的第二种使用方法，用或门将它们连接起来；"安全措施失效"的直接原因事件是"无安全保护装置""安全保护装置失效"和"缺少信号装置"，三者中只要有一个（或一个以上）发生，就可以使"安全措施失效"，所以用或门将它们连接起来；"人员位置错误"的直接原因事件是"操作位置错误""行人不走人行道"或"巷道断面不合适"，三者中只要有一个存在就发生"人员位置错误"，所以用或门将它们连接起来。这样，就完成了事故树第二层事件的原因分析，并绘出了第二、三层事件的全部连接关系（图 5 – 31）。

然后，继续分析第三层事件。第三层事件中，"设备故障"的直接原因事件是"斜巷（井）跑车""设备失修"或"矿车、箕斗掉道"，将它们记在第四层的事件符号内，用或门连接起来，"斜巷（井）跑车"和"矿车、箕斗掉道"不再继续分析，所以用菱形符号表示。"设备失修"的直接原因事件是"钢丝绳破损"和"矿车连接装置破损"都是基本原因事件，故用圆形事件符号。至此，第三层事件中的"设备故障"已分析至基本事件，完成了这一部分的事故树绘制；采用同样步骤，对第三层事件中的"操作失误"和"巷道断面不合适"进行分析，直至分析到基本事件，就绘制出了完整的"斜巷（井）运输事故"事故树，如图 5 – 31 所示。

【例 5 – 13】从脚手架坠落死亡事故树。

建筑工地经常出现各类事故，从脚手架上坠落是施工现场发生较为频繁、后果严重的事故。下面编制"从脚手架上坠落死亡"事故树。

本例中，假设建筑施工不包括搭、拆脚手架，施工人员"从脚手架坠落"也不包括

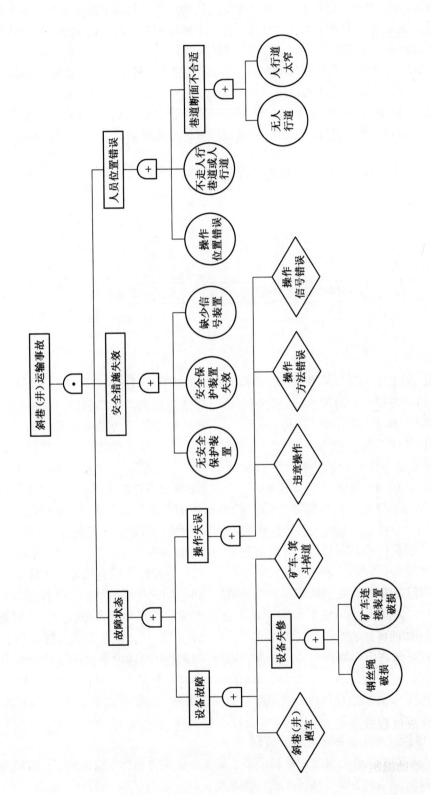

图 5 - 31 "斜巷(井)运输事故"事故树

脚手架倒塌坠落。在明确所分析的系统，对施工现场、作业情况、机械设备、人员配备了解清楚以后，按照上述编制方法，编制出"从脚手架上坠落死亡"事故树，如图 5 – 32 所示。

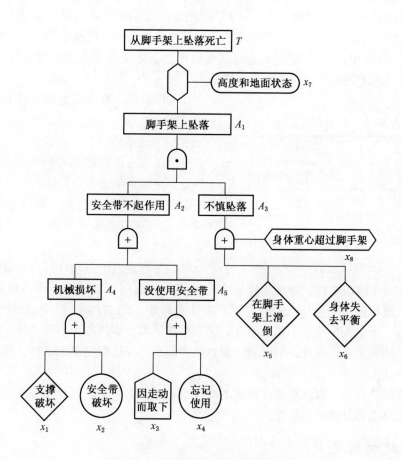

图 5 – 32　从脚手架上坠落死亡事故树

事故树编制完成后，为了分析的方便，一般将各个事件标上字符符号。一般用 x_1，x_2，…表示基本事件，用 T 表示顶上事件，用 A、B 等表示中间事件，如图 5 – 32 所示。

5.2.3.2　计算机辅助编制

由以上示例可以看出，人工编制事故树费时费力，且系统越复杂，这一问题越突出。采用合适的应用程序，由计算机辅助编制事故树，是一个明确的发展方向。计算机辅助编制事故树，是借助于计算机程序，在已有系统部件模式分析的基础上，对系统的事故过程进行编辑，从而达到在一定范围内迅速准确地自动编制事故树的目的。

计算机辅助编制事故树主要可分为两类：一类是 1973 年 Fussell 提出的合成法（Synthetic Tree Method，简称为 STM），主要用于解决电路系统的事故树编制问题；另一类是由 Apostolakis 等人提出的判定表法（Decision Table，简称为 DT）。

1. 合成法

合成法是建立在部件事故模式分析的基础上，用计算机程序对子事故树进行编辑的一种方法。合成法与演绎法的不同点是：只要部件事故模式所决定的子事故树一定，由合成法得到的事故树就唯一。所以，它是一种规范化的编制方法，部件的子事故与所分析系统是独立考虑的。因此，由这些部件组成的任何系统都可以借助已确定的子事故树重新组合该系统的事故树。但是，合成法不能像演绎法那样有效地考虑人为因素和环境条件的影响，它是针对系统硬件事故而编制事故树的。

表 5-1　泵 的 判 定 表

输入	输出
泵运行状态	加于阀门的冷却水压力
正常	正常
停转	无

可以看出，建立系统典型的子事故树库是合成法的关键。

2. 判定表法

判定表法是根据部件的判定表来合成的。判定表法要求确定每个事件的输入/输出事件，即输入/输出的某种状态。把每个部件的这种输入/输出事件的关系列成表，该表称作判定表，示例见表 5-1。

一个判定表上只允许有一个输出事件，如果事件不止一个输出事件，则必须建立多个判定表。编制事故树时，将系统按节点（输入与输出的连接点）划分开，并确定顶上事件及其相关的边界条件。一般认为，来自系统环境的每一个输入事件属于基本事件，来自部件的输出事件属于中间事件。在判定表都已齐备后，从顶上事件出发，根据判定表追踪中间事件并追踪到基本事件，就编制成所需要的事故树。

判定表的优点是可以任意确定部件的状态数目、多态系统，以及有关的参量，因此特别适用于带反馈和自动控制的系统。

5.3　事故树的化简

事故树的化简要用布尔代数的有关知识，求事故树的最小割集和最小径集也要用到布尔代数知识。因此，我们先简单介绍布尔代数的有关内容，然后再介绍事故树的化简方法。

5.3.1　布尔代数简介

布尔代数也叫逻辑代数，是一种逻辑运算方法，也可以说是集合论的一部分。布尔代数与其他数学分支的最主要区别在于，布尔代数所进行的运算是逻辑运算，布尔代数的数值只有 2 个：0 和 1。

在事故树分析中，所研究的事件也只有两种状态，即发生和不发生，而不存在其中间状态。所以，可以借助布尔代数进行事故树分析。

我们把只有某种属性的事物的全体称为一个集合。例如，某一车间的全体工人构成一个集合；自然数中的全部偶数构成一个集合；各类煤矿事故也构成一个集合。

具有某种共同属性的一切事物组成的集合，称为全集合，简称全集，用 Ω 表示；没有任何元素的集合称为空集，用 $\varnothing$ 表示。

集合中的每一个成员称为集合的元素。若集合 A 的元素都是集合 B 的元素，则称 A

是 B 的子集。集合论中规定，空集 $\varnothing$ 是全集 Ω 的子集。

利用文氏图可以明确表示子集与全集的关系，如图 5 – 33 所示。图中，整个矩形的面积表示全集 Ω，圆 A 表示 A 子集，圆 B 表示 B 子集，圆 C 表示 C 子集。可以看出，集合 B 又是集合 A 的子集。

全集 Ω 中不属于集合 A 的元素的全体构成集合 A 的补集，记为 A' 或 $\overline{A}$。图 5 – 34 中的阴影部分即是 A 的补集。在进行事故分析时，某事件不发生就是该事件发生的补集。

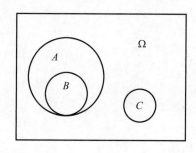

图 5 – 33　全集与子集

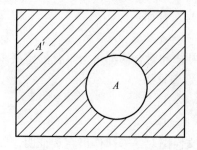

图 5 – 34　集合 A 的补集

如果一个子集合中的元素不被其他子集合所包含，则称为不相交的或相互排斥的子集合。图 5 – 33 中的 A 和 C 即为不相交的子集合。

5.3.1.1　集合的运算

由集合 A 和集合 B 的所有元素组成的集合 C 称为集合 A 和集合 B 的并集，记为 $C = A \cup B$。

记号"$\cup$"读作"并"或"或"，也可写成"$+$"，即也可以记为 $C = A + B$。

由 A，B 两个集合的一切相同元素所组成的新集合 C 称为 A，B 的交集，记为 $C = A \cap B$。

符号"$\cap$"读作"交"或"与"，亦可以用"$\cdot$"表示。所以，也可记为 $C = A \cdot B$ 或 $C = AB$。

事故树中，或门的输出事件是所有输入事件的并集，与门的输出事件是所有输入事件的交集。这在前面已经叙述过了。

5.3.1.2　布尔代数运算定律

下面将事故树分析涉及的有关布尔代数运算定律作一简单介绍。布尔代数中，通常把全集 Ω 记作"1"，空集 $\varnothing$ 记作"0"。

（1）结合律：

$(A + B) + C = A + (B + C)$；

$(A \cdot B) \cdot C = A \cdot (B \cdot C)$。

（2）交换律：

$A + B = B + A$；

$A \cdot B = B \cdot A$。

（3）分配律：

$A \cdot (B + C) = (A \cdot B) + (A \cdot C)$;

$A + (B \cdot C) = (A + B) \cdot (A + C)$。

布尔代数运算中的结合律和交换律，与普通代数中的相同。对于分配律 $A + (B \cdot C) = (A + B) \cdot (A + C)$，可以应用文氏图给出其直观证明。

（4）互补律：

$A + A' = \Omega = 1$；

$A \cdot A' = \varnothing = 0$。

（5）对合律：

$(A')' = A$。

互补律和对合律都可由集合的定义本身得到解释。

（6）等幂律：

$A + A = A$；

$A \cdot A = A$。

用文氏图对等幂律作出直观证明，如图 5 - 35 所示。

（7）吸收律：

$A + A \cdot B = A$；

$A \cdot (A + B) = A$。

它们的证明分别如图 5 - 36 和图 5 - 37 所示。

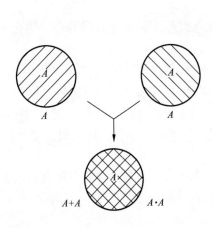

图 5 - 35 $A + A = A$ 及 $A \cdot A = A$ 的证明

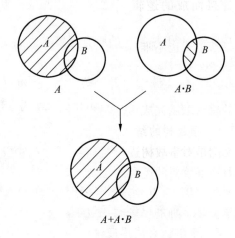

图 5 - 36 $A + A \cdot B = A$ 的证明

（8）重叠律：

$A + B = A + A'B = B + B'A$。

（9）德·摩根律：

$(A + B)' = A' \cdot B'$；

$(A \cdot B)' = A' + B'$。

另外，根据全集的定义不难理解，下式是成立的：

$1 + A = 1$。

采用布尔代数进行事故树分析时，这一公式也是经常用到的。

5.3.1.3 逻辑式的范式

逻辑式的范式是用布尔代数法化简事故树和求最小割集、最小径集的基础。

仅用运算符"·"连接而成的逻辑式称为与逻辑式，例如 A、AB'、ABC 等都是与逻辑式；由若干与逻辑式经过运行符"+"连接而成的逻辑式，称为与或范式，例如 $ABC + DE$、$A + BC$ 等都是与或范式。

逻辑式的与或范式不是唯一的。在用布尔代数进行事故树分析时，我们总是将其化为最简单

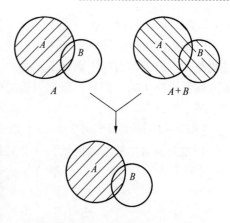

图 5-37 $A \cdot (A + B) = A$ 的证明

的形式，即要求与或范式中的项数最少，每一项（与逻辑式）中所含的元素最少。例如：

$$ABC + CD + CE + D + DE$$
$$= ABC + CE + [(D + CD) + DE]$$
$$= ABC + CE + [D + DE]$$
$$= ABC + CE + D$$

仅用运算符"+"连接而成的逻辑式称为或逻辑式，由若干或逻辑式经过与运算符连接而成的逻辑式称为或与范式，例如 $A + B + C$、$A(B + C)(C + D)$ 都是或与范式。

或与范式也不唯一。实用中也要将其化为最简形式，即因式（或逻辑式）数目最少，且每个或逻辑式中所含元素最少，例如 $x_1(x_2 + x_3)(x_4 + x_5)$。

5.3.2 事故树的化简

事故树编制完成后，一般要进行化简。化简时利用布尔代数的有关知识进行。

5.3.2.1 事故树的结构式

无论是对事故树进行化简，还是对其进行定性、定量分析，都要列出事故树的结构式，即将事故树的逻辑关系用逻辑式表示。

例如，图 5-38 所示的事故树，其结构式为 $T = a \cdot b$。

图 5-39 所示事故树，其结构式为 $T = A_1 \cdot A_2 = x_1 x_2 \cdot (x_1 + x_3)$。

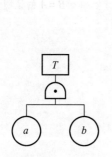

图 5-38 事故树示意图 (1)

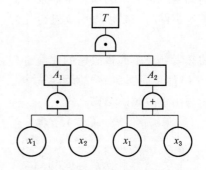

图 5-39 事故树示意图 (2)

5.3.2.2　事故树的化简

对事故树进行化简，即利用布尔代数运算定律对事故树的结构式进行整理和化简。通过化简，可以去掉与顶上事件不相关的基本事件，并可以减少重复事件。根据化简结果，可以编制出简化的、但与原事故树等效的事故树图，既便于定量运算，又使事故树更加清晰、明了。

【例5－14】 对图5－39所示事故树进行化简。

根据上面写出的事故树结构式，对其进行化简如下：

$$
\begin{aligned}
T &= x_1 x_2 \cdot (x_1 + x_3) \\
&= x_1 x_2 \cdot x_1 + x_1 x_2 \cdot x_3 & \text{（分配律）} \\
&= x_1 x_1 \cdot x_2 + x_1 x_2 x_3 & \text{（交换律）} \\
&= x_1 \cdot x_2 + x_1 x_2 x_3 & \text{（等幂律）} \\
&= x_1 x_2 & \text{（吸收律）}
\end{aligned}
$$

亦可按如下方式对其进行化简：

$$
\begin{aligned}
T &= x_1 x_2 \cdot (x_1 + x_3) \\
&= x_1 (x_1 + x_3) \cdot x_2 & \text{（交换律）} \\
&= x_1 x_2 & \text{（吸收律）}
\end{aligned}
$$

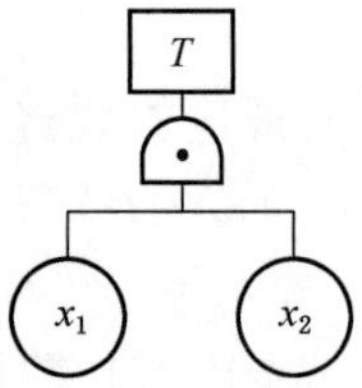

图5－40　图5－39事故树的等效事故树

这样，就可编制出图5－40所示的等效事故树，它由 x_1 和 x_2 两个基本事件组成，通过一个与门和顶上事件连接。这不但使原事故树大大得到简化，同时表明原事故树中的基本事件 x_3 与顶上事件是无关的。另外，我们再通过顶上事件发生概率的计算，来观察其定量计算情况（概率计算方法见本章第6节）。

设基本事件 x_1，x_2，x_3 的发生概率分别为 $P_1 = P_2 = 0.1, P_3 = 0.2$，按化简前的事故树进行计算，顶上事件的发生概率为

$$
g = q_1 q_2 \cdot [1 - (1 - q_1)(1 - q_3)] = 0.1 \times 0.1 \times [1 - (1 - 0.1)(1 - 0.2)] = 0.0028
$$

按化简后的等效事故树进行计算，有：

$$
g = q_1 q_2 = 0.1 \times 0.1 = 0.01
$$

计算结果是不同的，其原因是化简前的事故树包括与顶上事件无关的基本事件，所以根据化简前的事故树算出的顶上事件发生概率是错误的。这说明，如果事故树的不同位置存在相同基本事件时，必须先对其进行化简，然后才能进行定量计算。否则，将得到错误的结果。

为了使读者熟练掌握事故树的化简过程，我们再举一例。

【例5－15】 化简图5－41所示事故树，并编制出其等效图。

首先，写出事故树的结构式：

$$
\begin{aligned}
T &= A_1 \cdot A_2 \\
&= (A_3 + x_1) \cdot (A_4 + x_4) \\
&= (x_2 x_3 + x_1)(A_5 \cdot x_1 + x_4) \\
&= (x_2 x_3 + x_1)[(x_2 + x_4) x_1 + x_4]
\end{aligned}
$$

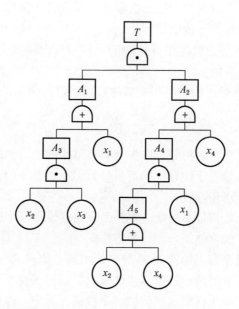

图 5 – 41　事故树示意图 (3)

然后，根据布尔代数运算定律对其进行化简：

$$T = (x_2x_3 + x_1)\left[(x_2 + x_4)x_1 + x_4\right]$$
$$= (x_2x_3 + x_1)\left[x_2x_1 + x_4x_1 + x_4\right] \qquad (分配律)$$
$$= (x_2x_3 + x_1)\left[x_2x_1 + x_4\right] \qquad (吸收律)$$
$$= x_2x_3x_2x_1 + x_2x_3x_4 + x_1x_2x_1 + x_1x_4 \qquad (分配律)$$
$$= x_2x_3x_1 + x_2x_3x_4 + x_1x_2 + x_1x_4 \qquad (等幂律)$$
$$= x_1x_2 + x_1x_2x_3 + x_2x_3x_4 + x_1x_4 \qquad (交换律)$$
$$= x_1x_2 + x_2x_3x_4 + x_1x_4 \qquad (吸收律)$$

实际进行事故树的化简时，可适当简化上述计算步骤，无须一一写出来。

最后，根据化简后的事故树结构式，编制出原事故树的等效图，如图 5 – 42 所示。

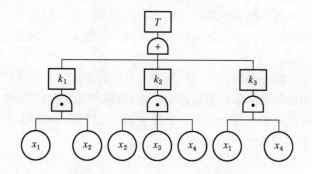

图 5 – 42　图 5 – 41 事故树的等效图

以上通过实例介绍了事故树化简的方法步骤及其必要性。对于何种情况下需要进行事故树化简的问题，一般可按如下说明处理：

（1）如果事故树的不同位置存在有相同的基本事件，需要对事故树进行化简，然后才能对其进行定性、定量分析。

（2）一般事故树（不存在相同的基本事件）可以进行化简，也可以不化简。

5.4 最小割集与最小径集

最小割集和最小径集在事故树分析中占有非常重要的地位，透彻掌握和熟练运用最小割集和最小径集，对于事故树定性分析和定量分析都起着重要的作用。

5.4.1 最小割集和最小径集的概念

割集、径集、最小割集和最小径集，原是系统可靠性工程中的术语。本书中，我们只讨论它们在事故树分析中的具体概念和计算方法。

一个事故树中，如果全部基本事件都发生，则顶上事件必然发生。但是，一般情况下，顶上事件的发生不一定需要全部基本事件发生，而只需要某些特定的基本事件同时发生即可。我们可以借助割集来研究这一问题。事故树分析中，能够导致顶上事件发生的基本事件的集合称为割集。也就是说，若一组基本事件同时发生就能造成顶上事件发生，则这组基本事件就称为割集。

在割集中，能够导致顶上事件发生的最小限度的基本事件集合称为最小割集。

若事故树中的全部基本事件都不发生，则顶上事件肯定不会发生。但是，一般情况下，某些特定的基本事件不发生，也可以使顶上事件不发生，这就是径集所要讨论的问题。事故树分析中，如果某些基本事件不发生，就能保证顶上事件不发生，则这些基本事件的集合就称为径集。

所谓最小径集，就是保证顶上事件不发生所需要的最小限度的径集。

由上可知，最小割集实际上是研究系统发生事故的规律和表现形式，而最小径集则是研究系统的正常运行至少需要哪些基本环节的正常工作来保证。

5.4.2 最小割集的求算方法

简单的事故树可以凭直观找出最小割集，一般的事故树则需借助于具体的方法来求出最小割集。求取最小割集的方法，有布尔代数化简法、行列法、矩阵法，以及模拟法、素数法等多种方法，其中有一些是利用计算机求解的方法。从实用角度出发，本书重点介绍常用的布尔代数化简法和行列法，并简单介绍其他几种较为常用的方法。

5.4.2.1 布尔代数化简法

布尔代数化简法求取最小割集，即利用布尔代数运算定律化简事故树的结构式，求得若干交集的并集，即化为最简单的与或范式。则该最简单的与或范式中的每一个交集就是一个最小割集；与或范式中有几个交集，事故树就有几个最小割集。例如，通过对图5-41事故树的化简，其最简单的与或范式为

$$T = x_1 x_2 + x_2 x_3 x_4 + x_1 x_4。$$

则该事故树有3个最小割集。最小割集 K_1 由 x_1，x_2 两个基本事件组成，K_2 由 x_2，x_3，x_4 组成，K_3 由 x_1，x_4 组成：

$$K_1 = \{x_1, x_2\}, K_2 = \{x_2, x_3, x_4\}, K_3 = \{x_1, x_4\}。$$

用布尔代数化简法求取最小割集，通常分4个步骤进行：

第一步，写出事故树的结构式，即列出其布尔表达式：从事故树的顶上事件开始，逐层用下一层事件代替上一层事件，直至顶上事件被所有基本事件代替为止。

第二步，将布尔表达式整理为与或范式。

第三步，化简与或范式为最简与或范式。化简的普通方法是，对与或范式中的各个交集进行比较，利用布尔代数运算定律（主要是等幂律和吸收律）进行化简，使之满足最简与或范式的条件。

第四步，根据最简与或范式写出最小割集。

下面通过实例说明用该法求取最小割集的具体步骤。

【例5-16】如图5-43所示事故树，试用布尔代数化简法求出其全部最小割集。

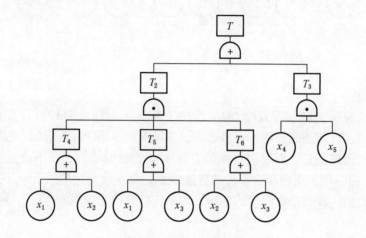

图5-43 事故树示意图（4）

先写出事故树的结构式：

$$T = T_2 + T_3$$
$$= T_4 T_5 T_6 + x_4 x_5$$
$$= (x_1 + x_2)(x_1 + x_3)(x_2 + x_3) + x_4 x_5。$$

再利用布尔代数运算定律，将上式化为最简单的与或范式：

$$T = (x_1 + x_2)(x_1 + x_3)(x_2 + x_3) + x_4 x_5$$
$$= (x_1 x_1 + x_1 x_3 + x_2 x_1 + x_2 x_3)(x_2 + x_3) + x_4 x_5$$
$$= (x_1 + x_2 x_3)(x_2 + x_3) + x_4 x_5$$
$$= x_1 x_2 + x_1 x_3 + x_2 x_3 x_2 + x_2 x_3 x_3 + x_4 x_5$$
$$= x_1 x_2 + x_1 x_3 + x_2 x_3 + x_4 x_5。$$

所以，该事故树的最小割集为4个，它们分别是：

$$K_1 = \{x_1, x_2\}, K_2 = \{x_1, x_3\},$$
$$K_3 = \{x_2, x_3\}, K_4 = \{x_4, x_5\}。$$

利用最小割集，可以绘出与原事故树等效的事故树图。因为任何一个最小割集都是顶上事件（事故）发生的一组基本条件，所以，用或门连接顶上事件和各个最小割集，用与门连接最小割集中的各个基本事件，就形成了与原事故树等效的事故树。例如，我们可利用如上 4 个最小割集，绘出图 5-43 事故树的等效图，如图 5-44 所示。

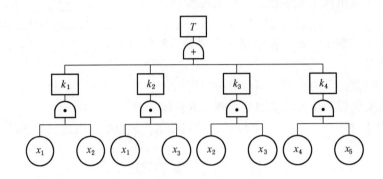

图 5-44　图 5-43 事故树的等效图

5.4.2.2　行列法

行列法是富塞尔（J. B. Fussell）和文西利（W. E. Vssely）于 1972 年提出的，又称下行法或富塞尔算法。该法既可用于手工运算，又可编程序用计算机求解，故应用较广。

行列法的理论依据是：事故树"或门"使割集的数量增加，而不改变割集内所含事件的数量；"与门"使割集内所含事件的数量增加，而不改变割集的数量。行列法就是根据这一性质进行的，即根据逻辑门的不同，采用按行或按列排列的方法，找出事故树的最小割集。

用行列法求取最小割集的具体做法是：从顶上事件开始，顺序用下一层事件代替上一层事件，把与门连接的事件横向写在一行内（按行排列），或门连接的事件纵向写在若干行内（按列排列），或门下有几个事件就写几行。这样，逐层向下，直至各个基本事件全部列出。最后列出的每一行基本事件集合，就是一个割集。在基本事件没有重复的情况下，所得到的割集即是最小割集；一般情况下，需要用布尔代数法、质数代数法等对各行进行化简，以求得最小割集。

下面通过实例进一步说明用行列法求取最小割集的方法步骤。

【例 5-17】用行列法求图 5-45 所示事故树的最小割集。

顶上事件 T 与第二层事件 x_1，A 用或门连接，故用 x_1，A 纵向列开来代替 T：

$$T \xrightarrow{\quad 或门\quad} \begin{cases} x_1 \\ A \end{cases}$$

x_1 是基本事件，无须用其他事件替代；A 与其下一层事件 x_2，x_3 用与门连接，故用 x_2，x_3 横向排出来代替 A：

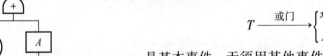

图 5-45　事故树示意图(5)

由于事故树中没有重复的基本事件，所以这样得到的两行就是事故树的两个最小割集：

$$K_1 = \{x_1\}, K_2 = \{x_2, x_3\}。$$

【例 5 – 18】用行列法求图 5 – 43 所示事故树的最小割集。

按照行列法的代换规则，其前几步的代换为：

$$T \xrightarrow{\text{或门}} \begin{cases} T_2 \xrightarrow{\text{与门}} T_4 T_5 T_6 \xrightarrow{T_4 \text{或门}} \begin{cases} x_1 T_5 T_6 \\ x_2 T_5 T_6 \end{cases} \\ T_3 \xrightarrow{\text{与门}} x_4 x_5 \end{cases}$$

进一步向下替代，到达基本事件后，得到如下 9 行：

$$\begin{cases} x_1 x_1 x_2 \\ x_1 x_1 x_3 \\ x_1 x_3 x_2 \\ x_1 x_3 x_3 \\ x_2 x_1 x_2 \\ x_2 x_1 x_3 \\ x_2 x_3 x_2 \\ x_2 x_3 x_3 \\ x_4 x_5 \end{cases}$$

说明该事故树有 9 个割集，为求得最小割集，需要用布尔代数运算定律对各行进行化简：

$$\begin{cases} x_1 x_1 x_2 \\ x_1 x_1 x_3 \\ x_1 x_3 x_2 \\ x_1 x_3 x_3 \\ x_2 x_1 x_2 \\ x_2 x_1 x_3 \\ x_2 x_3 x_2 \\ x_2 x_3 x_3 \\ x_4 x_5 \end{cases} \rightarrow \begin{cases} x_1 x_2 \\ x_1 x_3 \\ x_1 x_2 x_3 \\ x_1 x_3 \\ x_1 x_2 \\ x_1 x_2 x_3 \\ x_2 x_3 \\ x_2 x_3 \\ x_4 x_5 \end{cases} \rightarrow \begin{cases} x_1 x_2 \\ x_1 x_3 \\ x_2 x_3 \\ x_4 x_5 \end{cases}$$

这样，就得到了事故树的 4 个最小割集，分别为：

$$K_1 = \{x_1, x_2\}, K_2 = \{x_1, x_3\}, K_3 = \{x_2, x_3\}, K_4 = \{x_4, x_5\}$$

上述计算结果与【例 5 – 15】中求得的结果相同。

5.4.2.3 素数法和分离重复事件法

当割集的个数及割集中的基本事件个数较多时，上述直接用布尔代数运算定律化简的方法不但费时，而且效率低。所以常用素数法或分离重复事件法进行化简。

1. 素数法

素数法也叫质数代表法，具体做法是：将割集中的每一个基本事件分别用一个素数表示（从素数 2 开始顺次排列），该割集用所属基本事件对应的素数的乘积表示，则一个事

故树若有 N 个割集，就对应有 N 个数。把这 N 个数按数值从小到大排列，然后按以下准则求最小割集：

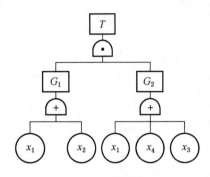

图5-46 事故树示意图（6）

（1）素数表示的割集是最小割集，与该素数成倍数的数所表示的割集不是最小割集。

此前，应首先将代表割集的数化简为仅是不同素数的积——这样，就去掉了割集中的一切重复事件。

（2）在 N 个割集中去掉上面确定的最小割集和非最小割集后，再找素数乘积的最小数，该数表示的割集为最小割集，与该最小数成倍数的数所表示的割集不是最小割集。

（3）重复上述步骤：直至在 N 个割集中找到 N_1 个最小割集（$N_1 \neq 0, N_1 \leq N$），N_2 个非最小割集（$0 \leq N_2 \leq N - N_1$），且 $N_1 + N_2 = N$ 为止。

【例5-19】求图5-46所示事故树的最小割集。

$$T = G_1 G_2 = (x_1 + x_2)(x_1 + x_4 + x_3)$$
$$= x_1 x_1 + x_1 x_4 + x_1 x_3 + x_2 x_1 + x_2 x_4 + x_2 x_3$$
$$= x_1 x_1 + x_1 x_4 + x_1 x_3 + x_1 x_2 + x_2 x_4 + x_2 x_3$$

即事故树有6个割集：

$$CS_1 = \{x_1, x_1\}, CS_2 = \{x_1, x_4\}, CS_3 = \{x_1, x_3\},$$
$$CS_4 = \{x_1, x_2\}, CS_5 = \{x_2, x_4\}, CS_6 = \{x_2, x_3\}。$$

用质数代表法求最小割集。对每一基本事件赋予一个质数：

$$x_1—2, x_2—3, x_3—5, x_4—7$$

算出各个割集所对应的数，并排列如下：

$$CS_1 = 2 \times 2 = 4 \quad CS_4 = 2 \times 3 = 6$$
$$CS_3 = 2 \times 5 = 10 \quad CS_2 = 2 \times 7 = 14$$
$$CS_6 = 3 \times 5 = 15 \quad CS_5 = 3 \times 7 = 21$$

将上述代表割集的数化简为仅是不同质数的积（实际上这一步可在布尔代数化简阶段轻易完成），则

$CS_1 = 2$，其他不变。

按上述规则判断，有：

$CS_1 = 2$ 是素数表示的割集，所以是最小割集；

$CS_4 = 6$，$CS_3 = 10$，$CS_2 = 14$，是与 CS_1 成倍的数所表示的割集，不是最小割集。

去掉以上3个后，素数乘积的最小数是 $CS_6 = 15$，该数表示的割集为最小割集；剩余的数中无与 CS_6 成倍的数，所以无法由此确定不是最小割集的集合。

同理，$CS_5 = 3 \times 7 = 21$ 是最小割集。

所以，最小割集为 CS_1、CS_6 和 CS_5 共3个：

$$K_1 = CS_1 = \{x_1\}, K_2 = CS_6 = \{x_2, x_3\}, K_3 = CS_5 = \{x_2, x_4\}$$

2. 分离重复事件法

分离重复事件法是1986年由法国学者利姆尼斯（N. Limnios）和齐安尼（R. Ziani）

提出的。其基本根据是，若事故树中无重复的基本事件，则求出的割集为最小割集。若事故树中有重复的基本事件，则不含重复基本事件的割集就是最小割集，仅对含有重复基本事件的割集化简即可。这里用 N 表示事故树的全部割集，N_1 表示含有重复基本事件的割集，N_2 表示不含重复基本事件的割集，N' 表示全部最小割集。其步骤为：

（1）求出 N，若事故树没有重复的基本事件，则 $N' = N$；

（2）检查全部割集，将 N 分成 N_1 和 N_2 两组；

（3）化简含有重复基本事件的割集 N_1 为最小割集 N_1'；

（4）$N' = N_1' \cup N_2$。

读者可以尝试应用分离重复事件法，重新求取图 5 – 43 所示事故树的最小割集。

由上面的介绍可知，为了用计算机求解最小割集，可以编制应用程序，用行列法求出割集，并进一步用素数法求得最小割集。下面介绍的矩阵法和模拟法也是用计算机求取最小割集的方法。

5.4.2.4　矩阵法和模拟法简介

1. 矩阵法

1974 年富赛尔（J. B. Fussell）、亨利（E. B. Henry）和马斯鲍尔（N. H. Marsball）提出了一种求最小割集的程序——MOCUS，该程序采用的算法原理上与行列法相似。为了能在计算机上实现，将行列代换过程用一个二维表——矩阵的变换来代替。因此，矩阵法的解题思路和步骤是：首先通过行列代换求出割集矩阵，然后利用素数法等求出最小割集，并上机计算。

实际上，矩阵法即是行列法在计算机上的实现。

2. 模拟法

模拟法即蒙特卡罗法（Monte Carlo Method）。用此方法求取最小割集的思路和步骤如下：

（1）产生 n 个相互独立的随机数 r_i（$i = 1$，2，…，n），使 r_i 均匀分布在 0 和 1 之间。n 是事故树的基本事件数。

（2）若 $0 \leqslant r_j \leqslant q_j$（$j = 1$，2，…，$n$），则第 j 个基本事件被触发。其中 q_j 是基本事件 j 的发生概率。

（3）判断被触发的基本事件组合是否引起顶上事件发生。

（4）若顶上事件发生，则把触发的基本事件组合为割集，把它存起来；若顶上事件不发生，则把该被触发的基本事件组合除去。

上述 4 个步骤构成一次试算。

（5）在完成足够数量的试算后，把存储的割集相互比较，以得到最小割集。

可以看出，用蒙特卡罗法求最小割集，即使只是为了定性分析，也需要知道基本事件发生概率。另外，对于较为复杂的事故树，为了求出其最小割集，往往需要几千次甚至数百万次试算，计算工作量很大。

5.4.3　最小径集的求算方法

求取最小径集的方法，有布尔代数化简法、成功树和行列法等多种方法。其中，最常用的是利用成功树求最小径集的方法，本书重点介绍这种方法。另外，布尔代数化简法也较常用，故也作一简单介绍。

5.4.3.1 布尔代数化简法

用布尔代数化简法求最小径集，即用布尔代数运算定律对事故树的结构式进行化简，得到最简单的若干并集的交集，即化为最简单的或与范式，则该或与范式中的每一个并集就是一个最小径集，且式中的并集数就是事故树的最小径集数。具体解算方法见下面示例。

【例5－20】用布尔代数化简法求图5－47所示事故树的最小径集。

写出该事故树的结构式，并对其进行化简，即

$$T = x_1 A_1$$
$$= x_1 (A_2 + x_3)$$
$$= x_1 (x_1 x_2 + x_3)$$
$$= x_1 x_1 x_2 + x_1 x_3$$
$$= x_1 x_2 + x_1 x_3$$
$$= x_1 (x_2 + x_3)$$

所以，该事故树有2个最小径集。最小径集 P_1 由基本事件 x_1 组成，P_2 由 x_2，x_3 组成，即

$$P_1 = \{x_1\}, P_2 = \{x_2, x_3\}$$

利用最小径集，亦可以等效表示原事故树。其表示方法可由求最小径集用的事故树结构式（或与范式）看出，即用与门连接顶上事件和各个最小径集，最小径集中的各个基本事件用或门连接。例如，图5－48所示事故树可等效表示为图5－47。

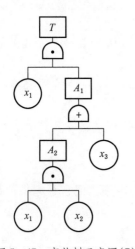

图5－47 事故树示意图(7)

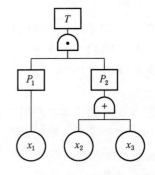

图5－48 图5－47事故树的等效图

5.4.3.2 利用成功树求最小径集

根据德·摩根律

$$(A + B)' = A' \cdot B'$$
$$(A \cdot B)' = A' + B'$$

事件或的补等于补事件的与，事件与的补等于补事件的或。根据这一规律，我们把事故树的事件发生用事件不发生代替，把与门用或门代替，或门用与门代替，得到与原事故

树对偶的成功树，就可以利用成功树求出原事故树的最小径集。

对于成功树，它的最小割集是使其顶上事件（原事故树顶上事件的补事件）发生的一种途径，即使原事故树顶上事件不发生的一种途径。所以，成功树的最小割集就是原事故树的最小径集。只要求出成功树的最小割集，也就求出了原事故树的最小径集。

利用成功树求最小径集，关键是熟练掌握各种逻辑门的变换情况，以便正确地编制出成功树，逻辑门的变换遵从德·摩根律，其要点是将与逻辑关系和或逻辑关系互换，最基本的是与门和或门，其变换原则已如上述。另外，经常用到的还有条件与门、条件或门和限制门的变换。各种逻辑门的变换方式见表5-2。

表5-2 逻辑门的变换方式

事故树中的逻辑门	成功树中变为	事故树中的逻辑门	成功树中变为
$A = x_1 \cdot x_2$（与门）	$A' = x_1' + x_2'$（或门）	$T = (x_1 + x_2)\,\alpha$（条件或门）	$T' = (x_1' \cdot x_2') + \alpha'$
$A = x_1 + x_2$（或门）	$A' = x_1' \cdot x_2'$（与门）	$T = A\,\alpha$（限制门）	$T' = A' + \alpha'$
$T = (x_1 \cdot x_2)\,\alpha$（条件与门）	$T' = x_1' + x_2' + \alpha'$		

【例5-21】以图5-43所示事故树为例，用成功树法和行列法求最小径集。

（1）利用成功树法求事故树的最小径集。

首先，将事故树变为与之对偶的成功树，如图5-49所示。

然后，用布尔代数化简法求成功树的最小割集：

$$T' = T_2'T_3'$$
$$= (T_4' + T_5' + T_6')(x_4' + x_5')$$
$$= (x_1'x_2' + x_1'x_3' + x_2'x_3')(x_4' + x_5')$$
$$= x_1'x_2'x_4' + x_1'x_2'x_5' + x_1'x_3'x_4' + x_1'x_3'x_5' + x_2'x_3'x_4' + x_2'x_3'x_5'$$

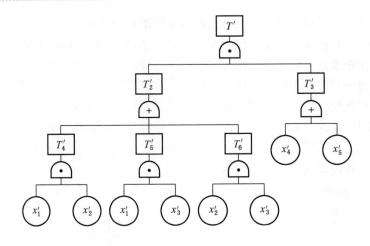

图 5-49　与图 5-43 事故树对偶的成功树

所以，该成功树有 6 个最小割集，即原事故树有 6 个最小径集：

$$P_1 = \{x_1, x_2, x_4\}, P_2 = \{x_1, x_2, x_5\}, P_3 = \{x_1, x_3, x_4\}$$
$$P_4 = \{x_1, x_3, x_5\}, P_5 = \{x_2, x_3, x_4\}, P_6 = \{x_2, x_3, x_5\}$$

（2）用行列法求事故树的最小径集。

按照行列法的代换规则，其前几步的代换为：

$$T \xrightarrow{\text{或门}} T_2 T_3 \xrightarrow{T_2 \text{ 与门}} \begin{cases} T_4 T_3 \xrightarrow{T_4 \text{ 或门}} x_1 x_2 T_3 \xrightarrow{T_3 \text{ 与门}} \begin{cases} x_1 x_2 x_4 \\ x_1 x_2 x_5 \end{cases} \\ T_5 T_3 \xrightarrow{T_5 \text{ 或门}} x_1 x_3 T_3 \xrightarrow{T_3 \text{ 与门}} \begin{cases} x_1 x_3 x_4 \\ x_1 x_3 x_5 \end{cases} \\ T_6 T_3 \xrightarrow{T_6 \text{ 或门}} x_2 x_3 T_3 \xrightarrow{T_3 \text{ 与门}} \begin{cases} x_2 x_3 x_4 \\ x_2 x_3 x_5 \end{cases} \end{cases}$$

这样，就直接得到了事故树的 6 个最小径集，分别为：

$$P_1 = \{x_1, x_2, x_4\}, P_2 = \{x_1, x_2, x_5\}, P_3 = \{x_1, x_3, x_4\}$$
$$P_4 = \{x_1, x_3, x_5\}, P_5 = \{x_2, x_3, x_4\}, P_6 = \{x_2, x_3, x_5\}$$

5.4.4　最小割集和最小径集在事故树分析中的应用

由以上介绍可以看出最小割集和最小径集在事故树分析中的重要地位。要对系统的安全性和危险性进行定性或定量的分析研究，就要熟练应用最小割集和最小径集，以便有针对性地采取措施，有效地控制事故的发生。

1. 最小割集表示系统的危险性

由最小割集的定义可知，每个最小割集都是顶上事件发生的一种可能途径。事故树有几个最小割集，顶上事件的发生就有几种可能途径。所以，求出了最小割集，就掌握了所分析的事故（顶上事件）发生的各种可能途径；最小割集的数目越多，发生事故的可能性就越大，系统也就越危险。因此，最小割集是系统危险性的一种表示；如果某一最小割集中的基本事件同时发生，事故（顶上事件）就要发生。

求出了最小割集，知道了事故发生的各种可能途径，有利于我们有的放矢地进行事故的预防和处理工作。一旦发生事故。我们可以遵循最小割集给出的方向，迅速找到事故原因，并采取强有力的措施，消除事故隐患，避免同类事故的再次发生。

最小割集还给事故预防工作指明了方向。从最小割集可以粗略地知道，事故最容易通过哪一个途径发生，则这一途径（最小割集）就是我们重点防范的对象。例如，若某事故树共有 3 个最小割集：$K_1 = \{x_1\}$，$K_2 = \{x_2, x_3, x_4\}$，$K_3 = \{x_5, x_6, x_7, x_8, x_9\}$，假如各基本事件的发生概率大致相等的话，则 K_1 发生的可能性大于 K_2，K_2 发生的可能性大于 K_3。即由于基本事件 x_1 发生而导致事故这一途径比事故发生的另外两条途径要容易得多。所以，应将安全工作的重点放在控制 x_1 的发生，其次是最小割集 K_2 中的各个基本事件，再次是 K_3 中的各个基本事件。

一般情况下，单事件的最小割集比两个事件的最小割集容易发生，两个事件的最小割集比三个事件的最小割集容易发生……我们可以遵循这一原则，安排事故预防措施，进行事故预防工作。当然，如果各基本事件的发生概率相差悬殊，则可能会改变各个最小割集发生的难易顺序，所以，实际工作中还要考虑各基本事件发生概率的影响。

2. 最小径集表示系统的安全性

由最小径集的定义可知，每个最小径集都是防止顶上事件发生的一种可能途径，事故树有几个最小径集，就有几种控制事故（顶上事件）的途径。所以，求出了最小径集，就掌握了控制事故发生的各种可能途径；最小径集的数目越多，控制事故的途径就越多，系统也就越安全。因此，最小径集是系统安全性的一种表示，如果某一最小径集中的基本事件全部不发生，事故（顶上事件）就不会发生。

根据最小径集指出的方向，可以选择防止事故的最佳途径。通过对各个最小径集的比较分析，选择易于控制的最小径集，采取切实可行的安全技术措施，保证该最小径集内的各个基本事件全部不发生，就可以保证系统的安全。一般地讲，以控制少事件的最小径集中的基本事件最省力、最有效。实际工作中，可根据具体情况，灵活地进行选择；同时，为了提高事故预防工作的可靠性和把握性，往往采取同时控制多个最小径集的手段。

5.4.5 割集和径集数目的计算方法

如上所述，采用求最小割集或最小径集的方法都可以进行事故树定性分析；下面将要说明，利用最小割集或最小径集，也都可以进行事故树定量分析。所以实际工作中，应合理选择求最小割集或最小径集，以简化运算步骤。

一般说，当最小割集的数目少于最小径集时，采用求最小割集的方法，否则求最小径集；如果最小割集和最小径集的数目相等或相差不多，也采用求最小割集的方法。

直观地说，当事故树中与门多时，最小割集数目就少，或门多时，最小割集就多。对于较为复杂的情况，可采用如下公式求出割集的数目：

$$X_i = \begin{cases} x_{i1} \cdot x_{i2} \cdots x_{i\lambda i} & i \text{ 为与门时} \\ x_{i1} + x_{i2} + \cdots + x_{i\lambda i} & i \text{ 为或门时} \end{cases} \quad (5-1)$$

式中 　X_i——门 i 的变量。若门 i 是紧接着顶上事件的门，则 $X_i = X_{top}$，X_{top} 为事故树割集的数目；

λ_i——门 i 输入事件的个数；

x_{ij}——门 i 的第 j 个输入变量（$j = 1, 2, \cdots, \lambda_i$）。当输入变量是基本事件时，$x_{ij} = 1$；当输入变量是门 k 时 $x_{ij} = X_k$。

若求径集数目，则采用下式：

$$X_i = \begin{cases} x_{i1} + x_{i2} + \cdots + x_{i\lambda i} & i \text{ 为与门时} \\ x_{i1} \cdot x_{i2} \cdots x_{i\lambda i} & i \text{ 为或门时} \end{cases} \quad (5-2)$$

该式中，X_{top} 为事故树的径集数目，其他符号意义同前。

【例 5 - 22】 求图 5 - 43 所示事故树的割集和径集数目。

应用式（5 - 1），求事故树的割集数目：

$$X_{T4} = 1 + 1 = 2$$
$$X_{T5} = 1 + 1 = 2$$
$$X_{T6} = 1 + 1 = 2$$
$$X_{T2} = X_{T4} \cdot X_{T5} \cdot X_{T6} = 2 \times 2 \times 2 = 8$$
$$X_{T3} = 1 \times 1 = 1$$
$$X_{TOP} = X_{T2} + X_{T3} = 8 + 1 = 9$$

应用式（5 - 2），求事故树的径集数目：

$$X_{T4} = X_{T5} = X_{T6} = 1 \times 1 = 1$$
$$X_{T2} = X_{T4} + X_{T5} + X_{T6} = 1 + 1 + 1 = 3$$
$$X_{T3} = 1 + 1 = 2$$
$$X_{TOP} = X_{T2} \cdot X_{T3} = 3 \times 2 = 6$$

即该事故树的割集数目为 9，径集数目为 6。

需要特别注意的是，用上述公式求出的割集、径集数目，并不一定是最小割集和最小径集的数目，而是最小割集和最小径集的上限；但是，当事故树中无重复事件时，所求的割集、径集数目肯定就是最小割集、最小径集的数目。将【例 5 - 21】的计算与前面求出的该事故树的最小割集、最小径集相对照（见【例 5 - 15】、【例 5 - 17】和【例 5 - 20】）可以看出，由于该事故树中有重复事件，所以这里算出的割集数目不是最小割集的数目，而与用排列法排出的（未用布尔代数化简前的）割集数目相等；但是，这里算出的径集数目，就是该事故树最小径集的数目。

5.5　结构重要度分析

结构重要度分析，就是从事故树结构上分析各个基本事件的重要性程度，即在不考虑各基本事件的发生概率，或者说认为各基本事件发生概率都相等的情况下，分析各基本事件对顶上事件的影响程度。因此，结构重要度分析是一种定性的重要度分析，是事故树定性分析的一个组成部分。

结构重要度分析的方法有两种。一种是求结构重要系数，根据系数大小排出各基本事件的结构重要度顺序，是精确的计算方法；另一种是利用最小割集或最小径集，判断结构重要系数的大小，并排出结构重要度顺序。第一种方法精确，但过于烦琐，当事故树规模较大时计算工作量很大；第二种方法虽精确度稍差，但比较简单，是目前常用的方法。

5.5.1　根据结构重要系数进行结构重要度分析

5.5.1.1　事故树的结构函数

对于事故树的每一个基本事件 x_i，都有发生和不发生 2 种状态，可分别用数字 1 和 0 表示基本事件 x_i 发生和不发生，即定义 X_i 为基本事件的状态变量：

$$X_i = \begin{cases} 1, & \text{基本事件 } x_i \text{ 发生} \\ 0, & \text{基本事件 } x_i \text{ 不发生} \end{cases}$$

若事故树有 n 个相互独立的基本事件，则各个基本事件的相互组合具有 2^n 种状态。各基本事件状态的不同组合，又构成顶上事件的不同状态。用 Φ 表示事故树顶上事件的状态变量，并定义：

$$\Phi = \begin{cases} 1, & \text{顶上事件发生} \\ 0, & \text{顶上事件不发生} \end{cases}$$

即 Φ 是以基本事件状态值为自变量的函数：

$$\Phi = \Phi(X), \quad X = (X_1, X_2, \cdots, X_n)$$

称 $\Phi = \Phi(x)$ 为事故树的结构函数。

5.5.1.2　根据结构重要系数进行结构重要度分析

当基本事件 X_i 以外的其他基本事件固定为某一状态，基本事件 X_i 由不发生转变为发生时，顶上事件状态可能维持不变，也可能发生变化。记 $X_i = 1$ 为 1_i，$X_i = 0$ 为 0_i，在某个基本事件 X_i 的状态由 0 变到 1，即由 0_i 变到 1_i，而其他基本事件保持不变时，顶上事件的状态有 3 种可能：

（1）$\Phi(0_i, X) = 0 \rightarrow \Phi(1_i, X) = 1$

此时，$\Phi(1_i, X) - \Phi(0_i, X) = 1$

（2）$\Phi(0_i, X) = 0 \rightarrow \Phi(1_i, X) = 0$

此时，$\Phi(1_i, X) - \Phi(0_i, X) = 0$

（3）$\Phi(0_i, X) = 1 \rightarrow \Phi(1_i, X) = 1$

此时，$\Phi(1_i, X) - \Phi(0_i, X) = 0$

可以看出，只有第 1 种情况说明 X_i 的变化对顶上事件发生起了作用，即随着基本事件 X_i 的状态由 0 变到 1，顶上事件的状态也从 0 变到 1。这种情况越多，说明 X_i 越重要。

我们用结构重要系数 $I_\Phi(i)$ 表示 X_i 的重要程度，其定义式为：

$$I_\Phi(i) = \frac{1}{2^{n-1}} \sum \left[\Phi(1_i, X) - \Phi(0_i, X) \right] \qquad (5-3)$$

上式的意义是：n 个基本事件两种状态的组合共 2^n 种；X_i 作为变化对象（从 0 变到 1），其他基本事件的状态保持不变的对照组共 2^{n-1} 个，式中 $\sum \left[\Phi(1_i, X) - \Phi(0_i, X) \right]$ 的数值表示在 2^{n-1} 种状态中，上述第 i 种情况发生的次数；因此，它们的比值可表示基本事件 X_i 的重要性程度。

计算出每个基本事件 X_i 的结构重要系数 $I_\Phi(i)$ 后，再按照 $I_\Phi(i)$ 的大小，排列出各基本事件 X_i 的结构重要度顺序。

【例 5-23】如图 5-50 所示事故树，试对其进行结构重要度分析。

（1）列出基本事件状态值与顶上事件状态值表。

本事故树共有 5 个基本事件，则需考察 $2^5 = 32$ 个状态。按照二进制数列表，表的左半部自上而下列出 0-15，右半部列出 16-31，见表 5-3。列表时，可参考最小割集或最小径集，确定顶上事件的状态值。

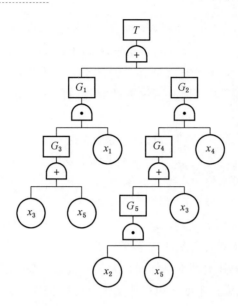

图 5 – 50　事故树示意图（8）

表 5 – 3　基本事件状态值与顶上事件状态值表

X_1	X_2	X_3	X_4	X_5	$\Phi(0_i, X)$	X_1	X_2	X_3	X_4	X_5	$\Phi(1_i, X)$
0	0	0	0	0	0	1	0	0	0	0	0
0	0	0	0	1	0	1	0	0	0	1	1
0	0	0	1	0	0	1	0	0	1	0	0
0	0	0	1	1	0	1	0	0	1	1	1
0	0	1	0	0	0	1	0	1	0	0	1
0	0	1	0	1	0	1	0	1	0	1	1
0	0	1	1	0	1	1	0	1	1	0	1
0	0	1	1	1	1	1	0	1	1	1	1
0	1	0	0	0	0	1	1	0	0	0	0
0	1	0	0	1	0	1	1	0	0	1	1
0	1	0	1	0	0	1	1	0	1	0	0
0	1	0	1	1	1	1	1	0	1	1	1
0	1	1	0	0	0	1	1	1	0	0	1
0	1	1	0	1	0	1	1	1	0	1	1
0	1	1	1	0	1	1	1	1	1	0	1
0	1	1	1	1	1	1	1	1	1	1	1

（2）计算结构重要系数。

① X_1 的结构重要系数。

表5-3中，左半部 X_1 的状态值均为0，右半部 X_1 的状态值均为1，而其他4个基本事件的状态值都对应保持不变。用右半部的 $\Phi(1_1, X)$ 对应减去左半部 $\Phi(0_1, X)$ 的值，累积差值为7。

即，$2^{5-1} = 16$ 个对照组中，共有7组说明 X_1 的变化引起顶上事件的变化。

代入式（5-3），得

$$I_\Phi(1) = \frac{1}{2^{n-1}} \sum \left[\Phi(1_1, X) - \Phi(0_1, X) \right] = \frac{7}{16}$$

② 其他基本事件的结构重要系数。

对基本事件 X_2，将表中左右部分分别分为两部分，左半部上面8种组合中，X_2 的状态值均为0；下面8种组合中，X_2 的状态值均为1，其他4个基本事件的状态值都对应保持不变。右半部的上下8种组合情况也是如此。

以下面8组的 $\Phi(1_2, X)$ 对应减去上面8组的 $\Phi(0_2, X)$ 的值，累积差值为1。

即，$2^{5-1} = 16$ 个对照组中，共有1组说明 X_1 的变化引起顶上事件的变化。

代入式（5-3），得

$$I_\Phi(2) = \frac{1}{16}$$

同样，再将每8组一分为二，对应相减，累积其差，除以16，可得到 X_3 的结构重要系数；采用同样方式，可得到 X_4 和 X_5 的结构重要系数：

$$I_\Phi(3) = \frac{7}{16}, I_\Phi(4) = \frac{5}{16}, I_\Phi(5) = \frac{5}{16}$$

（3）排列结构重要度顺序。

根据各个基本事件的结构重要系数，排列出它们的结构重要度顺序为：

$$I_\Phi(1) = I_\Phi(3) > I_\Phi(4) = I_\Phi(5) > I_\Phi(2)$$

由【例5-23】可以看出，求结构重要系数的计算是相当复杂和占用时间的，且随着事故树基本事件数目的增加，其判断、计算量按指数规律增长。因此，当事故树的基本事件数目较多时，纵然用计算机进行计算，往往也是很难实现的。所以，应研究结构重要度的其他求取方法。

5.5.2 根据最小割集或最小径集判断结构重要度顺序

根据最小割集或最小径集判断结构重要度顺序，是进行结构重要度分析的简化方法，具有足够的精度，又不至于过分复杂。

采用最小割集或最小径集进行结构重要度分析，主要是依据如下几条原则来判断基本事件结构重要系数的大小，并排列出各基本事件的结构重要度顺序，而不求结构重要系数的精确值。

1. 单事件最小割（径）集中的基本事件的结构重要系数最大

【例5-24】若某事故树共有如下3个最小割集：

$$K_1 = \{X_1\}, K_2 = \{X_2, X_3, X_4\}, K_3 = \{X_5, X_6, X_7, X_8\}$$

由于最小割集 K_1 由单个基本事件 x_1 组成，所以 x_1 的结构重要系数最大，即

$$I_\Phi(1) = I_\Phi(i) \quad i = 2, 3, \cdots, 8$$

这里，$I_\Phi(i)$ 是基本事件 $X_i(i = 1, 2, \cdots, 8)$ 的结构重要系数。

2. 仅在同一最小割（径）集中出现的所有基本事件的结构重要系数相等

仍用【例5-23】进行分析。由于基本事件 X_2、X_3、X_4 仅在同一最小割集 K_2 中出现，所以

$$I_\Phi(2) = I_\Phi(3) = I_\Phi(4)$$

同理，

$$I_\Phi(5) = I_\Phi(6) = I_\Phi(7) = I_\Phi(8)$$

3. 两基本事件仅出现在基本事件个数相等的若干最小割（径）集中

在不同最小割（径）集中出现次数相等的各个基本事件，其结构重要系数相等；出现次数多的基本事件的结构重要系数大，出现次数少的结构重要系数小。

【例5-25】若某事故树共有如下4个最小割集：

$$K_1 = \{X_1, X_2, X_4\}, K_2 = \{X_1, X_2, X_5\}$$
$$K_3 = \{X_1, X_3, X_6\}, K_4 = \{X_1, X_3, X_7\}$$

由于各最小割集所包含的基本事件个数相等，所以应按本原则进行判断。由于基本事件 X_4、X_5、X_6、X_7 在这4个事件个数相等的最小割集中出现的次数相等，都为1次，所以

$$I_\Phi(4) = I_\Phi(5) = I_\Phi(6) = I_\Phi(7)$$

同理，由于 X_2、X_3 都出现了2次，则：

$$I_\Phi(2) = I_\Phi(3)$$

由于 X_1 在4个最小割集中重复出现了4次，所以其结构重要系数大于重复出现2次的 X_2、X_3，而 X_2、X_3 的结构重要系数又大于只出现1次的 X_4、X_5、X_6、X_7，即

$$I_\Phi(1) > I_\Phi(2) = I_\Phi(3) > I_\Phi(4) = I_\Phi(5) = I_\Phi(6) = I_\Phi(7)$$

4. 两个事件仅出现在基本事件个数不等的若干最小割（径）集中

这种情况下，基本事件结构重要系数大小的判定原则为：

（1）若它们重复在各最小割（径）集中出现的次数相等，则在少事件最小割（径）集中出现的基本事件的结构重要系数大。

（2）在少事件最小割（径）集中出现次数少的与多事件最小割（径）集中出现次数多的基本事件比较，一般前者的结构重要系数大于后者。此时，亦可采用如下公式近似判断各基本事件的结构重要系数大小。

近似判别式1：

$$I(j) = \sum_{X_j \in k_r} \frac{1}{2^{n_j - 1}} \tag{5-4}$$

式中　$I(j)$——基本事件 X_j 结构重要系数大小的近似判别值；

　　$X_j \in k_r$——基本事件 X_j 属于最小割集 k_r（或最小径集 p_r）；

　　n_j——基本事件 X_j 所在的最小割（径）集中包含的基本事件个数。

近似判别式2：

$$I(j) = \frac{1}{k} \sum_{i=1}^{k} \frac{1}{n_i} \quad (X_j \in k_r) \tag{5-5}$$

式中　k——最小割集（或最小径集）总数；

　　$X_j \in k_i$——基本事件 X_j 属于最小割集 k_i（或最小径集 p_i）；

　　n_i——最小割集 k_i（或最小径集 p_i）中包含的基本事件个数。

近似判别式 3：

$$I(j) = 1 - \prod_{X_j \in k_r} \left(1 - \frac{1}{2^{n_j-1}}\right) \tag{5-6}$$

【例 5-26】某事故树共有如下 4 个最小径集，试对其进行结构重要度分析：

$$p_1 = \{X_1, X_2\}, p_2 = \{X_1, X_3\}$$
$$p_3 = \{X_4, X_5, X_6\}, p_4 = \{X_4, X_5, X_7, X_8\}$$

由于基本事件 X_1 分别在两个基本事件的最小径集 p_1，p_2 中各出现 1 次（共 2 次），而 X_4 分别在 3 个基本事件的最小径集 p_3 和 4 个事件的最小径集 p_4 中各出现 1 次（共 2 次），根据第 4 条第（1）项原则判断，X_1 的结构重要系数大于 X_4 的结构重要系数，即

$$I_\Phi(1) > I_\Phi(4)$$

基本事件 x_2 只在 2 个基本事件的最小径集 p_1 中出现了 1 次，基本事件 X_4 分别在 3 个和 4 个事件的最小径集 p_3，p_4 中各出现了 1 次（共 2 次），根据第 4 条第（2）项原则判断，X_2 的结构重要系数可能大于 X_4 的结构重要系数。为更准确地分析，我们再根据近似判别式（5-4），计算它们的近似判别值：

$$I(2) = \sum_{X_j \in p_r} \frac{1}{2^{n_j-1}} = \frac{1}{2^{2-1}} = \frac{1}{2}$$

$$I(4) = \frac{1}{2^{3-1}} + \frac{1}{2^{4-1}} = \frac{3}{8}$$

$I_\Phi(1) > I_\Phi(4)$，所以 $I_\Phi(2) > I_\Phi(4)$

根据其他判别原则，不难判断其余各基本事件的结构重要度顺序。该事故树中全部基本事件的结构重要度顺序如下：

$$I_\Phi(1) > I_\Phi(2) = I_\Phi(3) > I_\Phi(4) = I_\Phi(5) > I_\Phi(6) > I_\Phi(7) = I_\Phi(8)$$

采用最小割集或最小径集进行结构重要度分析，需要注意如下几点：

（1）对于结构重要度分析来说，采用最小割集和最小径集进行结构重要度分析的计算结果可能不同，但是最终效果相同。因此，若事故树的最小割集和最小径集都求出来的话，可以用两种方法进行判断，以验证结果的正确性。

（2）采用上述 4 条原则判断基本事件结构重要系数大小时，必须从第一条到第四条顺序进行判断，而不能只采用其中的某一条或近似判别式。因近似判别式尚有不完善之处，不能完全据其进行判断。

（3）近似判别式的计算结果可能出现误差。一般说来，若最小割（径）集中的基本事件个数相同时，利用 3 个近似判别式均可得到正确的排序；若最小割（径）集中的基本事件个数相差较大时，式（5-4）和式（5-6）可以保证排列顺序的正确；若最小割（径）集中的基本事件个数仅相差 1 到 2 个时，式（5-5）和式（5-4）可能产生较大的误差。3 个近似判别式中，式（5-6）的判断精度最高。

5.6 顶上事件的发生概率

求取顶上事件的发生概率是事故树定量分析的主要步骤之一。用概率表示事故的危险程度，对事故危险性进行定量分析和评价，是事故树分析法的一大优点，也是其完善程度的一个标志。

5.6.1 概率简介

5.6.1.1 概率论的有关概念

概率论是研究不确定现象的数学分支。在数学上，把预先不能确知结果的现象称为"随机现象"，这类事件称为"随机事件"，简称"事件"。

通俗地说，概率即是指某事件发生的可能性。必然发生的事件，其概率为1；不可能发生的事件，其概率为0；一般事件的概率则是介于0与1之间的某一数值。

【例5-27】若某掘进工作面瓦斯积聚，则在一定时间内，该工作面可能发生瓦斯爆炸，亦可能不爆炸。用 A 表示｛瓦斯爆炸｝事件，其概率记为 $P\{A\}$，则

$$0 < P\{A\} < 1$$

为了进行概率计算，首先应明确如下几个概念。

1. 和事件

由属于事件 A 或属于事件 B 的一切基本结果组成的事件，称为事件 A 与事件 B 的和事件，记为 $A \cup B$ 或 $A + B$。

事故树中，或门的输出事件就是各个输入事件的和事件。

2. 积事件

由事件 A 与事件 B 中公共的基本结果组成的事件称为事件 A 与事件 B 的积事件，记为 $A \cap B$ 或 AB。

3. 独立事件

对于任意两个事件 A、B，如果满足

$$P\{AB\} = P\{A\}P\{B\}$$

则称事件 A 与事件 B 为相互独立事件。

A、B 为相互独立事件，就是说事件 A 的发生与否和事件 B 的发生与否相互没有影响。所以，实际应用中，主要是根据两个事件的发生是否相互影响来判断两个事件是否独立。例如，建筑工地上脚手架防护栏腐烂事件和塔吊钢丝绳断裂事件互相没有影响，所以它们是相互独立事件；采煤工作面煤壁片帮事件和轨道上山矿车掉道事件互相没有影响，所以它们是相互独立事件。

4. 互不相容事件

若事件 A 与事件 B 没有公共的基本结果，就称事件 A 与事件 B 互不相容。否则，就称它们是相容事件。

A、B 事件为互不相容事件，就是说它们不可能同时发生。即一个事件发生，另一个事件必然不发生。例如，事故树中，排斥或门的输入事件，可称为互不相容事件。

实际应用中，要正确区分相互独立与互不相容这两个概念，它们并无必然联系。例如，甲、乙两人同时射击同一目标，由于甲、乙两人是否命中目标相互没有影响，所以，"甲命中"和"乙命中"是相互独立事件；但是，"甲命中"和"乙命中"可以同时发生，所以，它们又是相容事件。

5. 对立事件

对于事件 A、B，如果有

$A \cap B = \varphi$，即 A、B 不能同时出现；

$A \cup B = \Omega$，即 A、B 一定有一个要出现。

则称 A、B 为互逆事件或对立事件，即 $B = \overline{A}$；若把 A 看作一个集合时，$\overline{A}$ 就是 A 的补集。

5.6.1.2 常用计算公式

在进行概率运算时，需要根据不同情况选用不同的计算公式。常用计算公式如下。

1. 和事件概率

对于两个相互独立事件，和事件概率为

$$P\{A+B\} = P\{A\} + P\{B\} - P\{AB\}$$

或

$$P\{A+B\} = 1 - (1 - P\{A\})(1 - P\{B\})$$

对于 n 个相互独立事件，和事件概率为

$$P\{A_1 + A_2 + \cdots + A_n\} = 1 - (1 - P\{A_1\})(1 - P\{A_2\}) \cdots (1 - P\{A_n\})$$

对于 n 个互不相容事件，和事件概率为

$$P\{A_1 + A_2 + \cdots + A_n\} = P(A_1) + P(A_2) + \cdots + P(A_n)$$

2. 积事件概率

对于 n 个相互独立事件，积事件概率为

$$P\{A_1 A_2 \cdots A_n\} = P\{A_1\} P\{A_2\} \cdots P\{A_n\}$$

n 个互不相容事件的概率积为 0。

在事故树分析中，大多数基本事件是相互独立的。所以，本节主要介绍相互独立的基本事件的概率。

3. 对立事件概率

对立事件的概率按下式计算：

$$P\{A\} = 1 - P\{\overline{A}\}$$

5.6.2 基本事件的发生概率

为了计算顶上事件的发生概率，首先必须确定各个基本事件的发生概率。所以，合理确定基本事件的发生概率，是事故树定量分析的基础工作，也是决定定量分析成败的关键工作。

基本事件的发生概率可分为两大类，一类是机械或设备的故障概率，另一类是人的失误概率。下面分别进行介绍。

5.6.2.1 故障概率

机械或设备的单元（部件或元件）故障概率，可通过其故障率进行计算。故障率指单位时间（或周期）故障发生的概率，是元件平均故障间隔期的倒数，用 λ 表示。

$$\lambda = \frac{1}{MTBF} \tag{5-7}$$

式中 $MTBF$——单元平均故障间隔期，即从启动到发生故障的平均时间，亦称平均无故障时间。

$MTBF$ 的数值一般由生产厂家给出，亦可通过实验室试验得出。

$$MTBF = \frac{\sum\limits_{i=1}^{n} t_i}{n} \tag{5-8}$$

式中　t_i——元件 i 从运行到故障发生时所经历的时间；

n——试验元件的个数。

表 5-4 是 R·L·布朗宁（R·L·Browning）推荐的故障率数值。

表 5-4　故障率数值

名　　称	观测值/（次·h^{-1}）	推荐值/（次·h^{-1}）
机械零件	$10^{-6} \sim 10^{-9}$	10^{-6}
电子元件	$10^{-6} \sim 10^{-9}$	10^{-6}
安全阀		10^{-6}
传感器	$10^{-4} \sim 10^{-7}$	10^{-5}
动力设备	$10^{-3} \sim 10^{-4}$	10^{-4}（不包括变压器）
火花塞内燃机	$10^{-3} \sim 10^{-4}$	10^{-3}
人对重复性动作反应误差	$10^{-2} \sim 10^{-3}$	10^{-2}

为准确开展事故树定量分析，科学地进行定量安全评价，应积累并建立故障率数据库，用计算机进行存储和检索。许多工业发达国家都建立了故障率数据库，我国也有少数行业开始进行建库工作，但数据还相当缺乏，还应进行长期的工作。

在实际应用中，现场条件（特别是矿山井下、高速运行工具等条件）要比实验室中恶劣得多。所以，对于实验室条件下测出的故障率 λ_0，要通过一个大于 1 的严重系数 k进行修正后，才可以作为实际使用的故障率，即

$$\lambda = k\lambda_0 \qquad\qquad (5-9)$$

对于一般可修复的系统（故障修复后仍可正常运行的系统），单元故障概率为

$$q = \frac{\lambda}{\lambda + \mu} \qquad\qquad (5-10)$$

式中　q——单元故障概率；

μ——可维修度，是反映单元维修难易程度的数量标度，等于故障平均修复时间 τ的倒数，即

$$\mu = \frac{1}{\tau}$$

由于 $MTBF \gg \tau$，所以 $\lambda \ll \mu$，则

$$q = \frac{\lambda}{\lambda + \mu} \approx \frac{\lambda}{\mu} = \lambda\tau$$

即，我们可以应用下式求出单元的瞬时故障概率：

$$q \approx \lambda\tau \qquad\qquad (5-11)$$

【例 5-28】某设备每 60 天需要维修一次，每次修复时间需要 $\frac{1}{3}$ 天，即 $\lambda = \frac{1}{60}$，$\tau =$

$\frac{1}{3}$，则该设备的瞬时故障概率为

$$q = \lambda \tau = \frac{1}{60} \times \frac{1}{3} = 5.6 \times 10^{-3}$$

【例 5 – 29】 通过对某采煤工作面自开始回采以来 3 个月冒顶事故统计，该面发生过 3 次冒顶。3 次正常状态时间分别为 40 天，10 天和 30 天，3 次修复时间分别为 1 天、$\frac{1}{6}$ 天 和 $\frac{1}{3}$ 天，则

$$MTBF = \frac{40 + 10 + 30}{3} = \frac{80}{3}$$

$$\lambda = \frac{1}{MTBF} = 0.0375$$

$$\tau = \frac{1 + \frac{1}{6} + \frac{1}{3}}{3} = 0.5$$

该工作面的瞬时冒顶概率为

$$q = \lambda \tau = 0.0375 \times 0.5 = 0.01875$$

我们也可以直接用下式计算故障概率：

$$q = \frac{MTTR}{MTBF + MTTR} \tag{5 – 12}$$

式中　$MTTR$——故障平均修复时间，即 $MTTR = \tau$。

对于不可修复的系统（一次使用就报废的系统），单元的故障概率为

$$q = 1 - e^{-\lambda t} \tag{5 – 13}$$

式中　t——设备运行时间。

这种概率是设备运行累积时间的概率。上式亦可近似表示为

$$q \approx \lambda \tau \tag{5 – 14}$$

【例 5 – 30】 若矿山井下某处风门的密封装置平均 150 天就要失效，则该风门工作 20 天时，其密封装置失效的概率为

$$q = \lambda \tau = \frac{1}{MTBF} t = \frac{1}{150} \times 20 = 0.1333$$

5.6.2.2　人的失误概率

人的失误大致分为五种情况：

（1）忘记做某项工作。

（2）做错了某项工作。

（3）采用了错误的工作步骤。

（4）没有按规定完成某项工作。

（5）没有在预定时间内完成某项工作。

对于人的失误概率，很多学者做过专门的研究。但是，由于人的失误因素十分复杂，人的情绪、经验、技术水平、生理状况和工作环境等都会影响到人的操作，从而造成操作失误。所以，要想恰如其分地确定人的失误概率是很困难的。目前还没有很好地确定人的失误概率的方法。

R·L·布朗宁认为，人员进行重复操作动作时，失误率为 $10^{-2} \sim 10^{-3}$，推荐取 10^{-2}。

5.6.2.3 主观概率法

目前还没有能够精确确定基本事件概率值的有效方法，特别缺乏对人的失误概率进行有效评定的方法。在未有足够的统计、实验数据的情况下进行事故树分析，可以采用如下主观概率法，粗略确定基本事件的发生概率。

主观概率是人们根据自己的经验和知识，对某一事件发生的可能程度的一个主观估计数。例如，某矿安全管理人员估计，由于措施得力，明年重伤事故起数下降的概率为95%，这个95%就是一个主观概率。

实际应用主观概率时，可按如下方法进行。

选择经验丰富的人员组成专家小组，评定各基本事件的发生概率。评定时，专家小组成员分别根据自己的经验，并参考表5-5给出的概率等级，估计各基本事件的发生概率，然后，分别取各专家对某一基本事件概率估计值的平均值作为该基本事件的发生概率，即

$$q_i = \frac{1}{m} \sum_{j=1}^{m} q_{ij} \quad i = 1, 2, \cdots, n \qquad (5-15)$$

式中　q_i——基本事件 x_i 的发生概率；

　　　q_{ij}——专家 j 对基本事件 x_i 发生概率的估计值；

　　　m——参加评定的专家人数；

　　　n——事故树的基本事件个数。

表5-5　随机事件概率等级

事件发生频繁程度	频率数量级	事件发生频繁程度	频率数量级
必然发生	1	难发生	1×10^{-5}
非常容易发生	1×10^{-1}	很难发生	1×10^{-6}
容易发生	1×10^{-2}	极难发生	1×10^{-7}
较易发生	1×10^{-3}	不可能发生	0
不易发生	1×10^{-4}		

5.6.3 顶上事件的发生概率

事故树定量分析的主要工作，是计算顶上事件的发生概率，并以顶上事件的发生概率为依据，综合考察事故的风险率，进行安全评价。

顶上事件的发生概率有多种计算方法，本书只选择介绍几种常用的方法。需要说明的是，这里介绍的几种计算方法，都是以各个基本事件相互独立为基础的，如果基本事件不是相互独立事件，则不能直接应用这些方法。

5.6.3.1 状态枚举法

设某一事故树有 n 个基本事件，这 n 个基本事件两种状态的组合数为 2^n 个。根据前面对事故树结构函数的分析可知，事故树顶上事件的发生概率，就是指结构函数 $\Phi(x) = 1$ 的概率。因此，顶上事件的发生概率 g 可用下式定义：

$$g(q) = \sum_{p=1}^{2^n} \Phi_p(x) \prod_{i=1}^{n} q_i^{X_i} (1 - q_i)^{1-X_i} \qquad (5-16)$$

式中 $g(q)$——顶上事件的发生概率；

p——基本事件状态组合符号；

$\Phi(X)$——组合为 p 时的结构函数值，即

$$\Phi_p(X) = \begin{cases} 1, 顶上事件发生 \\ 0, 顶上事件不发生 \end{cases} (X = X_1, X_2, \cdots, X_n);$$

q_i——第 i 个基本事件的发生概率；

$\prod\limits_{i=1}^{n}$——连乘符号，这里为求 n 个基本事件状态组合

的概率积；

X_i——基本事件 i 的状态，即

$$X_i = \begin{cases} 1, 第 i 个基本事件发生 \\ 0, 第 i 个基本事件不发生 \end{cases}$$

顶上事件发生概率也可用 $P(T)$ 表示，即 $P(T) = g(q)$。

【例 5 - 31】 如图 5 - 51 所示事故树，已知各基本事件的发生概率为 $q_1 = q_2 = q_3 = 0.1$，用状态枚举法计算顶上事件的发生概率。

首先列出基本事件的状态组合及顶上事件的状态值，见表 5 - 6。

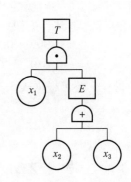

图 5 - 51　事故树示意图(9)

表 5 - 6　图 5 - 51 事故树 $g(q)$ 计算表

X_1	X_2	X_3	$\phi(X)$	$g_p(q)$	g_p
0	0	0	0	0	0
0	0	1	0	0	0
0	1	0	0	0	0
0	1	1	0	0	0
1	0	0	0	0	0
1	0	1	1	$q_1(1-q_2)q_3$	0.009
1	1	0	1	$q_1q_2(1-q_3)$	0.009
1	1	1	1	$q_1q_2q_3$	0.001
$g(q)$					0.019

表中 $g_p(q)$ 为基本事件状态组合的概率计算式；g_p 为基本事件状态组合的概率值。

由表 5 - 6 可知，使 $\Phi(X) = 1$ 的基本事件的状态组合有 3 个。将表中数据代入式 (5 - 16) 可得：

$$g(q) = \sum_{p=6}^{2^3} \phi_p(x) \prod_{i=1}^{3} q_i^{X_i} (1 - q_i)^{1-X_i}$$

$$= 1 \times q_1^1 (1 - q_1)^{1-1} \times q_2^0 (1 - q_2)^{1-0} \times q_3^1 (1 - q_3)^{1-1} +$$

$$1 \times q_1^1 (1 - q_1)^{1-1} \times q_2^1 (1 - q_2)^{1-1} \times q_3^0 (1 - q_3)^{1-0} +$$

$$1 \times q_1^1 (1 - q_1)^{1-1} \times q_2^1 (1 - q_2)^{1-1} \times q_3^1 (1 - q_3)^{1-1}$$

$$= q_1(1 - q_2)q_3 + q_1 q_2 (1 - q_3) + q_1 q_2 q_3$$

$$= 0.1 \times (1 - 0.1) \times 0.1 + 0.1 \times 0.1 \times (1 - 0.1) + 0.1 \times 0.1 \times 0.1$$

$$= 0.009 + 0.009 + 0.001$$

$$= 0.019$$

另外，还可根据表 5-6 中每一状态组合所对应的概率值 g_p，直接求得顶上事件的发生概率

$$g(q) = \sum_{p=6}^{8} g_p = 0.019$$

5.6.3.2 直接分步算法

直接分步算法适用于事故树的规模不大，又没有重复的基本事件，使用无须进行布尔代数化简。其计算方法是：

从底部的逻辑门连接的事件算起，逐次向上推移，直至计算出顶上事件 T 的发生概率。顶上事件的发生概率用符号 g 表示，即 $g = P\{T\}$。

直接分步算法的规则如下，这些规则也是下面将要介绍的其他计算方法的基础。

（1）与门连接的事件，计算其概率积，即

$$q_A = \prod_{i=1}^{n} q_i \qquad (5-17)$$

式中　　q_i——第 i 个基本事件的发生概率；

　　　　q_A——与门事件的概率；

　　　　n——输入事件数；

　　　　$\prod$——数学运算符号，求概率积，即

$$\prod_{i=1}^{n} q_i = q_1 q_2 \cdots q_n$$

（2）或门连接的事件，计算其概率和，即

$$q_0 = \coprod_{i=1}^{n} q_i \qquad (5-18)$$

式中　　q_0——或门事件的概率；

　　　　$\coprod$——数学运算符号，求概率和，即

$$\coprod_{i=1}^{n} q_i = 1 - \prod_{i=1}^{n} (1 - q_i)$$

【例 5-32】用直接分步算法计算图 5-52 所示事故树顶上事件的发生概率。各基本事件下的数字即为其发生概率。

第 1 步，求 A_2 概率。由于其为或门连接，根据式（5-18），有

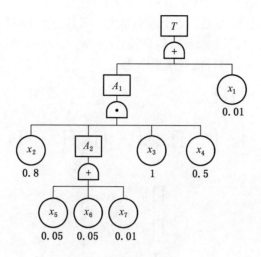

图 5-52 事故树示意图 (10)

$$q_{A_2} = 1 - (1 - q_5) \times (1 - q_6) \times (1 - q_7)$$
$$= 1 - (1 - 0.05) \times (1 - 0.05) \times (1 - 0.01)$$
$$= 0.106525$$

第 2 步, 求 A_1 概率。根据式 (5-17), 有

$$q_{A_1} = q_2 q_{A_2} q_3 q_4$$
$$= 0.8 \times 0.106525 \times 1.0 \times 0.5$$
$$= 0.04261$$

第 3 步, 求顶上事件的发生概率

$$g = q_T = 1 - (1 - q_{A_1}) \times (1 - q_1)$$
$$= 1 - (1 - 0.04261) \times (1 - 0.01)$$
$$= 0.05218$$

5.6.3.3 用最小割集计算顶上事件发生概率

利用最小割集可以编制出原事故树的等效事故树, 其结构形式是: 顶上事件与各最小割集用或门连接, 每个最小割集与其包含的基本事件用与门连接。根据用最小割集等效表示原事故树的方式可知, 如果各个最小割集间没有重复的基本事件, 则可按照直接分步算法的原则, 先计算各个最小割集内各基本事件的概率积, 再计算各个最小割集的概率和, 从而求出顶上事件的发生概率。即如果事故树的各个最小割集中彼此无重复事件, 就可以按照下式计算顶上事件的发生概率:

$$g = \coprod_{r=1}^{k} \prod_{x_i \in k_r} q_i \tag{5-19}$$

式中　　x_i——第 i 个基本事件;

　　　　k_r——第 r 个最小割集, 即 r 是最小割集的序号;

　　　　k——最小割集的个数;

$x_i \in k_r$——第 i 个基本事件属于第 r 个最小割集。

【例5-33】若某事故树有如下3个最小割集，求其顶上事件的发生概率。

$$K_1 = \{x_1, x_3\}, K_2 = \{x_2, x_4\}, K_3 = \{x_5, x_6\}$$

由式（5-19），其顶上事件的发生概率为

$$g = \coprod_{r=1}^{3} \prod_{x_i \in k_r} q_i$$

$$= 1 - \left(1 - \prod_{x_i \in k_1} q_i\right)\left(1 - \prod_{x_i \in k_2} q_i\right)\left(1 - \prod_{x_i \in k_3} q_i\right)$$

其中

$$\prod_{x_i \in k_1} q_i = q_1 q_3$$

$$\prod_{x_i \in k_2} q_i = q_2 q_4$$

$$\prod_{x_i \in k_3} q_i = q_5 q_6$$

所以

$$g = 1 - (1 - q_1 q_3)(1 - q_2 q_4)(1 - q_5 q_6)$$

如果各个最小割集中彼此有重复事件，则式（5-19）不成立。

【例5-34】某事故树有3个最小割集：

$$K_1 = \{x_1, x_3\}, K_2 = \{x_2, x_3\}, K_3 = \{x_2, x_4, x_5\}$$

则其顶上事件的发生概率为各个最小割集的概率和

$$g = \coprod_{r=1}^{3} q_{kr}$$

$$= 1 - (1 - q_{k1})(1 - q_{k2})(1 - q_{k3})$$

$$= (q_{k1} + q_{k2} + q_{k3}) - (q_{k1} q_{k2} + q_{k1} q_{k3} + q_{k2} q_{k3}) + q_{k1} q_{k2} q_{k3}$$

式中的 $q_{k1} q_{k2}$ 是最小割集的 K_1，K_2 交集概率。

由于 $K_1 \cap K_2 = x_1 x_3 \cdot x_2 x_3$

而 $x_1 x_3 \cdot x_2 x_3 = x_1 x_2 x_3$

所以，$q_{k1} q_{k2} = q_1 q_2 q_3$

同理

$$q_{k1} q_{k3} = q_1 q_2 q_3 q_4 q_5$$

$$q_{k2} q_{k3} = q_2 q_3 q_4 q_5$$

$$q_{k1} q_{k2} q_{k3} = q_1 q_2 q_3 q_4 q_5$$

所以，顶上事件的发生概率为

$$g = (q_1 q_3 + q_2 q_3 + q_2 q_4 q_5) - (q_1 q_2 q_3 + q_1 q_2 q_3 q_4 q_5 + q_2 q_3 q_4 q_5) + q_1 q_2 q_3 q_4 q_5$$

由此例可以看出，若事故树的各个最小割集中彼此有重复事件时，其顶上事件的发生概率可以用如下公式计算。这一公式可以通过理论推证求得。

$$g = \sum_{r=1}^{k} \prod_{x_i \in k_r} q_i - \sum_{1 \le r < s \le k} \prod_{x_i \in k_r \cup ks} q_i + \cdots + (-1)^{k-1} \prod_{\substack{r=1 \\ x_i \in k_r}}^{k} q_i \qquad (5-20)$$

式中　　　　r, s——最小割集的序号；

$x_i \in k_r \cup k_s$——第 i 个基本事件属于最小割集 k_r 和 k_s 的并集。

即，或属于第 r 个最小割集，或属于第 s 个最小割集。

这一公式是式（5-19）的一般形式。即当最小割集中彼此有重复事件时，就必须将式（5-19）展开，消去各个概率积中出现的重复因子。

【例5-35】某事故树有 3 个最小割集：$K_1 = \{x_1, x_3\}$，$K_2 = \{x_2, x_3\}$，$K_3 = \{x_3, x_4\}$，各基本事件的发生概率分别为：$q_1 = 0.01$，$q_2 = 0.02$，$q_3 = 0.03$，$q_4 = 0.04$，求其顶上事件的发生概率。

由于各个最小割集中彼此有重复事件，根据式（5-20）计算顶上事件的发生概率：

$$g = (q_1 q_3 + q_2 q_3 + q_3 q_4) - (q_1 q_2 q_3 + q_1 q_3 q_4 + q_2 q_3 q_4) + q_1 q_2 q_3 q_4$$
$$= (0.01 \times 0.03 + 0.02 \times 0.03 + 0.03 \times 0.04) -$$
$$(0.01 \times 0.02 \times 0.03 + 0.01 \times 0.03 \times 0.04 + 0.02 \times 0.03 \times 0.04) +$$
$$0.01 \times 0.02 \times 0.03 \times 0.04$$
$$= 0.0021 - 0.000042 + 0.00000024$$
$$= 0.00205824$$

5.6.3.4 用最小径集计算顶上事件发生概率

用最小径集作事故树的等效图时，其结构为：顶上事件与各个最小径集用与门连接，每个最小径集与其包含的各个基本事件用或门连接。因此，若各最小径集中彼此间没有重复的基本事件，则可根据前述原则，先求最小径集内各基本事件的概率和，再求各最小径集的概率积，从而求出顶上事件的发生概率。即

$$g = \prod_{r=1}^{p} \coprod_{x_i \in p_r} q_i \qquad (5-21)$$

式中　p_r——第 r 个最小径集，即 r 是最小径集的序号；

　　　p——最小径集的个数。

【例5-36】某事故树共有如下 3 个最小径集，求其顶上事件的发生概率。

$$p_1 = \{x_1, x_2\}, p_2 = \{x_3, x_4, x_7\}, p_3 = \{x_5, x_6\}。$$

根据公式（5-21），其顶上事件的发生概率为

$$g = \prod_{r=1}^{3} \coprod_{x_i \in p_r} q_i$$
$$= \coprod_{x_i \in p_1} q_i \cdot \coprod_{x_i \in p_2} q_i \cdot \coprod_{x_i \in p_3} q_i$$
$$= [1 - (1 - q_1)(1 - q_2)] \cdot [1 - (1 - q_3)(1 - q_4)(1 - q_7)] \cdot$$
$$[1 - (1 - q_5)(1 - q_6)]$$

如果事故树的各最小径集中彼此有重复事件，则式（5-21）不成立。这与最小割集中有重复事件时的情况相仿。各最小径集彼此有重复事件时，须将式（5-21）展开，消去可能出现的重复因子。通过理论推证，可以用下式计算顶上事件的发生概率：

$$g = 1 - \sum_{r=1}^{p} \prod_{x_i \in p_r} (1 - q_i) + \sum_{1 \leqslant r < s < p} \prod_{x_i \in p_r \cup p_s} (1 - q_i) - \cdots + (-1)^p \coprod_{\substack{r=1 \\ x_i \in p_r}}^{p} (1 - q_i)$$

$$(5-22)$$

式中　　　　r，s——最小径集的序号；

　　　　$x_i \in p_r \cup p_s$——第i个基本事件属于最小径集p_r和p_s的并集。

【例5-37】某事故树共有如下3个最小径集，求其顶上事件的发生概率。

$$p_1 = \{x_1, x_4\}, p_2 = \{x_2, x_4\}, p_3 = \{x_3, x_5\}$$

由于各最小径集中有重复事件，则根据式（5-28）计算：

$$g = 1 - [(1-q_1)(1-q_4) + (1-q_2)(1-q_4) + (1-q_3)(1-q_5)] +$$
$$[(1-q_1)(1-q_2)(1-q_4) + (1-q_1)(1-q_3)(1-q_4)(1-q_5) +$$
$$(1-q_2)(1-q_3)(1-q_4)(1-q_5)] -$$
$$(1-q_1)(1-q_2)(1-q_3)(1-q_4)(1-q_5)$$

上述各个计算顶上事件发生概率的公式中，以式（5-20）和式（5-22）最为实用，式（5-19）和式（5-21）分别是它们的特例。一般来讲，事故树的最小割集数目较少时，应用式（5-19）和式（5-18）；最小径集数目较少时，应用式（5-21）和式（5-22）。

另外还应注意，根据最小割集计算顶上事件发生概率的两个公式，计算精度分别高于由最小径集计算顶上事件发生概率的两个公式。因此，实际应用中，应尽量采用最小割集计算顶上事件的发生概率。

5.6.3.5　顶上事件发生概率的近似算法

对于复杂的大型事故树，要精确计算出其顶上事件发生概率往往是十分困难的。采用式（5-20）和式（5-22）计算顶上事件发生概率，其计算工作量很大，且随着事故树最小割（径）集数目的增加，其判断、计算量按指数规律增长；另外，由于难以求得各基本事件发生概率的准确数值，即使运算过程再精确，所得到的顶上事件发生概率也很难是十分准确的。所以，过分追求计算公式的精确度实用价值不大。对于大型事故树，可采用简便的近似算法来计算其顶上事件的发生概率，以便在获得满意计算精度的情况下，节省计算时间。

顶上事件发生概率的近似算法有许多种，本书介绍几种常用的、有代表性的方法。

1. 以代数积代替概率积、代数和代替概率和的近似算法

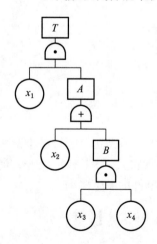

这种近似算法，就是将事故树中逻辑门代表的逻辑运算看作是代数运算，即用代数的加、乘运算，近似计算其顶上事件的发生概率。

【例5-38】用近似计算法求图5-53所示事故树顶上事件发生概率，并与精确计算值比较。各基本事件发生概率分别为$q_1 = 0.01$，$q_2 = 0.02$，$q_3 = 0.03$，$q_4 = 0.04$。

1）顶上事件发生概率的近似计算

列出事故树结构式为

$$T = x_1(x_2 + x_3 x_4)$$

则可以代数积代替概率积、代数和代替概率和的原则，直接列出顶上事件发生概率的近似计算式并求得结果：

$$g \approx q_1(q_2 + q_3 q_4) = 0.01 \times (0.02 + 0.03 \times 0.04) = 0.000212$$

2）顶上事件发生概率的精确计算

图5-53　事故树示意图(11)

由事故树的结构式，化简求得其 2 个最小割集为

$$K_1 = \{x_1, x_2\}, K_2 = \{x_1, x_3, x_4\}$$

由式（5-20），顶上事件发生概率的精确计算结果为

$$g = (q_1 q_2 + q_1 q_3 q_4) - q_1 q_2 q_3 q_4$$
$$= 0.01 \times 0.02 + 0.01 \times 0.03 \times 0.04 - 0.01 \times 0.02 \times 0.03 \times 0.04$$
$$= 0.00021176$$

3）顶上事件发生概率近似计算的误差

顶上事件发生概率近似计算结果与其精确值的相对误差为

$$\varepsilon = \frac{0.000212 - 0.00021176}{0.000212} = 0.001132 = 0.1132\%$$

可以看出，按照上述方法进行顶上事件发生概率的近似计算，其相对误差是相当小的。

2. 独立近似法

这种近似算法，是将各个最小割（径）集作为相互独立的事件对待。即尽管各最小割（径）集中彼此有重复的基本事件，但仍将它们看作无重复事件。这样，就可按无重复事件的情况，由以下两个公式近似计算顶上事件的发生概率。

$$g \approx \prod_{r=1}^{k} \coprod_{x_i \in k_r} q_i \tag{5-23}$$

$$g \approx \prod_{r=1}^{p} \coprod_{x_i \in p_r} q_i \tag{5-24}$$

这两个公式中，利用最小割集作近似计算的式（5-23）较简单，精度也较高；而利用最小径集作近似计算的式（5-24）误差较大，一般不宜采用。

3. 最小割集逼近法

在式（5-20）中，设：

$$\sum_{r=1}^{k} \prod_{X_i \in k_r} q_i = F_1$$
$$\sum_{1 \leqslant r < s \leqslant k} \prod_{X_i \in k_r \cup k_s} q_i = F_2$$
$$\cdots$$
$$\prod_{\substack{r=1 \\ x_i \in k_r}}^{k} q_i = F_k$$

根据 $g = F_1 - F_2 + F_3 - \cdots + (-1)^{k-1} F_k$

得到用最小割集求顶事件发生概率的逼近公式，即

$$g \leqslant F_1$$
$$g \geqslant F_1 - F_2$$
$$g \leqslant F_1 - F_2 + F_3$$
$$\cdots\cdots \tag{5-25}$$

式（5-25）中的 F_1、$F_1 - F_2$、$F_1 - F_2 + F_3$ 等，依次给出了顶上事件发生概率 g 的上限和下限，可根据需要求出任意精确度的概率上、下限。

【例5-39】 按照【例5-30】的条件，用最小割集逼近法顶上事件的发生概率。

根据【例5-30】的计算，可知

$$F_1 = 0.0021$$
$$F_2 = 0.000042$$
$$F_3 = 0.00000024$$

则有

$$g \leqslant F_1 = 0.0021$$
$$g \geqslant F_1 - F_2 = 0.002058$$
$$g \leqslant F_1 - F_2 + F_3 = 0.00205824$$
$$\cdots$$

可从中选取顶上事件发生概率的任意近似区间。

实际应用中，以 F_1 或 $F_1 - F_2$ 作为顶上事件发生概率的近似值，就可达到基本精度要求。例如，上例中若以 F_1 作为顶上事件发生概率的近似值时，其相对误差为 1.19% ，以 $F_1 - F_2$ 作为近似值时，相对误差则为 0.01% 。

以 F_1 作为顶上事件发生概率的近似值称作首项近似法，是一种常用近似计算方法。

4. 最小径集逼近法

与最小割集法相似，利用最小径集也可以求得顶事件发生概率的上、下限。设

$$\sum_{r=1}^{p} \prod_{x_i \in p_r} (1 - q_i) = S_1$$
$$\sum_{1 \leqslant r < s \leqslant p} \prod_{x_i \in p_r \cup p_s} (1 - q_i) = S_2$$
$$\cdots$$
$$\prod_{\substack{r=1 \\ x_i \in p_r}}^{p} (1 - q_i) = S_k$$

则根据式（5-22），可得到用最小径集求顶事件发生概率的逼近公式，即

$$g \leqslant 1 - S_1$$
$$g \geqslant 1 - S_1 + S_2$$
$$g \leqslant 1 - S_1 + S_2 - S_3$$
$$\cdots \tag{5-26}$$

这样，就可以用式（5-26）中给出的顶上事件发生概率上、下限对其进行逼近。

从理论上讲，用最小割集法或最小径集法近似计算，上、下限数列都是单调无限收敛于顶上事件发生概率 g 的，但是在实际应用中，因基本事件的发生概率较小，而应当采用最小割集逼近法，以得到较精确的计算结果。

5. 平均近似法

为了使近似算法接近精确值，计算时保留式（5-20）中第一、第二项，并取第二项的 1/2 值，即

$$g = \sum_{r=1}^{k} \prod_{x_i \in k_r} q_i - \frac{1}{2} \sum_{1 \leqslant r < s \leqslant k} \prod_{x_i \in k_r \cup k_s} q_i \tag{5-27}$$

这种算法，称为平均近似法。

5.7 概率重要度分析和临界重要度分析

5.7.1 概率重要度分析

为了考察基本事件概率的增减对顶上事件发生概率的影响程度，需要应用概率重要度分析。其方法是将顶上事件发生概率函数 g 对自变量 $q_i(i=1,2,\cdots,n)$ 求一次偏导，所得数值为该基本事件的概率重要系数：

$$I_g(i) = \frac{\partial g}{\partial q_i} \tag{5-28}$$

式中 $I_g(i)$——基本事件 x_i 的概率重要系数。

概率重要系数 $I_g(i)$ 也就是顶上事件发生概率对基本事件 x_i 发生概率的变化率，据此即可评定各基本事件的概率重要度。通过各基本事件概率重要系数的大小，就可以知道，降低哪个基本事件的发生概率，能够迅速、有效地降低顶上事件的发生概率。

【例 5-40】某事故树有 4 个最小割集：$K_1 = \{x_1, x_3\}$，$K_2 = \{x_1, x_5\}$，$K_3 = \{x_3, x_4\}$，$K_4 = \{x_2, x_4, x_5\}$。各基本事件发生概率分别为：$q_1 = 0.01$，$q_2 = 0.02$，$q_3 = 0.03$，$q_4 = 0.04$，$q_5 = 0.05$。试进行概率重要度分析。

由式（5-20），顶上事件发生概率函数 g 为

$$g = (q_1 q_3 + q_1 q_5 + q_3 q_4 + q_2 q_4 q_5) - (q_1 q_3 q_5 + q_1 q_3 q_4 + q_1 q_2 q_3 q_4 q_5 +$$
$$q_1 q_3 q_4 q_5 + q_1 q_2 q_4 q_5 + q_2 q_3 q_4 q_5) + (q_1 q_3 q_4 q_5 + q_1 q_2 q_3 q_4 q_5 +$$
$$q_1 q_2 q_3 q_4 q_5 + q_1 q_2 q_3 q_4 q_5) - q_1 q_2 q_3 q_4 q_5$$

即

$$g = q_1 q_3 + q_1 q_5 + q_3 q_4 + q_2 q_4 q_5 - q_1 q_3 q_5 - q_1 q_3 q_4 -$$
$$q_1 q_2 q_4 q_5 - q_2 q_3 q_4 q_5 + q_1 q_2 q_3 q_4 q_5$$

根据上式，即可由式（5-28）求出各基本事件的概率重要系数：

$$I_g(1) = \frac{\partial g}{\partial q_1} = q_3 + q_5 - q_3 q_5 - q_3 q_4 - q_2 q_4 q_5 + q_2 q_3 q_4 q_5 = 0.0773$$

$$I_g(2) = \frac{\partial g}{\partial q_2} = q_4 q_5 - q_1 q_4 q_5 - q_3 q_4 q_5 + q_1 q_3 q_4 q_5 = 0.0019$$

$$I_g(3) = \frac{\partial g}{\partial q_3} = q_1 + q_4 - q_1 q_5 - q_1 q_4 - q_2 q_4 q_5 + q_1 q_2 q_4 q_5 = 0.049$$

$$I_g(4) = \frac{\partial g}{\partial q_4} = q_3 + q_2 q_5 - q_1 q_3 - q_1 q_2 q_5 - q_2 q_3 q_5 + q_1 q_2 q_3 q_5 = 0.031$$

$$I_g(5) = \frac{\partial g}{\partial q_5} = q_1 + q_2 q_4 - q_1 q_3 - q_1 q_2 q_4 - q_2 q_3 q_4 + q_1 q_2 q_3 q_4 = 0.01$$

然后，根据概率重要系数的大小，排列出各个基本事件的概率重要度顺序如下：

$$I_g(1) > I_g(3) > I_g(4) > I_g(5) > I_g(2)$$

由上述顺序可知，缩小基本事件 x_1 的发生概率能使顶上事件的发生概率下降速度较快，比以同样数值减少其他任何基本事件的发生概率效果都好。其次依次是 x_3，x_4，x_5，最不敏感的是 x_2。

分析上例还可以看到：一个基本事件的概率重要系数大小，并不取决于它本身概率值

的大小，而取决于它所在最小割集中其他基本事件的概率大小。

5.7.2 临界重要度分析

当各个基本事件的发生概率不相等时，一般情况下，减少概率大的基本事件的概率比减少概率小的基本事件的概率容易，但概率重要度系数并未反映这一事实，因而它不能全面反映各基本事件在事故树中的重要程度。因此，讨论基本事件与顶上事件发生概率的相对变化率具有实际意义。

综合基本事件发生概率对顶上事件发生的影响程度和该基本事件发生概率的大小，以评价各基本事件的重要程度，即为临界重要度分析。其方法是求临界重要系数 $CI_g(i)$。$CI_g(i)$ 表示基本事件发生概率的变化率与顶上事件发生概率的变化率之比，即

$$CI_g(i) = \frac{\frac{\Delta g}{g}}{\frac{\Delta q_i}{q_i}} \tag{5-29}$$

或

$$CI_g(i) = \frac{\partial \ln g}{\partial \ln q_i} \tag{5-30}$$

通过公式变换，亦可由下式计算临界重要系数：

$$CI_g(i) = \frac{q_i}{g} I_g(i) \tag{5-31}$$

【例5-41】按照【例5-40】的条件，进行临界重要度分析。

由【例5-40】求出：

$$g = q_1 q_3 + q_1 q_5 + q_3 q_4 + q_2 q_4 q_5 - q_1 q_3 q_5 - q_1 q_3 q_4$$
$$- q_1 q_2 q_4 q_5 - q_2 q_3 q_4 q_5 + q_1 q_2 q_3 q_4 q_5$$

代入各基本事件的发生概率值，得

$$g = 0.002011412$$

由式（5-31），有：

$$CI_g(1) = \frac{q_1}{g} I_g(1) = \frac{0.01}{0.002011412} \times 0.0773 \approx 0.3843$$

同样，可求得其他各基本事件的临界重要系数为

$$CI_g(2) \approx 0.0189, CI_g(3) \approx 0.7308$$
$$CI_g(4) \approx 0.6165, CI_g(5) \approx 0.2486$$

各基本事件的临界重要度顺序如下：

$$CI_g(3) > CI_g(4) > CI_g(1) > CI_g(5) > CI_g(2)$$

对照【例5-40】，与概率重要度相比，基本事件 x_1 的重要性下降了，这是因为它的概率值最小；基本事件 x_3 的重要性提高了，这不仅是因为它对顶上事件发生概率影响较大，而且它本身的发生概率值也较 x_1 大。

5.7.3 利用概率重要度求结构重要度

在求结构重要度时，基本事件的状态设为0，1两种状态，即发生概率为1/2。因此，当假定所有基本事件发生概率均为1/2时，概率重要系数就等于结构重要度系数，即

$$I_\Phi(i) = I_g(i) \mid_{q_i = \frac{1}{2}} \quad (j = 1, 2, \cdots, n) \tag{5-32}$$

利用这一性质，可以准确求出结构重要系数。

最后，对事故树分析的三个重要系数总结如下：

三个重要度系数中，结构重要系数是从事故树结构上反映基本事件的重要程度，可为改进系统的结构提供依据；概率重要度系数是反映基本事件发生概率的变化对顶上事件发生概率的影响，为降低基本事件发生概率对顶上事件发生概率的影响提供依据；临界重要度系数从敏感度和基本事件发生概率大小双重角度反映其对顶上事件发生概率的影响，为找出最重要事故影响因素和确定最佳防范措施提供依据。所以，临界重要度系数反映的信息最为全面，而其他两个重要系数都是从单一因素进行考察的。

事故预防工作中，可以按照基本事件重要系数的大小安排采取措施的顺序，也可以按照重要顺序编制安全检查表，以保证既有重点，又能达到全面安全检查的目的。

5.8 事故树的不交化和模块分割

由前面几节的介绍可以看出，对于一个大型复杂的事故树，无论是定性分析(如求结构重要系数)，还是定量分析(如求顶上事件的发生概率)，其工作量都非常大，即产生所谓"组合爆炸"问题。因此，为了减少事故树分析的计算工作，可以对规模较大的事故树做进一步的化简和处理。这就涉及化相交集合为不交集合理论，以及不交事故树分析法。

5.8.1 化相交集合为不交集合理论

5.8.1.1 化相交集为不交集的依据

化相交集为不交集的依据，是布尔代数的如下运算定律。

(1) 重叠律：

$$A + B = A + A'B$$
$$A' + B' = A' + AB'$$

(2) 互补律：

$$A + A' = 1$$
$$A \cdot A' = 0$$

(3) 对合律：

$$(A')' = A$$

(4) 德·摩根律：

$$(A + B)' = A' \cdot B'$$
$$(A \cdot B)' = A' + B'$$

对于独立事件和相容事件，$A + B$ 和 $A' + B'$ 都可能是相交集合，而 $A + A'B$ 和 $A' + AB'$ 则变为不相交集合，如图 5-54 所示。

根据上述性质，就可以做并集的不交化处理：

$$A + B + C = A + A'B + C$$
$$= A + A'B + (A + A'B)'C$$
$$= A + A'B + A'(A'B)'C$$
$$= A + A'B + A'((A')' + B')C$$
$$= A + A'B + A'(A + B')C$$
$$= A + A'B + A'B'C$$

101

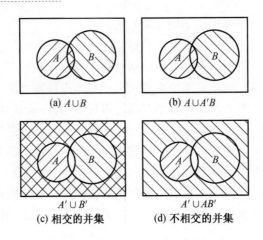

(a) $A \cup B$　　　　　　　(b) $A \cup A'B$

$A' \cup B'$　　　　　　　$A' \cup AB'$

(c) 相交的并集　　　　　(d) 不相交的并集

图 5-54　相交并集和不交并集

同理可证

$$A + B + \cdots + M + N = A + A'B + \cdots + A'B' \cdots M'N \tag{5-33}$$

5.8.1.2　化相交集为不交集求顶上事件发生概率

上述化相交集为不交集的方法，可用于求顶上事件发生概率。例如，对于如下事故树结构式，可将其化为不交形式，并进而求出顶上事件发生概率：

$$\begin{aligned}
T &= (x_1 + x_2)(x_1 + x_3)(x_2 + x_3) \\
&= (x_1 + x_1'x_2)(x_1 + x_1'x_3)(x_2 + x_2'x_3) \\
&= (x_1 + x_1'x_2x_3)(x_2 + x_2'x_3) \\
&= x_1x_2 + x_1'x_2x_3 + x_1x_2'x_3
\end{aligned}$$

顶上事件发生概率为

$$g = q_1q_2 + (1 - q_1)q_2q_3 + q_1(1 - q_2)q_3$$

下面对其做进一步讨论。若某事故树有 k 个最小割集：K_1，K_2，K_3，$\cdots$，K_k，可按照式 (5-33)，将各最小割集化为不交集合：

$$K_1 + K_2 + K_3 + \cdots + K_k = K_1 + K_1'K_2 + K_1'K_2'K_3 + \cdots + K_1'K_2'K_3' \cdots K_{k-1}'K_k \tag{5-34}$$

采用不交集求顶上事件发生概率的一般方法是：由事故树的最小割集，运用式 (5-34) 和布尔代数运算定律将相交和化为不交和；然后，计算这些不交和的概率（各项概率之和），即求得顶上事件发生概率。

【例 5-42】 按照【例 5-34】的条件，即事故树有 3 个最小割集：$K_1 = \{x_1, x_3\}$，$K_2 = \{x_2, x_3\}$，$K_3 = \{x_3, x_4\}$，各基本事件的发生概率分别为 $q_1 = 0.01$，$q_2 = 0.02$，$q_3 = 0.03$，$q_4 = 0.04$，求其顶上事件的发生概率。

由式 (5-34)，有：

$$\begin{aligned}
K_1 + K_2 + K_3 &= K_1 + K_1'K_2 + K_1'K_2'K_3 \\
&= x_1x_3 + (x_1x_3)'x_2x_3 + (x_1x_3)'(x_2x_3)'x_3x_4 \\
&= x_1x_3 + (x_1' + x_1x_3')x_2x_3 + (x_1' + x_1x_3')(x_2' + x_2x_3')x_3x_4 \\
&= x_1x_3 + x_1'x_2x_3 + (x_1'x_2' + x_1'x_2x_3' + x_1x_2'x_3' + x_1x_2x_3')x_3x_4 \\
&= x_1x_3 + x_1'x_2x_3 + x_1'x_2'x_3x_4
\end{aligned}$$

所以，顶上事件的发生概率为

$$g = q_1q_3 + (1 - q_1)q_2q_3 + (1 - q_1)(1 - q_2)q_3q_4$$
$$= 0.01 \times 0.03 + (1 - 0.01) \times 0.02 \times 0.03 +$$
$$(1 - 0.01) \times (1 - 0.01) \times 0.03 \times 0.04$$
$$= 0.00205824$$

比较【例 5 - 35】可知，顶上事件的发生概率的计算结果相同，而其计算工作量明显减少。

但是，当事故树的结构比较复杂时，利用这种直接不交化算法还是相当烦琐。解决的办法是用不交积之和定理简化计算，可参考其他文献。

5.8.2　事故树的模块分割

对于规模较大的事故树常采用事故树的模块分割和早期不交化方法进行化简。

所谓模块是至少包含两个基本事件的集合，这些事件向上可以到达同一逻辑门（称为模块的输出或模块的顶点），且必须通过此门才能达到顶事件。模块没有来自其余部分的输入，也没有与其余部分重复的事件。图 5 - 55 是事故树的模块分割示例。

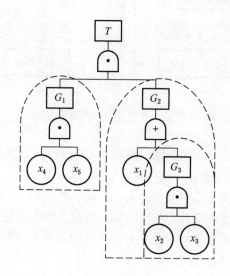

图 5 - 55　事故树的模块分割

具体地说，模块分割就是将一复杂完整的事故树分割成数个模块和基本事件的组合，这些模块中所含的基本事件不会在其他模块中重复出现，也不会在分割后剩余的基本事件中出现。若分离出的模块仍然较复杂的话，则可对模块重复上述模块分割过程。

事故树的模块可以从整个事故树中分割出来，单独地计算最小割集和事故概率。这样，经过模块分割后，其规模比原事故树小，从而减少了计算量，提高了分析效率。

一般地说，没有重复事件的事故树可以任意分解模块以缩小规模，简化计算。当存在重复事件时可采用分割顶点的方法，最有效的方法是进行事故树的早期不交化。

5.8.3　事故树的早期不交化

由上述分析可知，重复事件对于事故树分析有很大的破坏性，往往使模块分割难以进行。而早期不交化恰恰有利于消除重复事件的影响。所以，将布尔代数化简、模块分割、早期不交化相结合，在大多数情况下可以显著简化事故树分析。

事故树的早期不交化，就是对给定的任一事故树在求解之前先进行不交化，得到与原事故树对应的不交事故树。而常规途径的事故树分析法，则是一种晚期不交化。两种事故树分析方法的比较如图 5-56 所示。

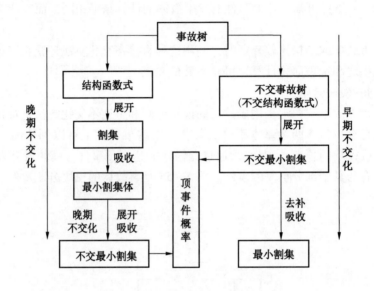

图 5-56　求解事故树的两种途径比较

不交事故树的编制规则是：遇到原事故树中的"与门"，其输入、输出均不变；遇到"或门"则对其输入进行不交化。

不交化的规则，则是前述化相交集合为不交集合的规则。

经过不交化变换后得到的就是不交事故树，或称为不交型结构函数式。

需要注意的是：采用不交事故树分析，并非真的画出不交事故树，只是将其中的布尔和变成不交布尔积之和即可。

5.9　事故树分析应用实例

事故树分析是最重要的系统安全分析方法，应系统、熟练地掌握应用。本节以木工平刨伤手事故为例，对事故树分析的全过程进行说明。

木工平刨伤手事故是发生较为频繁的事故，对其进行事故树分析具有典型意义。

5.9.1　木工平刨伤手事故树

通过对木工平刨伤手事故的原因进行深入分析，编制出事故树，如图 5-57 所示。

5.9.2　木工平刨伤手事故树定性分析

从图 5-57 事故树结构可以看出，此事故树或门多与门少，所以其最小割集比较多，事故发生的可能性比较大。

1. 最小割集与最小径集的数目

由式（5-1）计算，割集数目为 9 个；按式（5-2）计算，径集为 3 个。由于事故

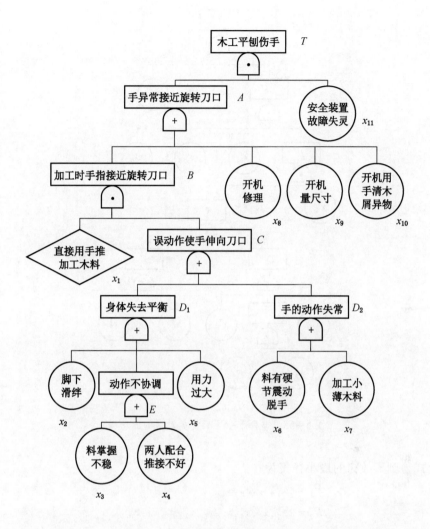

图 5-57 木工平刨伤手事故树分析图

树中不含重复的基本事件，割集数目也就是最小割集的数目，径集数目也就是最小径集的数目。所以，从最小径集分析较为方便。

2. 求取最小径集

编制出原事故树的成功树，如图 5-58 所示。

写出成功树的结构式，并化简，求取其最小割集：

$$T' = A' + x'_{11}$$
$$= B'x'_8 x'_9 x'_{10} + x'_{11}$$
$$= (x'_1 + C')x'_8 x'_9 x'_{10} + x'_{11}$$
$$= (x'_1 + D'_1 D'_2)x'_8 x'_9 x'_{10} + x'_{11}$$
$$= (x'_1 + x'_2 E' x'_5 x'_6 x'_7)x'_8 x'_9 x'_{10} + x'_{11}$$
$$= (x'_1 + x'_2 x'_3 x'_4 x'_5 x'_6 x'_7)x'_8 x'_9 x'_{10} + x'_{11}$$
$$= x'_1 x'_8 x'_9 x'_{10} + x'_2 x'_3 x'_4 x'_5 x'_6 x'_7 x'_8 x'_9 x'_{10} + x'_{11}$$

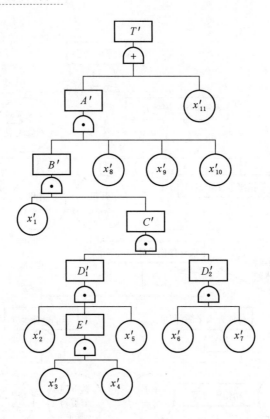

图 5-58　与图 5-57 事故树对偶的成功树

由上式得到事故树的最小径集为

$$P_1 = \{x_1, x_8, x_9, x_{10}\},$$
$$P_2 = \{x_2, x_3, x_4, x_5, x_6, x_7, x_8, x_9, x_{10}\},$$
$$P_3 = \{x_{11}\}$$

3. 结构重要度分析

根据事故树的最小径集判定，由于 x_{11} 是单事件最小径集中的事件，所以 x_{11} 的结构重要系数最大。

由于 x_8，x_9，x_{10} 同时出现在最小径集 P_1，P_2 内，所以

$$I_\Phi(8) = I_\Phi(9) = I_\Phi(10)$$

因为 x_1 仅出现在最小径集 P_1 中，x_8，x_9，x_{10} 则出现在 2 个最小径集 P_1，P_2 内，所以

$$I_\Phi(8) = I_\Phi(9) = I_\Phi(10) > I_\Phi(1)$$

因为 x_2，x_3，x_4，x_5，x_6，x_7 仅在 9 个事件的最小径集 P_2 中出现 1 次，x_1 则在 4 个事件的最小径集 P_1 中出现 1 次，所以

$$I_\Phi(1) > I_\Phi(2) = I_\Phi(3) = I_\Phi(4) = I_\Phi(5) = I_\Phi(6) = I_\Phi(7)$$

所以，各基本事件的结构重要度顺序为

$$I_\Phi(11) > I_\Phi(8) = I_\Phi(9) = I_\Phi(10) > I_\Phi(1) > I_\Phi(2) = I_\Phi(3)$$
$$= I_\Phi(4) = I_\Phi(5) = I_\Phi(6) = I_\Phi(7)$$

结构重要度顺序说明。x_{11}是最重要的基本事件，x_8，x_9，x_{10}是第二位的，x_1是第三位的，x_2，x_3，x_4，x_5，x_6，x_7则是第四位的。也就是说，提高木工平刨安全性的根本出路在于安全装置。只要提高安全装置的可靠性，就能有效地提高平刨的安全性。其次，在开机时测量加工件、修理刨机和清理碎屑、杂物，是极其危险的。再次，直接用于推加工木料相当危险，一旦失手就可能接近旋转刀口。第四位的事件较多，又都是人的操作失误，往往是难以避免的，只有加强技术培训和安全教育才能有所减少。如果把人作为系统的一个元件来处理，则这个元件的可靠性最低。

5.9.3 木工平刨伤手事故树定量分析

1. 基本事件发生概率估计值

我们通过主观概率法，确定各基本事件的发生概率。从理论上讲，事故发生概率应为任一瞬间发生的可能性，是一无量纲值。但从工程实践出发，许多文献皆采用计算频率的办法代替概率的计算，即计算单位时间事故发生的次数。按照这一考虑，给出每小时各基本事件发生可能性的估计值，作为各基本事件的发生概率，见表5-7。

表5-7 基本事件的发生概率

代号	基本事件	发生概率 q_i(1/h)
x_1	直接用手推加工木料	0.1
x_2	脚下滑绊	5×10^{-3}
x_3	料掌握不稳	5×10^{-2}
x_4	二人配合推接不好	10^{-4}
x_5	用力过大	10^{-3}
x_6	料有硬结震动脱手	10^{-5}
x_7	加工小薄木料	10^{-2}
x_8	开机修理	2.5×10^{-6}
x_9	开机量尺寸	10^{-5}
x_{10}	开机用手清木屑或异物	10^{-3}
x_{11}	安全装置故障失灵	4×10^{-4}

2. 顶上事件发生概率

根据该事故树的最小径集，由式（5-22）求顶上事件的发生概率：

$$g = 1 - \big[(1-q_1)(1-q_8)(1-q_9)(1-q_{10}) + (1-q_1)(1-q_2)(1-q_3)(1-q_4) \cdot$$
$$(1-q_5)(1-q_6)(1-q_7)(1-q_8)(1-q_9)(1-q_{10}) + (1-q_{11}) \big] +$$
$$\big[(1-q_1)(1-q_2)(1-q_3)(1-q_4)(1-q_5)(1-q_6)(1-q_7)(1-q_8)(1-q_9) \cdot$$
$$(1-q_{10}) + (1-q_1)(1-q_8)(1-q_9)(1-q_{10})(1-q_{11}) + (1-q_2)(1-q_3) \cdot$$
$$(1-q_4)(1-q_5)(1-q_6)(1-q_7)(1-q_8)(1-q_9)(1-q_{10})(1-q_{11}) \big] -$$

$$(1-q_1)(1-q_2)(1-q_3)(1-q_4)(1-q_5)(1-q_6)(1-q_7)(1-q_8) \cdot$$
$$(1-q_9)(1-q_{10})(1-q_{11})$$
$$= 0.000003012/h$$

顶上事件的发生概率近似计算：将事故树中逻辑门代表的逻辑运算看作是代数运算，即用代数的加、乘运算，近似计算顶上事件的发生概率为

$$g \approx q_{11}[q_8 + q_9 + q_{10} + q_1(q_2 + q_3 + q_4 + q_5 + q_6 + q_7)]$$
$$= 0.000003009/h$$

顶上事件的发生概率值说明，对于木工平刨加工系统，每工作 1 小时发生刨手事故的可能性为 0.000003012。即，若工作 10^6 小时，则可能发生 3 次刨手事故。若每年工作时间以 2000 小时计，相当于每年 500 人中有 3 人刨手。这样的事故风险应该引起足够重视。

3. 概率重要度分析与临界重要度分析

按照顶上事件的发生概率近似计算式：

$$g \approx q_{11}[q_8 + q_9 + q_{10} + q_1(q_2 + q_3 + q_4 + q_5 + q_6 + q_7)]$$

由式（5-28）计算各基本事件的概率重要系数：

$$I_g(1) = \frac{\partial g}{\partial q_1} = q_{11}(q_2 + q_3 + q_4 + q_5 + q_6 + q_7) = 0.000026444$$

$$I_g(2) = \frac{\partial g}{\partial q_2} = q_1 q_{11} = 0.00004$$

$$I_g(3) = I_g(4) = I_g(5) = I_g(6) = I_g(7) = I_g(2) = 0.00004$$

$$I_g(8) = \frac{\partial g}{\partial q_8} = q_{11} = 0.0004$$

$$I_g(9) = I_g(10) = I_g(8) = 0.0004$$

$$I_g(11) = \frac{\partial g}{\partial q_{11}} = q_8 + q_9 + q_{10} + q_1(q_2 + q_3 + q_4 + q_5 + q_6 + q_7) = 0.00753$$

由式（5-31）计算临界重要系数：

$$CI_g(1) = \frac{q_1}{g} I_g(1) = \frac{0.1}{3.01 \times 10^{-6}} \times 2.64 \times 10^{-5} = 0.88$$

$$CI_g(2) = \frac{q_2}{g} I_g(2) = \frac{5 \times 10^{-3}}{3.01 \times 10^{-6}} \times 4 \times 10^{-5} = 6.64 \times 10^{-2}$$

同理，可计出其他基本事件的临界重要系数：

$$CI_g(3) = 6.64 \times 10^{-1}, CI_g(4) = 1.33 \times 10^{-3}$$
$$CI_g(5) = 1.33 \times 10^{-2}, CI_g(6) = 1.33 \times 10^{-4}$$
$$CI_g(7) = 1.33 \times 10^{-1}, CI_g(8) = 3.32 \times 10^{-4}$$
$$CI_g(9) = 1.33 \times 10^{-3}, CI_g(10) = 1.33 \times 10^{-1}$$
$$CI_g(11) = 1$$

所以，各基本事件的临界重要度顺序为：

$$CI_g(11) > CI_g(1) > CI_g(3) > CI_g(7) = CI_g(10) > CI_g(2) > CI_g(5) >$$
$$CI_g(4) = CI_g(9) > CI_g(8) > CI_g(6)$$

从这个排列顺序可以看出，基本事件 x_{11} 仍处于首要位置，但 x_8、x_9 变为次要位置，

x_{10} 变为次重要位置；而 x_1 和 x_3 的位置显著提前了。这说明，要提高整个系统的安全性，减少 x_1 和 x_3 的发生概率是最容易做到的。如果不直接用于推加工木料，就不会发生操作上的失误（如基本事件 $x_2 \sim x_7$），就可大幅度降低事故发生概率。当然，在尚无实用的自动送料装置的情况下，加强技术培训和安全教育，也可适当减少操作失误的发生，进而降低事故发生概率。

5.9.4 木工平刨伤手事故树分析结论

通过定性分析得出，木工平刨伤手事故树的最小割集为 9 个，最小径集为 3 个。即导致木工平刨伤手事故的可能途径有 9 个，说明该事故比较容易发生。为了防止事故的发生，应该控制所有 9 个最小割集；控制事故、使之不发生的途径有 3 个，只要能采取 3 个最小径集中的任何一种途径，均可避免事故的发生。因此，可以根据上述分析结论制定事故预防方案。

由最小径集和临界重要度、结构重要度分析结果可知，采取最小径集 P_3 的事故预防方案是最佳方案。只要加强日常维护和维修，保证安全装置的可靠性和有效性，避免其故障、失灵（x_{11}），即可避免木工平刨伤手事故。采取最小径集 P_1 或 P_2 的事故预防方案，也都是可行方案。同时，为了保险起见，往往同时采取几套事故预防方案。

本 章 小 结

本章介绍了事故树、事故树分析的概念和应用步骤；详细介绍了事故树的符号、事故树的编制和化简；详细介绍了最小割集、最小径集的概念和求取方法；介绍了结构重要度、顶上事件概率、概率重要度、临界重要度的概念和计算方法；简要介绍了事故树的不交化和模块分割。

通过本章学习，掌握事故树分析的概念和方法步骤，能够熟练地应用其进行系统安全分析。

思 考 与 练 习

1. 某年 6 月 28 日，某厂一台发电机在检修过程中发生氢气爆炸事故，造成检修工人 2 死 1 伤。试编制该事故的事故树图。此次事故的基本情况如下：

发电机检修过程中，因有 2 处要动火作业，必须排氢。6 月 25 日 17 时 20 分，机内取样检验合格，排氢工作结束；6 月 27 日，电气检修班工作人员打开 5 号发电机下部汽轮机侧和励磁机侧两个人孔门，并进入发电机风道内进行了部分工作。因感觉在发电机风道内发闷，准备第二天用风机通风，并取得领导同意。28 日继续工作。当日 8 时 45 分，当其中一人钻到人孔内放置一台日用台式电风扇，并多次用其按键开停以寻找合适的放置位置时，忽然一声巨响，氢气爆炸。

《电业安全工作规程 第 1 部分：热力和机械》（GB 26164.1—2010）规定，制氢站、发电机氢系统和其他装有氢气的设备附近，必须严禁烟火，严禁放置易爆易燃物品，并应设"严禁烟火"的警示牌。储氢设备（包括管道系统）和发电机氢冷系统进行检修前，必须将检修部分与相连的部分隔断，加装严密的堵板，并将氢气按规程规定置换为空气。

禁止在制氢室、储氢罐、氢冷发电机，以及氢气管路近旁进行明火作业或做能产生火花的工作。如必须在上述地点进行焊接或点火的工作，应事先经过氢气含量测定，证实工作区域内空气中含氢量小于3%，并经厂主管生产的领导批准办理动火工作票后方可工作，工作中应至少每4 h测定空气中的含氢量并符合标准。但是，此次检修采取的安全措施中，未包括上述必须采取的措施。

经事故后检查，该发电机氢冷系统的管道中两道关闭的阀门均泄漏。日用电风扇的按键，在起、停和换挡时均产生火花，可能为引爆火源；另外，还发现死者之一随身带有火柴和卷烟。事故现场有烟头和火柴棍，但在爆炸当时是否有人抽烟无法证实。

2. 某高校的一栋宿舍楼有6层，每层有15间学生宿舍，楼道走廊宽1.5 m；每层配有1个消防栓和2个灭火器；有2个步梯和2个通向室外平地的出口，但其中一个被封死；一楼有1间自动投币洗衣机和几间商铺；每间宿舍有8个木材床板，配有10张木材桌子，10把木材椅子，2个衣柜，其余为学生私人物品，如书、计算机、衣物等。总体来说，该宿舍楼面积小，但人员和财产较集中。请针对上述案例编制高校学生宿舍火灾事故树。

3. 某年6月26日10时20分左右，湖南宜凤高速发生一起特大交通事故，具体事故经过如下：在宜凤高速公路郴州宜章段长村东溪大桥附近，湖南省某旅游集团的一辆大巴车（核载55人，实载57人，其中有4名孩子），在行驶过程中撞上高速公路中间隔离带，随后又撞向东溪大桥右边护栏，致油箱漏油起火，造成35人死亡，13人受伤，教训十分惨痛。请编制上述特大道路交通事故的事故树。

4. 应用文氏图直观证明：（1）分配律，$A + (B \cdot C) = (A + B) \cdot (A + C)$；（2）重叠律；（3）德·摩根律。

5. 根据事故树进行以下分析计算。

（1）判断图5−59和图5−60所示事故树的割集和径集数目。

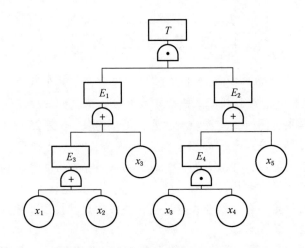

图5−59　事故树示意图

（2）求图5−32、图5−59和图5−60所示事故树的最小割集和最小径集。

（3）求图5-59所示事故树中各基本事件的结构重要系数。

（4）对图5-60所示事故树进行结构重要度分析。

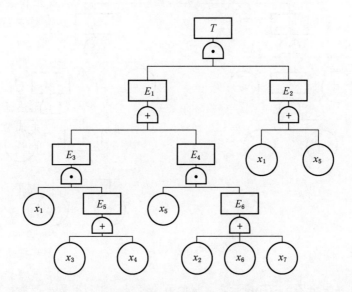

图5-60 事故树示意图

6. 用行列法和素数法（或分离重复法）求图5-61所示事故树的最小割集，画出其等效事故树，并进行结构重要度分析。

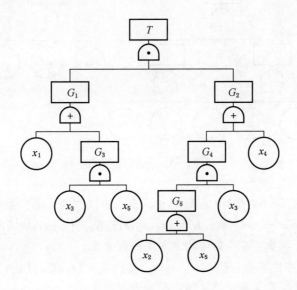

图5-61 事故树示意图

7. 判断图5-62所示事故树的割集和径集数目；用布尔代数化简法求出其最小割集，并画出等效图。

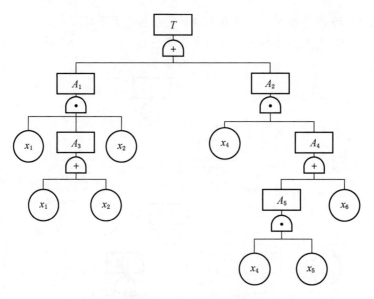

图 5-62　事故树示意图

8. 用成功树法求出图 5-63 所示事故树的最小径集，并利用最小径集画出其等效图。

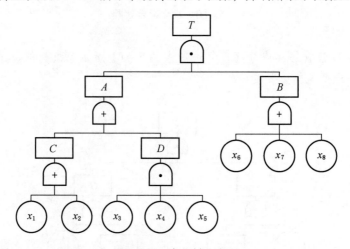

图 5-63　事故树示意图

9. 某事故树如图 5-64 所示，用行列法求出该事故树的最小割集和最小径集。

10. 某事故树有三个最小割集：$K_1 = \{x_1, x_2, x_3\}$，$K_2 = \{x_1, x_3, x_4\}$，$K_3 = \{x_1, x_4, x_5\}$。请根据直观判断原则对各基本事件的结构重要度进行排序。

11. 事故树的最小径集为：$P_1 = \{x_1, x_2, x_3, x_4\}$；$P_2 = \{x_5, x_6\}$；$P_3 = \{x_7\}$；$P_4 = \{x_8\}$。请根据直观判断原则对各基本事件的结构重要度进行排序。

12. 某事故树的最小割集为：$P_1 = \{x_1, x_3\}$，$P_2 = \{x_1, x_4\}$，$P_3 = \{x_2, x_3, x_5\}$，$P_4 = \{x_2, x_4, x_6\}$。请选用合适的近似计算公式对各基本事件的结构重要度进行分析。

13. 某事故树的最小割集为 $\{x_1, x_3\}$、$\{x_2, x_3\}$、$\{x_1, x_2, x_4\}$，请利用状态枚举法求出各基本事件的结构重要度系数。

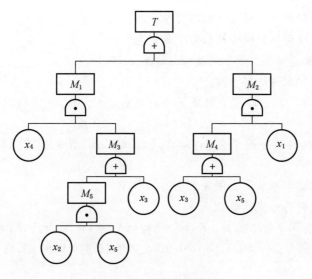

图 5 – 64　事故树示意图

14. 如图 5 – 65 所示事故树：

（1）用直接分布算法求出该事故树的最小割集。

（2）用行列法求出该事故树的最小径集，并根据求出的最小径集编制出其等效事故树。

（3）根据最小割集，计算各个基本事件的结构重要度，并进行排序。

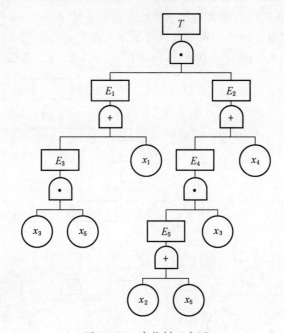

图 5 – 65　事故树示意图

15. 试分析、论证：

（1）事故树最小割集和最小径集的作用？

（2）ETA 和 FTA 有哪些共同点和不同点？可否结合应用？

（3）如何结合应用事故树分析和事件树分析？

（4）如何结合应用事故树分析和安全检查表？

16. 已知某事故树有2个最小割集(x_1,x_2,x_3)，(x_1,x_4)。

（1）写出该事故树的结构函数。

（2）已知x_1、x_2、x_3、x_4发生的概率分别为q_1、q_2、q_3、q_4，利用平均近似法确定顶上事件发生的概率。

17. 已知事故树的最小割集为(x_1,x_2)，(x_2,x_3)，假设各基本事件发生的概率都为0.1。试求：

（1）利用首项近似法求顶上事件发生的概率。

（2）写出事故树的结构函数。

18. 某事故树有3个最小割集：$K_1=\{x_1,x_4\}$，$K_2=\{x_2,x_3,x_4\}$，$K_3=\{x_1,x_3\}$。各基本事件的发生概率分别为：$q_1=0.5$，$q_2=0.6$，$q_3=0.8$，$q_4=0.9$，求试用最小割集法顶上事件的发生概率。

19. 某事故树有3个最小径集：$P_1=\{x_1,x_4\}$，$P_2=\{x_2,x_3\}$，$P_3=\{x_5,x_6\}$。各基本事件的发生概率分别为：$q_1=0.1$，$q_2=0.2$，$q_3=0.03$，$q_4=0.4$，$q_5=0.05$，$q_6=0.16$，试用最小径集法求顶上事件的发生概率。

20. 图5-66所示事故树中，各基本事件的发生概率分别为

$$q_1=0.05,q_2=0.04,q_3=0.03,q_4=0.02$$

（1）利用状态枚举法和直接分步算法计算顶上事件的发生概率。

（2）求各基本事件的结构重要系数，进行结构重要度分析。

21. 图5-67所示事故树中，各基本事件的发生概率分别为

$$q_1=0.04,q_2=0.05,q_3=0.03,q_4=0.01,q_5=0.02$$

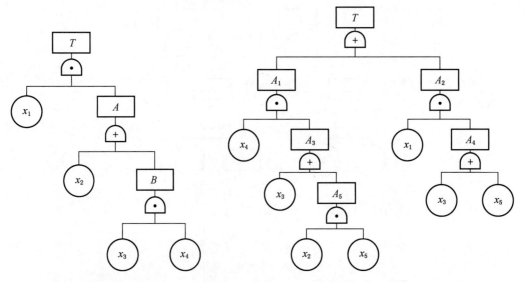

图5-66 事故树示意图　　　　图5-67 事故树示意图

（1）用最小割集法、最小径集法分别计算顶上事件的发生概率。

（2）采用不交集方法求顶上事件发生概率。

22. 某事故树有 4 个最小割集：$K_1 = \{x_1, x_3\}$，$K_2 = \{x_2, x_3, x_4\}$，$K_3 = \{x_4, x_5\}$，$K_4 = \{x_3, x_5, x_6\}$。各基本事件的发生概率分别为：$q_1 = 0.05$，$q_2 = 0.03$，$q_3 = 0.01$，$q_4 = 0.06$，$q_5 = 0.04$，$q_6 = 0.02$。

（1）用两种以上近似算法计算顶上事件的发生概率。

（2）采用最小割集逼近法计算顶上事件发生概率，精确到 10^{-6}。

23. 某事故树最小径集为：$P_1 = \{x_1, x_2\}$，$P_2 = \{x_3, x_4\}$，$P_3 = \{x_5\}$。基本事件发生的概率分别为：$q_1 = 0.001$，$q_2 = 0.002$，$q_3 = 0.002$，$q_4 = 0.1$，$q_5 = 0.6$。试求：顶上事件发生概率和基本事件的概率重要度系数，并按重要度系数排序。

24. 某事故树共有 3 个最小割集：$\{x_1, x_2\}$，$\{x_2, x_3\}$，$\{x_1, x_3, x_4\}$。已知各基本事件发生的概率为：$q_1 = 0.4$，$q_2 = 0.3$，$q_3 = 0.2$，$q_4 = 0.1$。计算各基本事件的概率重要度和临界重要度，并分别进行排序。

25. 在露天煤矿生产过程中，经常需要进行爆破作业，若操作不当或者管理不到位则容易发生爆破伤亡事故，其事故树如图 5 – 68 所示。请判断该事故树的割集和径集数目，并对各基本事件的结构重要度进行排序。

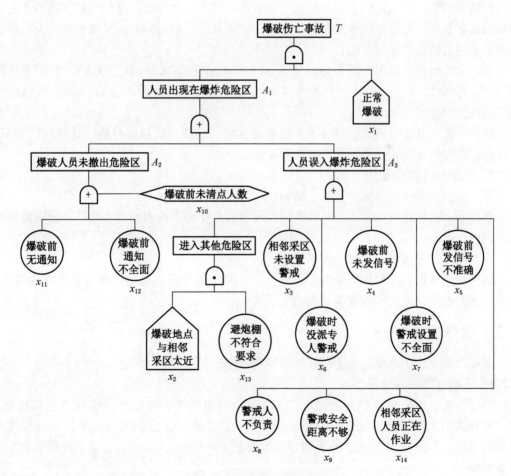

图 5 – 68　爆破伤亡事故树

6 因 果 分 析

📝 **本章学习目标:**

(1) 掌握因果分析的基本概念和分析步骤。

(2) 理解事件树分析、事故树分析的优缺点,领会它们的相互关系。

(3) 综合应用:选择实际事故案例,进行因果分析。

6.1 因果分析的概念与步骤

6.1.1 因果分析的概念

事故树分析在逻辑上称为演绎分析法,是一种静态的微观分析;事件树分析在逻辑上称为归纳分析法,是动态的宏观分析法。两者各有优点,也各有不足。因此,提出了充分发挥两者之长、尽量弥补各自之短的方法——因果分析。即因果分析是将事故树分析和事件树分析两者结合应用的方法。

这一方法也称为原因—后果分析(Cause – Consequence Analysis,CCA)。它用事故树作原因分析(Cause Analysis),用事件树作后果分析(Consequence Analysis),从而结合两者的优点。

因果分析的基本思路是:结合事件树和事故树,绘制出供系统分析、计算用的图形,并进行定性分析和定量计算,作出风险评价。

6.1.2 因果分析的步骤

第一步,从某一初因事件开始,编制出事件树图。

第二步,将事件树的初因事件和失败的环节事件作为事故树的顶上事件,分别编制出事故树图。

以上两步所完成的图形称为因果图。

第三步,根据需要和取得的数据,进行定性和定量分析,得出各种后果的发生概率,进而得到对整个系统的风险评价(安全性评价)。

6.2 因果分析实例

下面以某工厂中电机过热为例,详细说明因果分析的方法步骤。

6.2.1 电机过热的因果图

经过分析,以电机过热为初因事件,编制出其事件树;再以初因事件"电机过热"和"操作人员未能灭火"等失败的环节事件作为顶上事件,分别编制出事故树,形成完整的因果图,如图6-1所示。电机过热可能引起5种后果($G_1 \sim G_5$),这5种后果及其损失见表6-1。

6.2.2 各事件的有关参数

为计算初因事件和各环节事件的发生概率,需要调查、掌握有关参数。电机大修周期为 6 个月，假设电机过热事件 A 发生概率 $P(A) = 0.088/6$ 个月，过热条件下起火概率 $P(B_2) = 0.02$，其他各有关参数见表 6-2，可利用这些参数通过 FTA 计算各失败的环节事件的发生概率。

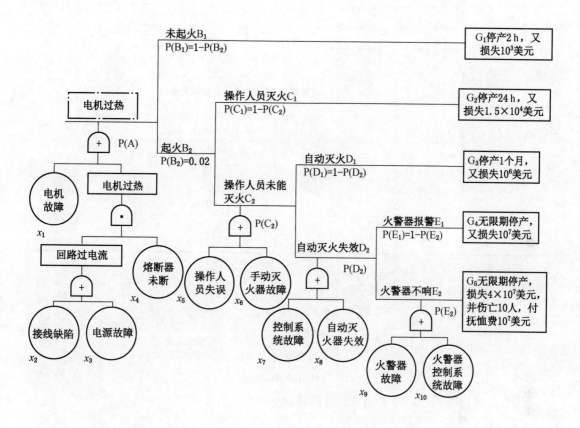

图 6-1 电机过热因果图

表 6-1 电机过热各种后果及其损失

美元

后果	直接损失①	停工损失②	总损失 S_i
G_1：停产 2 h	10^3	2×10^3	3×10^3
G_2：停产 24 h	1.5×10^4	2.4×10^4	3.9×10^4
G_3：停产 1 月	10^6	7.44×10^5	1.744×10^6
G_4：无限期停产	10^7	10^7	2×10^7
G_5：无限期停产，伤亡 10 人	4×10^7	10^7	5×10^7

注：① 直接损失是指直接烧坏及损坏造成的财产损失，而对于 G_5 则包括人员伤亡的抚恤费。

② 停工损失是指每停工 1 h 估计损失 1000 美元，无限期停产损失约为 10^7 美元。

6.2.3 各后果事件的发生概率

根据表 6-2 的数据，可以计算各后果事件的发生概率。

表6-2 事件的有关参数

事件	有 关 参 数
A	A 发生概率 $P(A) = 0.088/6$ 个月(电机大修周期 $= 6$ 个月)
B_2	起火概率 $P(B_2) = 0.02$(过热条件下)
C_2	操作人员失误概率 $P(x_5) = 0.1$
	手动灭火器故障 x_6: $\lambda_6 = 10^{-4}/h$ $T_6 = 730\ h$(T_6 为手动灭火器的试验周期)
D_2	自动灭火控制系统故障 x_7: $\lambda_7 = 10^{-5}/h, T_7 = 4380\ h$
	自动灭火控制器故障 x_8: $\lambda_8 = 10^{-5}/h, T_8 = 4380\ h$
E_2	火警器控制系统故障 x_9: $\lambda_9 = 5 \times 10^{-5}/h, T_9 = 2190\ h$
	火警器故障 x_{10}: $\lambda_{10} = 10^{-5}/h, T_{10} = 2190\ h$

（1）后果事件 G_1 的发生概率为

$$P(G_1) = P(A)P(B_1)$$
$$= P(A)[1 - P(B_2)]$$
$$= 0.088 \times (1 - 0.02)$$
$$= 0.086/6 \text{ 个月},$$

即6个月内电机过热但未起火的可能性为 0.086。

（2）后果事件 G_2 的发生概率为

$$P(G_2) = P(A)P(B_2)P(C_1)$$
$$= P(A)P(B_2)[1 - P(C_2)],$$

C_2 事件发生概率的计算：根据顶上事件发生概率的计算方法，有

$$P(C_2) = 1 - [1 - P(x_5)][1 - P(x_6)]$$

由表 6-2 已知，$P(x_5) = 0.1$。

$P(x_6)$ 是手动灭火器故障概率。表 6-2 给出了手动灭火器故障率 λ_6 和试验周期 T_6，设故障发生在试验周期的中点，即

$$t_6 = T_6/2 = 730/2 = 365\ h$$

x_6 的故障概率 $= 1 - e^{-\lambda t}$，按级数展开并略去高阶无穷小，得

$$P(x_6) \approx \lambda_6 t_6 = 10^{-4} \times 365 = 3.65 \times 10^{-2}$$

据此，可以计算出后果事件 G_2 的发生概率为

$$P(G_2) = 0.001526184/6 \text{ 个月}$$

按同样步骤，可以计算出其他后果事件的发生概率。

6.2.4 风险率和风险评价

各种后果事件的发生概率 P_i 和损失大小 S_i 均已知道，便可求出各种后果事件的风险

率（或称损失率）R_i：

$$R_i = P_i S_i \qquad\qquad (6-1)$$

风险率是表示危险程度大小的指标，其详细介绍见第 12 章。后果事件 G_1 的风险率为

$$R_1 = P_1 S_1 = 3 \times 10^3 \times 0.086 = 258 (\text{美元}/6\text{ 月})$$

按照同样方法计算，可得到各种后果事件的风险率。将各种后果事件的发生概率、损失大小（严重度）和风险率列表，见表 6-3。

表 6-3 各种后果事件的发生概率、损失大小和风险率

后果事件 G_i	损失大小 S_i（美元）	发生概率 P_i（1/6 月）	风险率 R_i（美元/6 月）
G_1	3×10^3	0.086	258
G_2	3.9×10^4	0.001526184	59.52
G_3			
G_4			
G_5			
累计			929.96

根据表中数据，可以对电机过热的各种后果事件进行风险评价。例如，设安全指标（允许的风险率）为 300 美元/6 月，若后果事件的风险率不超过安全指标，认为达到了安全要求，不需进行调整；否则，未达到安全要求，需要进行调整，并重新进行计算和评价，直至达到安全要求为止。

可以看出，后果事件 G_1、G_2 的风险均不大于安全指标，则它们的风险是可以接受的；从整体考虑，如果以各种后果事件的风险率总和不超过 1000 美元/6 月作为总的安全指标的话，也认为该系统的总体风险是可以接受的（表 6-3），即认为该系统是安全的。

本 章 小 结

本章介绍了因果分析的概念、原理和步骤；结合实例详细介绍了因果分析的应用过程。

通过本章学习，理解事件树分析、事故树分析的优缺点，掌握因果分析的概念和步骤，能够熟练地应用因果分析方法。

思 考 与 练 习

1. 试述因果分析的概念和步骤。

2. 按 6.2 节实例所给条件，进行电机过热因果分析，并进行风险评价。设安全指标为 300 美元/6 月。

3. 因果分析与 ETA、FTA 有哪些共同点和不同点？

4. 因果分析如何与其他方法综合应用，请举例分析。

5. 某矿一工人在煤仓上口附近工作，不慎坠入煤仓窒息死亡。针对此类事故开展因果分析，分析事故的原因及避免事故的途径。

7 预先危险性分析

📝 **本章学习目标：**

（1）熟悉预先危险性分析的概念、目的及步骤。

（2）掌握危险性辨识方法及危险等级的具体划分。

（3）熟练运用预先危险性分析方法。

7.1 预先危险性分析的概念与步骤

预先危险性分析方法很早就已出现，最初被称为总体危险性分析或潜在危险性分析，后来由美国军用标准《系统工程》（MIL‒STD‒882）的研发人员将其正式定义，并加以传播。目前，预先危险性分析方法已经在工业领域得到广泛应用。

历史上已有因预先危险分析不足而导致的惨痛教训。据记载，早在1984年12月3日，印度博帕尔市农药厂发生了人类历史上最惨重的毒气泄漏爆炸事故，共造成3859人死亡，5万人双目失明，10万人终身残疾，20万人中毒，被称之为人类历史上的灾难。事故调查原因分析中，除了其他原因以外，将存在剧毒物质的农药厂设计在人口稠密区就是一个重大失误。如果在工厂选址时考虑了这一点，就不会造成这么惨重的损失。由此可见，开展预先危险性分析具有重要意义。

7.1.1 预先危险性分析的定义与目的

预先危险性分析（Preliminary Hazard Analysis，PHA），也称为危险性预先分析、初始危险分析或预先危害分析，就是在一项工程活动（设计、施工、生产运行、维修等）之前，特别是在设计的开始阶段，首先对系统可能存在的主要危险源、危险性类别、出现条件和导致事故的后果所作的宏观、概略分析，是一种定性分析、评价系统内危险因素的危险程度的方法。

预先危险性分析的主要目的是尽量防止采取不安全的技术路线，避免使用危险性物质、工艺和设备。如果必须使用，也可以从设计和工艺上考虑采取安全防护措施，使这些危险性不致发展成为事故。

我国有些钢铁企业和化工企业，在生产运行和系统大修之前运用PHA取得的经验证明，PHA在工程活动之前开展分析，几乎不需耗费多少资金，就可以取得防患于未然的良好效果，是一种在安全管理工作中非常有效的危险性辨识与分析技术。

预先危险性分析开展的主要工作如下：

（1）识别与系统有关的主要危险。

（2）鉴别产生危险的原因。

（3）预测事故出现对人体及系统产生的影响。

（4）判定已识别的危险性等级，并提出消除或控制危险性的措施。

7.1.2 预先危险性分析的步骤与格式

1. 预先危险性分析的步骤

进行预先危险性分析时，一般是利用安全检查表、经验和技术事先查明危险因素的存在方位，然后识别使危险因素演变为事故的触发因素和必要条件，对可能出现的事故后果进行分析，并采取相应的措施。

预先危险性分析的一般步骤如下：

（1）熟悉系统。在对系统进行预先危险性分析之前，首先要对系统的目的、功能、工艺流程、操作运行条件、周围环境等作充分的调查了解；由于一个系统往往由若干个功能不同的子系统组成，为了便于分析，应将系统进行功能分解，弄清其功能、构造、主要作业过程，以及选用的设备、物质、材料等。

（2）收集资料。收集此系统、其他类似系统，以及使用类似设备、工艺、材料的系统的资料，主要包括：①各种设计方案的系统和分系统部件的设计图纸和资料；②在系统预期的寿命期内，系统各组成部分的活动、功能和工作顺序的功能流程图及有关资料；③在预期的试验、制造、储存、修理、使用等活动中与安全要求有关的背景材料。并在此基础上，请熟悉系统的有关人员进行充分的讨论研究，根据过去的经验、资料，以及同类系统过去发生过的事故信息，分析对象系统是否也会出现类似情况和可能发生的事故。

（3）辨识危险因素。根据系统具体状况，通过经验判断、技术诊断等方法，查找能够造成人员伤亡、财产损失和系统完不成任务的危险因素，确定系统中的主要危险因素及危险类型，对潜在的危险点要仔细判定。

（4）识别转化条件。研究找出危险因素转变为危险状态的触发条件，即"触发事件"；确定危险状态转变为事故（或灾害）的必要条件，即确定"形成事故的原因事件"。

（5）确定可能事故类型。根据过去的经验教训，分析危险、有害因素对系统的影响，分析确定事故的可能类型。

（6）确定危险等级。按照危险因素形成事故的可能性和损失的严重程度，划分其危险等级，以便按照轻重缓急采取危险控制措施。

（7）制定危险控制措施。根据危险因素的危险等级，制定并实施危险控制措施，比如，可以通过修改设计、加强安全措施来消除或控制，从而达到系统安全的目的。

（8）制定预先危险性分析表。按照上述分析过程，将分析结果逐项汇总到事先设计好的预先危险性分析表格中，制定预先危险性分析表。

2. 预先危险性分析表的格式

预先危险性分析结果一般采用表格的形式列出。预先危险性分析表应该包括以下内容：

（1）划分整个系统为若干子系统，说明系统名称、目的、状态、日期等。

（2）危险因素：在一定条件下能够导致事故发生的潜在因素。它是"事故情况"的原因。一般情况下，它不能单独引起事故发生。可参照同类产品或类似的事故教训及经验分析查明。

（3）触发事件：促使形成危险因素的事件。促使某一危险因素形成，可以有若干触发事件，它与事故情况没有直接关系。

（4）现象：危险因素的表面现象。这是为了发现危险因素而提供的线索。

（5）原因事件：它是指危险因素形成事故的条件。也就是说，危险因素和形成事的原因事件都存在的情况下才会发生事故。

（6）事故后果：指事故造成的经济损失或者人身伤亡情况。

（7）危险等级：参照危险等级划分标准进行确定，见7.2.2节。

（8）防范措施：提出消除或控制危险的对策；在危险不能控制的情况下，分析最好的预防损失的方法。

预先危险性分析一般格式可见表7-1，但在实际应用中，表格格式并不是一成不变的，可以根据实际需要做相应变化，见表7-2、表7-3。

表7-1　PHA表通用格式

系统：　　　　　　子系统：　　　　　　状态：　　　　　　制表者：

编号：　　　　　　日期：　　　　　　制表单位：

危险因素①	触发事件②	发生条件③	原因事件④	事故后果⑤	危险等级⑥	防范措施⑦	备注⑧

注：① 潜在危害因素。

② 导致产生"危险因素"的事件。

③ 使"危险因素"发展成为潜在危害的事件或错误。

④ 导致产生"发生条件"的事件及错误。

⑤ 事故后果。

⑥ 危险等级。

⑦ 为消除或控制危害应采取的措施，应包括对装置、人员、操作程序等多方面的考虑。

⑧ 必要的其他说明。

表7-2　预先危险性分析表格

危险因素	触发事件	现象	事故原因	事故情况	事故后果	危险等级	建议安全措施

表7-3　预先危险性分析表格

系统名称	运行方式	失效方式	危险描述	危险结果	危险等级	建议控制措施	备注

7.2　危险性的辨识与等级划分

7.2.1　危险性的辨识

危险因素，就是在一定条件下能够导致事故发生的潜在因素。要对系统进行危险性分析，首先要找出系统可能存在的所有危险因素。

既然危险因素有一定的潜在性质，辨识危险因素就需要有丰富的知识和实践经验。为了迅速查出危险因素，可以从以下几方面入手。

1. 从能量转移概念出发

能量转移论者认为，事故就是能量的不希望转移的结果。能量转移论的基本观点是：人类的生产活动和生活实践都离不开能源，能量在受控情况下可以做有用功，制造产品或提供服务；一旦失控，能量就会做破坏功，转移到人就造成人员伤亡，转移到物就造成财产损失或环境破坏。

该理论的原始出发点是防止人身伤害事故。他们认为，生物体（人）受伤害只能是某种能量的转移，并提出了根据有关能量对伤亡事故加以分类的方法。

哈登（Haddon）将伤害分为两类：第一类伤害是由于施加了超过局部或全身性损伤阈的能量引起的，见表7-4；第二类是由于影响了局部的或全身性能量交换引起的，见表7-5。

表7-4 第一类伤害实例

施加的能量类型	产生的原发性损伤	举例与注释
机械能	移位、撕裂、破裂和挤压，主要伤及组织	由于运动的物体，如子弹、皮下针、刀具和下落物体冲撞造成的损伤，以及由于运动的身体冲撞相对静止的设备造成的损伤，如跌倒时、飞行时和汽车事故中。具体的伤害结果取决于合力施加的部位和方式
热能	炎症、凝固、烧焦和焚化，伤及身体任何层次	第一、第二、第三度烧伤。具体的伤害结果取决于热能作用的部位和方式
电能	干扰神经－肌肉功能，以及凝固、烧焦和焚化，伤及身体任何层次	触电死亡、烧伤、干扰神经功能，如在电休克疗法中。具体的伤害结果取决于电能作用的部位和方式
电离辐射	细胞和亚细胞成分与功能的破坏	反应堆事故，治疗性与诊断性照射，滥用同位素，放射性粉尘的作用。具体伤害结果取决于辐射能作用的部位和方式
化学能	一般要根据每一种或每一组的具体物质而定	包括由于动物性和植物性毒素引起的损伤，化学灼伤，如氢氧化钾、溴、氟和硫酸，以及大多数元素和化合物在足够剂量时产生的不太严重而类型很多的损伤

注：这些伤害是由于施加了超过局部或全身性损伤阈的能量引起的。

表7-5 第二类伤害实例

影响能量交换的类型	产生的损伤或障碍的种类	举例与注释
氧的利用	生理损害，组织或全身死亡	全身——由机械因素或化学因素引起的窒息，如溺水、一氧化碳中毒和氰化氢中毒。 局部——"血管性意外"
热能	生理损害，组织或全身死亡	由于体温调节障碍产生的损害，如冻伤、冻死

注：这些损伤是由于影响了局部的或全身的能量交换引起的。

既然事故来自能量的非正常转移，那么，在对一个系统进行危险因素辨识的时候，就要确定系统内存在哪些类型的能源，以及它们存在的部位、正常或不正常转移的方式，从而确定各种危险因素。这也就是按第一类伤害的能量类型确定危险因素；同时，还要考察影响人体内部能量交换的危险因素，即按照第二类伤害确定危险因素，如引起窒息、中毒、冻伤等的致害因素。

2. 从人的操作失误考虑

系统运行的好坏和安全状况如何，除了机械设备本身的性能和工艺条件外，很重要的因素就是人的操作可靠性。即人的操作可靠性对系统的安全性有着重要的影响。然而，人作为系统的一个组成部分，其失误概率要比机械、电气、电子元件高几个数量级。这就要求，在辨识系统可能存在的危险性时，要充分考虑到人的操作失误所造成的危险。在这方面，人机工程、行为科学都有较为成熟的经验，系统安全分析方法中也有可操作性研究等方法可供借鉴。

3. 从外界危险因素考虑

系统安全不仅取决于系统内部的人、机、环，有时还要受系统以外其他危险因素的影响。其中，有外界所发生的事故或不测事件对系统的影响，如火灾、爆炸；也有自然灾害对系统的影响，如地震、洪水、雷击、飓风等。尽管外界危险因素发生的可能性很小，但危害却往往很大。因此，在辨识系统危险性时，也应考虑这些外界因素，特别是处于设计阶段的系统。

7.2.2 危险等级划分

危险性查出后，为了评判危险、有害因素的危害等级以及它们对系统破坏性的影响大小，便于按照轻重缓急对预计到的危险因素加以控制，预先危险性分析给出了各类危险性的划分标准。

通常把危险因素划分为4级：

1级：安全的——暂时不会发生事故，可以忽略。

2级：临界的——有导致事故的可能性，系统处于发生事故的临界状态，可能造成人员伤亡或财产损失，应采取措施予以排除或控制。

3级：危险的——可能导致事故发生，造成人员伤亡或财产损失，应立即采取措施予以排除或控制。

4级：灾难的——会导致事故发生，造成人员严重伤亡或财产巨大损失，必须立即设法消除。

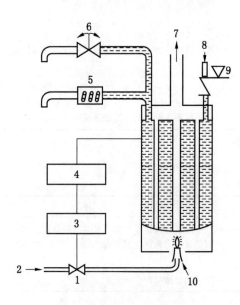

1—煤气阀；2—煤气；3—调节装置；
4—温度比较器；5—泄压安全阀；
6—热水阀；7—废气；8—进水；
9—逆止阀；10—空气入口
图7-1 家用热水器装置示意图

7.3 预先危险性分析应用实例

1. 家用热水器预先危险性分析

家用热水器装置示意图如图7-1所示。家用热水器用煤气加热，装有温度和煤气开关联锁系统，当水温超过规定温度时，联锁动作将煤气阀关小；如果发生故障，则由泄压安全阀放出热水，防止发生事故。下面对其进行预先危险性分析。

列出家用热水器预先危险性分析表，见表7-6。

表7-6　热水器预先危险性分析

系统名称：家用热水器

危险因素	触发事件	现象	事故的原因事件	事故情况	结果	危险等级	对　策　措　施
水压高	煤气连续燃烧	有气泡产生	安全阀不动作	热水器爆炸	伤亡损失	3	装爆破板,定期检查安全阀
水温高	煤气连续燃烧	有气泡产生	安全阀不动作	水过热	烫伤	2	装爆破板,定期检查安全阀
煤气	火嘴熄灭,煤气阀开,煤气泄漏	充满煤气	火花	爆炸,火灾	伤亡损失	3	火源和煤气阀装联锁,定期检查通风及气体检测器是否正常工作
毒气	火嘴熄灭,煤气阀开,煤气泄漏	充满煤气	人在室内	煤气中毒	伤亡	2	火源和煤气阀装联锁,定期检查通风及气体检测器是否正常工作
燃烧不完全	排气口关闭	充满一氧化碳	人在室内	煤气中毒	伤亡	2	定期检查一氧化碳检测器及警报器,保持通风良好
火嘴着火	火嘴附近有可燃物	火嘴附近着火	火嘴引燃	火灾	伤亡损失	3	火嘴附近应有耐火构造,定期检查
排气口高温	排气口关闭	排气口附近着火	火嘴连续燃烧	火灾	伤亡损失	2	排气口和煤气阀装联锁,温度过高时煤气阀关闭,排气口附近应为耐火构造

2. 铁矿山立井提升系统预先危险性分析

铁矿山立井提升系统的预先危险性分析见表7-7,铁矿山应按照表中所提对策开展安全工作,严防提升伤害事故的发生。

表7-7　铁矿山立井提升系统预先危险性分析表

危险因素	事　故　原　因	事故结果	危险等级	防　治　对　策
卷扬机安全缺陷	制动不可靠、不灵敏、失效或无过卷保护装置	人员伤亡	3	检查、维修,完善制动装置和过卷保护装置
提升系统及钢丝绳安全缺陷	使用前未进行检验、试验,使用时未做到定期检测,安全系数不符合安全要求	伤亡事故	3	做好施工组织设计,提升吊挂系统应符合安全要求,定期进行检查、检验和监测,发现问题及时更换;井口设置封口盘,封口盘上设井盖门及围栏
罐笼运行安全缺陷	罐笼超载,提升速度过快,未安装安全伞,无稳绳运行阶段过长	人员伤亡	3	按规程要求提升罐笼,严禁超载、超速,并按规定安装安全伞,采用符合安全要求的提升钩头
人员操作失误	没有做到持证上岗,违章作业,对信号判断及操作失误	伤亡事故	3	对操作人员进行安全培训,严禁"三违"现象的发生

表7-7（续）

危险因素	事故原因	事故结果	危险等级	防 治 对 策
罐笼梁及梁销、各悬挂及连接装置安全缺陷	使用前未详细检查，使用不符合安全要求的连接装置，未按要求进行拉力试验	人员伤亡、悬挂系统损坏	4	对连接装置按规程要求进行试验、维护、检修，保证牢固并安全运行，及时更换不合格的部件
信号失误	信号工未按要求发出信号	伤亡事故	3	信号工要严格按规程操作
罐笼防坠器缺陷	使用前未详细检查，使用不符合安全要求的防坠器	伤亡事故	3	对防坠器按规程要求进行检查、试验、维护、检修，保证防坠器终端载荷符合要求

3. 火电厂磨煤制粉系统预先危险性分析

在火力发电厂的日常运行中，磨煤制粉系统的安全性对锅炉的运行至关重要，爆炸、火灾等事故的发生会直接影响锅炉的正常运行并造成人员伤亡、设备损毁。因此，防止磨煤制粉系统发生生产安全事故是非常重要的。

根据磨煤制粉系统的工作原理和设备运行状态，编制预先危险性分析表，见表7-8。

表7-8 磨煤制粉系统预先危险性分析

序号	主要危险源	故障类型	触发条件	事故后果	危险等级	对 策 措 施
1	送粉管路煤粉尘	煤尘爆炸	煤粉粉尘与空气混合达到爆炸极限范围，遇明火引发粉尘爆炸	人员伤亡、设备损坏、停产	3	1. 煤粉管道和设备上应装有符合标准要求的防爆门，粉尘和空气混合物的输送速度不小于18 m/s。输送管道应有一定倾斜角度。 2. 输粉管道要定时进行吹扫，及时清除气流流动管道内的存留积粉。系统停运时要对管道进行抽粉作业。 3. 制粉系统应配有应急充 N_2 或充 CO_2 设备。 4. 严禁在运行中的制粉管道上动火
2	磨煤机煤粉尘、火源（如电火花、静电火花）、磨煤机工作中产生的断煤	煤尘爆炸	1. 烟煤被磨成粒径小于100 μm时，形成悬浮状爆炸性粉尘，达到爆炸极限，遇火源引起煤尘爆炸。 2. 系统启停时，不易控制设备出口温度，容易引发爆炸。 3. 煤粉没抽尽导致系统停用时引起自燃或爆炸	人员伤亡、设备受损	3	1. 制粉设备附近禁止明火。在运行设备上禁止进行动火作业，特殊要求导致运行制粉设备周围需进行动火作业时，必须采取有效的安全防护措施。 2. 严格控制设备出口温度不能超过规定值。设备开启前，应及时开启吸潮管，冬季运行时间一般不少于10～15 min，保证设备出口温度均匀升高，但不得超过80 ℃。 3. 设备停止应按流程完成操作，严格进行再循环风管及三次风管路的吹扫工作，系统设备内煤粉要吸抽干净，粉仓吸潮管应在系统停止时及时关闭。 4. 保持煤粉细度和水分在规定的范围内。 5. 煤质情况应定期检查，确保原煤供给，清除原煤中易燃物、爆炸物

表 7-8（续）

序号	主要危险源	故障类型	触发条件	事故后果	危险等级	对 策 措 施
3	电气设备电气火花、静电火花	煤尘爆炸	煤粉尘与空气混合达到爆炸极限，遇电气火源引发煤尘爆炸	设备受损、人员伤害	3	1. 定期清理系统内的积粉，积粉自燃时，应用喷水器或其他器具熄灭自燃积粉，严禁使用承压水管冲洗浇注起火煤粉，从而避免粉尘飞扬引起爆炸。 2. 系统内不得出现明火，严禁在运行中的制粉设备上进行动火作业，如必须进行，应进行完善的安全防护。 3. 粉仓要严密，应控制干燥介质含氧量在合格范围内。 4. 设备周围应定时清除积粉，严禁积粉残留
4	磨煤机润滑油冷却系统温度过高，润滑油泄漏	火灾	1. 润滑油冷却系统故障，导致油温过高，引起油箱起火。 2. 泄漏引起燃烧形成火灾	系统停产、人员伤害、设备受损	3	1. 系统应确保冷却水畅通，润滑油温度不得超过上限（60℃），回水温度不得超过上限（40℃）。 2. 定期监测系统设备轴承、减速机的油位和润滑油油品质量。 3. 确保循环润滑油系统保持正常运转，保证油泵出入口开启，磨煤机供油门开启，润滑油油位正常。 4. 严禁明火，及时对可能的漏油点进行检查，发现漏油后迅速进行控制
5	磨煤机、给煤机外露转动传动部件	机械伤害	1. 设备的传动、转动部件未装设防护装置或防护装置损坏。 2. 操作人员失误被绞、碾、挤压、剪切、卷入等伤害	人员伤亡	3	1. 应保证给煤机设备完整，各润滑部件润滑到位，煤仓内原煤储存量充足。 2. 磨煤机进出口密封环好，磨煤机内有足够的钢球，防护遮栏及保护罩壳体应该完好、牢固，减速传动装置完好。 3. 排粉机内不应有粉尘堆积和异物，叶轮应正常运转，固定机器的各地脚螺丝紧固；轴承箱内油位应在正常位置，油质符合标准要求，轴承可正常冷却
6	电气设备外露导电部分带电	触电	1. 电气设备或线路绝缘损坏。 2. 接零保护失效，人员触及。 3. 室内高温，空气潮湿。 4. 个人防护用品和操作工具的购置、储存、送检、报废、更换不符合标准要求	人员伤亡、线路短路、设备受损	3	1. 定期检查磨煤制粉系统内电气设备外露部分是否绝缘良好。 2. 现场及其工作人员应保持干燥，且不可以存在大面积的油污。 3. 接引电源中，应由专业人员接引不得私自接引并使用剩余电流动作保护装置，电源线应无破损。 4. 作业人员上岗前应接受专项的安全技术培训，考试合格后，方可上岗操作

4. 矿井水灾危害预先危险性分析

水害是矿井五大灾害之一，应引起煤矿企业高度重视。采用预先危险性分析法对水灾危害进行分析，见表 7-9。

表7-9 矿井水灾危害预先危险分析

危险源位置	危害类型	发 生 条 件	危险等级	对 策 措 施
巷道穿过坚硬脆性岩层	淋水、涌水	造成围岩裂隙发育，引发涌水	2	坚持"有疑必探，先探后掘，先探后采"的原则，采取探放水措施
断层	淋水、涌水	断层由煤系切入灰岩，或者断层使煤层与灰岩直接对口	2	留设断层煤柱
巷道遇构造带、岩溶裂隙带	突水	水情不清，或措施不力，盲目施工	3	必须坚持"有疑必探，先探后掘，先探后采"的原则，采取探放水措施，严格探放水设计与管理
未封闭或封闭不良的钻孔	溃水溃砂	采掘工作面通过此类钻孔、引发溃水	2	逐一查清，有计划地重新启封，重新开始井下探放水
工业广场	内涝、洪水	井口主要建筑物标高低，"三防"工作没落实	1	制定并落实雨季"三防"工作及措施，修筑排水沟墙，保持排水系统畅通，确保安全度汛
地表水	淋水、涌水	地面塌陷、有导水裂缝	2	及时充填地面裂缝

7.4 预先危险性分析的优点及注意事项

7.4.1 预先危险性分析的优点及适用条件

1. 预先危险性分析的优点

预先危险性分析是进一步进行危险分析的先导，是一种宏观概略定性分析方法。其主要优点有：

（1）把分析工作做在行动之前，可及早采取措施排除、降低或控制危害，避免由于考虑不周而造成损失。

（2）分析的结果能为系统开发、初步设计、制造、安装、检修等提供方针指南及应遵循的注意事项。

（3）分析结果可为制定标准、规范和技术文献等提供必要的资料。

（4）根据分析结果可编制安全检查表以保证实施安全改进措施，并可作为安全教育的材料。

（5）方法简单易行、经济有效，用很少的费用及时间就可以实现系统安全改进。

2. 预先危险性分析的适用条件

预先危险性分析一般在项目的发展初期使用，主要适用以下情况：

（1）适用于固有系统中采取新的方法，接触新的物料、设备和设施的危险性评价。

（2）适用于生产系统处于新开发阶段，对其危险件还没有很深的认识，或者是采用新的操作方法，接触新的危险物质、工具和设备。

（3）当只希望进行粗略的危险和潜在事故情况分析时，也可以用该方法对已建成的装置进行分析。

7.4.2　预先危险性分析的注意事项

在进行 PHA 分析时，应注意以下事项：

（1）应考虑生产工艺的特点，列出其危险性和状态，包括：①原料、中间产品、衍生产品和成品；②作业环境；③设备、设施和装置；④操作过程；⑤各系统之间的联系；⑥各单元之间的联系；⑦消防和其他安全设施。

（2）应考虑以下主要因素：①危险设备和物料，如燃料、高反应活性物质、有毒物质、爆炸高压系统、其他储运系统；②设备与物料之间与安全有关的隔离装置；③影响设备与物料的环境因素，如地震、洪水、振动、静电、湿度等；④操作、测试、维修以及紧急处置规定；⑤辅助设施，如储槽、测试设备等；⑥与安全有关的设施设备，如调节系统、备用设备等。

（3）对偶然事件、不可避免事件、不可知事件等要进行分析。

$$本　章　小　结$$

本章主要介绍了预先危险性分析的概念、目的及方法步骤，说明了危险性辨识的方法及危险等级的划分，并通过实例介绍了预先危险性分析方法的应用过程。

$$思　考　与　练　习$$

1. 什么是预先危险性分析，其目的是什么？
2. 在 PHA 中，如何辨识危险因素？
3. 预先危险性分析方法中是如何划分危险等级的？
4. 预先危险性分析表格的规范格式是怎样的？
5. 根据预先危险性分析表，举例说明危险因素是怎样形成的，又是怎样发展为事故的。
6. 根据以往学过的专业知识或自己的实际经验，进行某一系统的预先危险性分析。

8 故障类型和影响分析

本章学习目标：

（1）了解故障类型和影响分析、致命度分析、故障类型影响与致命度分析方法的特点。

（2）掌握故障类型和影响分析、致命度分析的概念、适用范围；熟悉致命度分析的计算方法。

（3）掌握故障类型和影响分析的故障类型、故障等级、划分方法及划分步骤。

8.1 故障类型和影响分析的思路和概念

故障类型和影响分析（Failure Modes and Effects Analysis，FMEA）是安全系统工程的重要分析方法之一。它起源于可靠性技术，其基本考虑是找出系统的各个子系统或元件可能发生的故障及其出现的状态（故障类型），搞清每个故障类型对系统安全的影响，以便采取措施予以防止或消除。

1957年，FMEA方法开始在美国飞机发动机设计中使用。航空航天局和陆军在进行工程项目招标时，都要求承包方提供FMEA分析资料。1974年美军制定了FMEA的实施标准；1980年美军推出了修订版的标准，自动化工业开始将FMEA运用到生产过程。我国军用标准《故障模式、影响及危害性分析指南》（GJB/Z 1391—2006）规定了对产品进行故障模式、影响及分析的要求和程序，并给出了应用案例。之后，该方法在核工业、机械、仪器仪表、动力等工业部门得到广泛应用。许多国家已制订相应技术标准。国际电工委员会（IEC）可靠性专业委员会向世界推荐的第一个标准就是故障类型和影响分析。

在系统中，如果某一元件发生故障后，就会向上传播，对子系统、系统造成影响；传播到系统的最高一级，会导致系统的故障，甚至造成严重事故。故障类型和影响分析是根据系统可分的特性，按实际需要分析的深度，把系统分割成子系统，或进一步分割成元件，然后逐个分析各部分可能发生的所有故障类型及其对子系统和系统产生的影响，以便采取相应措施，提高系统的安全性。系统或元件发生故障的机理十分复杂，故障类型是由不同故障机理显现出来的各种故障现象的表现形式。因此，一个系统或一个元件往往有多种故障类型。

FMEA主要应用于系统的安全设计。由于系统设计不合理也容易造成事故的发生，因此搞好系统安全设计是实现系统安全的基础。FMEA方法的使用，能查明元件发生各种故障时带来的危险性，是比较完善的方法。

有些故障类型可能导致人员伤亡或系统损坏，可单独对这种"致命"的事故类型做进一步的致命度分析（Criticality Analysis，CA）。致命度分析一般都与故障类型和影响分析合用，称为故障类型影响与致命度分析，缩写为FMECA。

8.2 故障类型和故障等级

8.2.1 故障、故障类型和故障等级

为使用 FMEA 方法，需掌握故障、故障类型的概念和故障等级的划分方法。

元件、子系统或系统在运行时达不到设计规定的要求，因而完不成规定的任务或完成得不好，则称为故障。例如，某个设备坏了、不能用了，或其某一部分、某个功能不能用了，都属于故障。

故障类型指元件、子系统或系统所发生故障的形式。例如，一个阀门发生故障，可能有 4 种故障类型：内漏、外漏、打不开、关不严。

根据故障类型对子系统或系统影响程度的不同而划分的等级称为故障等级。划分故障等级的目的是区别轻重缓急，采取合理的处理措施。一般划分为 4 个等级：

（1）Ⅰ级（致命的）：可能造成死亡或系统损失。

（2）Ⅱ级（严重的）：可能造成重伤，严重的职业病或主系统损坏。

（3）Ⅲ级（临界的）：可造成轻伤、轻度职业病或次要系统损坏。

（4）Ⅳ级（可忽略的）：不会造成伤害和职业病，系统不会损坏。

8.2.2 故障等级的划分方法

划分故障等级的方法有定性划分法、评点法和风险矩阵法，下面主要介绍前两种方法。

1. 定性划分故障等级——直接判断法（简单划分法）

定性划分故障等级，是通过直接判断法，从严重程度来考虑确定故障的等级，也叫简单划分法。

故障等级划分方法中的直接判断法是定性划分故障等级的方法。它基本是通过严重程度来考虑确定故障等级的，有一定片面性。为了更全面地确定故障等级，可采用如下定量的方法。

2. 评点法

评点法通过计算故障等级价值 C_s 值，定量确定故障等级。

1）评点法之一

按照如下步骤计算和确定故障等级。

（1）按式（8-1）计算 C_s 值：

$$C_s = \sqrt[5]{C_1 C_2 C_3 C_4 C_5} \tag{8-1}$$

式中　C_s——故障等级价值；

C_1——故障影响大小，损失严重程度；

C_2——故障影响的范围；

C_3——故障频率；

C_4——防止故障的难易程度；

C_5——是否为新设计的工艺。

（2）$C_1 \sim C_5$ 的取值范围和确定方法。$C_1 \sim C_5$ 的取值范围均为 $1 \sim 10$。具体数值的确定，可请 3～5 位有经验的专家座谈讨论，即采用专家座谈会的方法确定各个参数的取值；也可采用函调法，即采用特尔菲（Delphi Technique）方法，将所提问题和必要的背景材料，用通信的方式向选定的专家提出，然后按照规定的程序和方法，将专家的判断结果进

行综合，再反馈给他们进行重新征询和判断。如此反复多次，直到取得满意的判断结果为止。

（3）故障等级划分。根据 C_s 值的大小，将故障划分为四个等级，见表8-1。

表8-1　故障等级划分表

故障等级	C_s 值	内　容	应采取的措施
Ⅰ级（致命的）	7~10	完不成任务，人员伤亡	变更设计
Ⅱ级（严重的）	4~7	大部分任务完不成	重新讨论设计，也可变更设计
Ⅲ级（临界的）	2~4	一部分任务完不成	不必变更设计
Ⅳ级（可忽略的）	<2	无影响	无

2）评点法之二

（1）按式（8-2）计算 C_s 值：

$$C_s = \sum_{i=1}^{5} C_i \tag{8-2}$$

（2）$C_1 \sim C_5$ 的确定。按照表8-2确定 $C_1 \sim C_5$ 的数值。

表8-2　C_i 取值表

评价因素（C_i）	内　容	C_i 值
故障影响大小 （C_1）	造成生命损失	5.0
	造成相当程度的损失	3.0
	元件功能有损失	1.0
	无功能损失	0.5
故障影响的范围 （C_2）	对系统造成2处以上重大影响	2.0
	对系统造成1处以上重大影响	1.0
	对系统无过大影响	0.5
故障频率 （C_3）	容易发生	1.5
	能够发生	1.0
	不大发生	0.7
防止故障的难易程度 （C_4）	不能防止	1.3
	能够防止	1.0
	易于防止	0.7
是否为新设计的工艺 （C_5）	内容相当新的设计	1.2
	内容和过去相类似的设计	1.0
	内容和过去一样的设计	0.8

（3）故障等级划分。故障等级的划分仍然按表 8 - 1 进行。

3. 风险矩阵法

风险矩阵法通过综合故障发生的可能性和故障发生后引起的后果（严重度），确定故障等级。

风险矩阵法的详细内容可参见 15.3 风险矩阵法。

8.3　故障类型和影响分析步骤与实例

8.3.1　FMEA 分析步骤

1. 熟悉系统

FMEA 分析之前，首先要熟悉系统的有关资料，了解系统组成情况，明确系统、子系统、元件的功能及其相互关系，以及系统的工作原理、工艺流程及有关参数等。

2. 确定分析深度

根据分析目的确定系统的分析深度。将 FMEA 用于系统的安全设计，应进行详细分析，直至元件；用于系统的安全管理，则允许分析得粗一些，可以把某些功能件（由若干元件组成的、具有独立功能的组合部分）视为元件分析，如泵、电机、储罐等。按照分析目的确定分析的深度，既可避免分析时漏掉重要的故障类型，得不到有用的数据，又可防止分析工作过于烦琐。

3. 绘制系统功能框图或可靠性框图

绘制系统功能框图和可靠性框图的目的，是要从系统功能和可靠性方面弄清系统的构成情况，并以此作为故障类型和影响分析的出发点，正确分析元件的故障类型对子系统、系统的影响。

功能框图，是描绘各子系统及其所包含功能件的功能以及相互关系的框图。一个系统可以由若干个功能不同的子系统组成（如动力、传动、工作、控制等子系统），一个子系统又是由更小的子系统或元件组成的。为了便于分析，要绘制各子系统及其所包含功能件的功能以及相互关系的框图，即功能框图。

可靠性框图，则是研究如何保证系统正常运行的一种系统图，而不是按系统的结构顺序绘制的结构图。一般情况下，只有构成一个系统的子系统都能正常运行，才能保证系统正常运行时，用串联形式把子系统连接起来，如图 8 - 1a 所示；如果构成系统的任何一个子系统正常就能保证系统正常，则用并联连接，如图 8 - 1b 所示。根据这种原则，也存在串 - 并联连接形式，如图 8 - 1c 所示。

同理，也可以绘制子系统与构成子系统各组成部分的可靠性连接形式。

绘制可靠性框图时应注意：串联系统可靠性框图必为串联结构，而并联系统则不一定是并联结构。例如，某几个电阻并联，只起到保持一定电阻值的作用，而在可靠性框图中，这几个电阻就必须用串联连接。

4. 列出所有故障类型并分析其影响

按照框图绘出的与系统功能和可靠性有关的部件、元件，根据过去的经验和有关故障资料数据，列出所有可能的故障类型，并分析其对子系统、系统以及对人身安全的影响。分析故障类型的影响，通过研究系统主要的参数及其变化来确定故障类型对系统功能的影响，也可以根据故障后果的物理模型或经验来研究故障类型的影响。

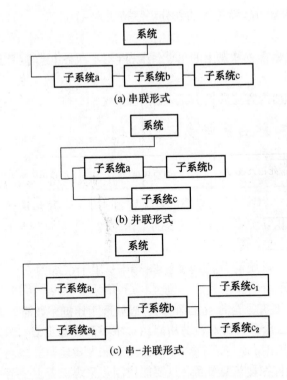

图 8-1 可靠性框图

5. 划分故障等级

按照各个故障类型的影响程度，通过 8.2.2 故障等级的划分方法划分故障等级。

6. 分析构成故障类型的原因及其检测方法

分析构成各种故障类型的原因，确定其检测方法。

7. 汇总结果和提出改正措施

按照规范的格式汇总分析结果，提出每种故障类型的改正措施，编制完成故障类型和影响分析表。

故障类型和影响分析表的格式见表 8-3，使用中可以根据具体情况有所调整，见 8.3.2 中示例。

表 8-3 故障类型和影响分析表的格式

子系统	元件名称	故障类型	故障原因	故障影响				故障检测方法	故障等级	校正措施	备注
				子系统	系统	任务	人员				

8.3.2 FMEA 分析示例

1. 手电筒

确定了手电筒的功能和决定了分解的等级程度之后，就可以画出系统可靠性框图，如

图8-2所示。对手电筒进行故障类型和影响分析，见表8-4。

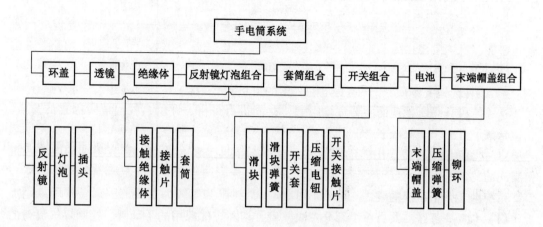

图8-2 手电筒可靠性框图

表8-4 手电筒故障类型和影响分析

序号	零件或组合件	故障类型	故障原因	故障的影响		检测方法	危险等级	备注
				零件或组合	系统			
1	环盖	影响透镜功能	变形	功能不全	功能失灵	目测	II	
		脱落	螺纹磨损	功能不全	功能失灵	目测	I	
		断而变形	压坏	功能不全	降低功能	目测	II	
2	透镜	脱落	破损脱落	功能不全	功能下降	目测	II	
		开裂	操作不注意	降低功能	功能下降	目测	IV	
3	绝缘体	折断	材质不良	不能关灯	使用时间缩短	拆开目视	II	
		脱落	装配失灵	不能关灯	使用时间缩短	拆开目视	III	
4	反射镜灯泡组合	灯丝烧损	冲击	不能开灯	功能失灵	拆开目视	I	
		灯泡松弛	冲击	回路切断	功能失灵	轻微振动	IV	

2. 起重机

对起重机的两种主要故障（钢丝绳过卷和切断）进行故障类型与影响分析，见表8-5。

3. 家用暖风系统

家用暖风系统的任务是满足冬季采暖的需要，每年冬季要工作6个月，使室温保持22℃。在室外温度降低到-23℃时，室内温度不变。暖风系统设置在地下室内，环境温度也是-23℃，同时还有相当浓度的粉尘。室内温度达不到22℃，就认为是系统出了故障。本系统所使用的公用工程部分，即外电和煤气，都不在分析范围之内。

表8-5 起重机的故障类型与影响分析

项目	构成因素	故障类型	故障影响	严重等级	检查方法	建议措施
防止过卷装置	电气零件	动作不可靠	误动作	Ⅲ	通电检查	立即修理
	机械部分	变形生锈	破损	Ⅰ	观察	警戒
	安装螺丝	松动	误报、漏报	Ⅱ	观察	立即修理
钢丝绳	钢丝绳	变形、扭结	切断	Ⅱ	观察	立即更换
	单根钢丝	15%切断	切断	Ⅲ	观察	立即更换

系统由3个子系统构成：

（1）加热子系统。共有6个部分：煤气管、切断煤气源用的手动阀、控制煤气流量的控制阀、火嘴、由点火器传感器控制的点火器控制阀、点火器（由点火器控制阀控制）。

（2）控制子系统。100 V交流电源经整流后变为24 V直流电源，分别供给点火器温度传感器、火嘴温度传感器、室内温度传感器，再由各传感器控制相应装置。

（3）空气分配子系统。室内温度下降时，由室内温度传感器控制启动送风机，从风道吸入空气进入热交换器，加热后再送回到室内。室温升高后，由控制子系统将送风机停止。送风机转速共有3档，以适应不同风量的需要。

家用暖风系统可靠性框图如图8-3所示。家用暖风系统功能框图如图8-4所示。加热子系统的故障类型和影响分析见表8-6。

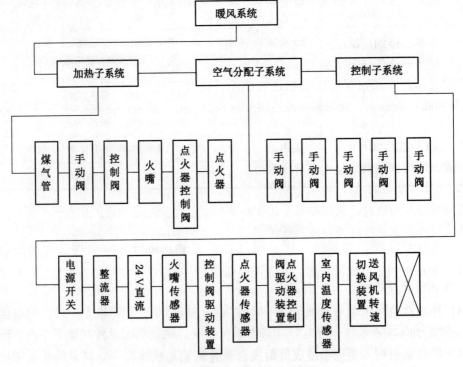

图8-3 家用暖风系统可靠性框图

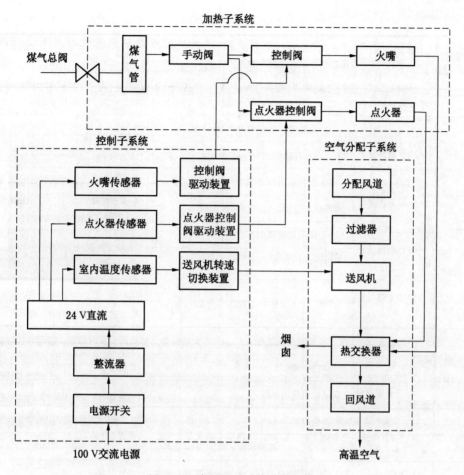

图 8-4 家用暖风系统功能框图

表 8-6 加热子系统故障类型和影响分析

子系统	元件名称	故障类型	运转阶段	故障影响				故障检测方法	故障等级	备注
				子系统	系统	任务	人员			
加热子系统	煤气管	(1)损伤	动作中	性能下降	无	无	无	目测	III	
		(2)裂纹泄漏	停车动作中	性能丧失	有损失	完不成	有损失	瓦斯检测器	I	有火灾危险(概率小)
		(3)焊缝泄漏	停车动作中	性能丧失	有损失	完不成	有损失	瓦斯检测器	I	有火灾危险(概率小)
	手动阀	(1)打不开	启动	性能丧失	启动慢	启动慢	无	由操作人员发现	I	
		(2)关不严	停止	无	无	无	无	由操作人员发现	II	从仪表控制盘将阀用手关闭
		(3)外漏	停车动作中	性能丧失	有损失	完不成	有损失	瓦斯检测器	I	有火灾危险(概率小)
		(4)内漏	停止	无	无	无	无		II	

137

表8-6（续）

子系统	元件名称	故障类型	运转阶段	故障影响				故障检测方法	故障等级	备注
				子系统	系统	任务	人员			
加热子系统	控制阀	(1)控制部分打不开	动作中	不能加热	有损失	有损失	无	温度下降	I	用手动操作
		(2)控制部分关不严	动作中	过度加热	有损失	有损失	无	温度上升	I	用手动操作
		(3)控制部分内漏	动作中	无	无	无	无	灭火时有小火焰残留	II	
		(4)控制部分外漏	动作中	性能丧失	有损失	有损失	有损失	瓦斯检测器，瓦斯味	I	有火灾危险
		(5)安全部分打不开	启动	启动慢	启动慢	无	无	点火器点不着	I	
		(6)安全部分关不严	停止	无	无	无	无	点火器灭不掉	II	
		(7)安全部分内漏	动作中	无	无	无	无	点火器灭不掉	II	
		(8)不能继续开	停车动作中	不能加热	有损失	有损失	无	温度下降	I	
	火嘴	(1)损伤	停车动作中	有性能下降可能	无	无	无	目测	III	
		(2)瓦斯泄漏	停车动作中	性能损失	有损失	完不成	有损失	瓦斯检测器	I	有火灾危险
		(3)火嘴孔堵塞	起动动作中	性能下降	有损失	无	无	目测	III	
		(4)火嘴孔过大	起动动作中	性能下降	有损失	有损失	无	目测	II	
	点火器控制阀	(1)控制部分打不开	启动	性能丧失	启动慢	有损失	无	目测	III	
		(2)控制部分关不严	停止	性能丧失	无	无	无	点火器灭不掉	II	
		(3)内漏	停止	性能丧失	无	无	无	点火器灭不掉	II	
		(4)外漏	停止	性能丧失	无	无	无	瓦斯检测器	III	
		(5)不能继续开	动作中	性能丧失	温度下降	有损失	无	点火器灭火	III	
	点火器	(1)损伤	停止动作中	无	无	无	无	目测	IV	
		(2)点火器漏瓦斯	启动	性能丧失	有损失	有损失	无	瓦斯检测器	III	

4. 空气压缩机的故障类型和影响分析

空气压缩机是工程中常用的动力设备。空气压缩机的储罐属于压力容器，其功能是储存空气压缩机产生的压缩空气，如果管理、使用不当，容易发生严重事故。这里仅对储罐的罐体和安全阀两个元素开展故障类型和影响分析，分析结果见表8-7。

表8-7 空气压缩机故障类型和影响分析

组成元素	故障类型	故障的原因	故障的影响	故障的识别	校正措施
罐体	轻微漏气	接口不严	能耗增加	漏气噪声、空气压缩机频繁打压	加强维修保护
	严重漏气	焊接裂缝	压力迅速下降	压力表读数下降，巡回检查	停机维修
	破裂	材料缺陷、受冲压等	压力迅速下降、损伤人员和设备	压力表读数下降，巡回检查	停机修理
安全阀	漏气	接口不严、弹簧疲劳	能耗增加、压力下降	漏气噪声，空气压缩机频繁打压	加强维修保护
	错误开启	弹簧疲劳折断	压力迅速下降	压力表读数下降，巡回检查	停机维修
	不能安全泄压	由锈蚀污物等造成	超压时失去安全功能，系统压力迅速增高	压力表读数升高，阀门检验	停机检查更换

8.4 致命度分析

对于特别危险的故障类型，例如故障等级为Ⅰ级的故障类型，有可能导致人员伤亡或系统损坏。对这类元件应特别注意，可采用致命度分析（Criticality Analysis，CA）作进一步分析。

早期的故障类型和影响分析只能做定性分析，后来在分析中包括了故障发生难易程度的评价或发生的概率，从而把它与致命度分析（Criticality Analysis）结合起来，构成故障类型和影响、危险度分析（FMECA）。这样，若确定了每个元件的故障发生概率，就可以确定设备、系统或装置的故障发生概率，从而定量地描述故障的影响，评价每种故障类型的危险程度。

例如，对起重机的防过卷装置和钢丝绳部分进行故障类型影响和致命度分析，见表8-8。

表8-8 起重机故障类型影响和致命度分析

名称	组成元素	故障类型	故障原因	故障影响	危险程度	发生概率	检查方法	校正措施
防过卷装置	电器零件	动作不可靠	零件失修	误动作	大	1×10^{-2}	通电检查	立即维修
	机械部分	变形、生锈	使用过久	损坏	中	1×10^{-4}	观察	警惕
	制动瓦块	间隙过大	螺钉松动	制动失灵	大	1×10^{-3}	观察	及时紧固

表8-8（续）

名称	组成元素	故障类型	故障原因	故障影响	危险程度	发生概率	检查方法	校正措施
钢丝绳	绳股	变形、扭结	使用过久	绳断裂	中	1×10^{-4}	观察	及时更换
	钢丝	断丝15%	使用过久	绳断裂	大	1×10^{-1}	检查	立即更换

致命度分析属于定量分析方法，通过计算致命度指数进行分析、评价。致命度指数 C_r 表示运行100万小时（次）发生的故障次数，按式（8-3）计算

$$C_r = \sum_{j=1}^{n} (\alpha\beta k_A k_E \lambda_G t \cdot 10^6)_j \qquad (8-3)$$

式中　　j——元件的致命故障类型序数，$j = 1, 2, \cdots, n$；

　　　　n——元件的致命故障类型个数；

　　　　λ_G——元件的故障率；

　　　　t——完成一次任务，元件运行时间（小时或周期）；

　　　　k_A——运行强度修正系数，实际运行强度与实验室测定 λ_G 时运行强度之比；

　　　　k_E——环境修正系数；

　　　　α——致命故障类型所占的比率，即致命故障类型数目占全部故障类型数目的比率；

　　　　β——发生故障时造成致命影响的概率。

致命度分析表见表8-9。

表8-9　致命度分析表

编号	致 命 故 障			致 命 度 计 算								
项目编号	故障类型	运行阶段	故障影响	项目数 n	k_A	k_E	λ_G	故障率数据来源	运转时间或周期	$nk_A k_E \lambda_G t$	α	β	C_r

本 章 小 结

本章详细介绍了故障类型和影响分析的划分方法及步骤、致命度分析的计算方法，两种方法均给出了应用实例；重点介绍了故障类型和影响分析的分析步骤及其相关问题的解决方法。

通过本章学习，应理解并掌握故障类型和影响分析、致命度分析两种方法的应用，并可以熟练应用在安全评价工作及实际应用中。

思 考 与 练 习

1. 什么是故障、故障类型、故障类型和影响分析？

2. FMEA中，如何划分故障等级？

3. FMEA 中的故障等级与 PHA 中的危险等级有何区别?

4. FMEA 中,系统功能框图和可靠性框图的概念与作用。

5. FMEA 中,如何绘制系统功能框图和可靠性框图?

6. 试述 FMEA 的分析步骤。

7. 规范的故障类型和影响分析表的格式是怎样的?

8. 什么是致命度分析、故障类型影响和致命度分析?

9. 如何进行致命度分析?

10. 故障类型和影响分析(FMEA)与故障类型和影响、危险度分析(FMECA)有什么关系?

11. 故障类型影响分析的特点及优缺点。

12. 故障类型和影响分析中划分故障等级的方法有哪几种?

13. 故障类型和影响分析的目的。

14. 从哪几个方面分析故障类型影响?

15. 定量划分故障等级的方法有哪几种?

16. 致命度分析的目的是什么?

17. 规范的致命度分析表的格式是怎样的?

18. 电气设备火灾的故障类型和影响分析。

9 危险与可操作性研究

📝 **本章学习目标：**

（1）了解危险与可操作性研究的产生背景，理解基本概念及术语。

（2）掌握危险与可操作性研究的思路及分析步骤。

（3）熟悉危险与可操作性研究应用实例。

危险与可操作性研究（Hazard and Operability Analysis，HAZOP），也称为可操作性研究、危害与可操作性分析。HAZOP 是以系统工程为基础，针对化工装置开发的一种系统安全分析方法。

HAZOP 是英国化学工程师 Trevor Kletz 发明，并于 1963 年首次应用在英国帝国化学公司（ICI）新建的苯酚工厂进行化学工艺系统的可操作性分析，在该公司内部摸索和应用了 10 年之后，在英国得以广泛应用与推广。2001 年，国际电工委员会颁布标准《危险与可操作性分析（HAZOP 分析）应用导则》[IEC 61882：2001 Hazard and Operability studies（HAZOP studies）– Application guide]，正式将 HAZOP 以标准的形式规范化，成为国际上应用 HAZOP 技术的主要依据之一。2008 年澳大利亚新南威尔士州（NSW，New South Wales）发布《危险与可操作性分析》。2013 年，我国也颁布了行业标准《危险与可操作性分析（HAZOP 分析）应用导则》（AQ/T 3049—2013），以立法的形式确保 HAZOP 的推广与实施。目前，国内几乎所有的化工设计项目都配置了 HAZOP 安全分析团队。

HAZOP 主要适用于化工系统的设计和定型阶段发现潜在危险性和操作难点，以便考虑控制和防范措施。特别适用于连续的化工过程，以及类似化学工业系统的系统安全分析。近几十年来，随着 HAZOP 技术的不断发展与完善，其应用范围也逐渐扩大，在石油储运、化工炼化、制药企业、航天工业、核工业、国防兵工业等领域均有广泛应用。

9.1 危险与可操作性研究的概念及术语

9.1.1 HAZOP 的概念与思路

危险性与可操作性研究是一种对工艺过程中的危险因素实行严格审查和控制的技术。它是通过关键词和标准格式寻找工艺偏差，以辨识系统存在的危险因素，并根据其可能造成的影响大小确定防止危险发展为事故的对策。具体来讲，该方法是以引导词为引导，将连续的工艺流程分成许多节点，针对每一个分析节点，列出可能导致工艺或操作上偏离于正常工作的偏差，确认产生偏离的原因，分析每一个原因可能造成的最终后果，然后对问题的严重性和现有安全措施的充分性进行评估，并提出相应的对策与措施。

其中，"可操作性研究"的含义就是"对危险性的严格检查"，其主要考虑是"工艺流程的状态参数（温度、压力、流量等）一旦与设计规定的条件发生偏离，就会发生问题或出现危险"。开发这种方法是为了揭示系统可能出现的故障、干扰、偏差等情况，列出危险因素的清单，估计其影响，提出相应对策。

进行危险与可操作性研究，所采用的是不同专业领域专家的"头脑风暴"法，由多个相关人员组成的小组来完成。这种分析方法的目的是激发工程设备的设计人员、安全专业人员和操作工人的想象力，使他们能够辨识设备的潜在危险性，以采取措施，排除影响系统正常运行和人身安全的隐患。

9.1.2 术语及关键词

进行危险与可操作性研究时，应全面地、系统地审查工艺过程，不放过任何可能偏离设计意图的情况，分析其产生原因及其后果，以便有的放矢地采取控制措施。

危险与可操作性研究中，常用的术语如下：

（1）意图（Intention）：工艺某一部分完成的功能。

（2）分析节点：指具有确定边界的设备单元，HAZOP 法主要对设备单元内工艺参数的偏差进行分析。对于连续的工艺操作过程，分析节点是指工艺单元，而对于间歇工艺操作过程，分析节点是指具有确定边界的设备单元。

（3）操作步骤：指间隙过程的不连续动作，可能是手动、自动或计算机自动控制的操作。

（4）工艺参数：生产工艺的物理或化学特性。一般性能如反应、混合、成分、浓度、黏度、pH 等，特殊性能如温度、压力、相态、流量等。

（5）工艺指标：指确定装置如何按照希望进行操作而不发生偏差，即工艺过程的正常操作条件。

（6）关键词（Guide words，也称引导词）：在危险辨识过程中，为了启发人的思维，对设计意图定性或定量描述的简单词语。

危险与可操作性研究的关键词有如下 7 个：否（没有，No），多（过大，较大，More），少（过小，较小，Less），而且（多余，以及，也，又，as Well as），部分（局部，Part of），相反（反向，Reverse），其他（异常，Other than）。各关键词的含义见表 9-1。

表 9-1 关 键 词 表

关键词	意义	解　　释
否	对规定功能完全否定	完全没发挥规定功能，什么都没发生
多	数量增加	（1）指数量的多或少，如数量、流量、温度、压力、时间（过早、过晚、过长、过短、过大、过小、过高、过低）。 （2）指性质，如酸性、碱性、黏性。 （3）指功能，如加热、反应程度
少	数量减少	
而且	质的增加	达到规定功能，另有其他事件发生。 （1）增加过程，如输送时产生静电。 （2）比应有的组分多，如附加相、蒸汽、固态物质、杂质、空气、水、酸、锈蚀物等
部分	质的减少	仅实现部分功能，有的功能未实现，如： （1）多步化学反应没完全实现。 （2）物料混合物中某种物料少或完全没有。 （3）缺少某种元件或不起作用

表9-1（续）

关键词	意义	解释
相反	逻辑上与规定功能相反	对于过程： (1)反向流动。 (2)逆反应(分解与化合)。 (3)程序颠倒。 对于物料:用催化剂还是抑制剂
其他	其他运行状况	(1)其他物料、其他状态(原料、中间产物、催化剂,聚集状态)。 (2)其他运行状态(开停车、维修、保养、试运、低负荷、过负荷)。 (3)其他过程(不希望的化学反应、分解、聚合)。 (4)不适宜的运动过程。 (5)不希望的物理过程(加热、冷却、相位变化、沉淀)。
	其他地方	在别的地方

（7）偏离（Deviation，偏差）：与设计意图的情况不一致，在分析中运用关键词系统地审查工艺参数来发现偏离。偏差的形式通常是"关键词＋工艺参数"。

（8）原因：产生偏离的原因，通常是物的故障、人的失误、意外的工艺状态（如成分的变化）或外界破坏等原因引起。

（9）后果：偏离设计意图所造成的后果（如火灾、爆炸、有毒物质泄漏等）。

（10）安全措施：指工程系统或调节控制系统。

（11）补充措施：修改设计、操作规程，或者进一步提出分析研究的建议。

在安全实践中，危险与可操作性研究已形成了多种应用类型，如过程HAZOP（Process HAZOP，主要用于分析工厂或工艺过程）、程序HAZOP（Procedure HAZOP，主要用于分析操作程序）、人的HAZOP（Human HAZOP，主要用于分析人的差错）等。不同应用类型中，应结合系统的具体情况和实际需要，以表9-1的介绍为基础，对关键词作出合理的解释和定义。

9.2 危险与可操作性研究程序

9.2.1 危险与可操作研究的处理方式

当某个工艺参数偏离了设计意图时，则会使系统的运行状态发生变化，甚至造成故障或事故。

HAZOP分析过程中，由关键词与工艺参数结合分析，找出与意图的偏离，即

关键词＋工艺参数→偏离

由关键词与工艺参数相结合设想偏离的示例见表9-2。

表9-2 应用关键词与工艺参数设想偏离

关键词	+	工艺参数	=	偏离
没有	+	流量	=	没流量
较多	+	压力	=	压力升高
又	+	一种相态	=	两种相态
异常	+	运行	=	维修

9.2.2　危险与可操作性研究程序步骤

危险与可操作性研究一般按照如下步骤进行。

（1）建立研究组，明确任务，了解研究对象。开展可操作性研究，必须先建立1个有各方面专家参加的研究组，并配备1名有经验的课题负责人。同时，要明确研究组的任务，是解决系统安全问题，还是产品质量、环境影响问题。然后，针对性收集资料，对研究对象进行详细了解和说明。

（2）将研究对象划分成若干适当的部分，明确分析节点及其应有功能，说明其理想的运行过程和运行状态。

（3）通过系统地应用预先给定的关键词寻找与应有功能不相符合的偏差，并写出造成偏差的可能原因。

（4）从这些可能的原因中圈定实际存在的原因。即从假设的原因确定实际可能发生的原因。

（5）对有重要影响的实际存在的原因提出有效对策。

（6）编制危险与可操作性研究表格。在上述分析的基础上，编制出完整的危险与可操作性研究表格。

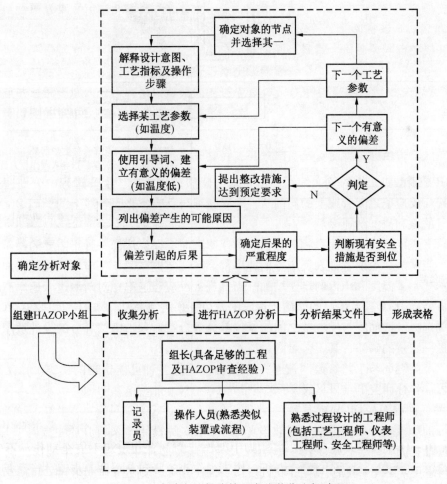

图9-1　危险与可操作性研究的整体分析过程

具体来说，危险与可操作性研究的分析过程是：从系统某一部分的一个规定功能开始，先后使用7个关键词，1个关键词讨论完了要及时总结，然后进入下一个关键词；7个关键词讨论完了进入下一个规定功能，全部规定功能讨论完了进入下一部分，直至整个系统审查完毕。整体分析过程如图9-1所示。

9.3　危险与可操作性研究实例

1. DAP工艺系统

下面以DAP工艺系统（图9-2）为例，说明危险与可操作性研究方法的实际应用。

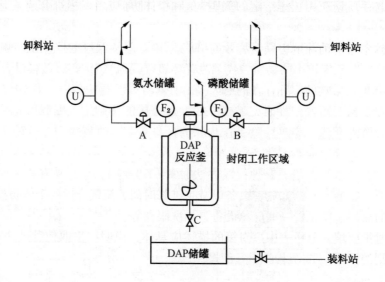

图9-2　DAP工艺系统

DAP是磷酸氢二铵的英文缩写，由氨水与磷酸反应生成。生产过程中分别通过调节氨水储罐与反应釜之间管线上的阀门A、磷酸储罐与反应釜之间管线上的阀门B，控制进入反应釜的氨和磷酸的速率。

当磷酸进入反应釜的速率相对氨进入的速率高时，会生成另一种不需要的物质，但没有危险；当磷酸和氨两者进入反应釜的速率都高于额定速率时，反应释放能量增加，反应釜可能承受不了温度和压力的迅速增加。当氨进入反应釜速率相对磷酸进入速率高时，过剩的氨可能随DAP进入敞口的储罐，挥发的氨可能伤害人员。

本例选择磷酸储罐与反应釜之间的管线部分为分析对象，则该部分的设计意图是向反应釜输送一定量的磷酸，其工艺参数是流量。

把7个关键词与工艺参数"流量"相结合，设想各种可能出现的偏离。该工艺部分危险与可操作性研究的结果见表9-3。

2. 油气回收HAZOP分析案例

某炼油厂重整芳烃罐区油气回收设施2019年6月投用，来料介质主要为6座储罐，包括1座抽提原料罐、1座白土塔进料罐、2座苯罐、2座甲苯罐。其中抽提原料罐和白土塔进料罐正常工况下收油、富油同时进行，苯罐、甲苯罐则处于连续收油、间断富油的工况。每座储罐罐顶有1条油气支线，与罐区其他储罐的油气支线汇总为1条油气总线后进

表9-3 DAP工艺危险与可操作性研究（部分）

关键词	偏离	可能原因	后果	措施
没有	没有流量	磷酸储罐中无料； 流量故障（指示偏离）； 操作者调节磷酸量为零； 阀门B故障而关闭； 管线堵塞； 管线泄漏或破裂	反应釜中氨过量，进入DAP储罐并挥发到工作区域	定期维修和检查阀门B； 定期维护流量计； 安装氨检测器和报警器； 安装流量监控报警、紧急停车系统； 工作区域通风； 采用封闭式储罐
多	流量大	阀门B故障； 流量计故障（指示偏低）； 操作者调节磷酸量过大	反应釜中磷酸过量； 若氨量也大则反应释放大量热； 生成不需要的物质； DAP储罐液位过高	定期维护和检查阀门B； 定期维护流量计； 安装流量监控报警、紧急停车系统
少	流量小	阀门B故障； 流量计故障（指示偏高）； 操作者调节磷酸量过小	反应釜中氨过量，进入DAP储罐并挥发到工作区域	定期维修和检查阀门B； 定期维护流量计； 安装氨检测器和报警器； 安装流量监控报警、紧急停车系统； 工作区域通风； 采用封闭式储罐
以及	输送磷酸和其他物质	原料不纯； 原料入口处混入其他物质	生成不需要的物质； 混入物或生成物可能有害	定期检查原料成分； 定期维护和检查管路系统
部分	磷酸含量不足	原料不纯	生成不需要的物质； 混入物或生成物可能有害	定期检查原料成分
反向	反向输送	反应釜泄放口堵塞	磷酸溢出	定期维护和检查反应釜
其他	送入的不是磷酸	磷酸储罐中物料不是磷酸	可能发生意外反应； 可能带来潜在危险； 可能使反应釜中氨过量	定期检查原料成分

入膜法油气回收设施，通过"吸收+膜+吸附"回收烃类物质，吸附处理后的达标尾气经高点排放。贫液由重整芳烃罐区直接供应，贫液吸收油气变成富液后送回该罐区。膜分离器由一系列并联的安装于管路上的膜组件构成，膜的渗透侧会由真空泵抽成真空，以提高膜分离的效率。吸附单元由两个吸附罐组成，每个吸附罐装填有专用吸附剂，两个吸附罐按程序自动交替工作，保证系统连续运行。油气回收工艺原则流程如图9-3所示。

该油气回收设施在新建之初已进行过HAZOP分析，但在生产阶段又经历了新增仪表调节阀变径、增加管线过桥平台、PLC控制站中的参数指示信号通信到DCS（分布式控制系统）进行监控等变更，因此本次评估属于在役装置危险与可操作性分析。危险与可操作性分析结果见表9-4。

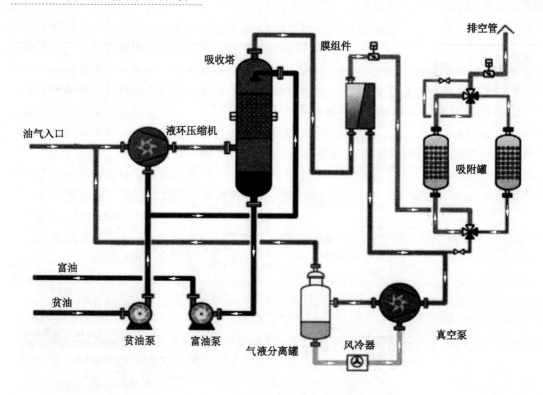

图9-3 油气回收工艺原则流程图

表9-4 油气回收设施HAZOP分析结果

序号	偏差	原 因	后 果	现 有 措 施	残 余 风 险
1	流量过高	吸收塔压控阀回路故障	超过吸收塔设计能力及空速要求,高气速增加吸收塔静电累积风险,形成点火源	1. 膜分离器前设有压力控制点联锁停压缩机; 2. 吸附出口压力控制设定2.5BarA	贫油流量未设置报警,一旦贫油流量中断会导致吸收塔环境改变,增加产生静电风险
2	流量过低或无流量	油气管线冻凝,或管线上过滤器及阻火器堵塞	压缩机入口管线压力降低,可能负压	压缩机入口管线有伴热、保温。过滤器前后PG,压缩机入口管线为全真空设计	图纸未注明管线伴热、保温。阻火器安装错误,前后没有压力显示,不能检测压降
3	逆流	返回管线上PV-1601误开	油气可能自回流管线从放空管线排放,尾气不合格	PDIC-1601设定点调为0或微负压,避免PV-1601处于打开状态,仅在压缩机入口压力过低时开启	返气管线上PV-1601前后的配管未标注坡度,可能产生积液
4	流量过高	LICI-2042回路故障(LV开度过大)	吸收塔液位下降,液位过低时,富油泵可能抽空气蚀损坏	吸收塔设置液位联锁	吸收塔前未设置气液分离罐,后路未设置聚结器

表 9-4（续）

序号	偏差	原　　因	后　　果	现有措施	残余风险
5	压力过高	吸收塔出口管线堵塞	吸收塔及气液分离罐超压	PDAH - 1017 触发联锁停车	吸收塔取压点设置在膜分离器前，不能真实反映吸收塔压力变化
6	杂质	油气中含水含氧	碳钢管线腐蚀，腐蚀产物堵塞过滤器，下游膜分离器及仪表管	吸收塔至膜分离器间设置有排凝阀	管线切液阀长期未进行排液
7	开车/停车	吸收塔开车首次建立液位	装填速度过高，静电累积，内爆		操作要求中未明确首次装填速率及惰性气体置换要求

本 章 小 结

本章简要介绍了危险与可操作性研究方法的产生背景、基本概念及相关术语，说明了危险与可操作性研究的基本思路及分析步骤，并以化工系统为例，介绍了危险与可操作性研究方法的实际应用过程。

思 考 与 练 习

1. 什么是危险与可操作性研究？
2. 简要说明危险与可操作性研究的产生背景及思路。
3. 危险与可操作性研究的常用术语有哪些？
4. 危险与可操作性研究的关键词有哪些？说明它们的意义和在不同应用中的变化。
5. 简要说明危险与可操作性研究的基本步骤。
6. 结合实例应用危险与可操作性研究对某一系统进行分析。

10 系统安全分析的其他方法

本章学习目标：

（1）了解统计图表分析法的概念、基本方法与基本分析步骤。

（2）了解管理失误和风险树分析的概念与基本分析步骤。

（3）了解作业危害分析法的概念与基本分析步骤。

（4）掌握系统安全分析方法的选择原则，能够选择应用（综合应用）系统安全分析方法，对指定生产现场的安全状况进行系统分析。

安全系统工程提供了一系列的系统安全分析方法，即按照系统学的观点辨识和分析系统危险性的各种方法。其最常用的有前面章节介绍的事故树分析、事件树分析和安全检查表等，本章则介绍其他几种系统安全分析方法。

10.1 事故统计图表分析法

10.1.1 伤亡事故统计分析的概念

统计是一种从数量上认识事物的方法。也就是说，统计是对总体现象的数量方面进行计量和分析的方法。

伤亡事故统计分析，就是应用统计方法来研究伤亡事故的发生规律。它是通过合理地收集与事故有关的资料、数据，对大量重复现象的数字特征进行分析和推断，从而掌握这些现象的发生规律，为事故预防工作指明方向。

伤亡事故统计分析的方法很多，本书从实用角度出发，主要介绍统计图表分析法。

把调查所得的数据资料汇总整理，并按一定顺序填列在一定的表格内，这种表格就叫统计表。也就是说，统计表是填有统计指标的表格，它是统计数字和统计表格的组合体。统计图则是一种形象表达统计结果的方式，它用点的位置、线的转向、面积的大小等来表达统计结果，可直观地研究事故现象的规模、速度、结构和相互关系。

统计图表分析法是利用过去和现在的数据、资料进行统计，推断未来，并用图表来表示的方法。

以统计图表的内容、形式和结构分类，可以将其分为：①几何图，包括条形图、平面图和曲线图等；②象形图，如人体图等；③统计地图。

安全管理工作中，最常用的是比重图、趋势图、控制图和主次图。因此，本章主要介绍这几种统计图形。

一般认为，伤亡事故统计分析有如下作用：

（1）描述一个企业、部门当前的安全状况。

（2）作为判断事故发展趋势的依据。

（3）用来判断和确定存在问题的范围。

（4）作为寻找事故原因的依据。

（5）作为制定事故预防措施的依据。

（6）作为事故预测的依据。

统计图表分析法可以找出事故发生发展的一般特点和规律，可供类比，为预测事故准备条件，并可用于中、短期预测。统计图表分析法的优点是简单易行，但它不能清楚地表达事故发生发展的因果关系，而且预测精度不高。

10.1.2 事故比重图

事故比重图是一种表示事故构成情况的平面图形。在平面图上，以各部分的面积形象地反映各种事故构成所占的百分比，即为事故比重图。

一般用圆形绘制事故比重图，圆中一定弧度所对应的面积占整个圆的面积的百分比，就是它所代表的部分事故占所有事故的百分比。要绘制工伤事故比重图，首先要搜集事故资料，其次要进行分类整理，在此基础上进行统计计算，求出各部分事故所占的比重。然后，就可绘成图形。

【例 10 –1】苏州市区水上交通事故统计显示，所辖水域 2016—2019 年共发生水上交通事故 2193 起，月平均发生 45.69 起水上交通事故。具体统计数据见表 10 –1。

表 10 –1　苏州市区水上交通事故统计表

年　份	2016	2017	2018	2019	总计
事故起数/起	370	662	658	503	2193
伤亡人数/人	4	1	5	5	15
一般等级以上事故起数/起	6	0	3	2	11
直接经济损失/万元	254.41	182.26	99.625	120.9	657.195

根据表 10 –1，作出苏州市区各年度水上交通事故起数比重图和伤亡人数比重图，如图 10 –1 和图 10 –2 所示。

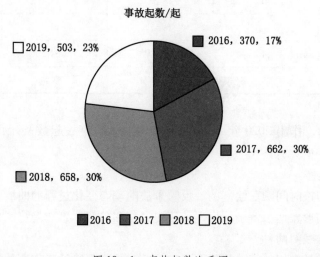

图 10 –1　事故起数比重图

151

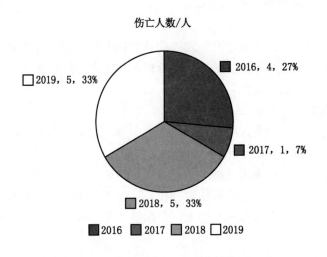

图 10 – 2 伤亡人数比重图

【例 10 – 2】 2020 年 11—12 月国内发生的交通事故、矿业事故、化工事故、建筑事故、市政事故及其他事故见表 10 – 2。

表 10 – 2 2020 年 11—12 月国内生产安全事故类型分布

事故类型	事　故		死　亡	
	数量/起	所占比例/%	人数	所占比例/%
交通	34	45.33	123	51.90
矿业	8	10.67	43	18.14
化工	5	6.67	8	3.38
建筑	10	13.33	17	7.17
市政	4	5.33	12	5.06
其他	14	18.67	34	14.35
总计	75	100	237	100

根据表 10 – 2，作出 2020 年 11—12 月国内发生的事故起数及死亡人数比重图，如图 10 – 3 和图 10 – 4 所示。

10.1.3 事故趋势图

事故趋势图即按时间顺序绘制的、反映事故的动态变化过程的曲线图形。利用事故趋势图，可以使我们形象地了解事故发生的历史过程和趋势。事故趋势图包括事故趋势的动态曲线图和对数曲线图两种。

动态曲线图是最常用的事故趋势图。按一定时间间隔统计工伤事故数字，在直角坐标

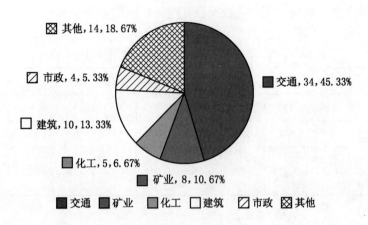

图 10-3 事故起数比重图

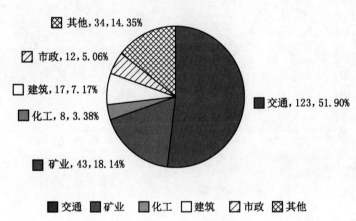

图 10-4 伤亡人数比重图

系中确定各事故数字的图示点,并将各点连接起来,即成为反映事故动态变化过程的动态曲线图。

动态曲线图的横坐标表示时间,纵坐标表示工伤事故数字。纵坐标表示的工伤数字可以是:

(1) 表明工伤事故规模的指标,例如,事故次数、事故伤亡人数、休工天数和经济损失金额等。

(2) 反映事故普遍程度的指标,例如,百万吨死亡率和千人伤亡率等。

(3) 反映事故严重程度的指标,例如,平均每次事故的受伤人数、平均每个受伤人员的损失金额等。

下面举例说明事故趋势图的绘制。

【**例10-3**】根据2010—2019年中国煤矿安全生产网公布的数据资料,统计得到全国煤矿每年生产安全事故起数、死亡人数及百万吨死亡率见表10-3。

表10-3 2010—2019年全国煤矿安全生产事故统计表

年 份	2010	2011	2012	2013	2014	2015	2016	2017	2018	2019
事故频次/起	125	143	83	66	71	65	41	49	92	133
事故死亡人数/人	827	492	377	459	351	235	287	164	179	299
百万吨死亡率/(人·百万吨$^{-1}$)	0.241	0.131	0.096	0.116	0.091	0.064	0.086	0.08	0.049	0.080

根据表中事故频次数据,作出全国煤矿事故起数趋势图(图10-5);根据表中的百万吨死亡率数据,作出百万吨死亡率趋势图(图10-6)。

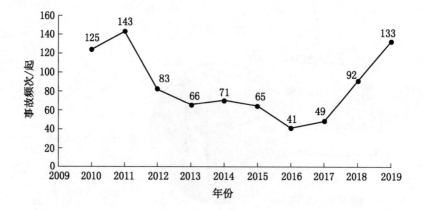

图10-5 煤矿事故起数趋势图

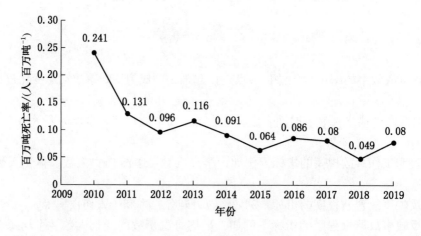

图10-6 百万吨死亡率趋势图

【**例 10 - 4**】2010—2019 年昆明市 60 岁及以上者累计死亡 273301 人，男性 153865 人，女性 119436 人，死亡率为 2876.06/10 万，标化死亡率 2351.91/10 万。其中伤害死亡 12114 人，死亡率为 127.48/10 万，占老年人群累计死亡数的 4.43%，意外跌落、交通事故、自杀、意外中毒和溺水排伤害死亡原因的前 5 位。各年度死亡统计数据见表 10 - 4。

表 10 - 4　2010—2019 年昆明市不同性别老年人伤害死亡情况

年份	男　性		女　性		合　计	
	死亡数	死亡率/10 万	死亡数	死亡率/10 万	死亡数	死亡率/10 万
2010	608	146.96	469	114.52	1077	130.82
2011	586	141.50	432	104.81	1018	123.20
2012	620	148.14	454	108.24	1074	128.17
2013	672	154.20	469	106.97	1141	130.51
2014	643	138.20	455	97.37	1098	117.74
2015	663	136.76	504	102.40	1167	119.45
2016	726	141.67	577	110.08	1303	125.70
2017	750	143.84	576	107.04	1326	125.15
2018	795	153.71	658	122.16	1453	137.62
2019	780	147.82	677	122.72	1457	134.99
合计	6843	145.26	5271	110.00	12114	127.48

根据表中的伤害死亡数据，作出不同性别死亡率趋势图（图 10 - 7）。

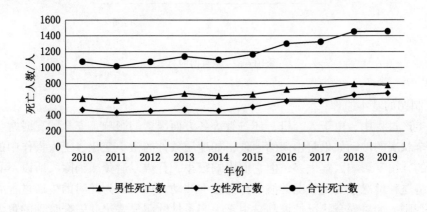

图 10 - 7　2010—2019 年昆明市不同性别老年人伤害死亡趋势图

对数曲线图是事故趋势图的一种特殊形式。与动态曲线图不同的是，对数曲线图的纵坐标以对数数列为尺度，即纵坐标所标示的是事故数字的对数值，采用对数值作纵坐标，可以将变化幅度很大的数列，变换成变化幅度较小的数列来作图，而不改变数列的变化趋势。因此，若事故数字的变化范围很大时，对数曲线图是比较适用的。

10.1.4 事故控制图

10.1.4.1 控制图的概念和原理

1. 控制图的概念与格式

控制图又叫管理图，是用于对安全生产状况进行控制的图形，控制图是一个标有控制界限的坐标图，其横坐标为时间，纵坐标为管理对象（事故）的数值。因此，控制图是在趋势图的基础上作出的，在相应的趋势图上标出控制界限，即为控制图。

控制图最初用于质量管理。1924年，美国贝尔电话实验室的技术员休哈特提出了第一张工序质量控制图。

控制图的主要作用是：分析判定安全状况的稳定性，评定安全生产工作的状态，发现并及时消除安全生产过程中的失调现象，防止事故的发生，并作为评价安全管理效果优劣的参考依据。

控制图的基本格式如图10-8所示，在方格纸上绘出横、纵坐标，并画出3条线。中间中心线为实线 CL（Control Line），上、下两条为虚线。上面的虚线称控制上限 UCL（Upper Control Limit），下面的虚线称控制下限 LCL（Lower Control Limit）。然后，将控制对象的实际数据及时填绘在该坐标图上，从而成为完整的控制图。

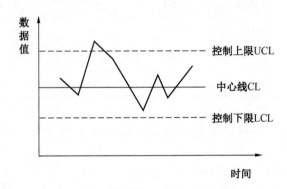

图10-8 控制图的格式

2. 控制图的基本原理

煤矿生产过程中，由于人、机、环、管等各方面因素的影响，安全状况时常会有波动现象。安全状况的波动如果是由偶然因素，如地质条件的微小变化、工人操作中的微小差异等引起的，由于影响因素太多，但它们影响很小，且难以避免或消除，所以不必加以控制。我们将这种情况下安全状况的波动称为正常波动，可以认为此时的生产过程处于被控制状态。否则，如果安全状况的波动是由于生产条件的明显恶化，安全管理的重大失误等"系统性原因"引起的，则应严加控制。即，若存在"系统性原因"造成安全状况波动时，生产过程就处于非正常状态；控制"系统性原因"造成的安全状况波动，是控制图的主要任务。

控制图法的核心问题，是合理地确定控制界限线。控制图是以正态分布为理论依据的。为了确定控制界限，我们先对正态分布的有关内容作一简单介绍。

正态分布如图 10-9 所示，其均值为 μ，标准差为 σ。可以看出，分布曲线有个最高点，该点的横坐标就是均值 μ，分布曲线的图形关于 $x = \mu$ 对称；标准差 σ 不同时，分布曲线的形状也不同。

若随机变量 x 服从正态分布，则 x 落入 $(\mu - k\sigma, \mu + k\sigma)$ 区间（图 10-10）的概率为

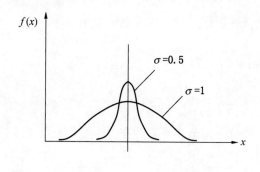

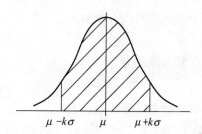

图 10-9　正态分布　　　　　　图 10-10　$\mu \pm k\sigma$ 的分布

$$P\{\mu - k\sigma < x < \mu + k\sigma\} = \int_{\mu-k\sigma}^{\mu+k\sigma} \frac{1}{\sqrt{2\pi}\sigma} e^{-\frac{(x-\mu)^2}{2\sigma^2}} dx$$

当 k 分别取 1，2，3 时，有如下结果：

$$P\{\mu - \sigma < x < \mu + \sigma\} \approx 68.27\%$$
$$P\{\mu - 2\sigma < x < \mu + 2\sigma\} \approx 95.45\%$$
$$P\{\mu - 3\sigma < x < \mu + 3\sigma\} \approx 99.73\%$$

因此可以说，在一次试验里，x 几乎总是落在 $(\mu - 3\sigma, \mu + 3\sigma)$ 之中，x 超出此范围的概率为：

$$P\{|x - \mu| \geq 3\sigma\} \approx 0.27\%$$

即 x 超出 $(\mu - 3\sigma, \mu + 3\sigma)$ 的概率仅为 0.27%，约为 3‰。因此，若控制界限选为 $\mu \pm 3\sigma$ 时，对超出控制界限的点判断出错（超出即判为不正常，而事实上这是偶然因素所致，并非不正常，这样就犯了判断错误）的概率仅为 3‰。这是质量、安全控制图的基本出发点，称为控制图的千分之三原则。根据这一原则，一般将控制界限定为平均值加减 3 倍的标准差。

对于总体的某一参数（例如平均数）θ，若对于给定的常数 α（$0 < \alpha < 1$）和任意两个值 θ_1、θ_2，有

$$P\{\theta_1 < \theta < \theta_2\} = 1 - \alpha$$

则 (θ_1, θ_2) 称为参数 θ 的置信度为 $(1 - \alpha)$ 的置信区间，θ_1 和 θ_2 称为置信限。

例如，对于正态分布，95.45% 的读数可能落入 $(\mu \pm 2\sigma)$ 范围内，相当于置信度为 95.45% 的置信区间是 $(\mu - 2\sigma, \mu + 2\sigma)$。

10.1.4.2　伤亡事故控制图的绘制

绘制伤亡事故控制图时，需根据不同的统计的范围来确定相应的控制界限。

当统计范围包括极轻微（歇工1日以下）的事故时，事故发生的频率服从二项式分布。二项式分布的均值为

$$\lambda = \bar{p}n = \bar{P}_n \tag{10-1}$$

式中　$\bar{p}$——平均事故发生频率；

　　　n——统计期间内生产工人数；

　　　$\bar{P}_n$——平均事故人数。

平均事故发生频率 $\bar{p}$，可以根据本单位的历史事故数据求出，也可以根据上级规定或本单位自定的安全奋斗目标确定。对于安全管理工作来讲，后者更为实用。

二项式分布的方差为

$$D = \bar{p}n(1-\bar{p})$$

即其标准差为

$$\sqrt{D} = \sqrt{\bar{p}n(1-\bar{p})}$$

根据数理统计理论，当 n 很大时，二项式分布近似于正态分布。于是，根据上述确定控制界限的方法，按以下公式确定控制图的控制界限

$$CL = \bar{P}_n = \bar{p}n \tag{10-2}$$

$$\left. \begin{array}{l} UCL = \bar{p}n + 3\sqrt{\bar{p}n(1-\bar{p})} \\ LCL = \bar{p}n - 3\sqrt{\bar{p}n(1-\bar{p})} \end{array} \right\} \tag{10-3}$$

【例10-5】若某回采工区某年的事故（包括微伤事故）统计资料见表10-5。试画出其控制图。

表10-5　某工区事故统计表

月　份	职工人数	工伤人数
1	300	23
2	300	17
3	300	15
4	300	15
5	300	0
6	300	41
7	300	31
8	300	25
9	300	29
10	300	0
11	300	8
12	300	16
合计	3600	220

用 p_n 表示每月的工伤人数，k 表示统计的月数，则

$$\overline{P} = \sum (p_n/n)/k = \frac{\sum p_n}{nk} = \frac{200}{3600} = 0.0611$$

$$CL = \overline{p}_n = \frac{\sum p_n}{k} = \frac{200}{12} = 18.33$$

$$UCL = n\overline{p} + 3 \sqrt{n\overline{p}(1 - \overline{p})}$$
$$= 300 \times 0.0611 + 3 \times \sqrt{300 \times 0.0611(1 - 0.0611)}$$
$$= 18.33 + 3 \times 4.148$$
$$= 30.77$$

$$LCL = n\overline{p} - 3 \sqrt{n\overline{p}(1 - \overline{p})}$$
$$= 18.33 - 3 \times 4.148$$
$$= 5.89$$

根据以上计算，画出中心线和上下控制界限，并将每月发生的事故数字填在图上，即绘出工伤事故控制图，如图 10 - 11 所示。

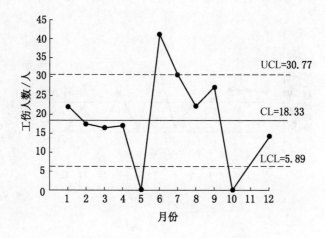

图 10 - 11 某工区工伤事故控制图

当统计数字只包括歇工一日以上的事故时，事故发生频率服从泊松分布，泊松分布的均值与方差相同，均为 λ，λ 为

$$\lambda = \overline{p}n = \overline{p}_n$$

这种情况下，中线 CL 仍为

$$CL = \overline{P}_n = \overline{p}n$$

对于控制界限，J·E·瓦尔（J. E. Whirl）建议按如下公式确定：

$$\left. \begin{array}{l} UCL = \overline{P}_n + 2 \sqrt{\overline{P}_n} \\ LCL = \overline{P}_n - 2 \sqrt{\overline{P}_n} \end{array} \right\} \qquad (10 - 4)$$

根据前面的分析，这样的控制界限相当于置信度为 95% 时的置信限。

【**例10-6**】某矿某年歇工一日以上的事故统计见表10-6，试绘出其控制图。

表10-6　某矿事故统计表

月　份	1	2	3	4	5	6	7	8	9	10	11	12	合计
事故次数	0	21	1	18	17	2	30	11	20	11	16	11	208

事故平均次数为

$$\overline{P}_n = \frac{\sum P_n}{k} = \frac{208}{12} = 17.33$$

即
$$CL = 17.33$$

控制界限为

$$UCL = \overline{P}_n + 2\sqrt{\overline{P}_n} = 17.33 + 2\sqrt{17.33} = 25.66$$

$$LCL = \overline{P}_n - 2\sqrt{\overline{P}_n} = 17.33 - 2\sqrt{17.33} = 9$$

根据以上计算，绘出该矿的工伤事故控制图，如图10-12所示。

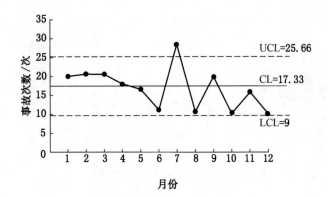

图10-12　某矿工伤事故控制图

安全管理工作中，事故次数、伤亡人数越少越好。所以，也可以不作出控制下限。

10.1.4.3　控制图的观察与分析

应用控制图的目的在于使生产过程处于控制状态，即使安全状况不受"系统性原因"的影响而处于稳定状态。如果发现事故数在中心线上、下波动，但未超过控制界限，则此范围内事故数的波动属于偶然因素引起的。此时，我们认为生产过程处于控制状态，相应期间的安全生产状况是正常的；如果控制图上出现下列情况时，则认为处于非正常状态，必须立即查明原因，采取有效的措施加以改正，以降低事故发生率。

（1）数据点超过控制上限（图10-11、图10-12）。很明显，这种情况是不允许的。

（2）数据点连续数次出现在中心线以上（图10-13）。

（3）多个点连续上升（图10-14）。

（4）大部分点出现在中心线上侧（图10-15）。

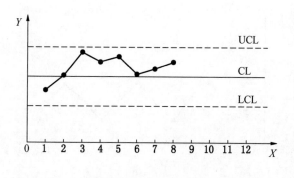

图 10 - 13   控制图举例 (1)

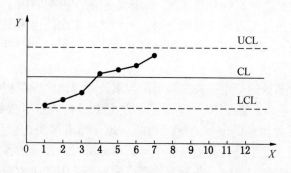

图 10 - 14   控制图举例 (2)

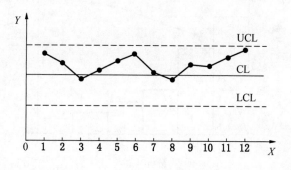

图 10 - 15   控制图举例 (3)

（5）数据点呈周期性变化（图 10 - 16）。

10.1.5   主次图

10.1.5.1   主次图的概念

主次图是主次排列图的简称，也称为分层排列图或排列图。主次图分析法又叫 ABC 分析法。

主次图是由意大利经济学家巴雷特（Pareto）提出来的，所以又称为巴雷特图。巴雷

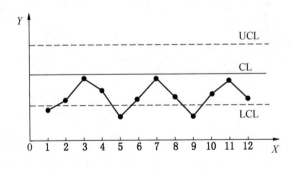

图 10 – 16 控制图举例（4）

特最早用主次图分析社会财富的分布状况，后来，有的学者把它用于质量管理，取得了良好的效果。随着安全系统工程的发展和应用，人们又将主次图用于安全管理。目前，在各个行业的安全管理和事故分析中，主次图已经获得了初步的应用。主次图的图形很简单，但实用有效。

主次图是按数量多少的顺序排列的条形图与累计百分比曲线图相结合的坐标图形，有2个纵坐标和1个横坐标，如图 10 – 17 所示。左侧纵坐标表示事故的数量；右侧纵坐标为事故所占的累计百分比；横坐标为所分析的对象，如事故类型、事故原因、工龄、工种、年龄、发生时间、发生地点和受伤部位等。将分析对象涉及的各个因素，按其对事故影响程度的大小，从左到右排列。条形图的高度表示某个因素影响程度的大小，曲线表示各影响因素的累计百分比，这条曲线称作巴雷特曲线。

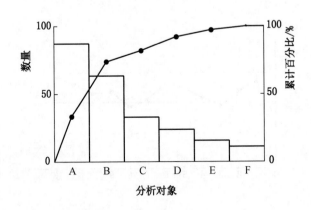

图 10 – 17 主次图的格式

运用主次图可以得出：在一定时期内，尽管造成事故的原因繁多，但其中影响最大的往往只有一两个主要原因，它们所造成的事故，在全部事故中所占的比例较大。这就是巴雷特提出的"极其重要的少数和无关紧要的多数"这一客观规律。主次图十分形象地反映了这个规律，这是主次图的精髓。

用主次图进行事故分析时，可以清楚、定量地反映出各个因素影响程度的大小，帮助我们找出主要影响因素，即抓住安全工作中的主要矛盾。

10.1.5.2 主次图分析步骤

用主次图分析事故时，一般按如下步骤进行：

(1) 收集一定时期的事故数据。数据要真实可靠，收集数据时间的长短要视具体情况而定。

(2) 确定统计分组，如事故原因、事故类别、发生时间、工种、工龄、年龄、伤害部位等。

(3) 按分组统计，确定它们所占的百分比。

(4) 按所占比重，确定主次顺序，并用罗马数字标示。

(5) 按主次顺序计算累计百分比。

(6) 将统计计算数据列表。

(7) 按表中所列数据绘制主次图。

(8) 通过主次图进行分析，找出事故的主要影响因素，制定防止事故的措施。

下面是主次图分析的实例。

【例10-7】某矿业集团公司在某时期内发生多起伤亡事故，死亡118人。下面用主次图方法对该公司死亡事故的事故类型和工亡者的年龄分布状况进行分析。

根据上述步骤，按事故类型将事故数据进行统计整理，并将统计计算数据列表，见表10-7。

表10-7 事故类型统计表

事故类型	死亡人数/人	所占比重/%	所占主次顺序	按主次累计/%
冒顶片帮	57	48.3	Ⅰ	48.3
运输提升	34	28.8	Ⅱ	77.1
触电	8	6.8	Ⅲ	83.9
其他事故	6	5.1	Ⅳ	89.0
机械工具	5	4.2	Ⅴ	93.2
爆破	4	3.4	Ⅵ	96.6
瓦斯窒息	3	2.6	Ⅶ	99.2
水患	1	0.8	Ⅷ	100.0
合计	118	100.0		

根据表10-7，作出事故类型主次图，如图10-18所示。

从图10-17中可以看出，该公司死亡事故的主要事故类型为冒顶片帮事故和运输提升事故，这两类事故造成的死亡人数占所有事故死亡人数的77.1%。所以，该公司安全工作的重点，应放在预防这两类事故的发生和控制它们所造成的危害程度上。

将事故死亡者按年龄分组，并进行整理，见表10-8。

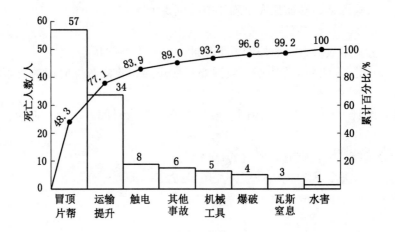

图 10 - 18　事故类型主次图

表 10 - 8　年 龄 分 组 统 计 表

年龄/岁	死亡人数/人	所占比重/%	所占主次顺序	按主次累计/%
18～25	40	33.9	I	33.9
31～35	21	1708	II	51.7
26～30	19	16.1	III	67.8
46～55	15	12.7	IV	80.5
36～40	14	11.9	V	92.4
41～45	9	7.6	VI	100.0
合计	118	100		

根据表 10 - 8，作出事故死亡者年龄分组主次图，如图 10 - 19 所示。

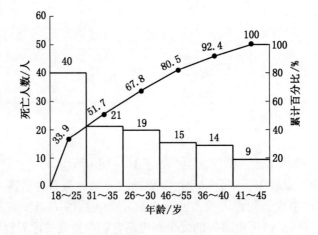

图 10 - 19　年龄分组主次图

利用主次图不仅可以找到安全工作中某一问题的主要矛盾，而且可以通过对不同层次的连续分析，找到复杂问题的最终影响因素。例如，通过上面分析，冒顶片帮事故是造成该集团公司死亡人数最多的事故，所以，可以再用主次图对冒顶片帮事故作出进一步的分析。

统计并整理冒顶片帮事故数据，见表10-9。

表10-9 事故地点统计表

事故地点	死亡人数/人	所占比重/%	所占主次顺序	按主次累计/%
采煤面	44	77.2	Ⅰ	77.2
掘进头	7	12.3	Ⅱ	89.5
巷道	6	10.5	Ⅲ	100.0
合计	57	100.0		

根据表10-9，作出冒顶片帮事故的事故地点主次图，如图10-20所示。可以看出，冒顶片帮事故主要发生在采煤工作面，只要能控制住采煤面冒顶片帮事故的发生，就能大幅度降低该类事故的发生率。

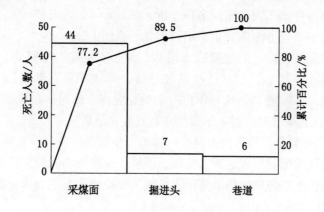

图10-20 冒顶片帮事故地点主次图

为了弄清采煤工作面冒顶片帮事故发生的主要地点，可以再作出采煤面冒顶片帮事故地点主次图。经过与上述制作主次图的相同步骤，作出采煤面冒顶片帮事故地点主次图，如图10-21所示。

从图中可以清楚地看出事故发生的主要地点，为事故预防工作指明主次方向。

通过上面这样多层次的连续分析，我们找出了该集团公司安全生产工作的主要影响因素；该集团公司的主要事故类型为冒顶片帮事故和运输提升事故，冒顶片帮事故发生的主

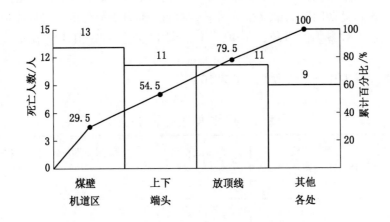

图 10 - 21 采煤面冒顶片帮事故地点主次图

要地点是采煤工作面，而采煤面内的冒顶片帮事故，又主要发生在煤壁机道区、工作面上、下端头和放顶线处。安全管理工作中，可以以此为依据，区分轻重缓急，制定有针对性的安全技术措施，有效的预防事故的发生。

10.1.5.3　主次图分析注意事项

采用主次图进行事故分析时，应注意如下几个问题：

（1）可以对事故作出不同层次的连续分析，以寻求事故的最终影响因素。

（2）可以对事故作出不同方面的多种分析。

（3）不同层次、不同方面的分析，不要混在一张图上。

（4）进行主次图分析时，若次要因素很多，为了不使横轴变得太长，可将最次要的几个因素合起来列入"其他"栏，放在横轴最后，即放在最右侧（图 10 - 21）。但是，在划分事故类型时，有时将"其他"作为一个类型对待。此时，在做事故类型主次图时，"其他"事故要放在其应有的位置，不要故意将其放在最后。

【例 10 - 8】汽车起重机是集机电液于一体的大型特种装备，涉及的液压与机械构件、元件较多。其中液压系统是实现起升、变幅、回转、支撑等功能的重要组成部分，其中支腿液压系统起着保护整车稳定性的重要作用。对某支腿液压系统液压泵内的轴承故障频率的统计数据见表 10 - 10。

表 10 - 10　液压泵内轴承的故障频率

磨损	腐蚀	摩擦	疲劳	变形	断裂
59.3%	22.1%	10.4%	5.9%	2.1%	0.2%

利用表内的数据绘制主次图如图 10 - 22 所示，可得出结论为其主要失效模式为磨损与腐蚀，关键因素为磨损。

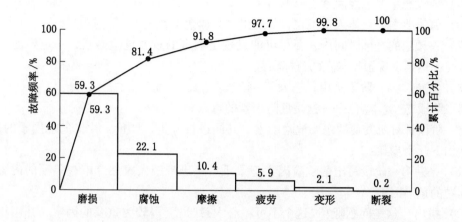

图 10 - 22   轴承故障原因主次图

10.2   危险预知活动

10.2.1   危险预知活动的概念

危险预知活动,也称为危险预知训练,简称 KYT,很像预先危险性分析。所不同的是,危险预知训练仅适用于班组安全活动,是针对现有系统的危险性分析。

危险预知训练是一种预先发现、掌握和解决工作现场潜在危险因素,提高职工自我保护能力的小组预测、预防危险的活动。一般由领班(或班组长)组织,班组成员参加。这种活动起源于日本住友金属工业公司的工厂,后来经过三菱重工业公司和长崎造船厂发起的“全员参加的安全运动”,并经中央劳动灾害防止协会的发展,形成了技术方法。这种活动在日本已得到广泛应用,收到良好效果。

危险预知训练就是把潜藏于现场作业中的危险因素及其引起的后果,通过描绘现场和作业情况的图,以及在现场用实物进行演示,使大家明确危险所在,以指着问题确认“这就是问题”的方式,使大家掌握危险要点和重点防护措施,使危险因素在行动前得以解决。

10.2.2   KYT 的步骤

一般,危险预知训练分 4 个阶段进行。

第一阶段(掌握现状)——潜藏着什么危险因素?

这是通过互相研究,发现潜藏于图中给定状况下主要危险因素的阶段。领班事先要根据现场情况和作业条件准备好漫画式简图。

这一阶段有如下几个步骤:

(1) 领班带领小组成员看图,并大声说明情况。

(2) 领班问小组成员,在这种情况下潜藏着什么样的危险。

(3) 小组成员要设身处地地思考,且接连不断地发言,发现其中主要的危险因素(不安全状态和不安全行为)。

(4) 担任板书的人要把小组成员的发言迅速简明地横写在一定格式的纸上;担任记录的人把上述内容转记到“危险预知训练报告”上。

（5）要设想主要危险因素引起的后果，即"……，就……""由于……将会……"。

（6）领班要引导全体人员发言，如提出"你是怎么想的？"等问题。

（7）在预定的全部时间内，要尽可能发现足够多的重要危险因素，一定要促使大家互相研究，达到发现预先确定的目标项数。

（8）宣布"第一阶段结束，进入下一阶段"。

第二阶段（追究本质）——这是危险因素的重点。

这一阶段针对所发现的主要危险因素，共同进行分析、评价，找出危险因素的重点。它包括如下几个步骤：

（1）张贴第一阶段写出的危险因素记录纸，领班带领大家逐个审查各项的内容，指出有问题的危险因素。

（2）指出"这是问题吧！""这个不可粗心大意呀！"等较为重要的因素，并用红笔加上"〇"（加"〇"的项目可以有几个）。

（3）在加"〇"的项目中，对于"大家要特别注意的，特别要采取紧急对策"的项目加上"◎"，并在下面画上红线。画"◎"的项目是根据小组一致意见确定的两三个项目。

（4）小组人员起立，在领班带领下伸手指出，并唱合，确认"由于存在严重危险，要注意！好啦！"。第二阶段结束。

第三阶段（制订对策）——如果是你，怎么办？

这是针对第二阶段确定要特别注意的项目，研究制订对策的阶段。其目的是对可能发生的重大危险因素明确确定小组及个人的防范措施，防止危险发生时措手不及。其主要步骤如下：

（1）根据加"◎"的重大危险因素，为了防止其发展成为事故，要询问小组成员"如果是你，怎么办？"，让他思考。

（2）提出"在这种情况下，必须这么办……"等具体可行的对策。

（3）特别要着重考虑"对小组来说，应该怎么办？"这类实际行动内容的对策。

（4）对加上"◎"的每个项目，都要归纳两三条对策。第三阶段结束。

第四阶段（制定目标）——我们应当这么办？

这是根据对策中确定重点实施的项目，制定小组实行的行动目标的阶段。其主要步骤如下；

（1）在具体对策中，对小组来说，要明确确定"必须立即实施""必须这么办"的项目作为重点实施项目，加"＊"号标记。

加"＊"标记的项目要缩小为一二项。加"＊"标记的项目要在下面画上红线。

（2）议定项目，制定小组明确目标的具体行动内容。最好是口号式的，以15个字左右为宜。

（3）确定小组目标后，在加"＊"标记的重点实施项目中选择适于呼唱、确认的简明语言，如"安全带，好啦！""脚下留神，好啦！"等。

（4）全体起立，在领班带领下，3次伸手指出，呼唱上述语言、口号，第四阶段结束。

10.2.3 KYT 的记录表格

在进行 KYT 活动时，要制定必要的表格做好记录，作为活动的技术成果和安全教育的材料。KYT 的记录表格可参考表 10 – 11。

表 10 – 11　危险预知活动记录表

1	作业名称 活动日期	班组 场所	组长 记录
2	示意图（附简单文字说明）		
3	潜在危险，并指出危险点		
4	分类（人，物，环境）		
5	对策（如果是你，怎么做?）		
6	解决对策		
7	改进方案		
8	何人、何时实施		

KYT 是在日本广泛开展的一项安全活动。我国可参考这一方法，科学地开展群众性的危险性辨识和事故预防活动。

在电梯专业的教学活动中围绕着电梯维修、改造、检测、检验的实训作业现场存在着诸如坠落物砸伤、工具使用不当的割伤、带电工具触电、轿厢坠落等安全风险因素，为了避免和杜绝这些安全风险的发生，对学生实训现场可能存在的危险进行危险预知活动分析，KYT 的记录表格见表 10 – 12。

表 10 - 12 电梯专业 KYT 记录卡

危险预知训练（KYT）记录卡	适用专业	电梯专业	批准	审核	制作

	第一步骤：掌握现状			图片案例	
序号	符号	危险的根源与引发的现象			
1	○	电梯在检修过程中存在危险			
2	◎	电梯在上升或下降过程中存在坠落危险			
3	◎	货物在进出电梯时存在撞击危险			
4	◎	电梯门在关闭时存在夹伤危险			
5	◎	电梯门开不了导致人员被困			
6		……			

序号	第二步骤：追究本质	第三步骤：找出对策
1	电梯长时间没有检修或带病工作	定期检修，遇故障要及时修理，修理时挂牌警示
2	没有防撞防护措施	安装防护栏、防撞板
3	红外线感应不灵或系统出故障	制定点检表、定期点检
4	系统故障或电梯使用操作不当	使用前认真阅读说明书，按规操作

第四步骤：设定目标

团队目标：电梯运行零事故！

参与人员：　　　　　　　　　　　　　　　　　　　日期：

注：1. "○""◎"表示危险点。

2. "◎"表示要有防控措施。

10.3　管理失误和风险树分析

10.3.1　MORT 概述

管理失误和风险树分析法（Management Oversight and Risk Tree，MORT），也有时翻译为管理疏忽和危险树。

MORT 是 20 世纪 70 年代在 FTA 方法的基础上发展起来的，美国原子能署（IEC）的威廉·G·约翰逊（William G. Johnson）研究并提出了这一方法。他以生产系统为对象，提出了以管理因素为主要矛盾的分析方法。在现有的数十种系统安全分析方法中，只有 MORT 把分析的重点放在管理缺陷方面。他认为事故的形成，是由于缺乏屏障（防护），以及人、机位于能源通道。因而在事故分析中，需要进行屏障（防护）分析和能量转移分析。

MORT 与 FTA 相比，它们的分析手段基本上相同，那是利用逻辑关系分析事故，利用树状图表示原因和结果，用布尔代数进行计算。但是，MORT 把重点放在管理缺陷上，所采用的符号、分析对象和原因等方面略有不同。

MORT 包括了一般系统安全分析中的一些概念，如危害检查、寿命周期和职业安全分析等；也有许多创新的安全概念，如屏障分析、变化的观点，以及能量转移观点等。它把事故定义为"一种造成对人员伤害和对财产损失的，或减缓进行中的过程的不希望发生的能量转移"，而事故的发生是由于缺少屏障和控制。由于计划错误或操作错误造成人或环境有关的故障，并直接导致不安全的状态和不安全的行为。在分析过程中，将仔细追踪能量流动，并采用适当的屏障来防止不希望的能量转移。这里所讲的屏障，不仅包括物质方面的硬件，也包括计划、规程和操作等方面的软件。

10.3.2　管理因素评价

经验和事故理论都证明，事故的发生，直接或间接地与管理缺陷有很大的关系。所谓"不注意""不小心"和其他一些不安全行为，多数都与缺乏管理、监督或管理、监督有缺陷有关。在事故分析中，常常有所谓"存在管理漏洞"或"进行了管理，但不够充分"等等说法。此时，人们不禁要问：为什么事前不能指出这些问题，并予以消除呢？MORT 就是在事故发生之前，对管理因素作出评价。

MORT 把管理工作水平划分为 5 个等级：

优秀　Excellent

良好　More than adequate

恰当　Adequate

欠佳　Less than adequate，简记为 LTA

劣　Poor

MORT 在分析预测事故的管理因素时，把 LTA 作为判定的标准。

应当看到，管理因素所包括的内容十分广泛，其缺陷的原因十分复杂，因此其分析评价也十分困难。FTA 完全适用于一般生产系统，但却不适用于宽广范围的管理因素分析，MORT 则正好适合于这一情况。

10.3.3　MORT 的方法和特点

1. MORT 的分析对象和符号

MORT 主要是一种管理手段和决策手段，它不仅分析物和人的因素，还要分析意识等无形的因素。其顶上事件可以是人身伤亡、财物损失、经营下降或其他损失（如舆论、公众形象损失等）。

MORT 使用的符号与事故树中使用的符号类似，但又有所不同。图 10-23 给出了几种它与事故树不同的常见符号。

2. MORT 的结构

MORT 有 3 个主要分支，分别由其 3 类基本事件组成：

（1）S 因素。指工作的失误和差错（Oversight and Omission），是与被研究的事故有关的特别的管理疏忽和漏洞。在这一分支中，各因素的排列具有一定规律性，在水平方向上自左至右表示时间上地从先到后，在竖直方向上由上而下表示从近因到远因。为了防止事故的发生，从时间因素考虑，应从树的左侧，即尽早采取措施；从逻辑关系考虑，应从基础原因或称远因着手，也就是从树的下方寻求避免事故的途径。

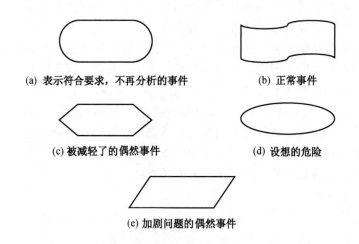

(a) 表示符合要求，不再分析的事件　　(b) 正常事件

(c) 被减轻了的偶然事件　　(d) 设想的危险

(e) 加剧问题的偶然事件

图 10 - 23　MORT 的常用符号

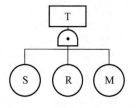

图 10 - 24　MORT 的基本组成

（2）R 因素。指已被认识的危险（Assumed Risks）或设想的危险，提醒人们注意，以便采取措施减少其发生。

（3）M 因素。指管理系统中欠佳的因素（Management），或称为一般管理因素。它是可能促成事故的一般管理问题和缺陷。

S、R、M 形成 MORT 的 3 条主要分支（或称主干），如图 10 - 24 所示。除 R 因素是根据具体情况设想和预测外，S 和 M 两条分支具有下述通用参考模式，其基本组成如图 10 - 25 所示。

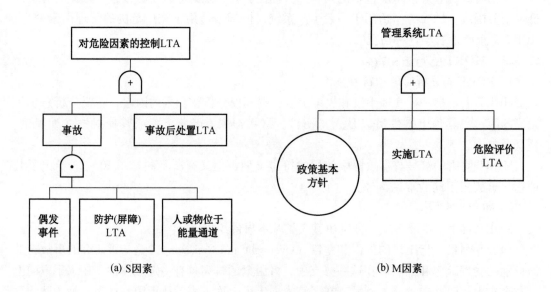

(a) S 因素　　　　　　　　　(b) M 因素

图 10 - 25　MORT 的 S 和 M 因素

3. MORT 的主干图

MORT 的主干图如图 10-26 所示。可以看出，它包括大量的因素，其绘制和分析都很复杂。

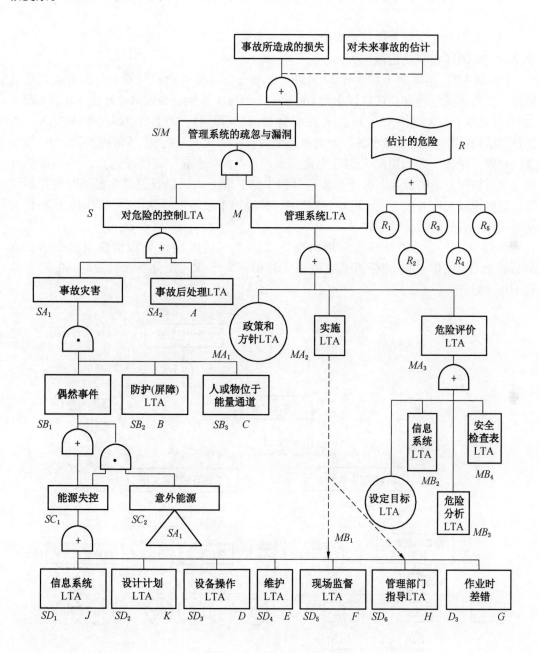

图 10-26　MORT 的主干图

4. 评价及应用

MORT 在逻辑方面不如 FTA 严谨，应用不大普遍，比 FTA 影响小。但是，任何事故的本质的原因都和管理缺陷有关，所以，MORT 是很有意义的。

据分析，MORT 可主要应用于下列几方面：

（1）在研究安全管理体制和安全管理系统时使用。

（2）分析大规模的事故因素，包括事故规模大，或者相关因素多、涉及面广、分析程度深等。

（3）可以作为工矿企业综合安全评价的一览表使用。

10.3.4 MORT 的实例应用

【例 10－9】2018 年 1 月 6 日 20 时许，巴拿马籍油船"桑吉"轮与中国香港籍散货轮船"长峰水晶"轮在长江口以东约 160 n mile 处发生碰撞，事发时"桑吉"轮载有凝析油 11.13×10^4 t（原 13.6×10^4 t，后经核实为 11.13×10^4 t），船上有伊朗籍船员 30 人、孟加拉国籍船员 2 人。"长峰水晶"轮载有高粱约 6.4×10^4 t，船上中国籍船员 21 人。碰撞事故导致"桑吉"轮货舱起火，32 名船员失踪；"长峰水晶"轮受损起火，21 名船员弃船逃生后被附近渔船救起。由于事发地远离大陆，海上大风以及燃烧油船不时发生燃爆等，都给搜救工作造成了巨大困难，"桑吉"轮溢油事故是世界航运史上首例载运凝析油油船被撞失火的船舶全损事故。

应用 MORT 方法进行事故分析，构建"桑吉"轮因碰撞导致溢油事故的 MORT 分析模型（图 10－27），分析事故原因。其中，S_{A1}、M、R 分支事件见表 10－13 及表 10－14。

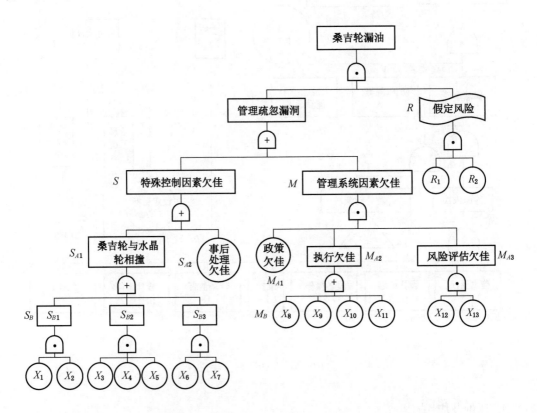

图 10－27 "桑吉"轮溢油事故的 MORT 模型

表10-13 "桑吉"轮溢油事故 S_{A1} 分支事件表

事 件 编 号		事 件 描 述
SB1 船员专业水平低	X_1	船员应急能力不足
	X_2	船员未正确使用船上设备
SB2 船员违章操作	X_3	船员未保持正规瞭望
	X_4	船员未采取有效的手段判断碰撞危险
	X_5	船员未采取避碰行动
SB3 船员责任心不强	X_6	船员未正常航行值班
	X_7	船员未正常交接班

表10-14 "桑吉"轮溢油事故 M 及 R 分支事件表

事件编号	事件描述	事件分析
M分支 M_B 层	X_8 安全教育不到位	船员的安全意识不强，违章操作，也未遵守相关的值班规定，反映了航运公司对船员的安全教育不到位
	X_9 专业技能培训不足	船员未正确使用船上设备判断船舶通航情况，在局面紧张的情况下，船员也未及时采取有效的行动，反映了船员的业务能力不足
	X_{10} 现场监督检查不到位	两船船员违反《国际海上避碰规则》和《海员培训、发证和值班标准国际公约》，但未得到船上安全管理人员的纠正，说明船舶安全管理人员并未对船上的值班情况进行有效的监管
	X_{11} 海员资质认证把关不严	船员的资质和实际专业操船能力不匹配，反映了海事监管机构对船员资质认证把关不严
	X_{12} 外界环境风险评估欠佳	事故发生地是海上交通的"十字路口"，交通密度大，但两船船员并未加强瞭望周围船舶航行情况
	X_{13} 人员操作风险评估欠佳	"桑吉"轮为大船，并装有巨量凝析油，而船员的实际资质不足，说明航运公司未充分评估船员的专业水准
R分支	R_1 水域污染	"水晶"轮船首撞击"桑吉"轮第2号、第3号右压载舱之间的右舷，货舱被撞破，造成凝析油泄漏
	R_2 "桑吉"轮燃爆	凝析油泄漏后出现火灾和爆炸

10.4 作业危害分析

在美国等国家中，作业危害分析是一种广为应用的方法，许多石油和天然气企业采用了这一方法。美国职业健康安全管理局（OSHA）于1998年、2002年先后出版了专门介绍作业危害分析的小册子，并2次进行了修订；加拿大职业健康中心曾对这种方法做了较为详细的阐述。

10.4.1 作业危害分析的概念与作用

作业危害分析（Job Hazard Analysis，简称为JHA）又称作业安全分析、作业危害分解（Job Hazard Breakdown），是一种定性风险分析方法。实施作业危害分析，能够识别作业中潜在的危害，确定相应的工程措施，提供适当的个体防护装置，以防止事故发生、防止人员受到伤害。此方法适用于涉及手工操作的各种作业。

作业危害分析将作业活动划分为若干步骤，对每一步骤进行分析，从而辨识潜在的危害并制定安全措施。作业危害分析有助于将认可的职业安全健康原则在特定作业中贯彻实施。这种方法的基点在于职业安全健康是任何作业活动的一个有机组成部分，而不能单独剥离出来。

所谓的"作业"（有时也称"任务"），是指特定的工作安排，如"操作研磨机""使用高压水灭火器"等。"作业"的概念不宜过大，如"大修机器"，也不能过细，如"接高压水龙头"。

开展作业危害分析，能够辨识原来未知的危害，增加职业安全健康方面的知识，促进操作人员与管理者之间的信息交流，有助于得到更为合理的安全操作规程。作业危害分析的结果可作为操作人员的培训资料，并为不经常进行该项作业的人员提供指导；还可作为职业安全健康检查的标准，并协助进行事故调查。

10.4.2 作业危害分析程序

作业危害分析按如下5个步骤进行。

1. 确定（或选择）待分析的作业

理想情况下，所有的作业都要进行作业危害分析。实际工作中，首先要确保对关键性的作业实施分析。确定分析作业时，优先考虑以下作业活动：

（1）事故频率和后果。频繁发生事故或不经常发生但可导致灾难性后果的。

（2）严重的职业伤害或职业病。后果严重、危险的作业条件或经常暴露在有害物质中。

（3）新增加的作业。由于经验缺乏，明显存在危害或危害难以预料。

（4）变更的作业。可能会由于作业程序的变化而带来新的危险。

（5）不经常进行的作业。由于从事不熟悉的作业而可能有较高的风险。

2. 将作业划分为若干步骤

选定作业活动之后，要将其划分为若干步骤。每一个步骤都应是作业活动的一部分。按照顺序在分析表中记录每一步骤，明确说明它是什么具体操作。

划分的步骤不能太笼统，否则会遗漏一些步骤以及与之相关的危害；步骤划分也不宜太细，以免出现许多的步骤。根据经验，一项作业活动的步骤一般不超过10项。如果作业活动划分的步骤实在太多，可先将该作业活动分为2个部分，分别进行危害分析。此处的要点是要保持各个步骤正确的顺序。顺序改变后的步骤在危害分析时可能不会被发现有些潜在的危害，也可能增加一些实际并不存在的危害。

划分作业步骤之前，应仔细观察操作人员的操作过程。观察人通常是操作人员的直接管理者，被观察的操作人员应该有工作经验并熟悉整个作业工艺。观察应当在正常的时间和工作状态下进行。例如，某项作业活动是夜间进行的，就应在夜间进行观察。

3. 辨识每一步骤的潜在危害

根据对作业活动的观察、掌握的事故（伤害）资料以及经验，依次对每一步骤的潜在危害进行辨识。辨识的危害列入分析表中。

为了辨识危害，需要对作业活动作进一步的观察和分析。辨识危害应该思考的问题是：可能发生的故障或错误是什么？其后果如何？事故是怎样发生的？其他的影响因素有哪些？发生的可能性有多大？等等。

4. 确定预防对策

危害辨识以后，需要制定消除或控制危害的对策。

确定对策时，应该从工程控制、管理措施和个体防护 3 个方面加以考虑。具体对策依次为：

（1）消除危害。消除危害是最有效的措施，有关这方面的技术包括：改变工艺路线、修改现行工艺、以危害较小的物质替代、改善环境（通风）、完善或改换设备及工具等。

（2）控制危害。当危害不能消除时，采取隔离、机器防护、工作鞋等措施控制危害。

（3）修改作业程序。完善危险操作步骤的操作规程、改变操作步骤的顺序以及增加一些操作程序（如锁定能源措施）。

（4）减少暴露。这是没有其他解决办法时的一种选择。减少暴露的一种办法是减少在危害环境中暴露的时间，如完善设备以减少维修时间、佩戴合适的个体防护器材等。为了减少事故的后果，应设置一些应急设备，如洗眼器等。

确定的对策要填入分析表中。对策的描述应具体，说明应采取何种做法以及怎样做，避免过于原则的描述，如"小心""仔细操作"等。

5. 信息传递

作业危害分析是消除和控制危害的一种行之有效的方法，因此，应当将作业危害分析的结果传递到所有从事该作业的人员。

【例 10-10】某一作业活动为：从顶部人孔进入储罐，清理化学物质储罐的内表面。

运用作业危害分析方法，将该作业活动划分为 9 个步骤并逐一进行分析，并将分析结果列于作业危害分析表，见表 10-15。

表 10-15　作业危害分析表

步　骤	危害辨识	对　策
① 确定罐内的物质种类，确定在罐内的作业及存在的危险	爆炸性气体； 氧含量不足； 化学物质暴露——气体、粉尘、蒸气（刺激性、毒性）、液体（刺激性、毒性、腐蚀、过热）； 运动的部件/设备	根据标准制定有限空间进入规程，取得有安全、维修和监护人员签字的作业许可证； 由具备资格的人员对气体检测； 通风至罐内氧含量为 19.5% ~ 21.5%，并且任一可燃气体的浓度低于其爆炸下限的 10%； 可采用蒸气熏蒸、水洗排水，然后通风的方法； 提供合适的呼吸器材，提供保护头、眼、身体和脚的防护服； 参照有关规范提供安全带和救生索，如果有可能，清理罐体外部

表 10 - 15 （续）

步 骤	危 害 辨 识	对 策
② 选择和培训操作者	操作人员呼吸系统或心脏有疾患，或有其他身体缺陷； 未培训操作人员或培训不当——操作失误	职业卫生医师检查操作者的身体适应性； 科学培训操作人员； 按照有关规范，对作业进行预演
③ 设置检修用设备	软管、绳索、器具——脱落的危险； 电气设施——电压过高、导线裸露； 电机未锁定并未作出标记	按照位置，顺序地设置软管、绳索、管线及器材以确保安全； 设置接地故障断路器； 如果有搅拌电机，加以锁定并作出标记
④ 在罐内安放梯子	梯子滑倒	将梯子牢固地固定在人孔顶部或其他固定部件上
⑤ 准备入罐	罐内存在有害气体或液体	通过现有的管道清空储罐； 审查应急预案； 打开储罐； 职业卫生专家或安全专家检查现场； 罐体接管法兰处设置盲板（隔离）； 由具备资格的人员检测罐内气体（经常检测）
⑥ 罐入口处安放设备	脱落或倒下	使用机械操作设备； 罐顶作业处设置防护护栏
⑦ 入罐	从梯子上滑脱； 暴露于危险的作业环境中	按有关标准，配备个体防护器具； 外部监护人员观察、指导入罐作业人员，在紧急情况下能将操作人员自罐内营救出来
⑧ 清洗储罐	发生化学反应，生成烟雾或散发空气污染物	为所有操作人员和监护人员提供防护服及器具； 提供罐内照明； 提供排气设备； 向罐内补充空气； 随时检测罐内空气； 轮换操作人员或保证一定时间的休息； 如果需要，提供通信工具以便于得到帮助； 提供 2 人作为后备救援，以应对紧急情况
⑨ 清理	使用工（器）具而引起伤害	预先演习； 使用运料设备

【例 10 - 11】 以建筑施工高处搭建脚手架作业为例，通过对不安全动作、不安全物态、危险源因素及事故前兆因素等分析，按 3 个作业阶段和 6 个作业步骤进行作业危险性分析，见表 10 - 16。

表 10-16 脚手架搭建作业危害分析

作业阶段	作业步骤	危 害 因 素	控 制 措 施
作业准备	确定作业场所及其情况	①酷暑天气；②上下通道缺乏或设置不合理	①科学安排作息时间，做好防暑降温措施；②加强作业场所布置管理
	选择作业人员	没有进行安全培训或安全培训不到位	①架子工必须持证上岗；②作业前安全管理人员对架子工进行安全培训
	配备个人防护用品	未提供个人防护用品	提供符合国家标准和行业标准的个人防护用品
	设置安全防护措施	未进行安全验收或安全检查或验收存在缺陷	严格安全验收程序
作业过程	高处作业（脚手架搭建）	①踩到空隙较大的外墙与脚手架之间；②踏上脚手架上的松动垫板；③作业时重物从手中脱落；④被工具材料、设备等绊倒；⑤被材料或构件等绊倒；⑥佩戴个人防护用品的方式不正确；⑦佩戴的个人防护用品出故障；⑧因走动而取下个人防护用品；⑨现场安全监管不充分；⑩现场日常安全检查不充分；⑪没有及时制止员工的不安全行为；⑫未督促员工落实安全规章制度和操作规程	①高空作业人员必须佩戴安全带并高挂低用，穿好防滑鞋；②配备工具袋，小型工具装入袋内；③现场安全员不能离开现场；④安全带必须经安全员现场检查，方可使用；按照（规程）标准作业，施工中严禁高空抛掷材料、工具；⑤架子工在搭设作业过程中必须严格按照方案要求的顺序进行作业；⑥安全装置及设施严禁私自拆除；⑦合理安排施工顺序，避免交叉作业；⑧作业材料要摆放稳定，作业面不得遗留卡扣、短管；⑨及时安装踢脚板，走道、平台上不准遗留工具与杂物；⑩安全带不得挂在卡扣未固定好的架杆上；⑪条件允许可预先在建筑/构筑物、结构、设备安装"生命绳"；⑫脚手架作业平台应铺满脚手板，防护栏杆绑扎牢固；⑬脚手架支撑结构设专职检查人员检查；⑭脚手架未检查合格不得使用
作业完毕	收工	工具遗漏	清理现场时应清点随带工具及物品

10.5　系统安全分析方法小结

系统安全分析是安全系统工程的核心内容，也是安全评价和事故危险控制的基础。系统安全分析方法很多，见诸有关文献的就多达数十种。为了便于读者掌握和灵活地应用，本节对常用系统安全分析方法做如下小结。

10.5.1　系统安全分析方法分类

我们可以分别按照逻辑思维方法、量化程度和动态特性等，对系统安全方法进行分类。

1. 按逻辑思维方法划分

按逻辑思维方法可将系统安全方法分为两大类：归纳法和演绎法。

归纳法就是从个别情况出发，推出一般结论。考虑一个系统，如果我们假定一个特定故障或初始条件，并且想要查明这一故障或初始条件对系统运行的影响，那么我们就可以调查某些特定元件（部件）的失效是如何影响系统正常运行的。例如，管子破裂是如何影响工厂安全的？事件树分析是最典型的归纳分析方法。

演绎法就是从一般到个别的推理。在系统的演绎分析中，我们假定系统本身已经以一定的方式失效，然后要找出哪些系统（或部件）行为模式造成了这种失效，例如，是一连串什么事件使得某车间"火灾"发生？事故树分析是最典型的演绎分析方法。

按照逻辑思维方法，常用系统安全分析方法分类如下：

（1）归纳法：事件树分析、预先危险性分析、安全检查表、故障类型和影响分析、致命度分析、可操作性研究。

（2）演绎法：事故树分析、鱼刺图分析。

2. 按照量化程度划分

定性的系统安全分析，是指对影响系统、操作、产品或人身安全的全部因素，进行非数学方法的研究与分析，或对事件只给定"0"或"1"的分析程序，而"0"或"1"这两个数值的意义只表示事件不发生或发生。定量系统安全分析，则是在定性分析的基础上，运用数学方法与计算工具，分析事故、故障及其影响因素之间的数量关系和数量变化规律。其目的是对事故或危险发生的概率及风险率进行准确评定。

在系统安全分析中，一般应先进行定性分析，确定对系统安全的所有影响因素的模式及相互关系，然后再根据需要进行定量分析。

按照量化程度分类如下：

（1）定性系统安全分析方法：预先危险性分析、安全检查表、可操作性研究、故障类型和影响分析、鱼刺图分析。

（2）定量系统安全分析方法：事故树分析、事件树分析、因果分析、致命度分析。

在以上分类中，有的方法既可做定性分析，又可做定量分析，如事故树分析和事件树分析。

3. 按静、动态特性划分

根据分析方法能否反映出时间历程和环境变化因素，可分为静态分析法、动态分析法两种。动态系统安全分析方法有事件树分析和因果分析，其他均为静态分析方法。

10.5.2　各种系统安全分析方法的特点及适用范围

各种系统安全分析方法都是根据对危险性的分析、预测以及特定的评价需要而研究开发的。因此，它们都各有自己的特点和一定的适用范围。下面对各种常用系统安全分析方法的特点及适用范围做一简略介绍。

1. 预先危险性分析

确定系统的危险性，尽量避免采用不安全的技术路线、使用危险性的物质、工艺和设备。其特点是把分析工作做在行动之前，避免由于考虑不周而造成损失。当然，在系统运行周期的其他阶段，如检修后开车、制定操作规程、技术改造之后、使用新工艺等情况下，都可以采用这种方法。

2. 安全检查表

按照一定方式（检查表）检查设计、系统和工艺过程，查出危险性所在。方法简单，用途广泛，没有任何限制。

3. 故障类型和影响分析

以硬件为对象，对系统中的元件进行逐个研究，查明每个元件的故障模式，然后再进一步查明每个故障模式对子系统以至系统的影响。本方法易于理解，不需数学计算，是广泛采用的标准化方法。但费时较多，而且一般不能考虑人、环境和部件之间相互关系等因素。主要用于设计阶段的安全分析。

4. 致命度分析

确定系统中每个元件发生故障后造成多大程度的严重性，按其严重度定出等级，以便改进系统性能。本法用于各类系统、工艺过程、操作程序和系统中的元件，是较完善的标准方法，易于理解，但需要在故障类型和影响分析之后进行，与故障类型和影响分析一样，不能包含人和环境及部件之间相互作用等因素。

5. 事故树分析

由不希望事件（顶上事件）开始，找出引起顶上事件的各种失效的事件及其组合。最适用于找出各种失效事件之间的关系，即寻找系统失效的可能方式。本法可包含人、环境和部件之间相互作用等因素，加上简明、形象化的特点，因此，已成为安全系统工程的主要分析方法，能进行深入的定性、定量分析，但需要一定的数学知识。

6. 事件树分析

由初始（希望或不希望）的事件出发，按照逻辑推理推论其发展过程及结果，即由此引起的不同事件链。本法广泛用于各种系统，能够分析出各种事件发展的可能结果，是一种动态的宏观分析方法，可进行定性分析和定量分析，但不能分析平行产生的后果，不适用于详细分析。

7. 鱼刺图分析

对于不希望的结果（事故），将其形成原因进行归纳、分析，并用简明的文字和线条加以全面表示。本法广泛用于各种事故原因分析，易于形成文件档案，但不能进行量化分析。

8. 危险与可操作性研究

研究工艺状态参数的变动，以及操作控制中偏差的影响及其发生的原因。其特点是由中间的状态参数的偏差开始，分别向下找原因，向上判明其后果。因此，它是故障类型和影响分析、事故树分析方法的引申，具有二者的优点，适用于流体或能量的流动情况分析，特别是大型化工企业。

9. 因果分析

本法是事件树分析和事故树分析方法的结合，从某一初始条件出发，向前用事件树分析，向后用事故树分析，兼有二者的优缺点。本法很灵活，可以包罗一切可能性，易于文件化，可以简明地表示因果关系，并可进行准确的定量计算。

10.5.3 系统安全分析方法的选择

1. 系统安全分析方法的适用情况

在系统寿命不同阶段的危险因素辨识中，应该选择相应的系统安全分析方法。例如，在系统的开发、设计初期，可以应用预先危险性分析方法；在系统运行阶段，可以应用危险性和可操作性研究、故障类型和影响分析等方法进行详细分析，或者应用事件树分析、事故树分析、因果分析等方法对特定的事故或系统故障进行详细分析。系统寿命期间内各阶段适用的系统安全分析方法可参考表 10-17。

表 10-17 系统安全分析方法选择参考

分析方法	开发研制	方案设计	样机	详细设计	建造投产	日常运行	改建扩建	事故调查	拆除
安全检查表		√	√	√	√	√	√	√	√
预先危险性分析	√	√	√				√		
危险与可操作性研究			√	√		√	√	√	
故障类型影响和致命度分析			√	√		√	√	√	
鱼刺图分析		√	√	√		√	√	√	√
事故树分析			√	√		√	√	√	√
事件树分			√			√	√	√	
因果分析			√	√		√	√	√	

2. 系统安全分析方法的选用原则

上面对各种系统安全分析方法的特点及应用范围中已谈及这个问题。为了正确地选用，下面再提几条原则，作为选用方法时的参考。

（1）首先可进行初步的、定性的综合分析，如用预先危险性分析、安全检查表等，得出定性的概念，然后根据危险性大小，再进行详细的分析。

（2）根据分析对象和要求的不同，选用相应的系统安全分析方法。如分析对象是硬件（如设备等），可选用故障类型和影响分析、致命度分析或事故树分析，如是工艺流程中的工艺状态参数变化，则选用可危险与可操作性研究。

（3）如果对新建项目、改造的项目或限定的目标进行分析，可选用静态分析法；如果对运动状态和过程进行分析，则可选用动态分析方法。

（4）如果需要精确评价，则选用定量分析方法，如事故树分析、事件树分析、因果分析、致命度分析等方法。

（5）应该注意，在做系统安全分析时，使用单一方法往往不能得到满意的结果，经常需要用其他方法弥补其不足。

本 章 小 结

本章在前面介绍的安全检查表、事件树分析和事故树分析等常用的系统安全分析方法基础上，介绍了以下4种系统安全分析方法，分别为事故统计图表分析法、危险预知活动、管理失误和风险树分析、作业危害分析，并举例说明了每种方法的具体应用。最后，围绕所学系统安全分析方法的类别、特点、适用范围及选用原则等进行了系统性总结。

思 考 与 练 习

1. 说明事故统计图表分析法的特点及功用。

2. 怎样绘制事故比重图？

3. 怎样绘制事故趋势图？

4. 如何绘制事故控制图？怎样进行分析判别？

5. 说明事故主次图的功能、格式、绘制方法及分析注意事项。

6. 事故危险预知活动的特点是什么？有什么优越性？

7. 怎样结合本单位、本岗位的实际情况，开展 KYT 活动？

8. MORT 的特点及组成部分有哪些？其应用前景如何？

9. 试述作业危害分析的概念、作用及分析程序。

10. 如何选择应用系统安全分析方法？

11. 预先危险性分析与危险预知活动有何异同？

12. 各种系统安全分析方法的主要特点是什么？

13. 某生产工厂对某型号发动机缸体在低压铸造过程中的硬度指标进行了连续 25 天监测，记录不合格产品的数量，并绘制了不合格品率控制图，如图 10－28 所示，请分析该厂 25 天里的不合格产品数量是否属于正常状态，请论述你的理由。

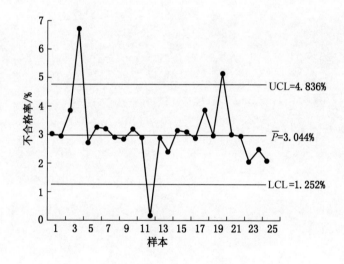

图 10－28　不合格品率控制图

14. 随着老龄化社会进程不断推进，越来越多养老机构不断兴起，在给予人们更新鲜的养老理念同时，也带来了对养老机构消防安全环境的思考。现选取某城区内某一私立养老机构作为研究对象，设计出适合该养老机构的火灾风险评估指标体系，请查阅资料，试述可采用何种系统安全分析方法帮助找出影响火灾发生发展的因素？

15. 现需要对 2010—2020 年全国煤矿瓦斯灾害事故发生规律进行统计分析，试述可以选取哪些指标并运用哪种（或哪几种）事故统计方法进行分析？

系统安全评价

11 系统安全评价概述

📝 **本章学习目标：**

（1）熟悉系统评价的概念，了解系统评价的内容及其指标体系。

（2）熟悉安全评价的概念、种类和一般程序步骤，了解安全评价的由来、目的意义、功能特点、现状及发展沿革情况。

（3）熟悉安全评价工作的标准规范，了解安全评价的法规依据。

11.1 评价与系统评价

11.1.1 评价与系统评价概述

所谓评价，是指按照明确目标测定对象的属性，并把它变成主观效用（满足主体要求的程度）的行为，即明确价值的过程。需要指出，在实际生活中，评价、评估、评定、评鉴乃至测量等概念的使用比较混乱，它们被当作同义词使用的情况屡见不鲜；即使在西方，对这些术语的用法也并不规范，在英文中就有 Evaluation，Assessment，Appraisal 和 Measurement 等词。所有这些都影响着人们对评价概念的理解以及方法的准确运用。

在我国文字中，评价意味着评判价值之意，也就是说，评价就是判断价值。由于评价对象涉及的因素较多、复杂程度也较高，因此，要按照严格、精确的方法进行评价还有不少困难。目前，主要是依靠定性与定量相结合、客观统计资料与主观描述资料并重的手段开展评价（评估这个词反映了这一事实）。

系统评价就是根据预定的系统目的，在系统调查和可行性研究的基础上，主要从技术和经济等方面，就各种系统设计的方案所能满足需要的程度同消耗和占用的各种资源进行评审和选择，并选择出技术上先进、经济上合理、实施上可行的最优或满意的方案。

1. 系统评价的目标

进行系统评价时，要从明确评价目标开始，通过评价目标来规定评价对象，并对其功能、特性和效果等属性进行科学的测定。

就工程项目建设来说，人们创造这类系统的目的是通过改造客观世界来提高人们的物质文化和精神文化水平，从而提高幸福感。这种提高具体表现在整个系统（包括物质的和精神的）从一个和谐状态达到一个新的更高的和谐状态。我们对系统的评价就表现为对系统及其与环境的和谐状态的评价，亦即通过系统结构的分析与评价，看其是否形成了动态平衡的有机整体；通过对系统功能的分析与评价，看系统是否与外部环境或更高层大系统达到协调，有利于大系统的发展。

具体地说，系统评价是对系统分析过程和结果的鉴定，其主要目的是判别设计的系统是否达到了预定的各项技术经济指标，能否投入使用并提供决策所需要的信息。在对某系统进行决策时，应当全面地考虑系统状态信息，并对依据这些信息所采取的策略，以及执行这些策略可能产生的后果进行综合评价，按照评定的价值来判断各种策略和方案的优劣，作出正确的决策。

因此，评价的目标是为了决策。系统评价是方案优选和决策的基础，评价的好坏影响着决策的正确性。

2. 系统评价的内容

在系统评价过程中，首先要熟悉方案和确定评价指标。熟悉方案是指通过大量的调查研究，了解系统的基本目标、功能要求，确切地掌握各种方案的优缺点以及对系统目标、功能要求的实现程度、方案实施的条件和可能性等。评价指标是指评价条目和要求，是方案期望达到的指标，它包括政策指标、技术指标、经济指标和社会指标等。然后，根据熟悉方案情况，结合评价指标，应用适当的方法，先进行单项评价，再做综合评价，从而作出各方案优先顺序的结论。单项评价一般指技术评价、经济评价和社会评价。

系统评价的内容如图 11 - 1 所示。具体的评价工作分为以下几个方面。

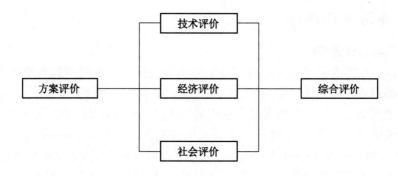

图 11 - 1　系统评价内容

1）系统结构评价

系统是为了满足人们一定的目的而设计的，其经济性、功能性、动态适应性都与系统结构有很大关系。可以说，系统结构和特性的评价是最本质的评价。系统结构的评价可按图 11 - 2 所示的内容来进行。

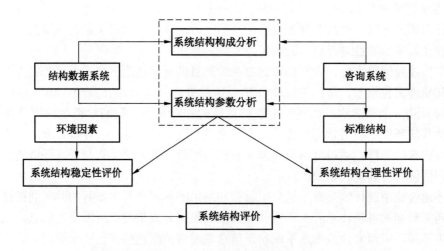

图 11 - 2　系统结构评价模型

为了对系统结构的合理性进行评价，必须有一个评判标准，即系统标准结构，用来作为评价现实系统的参照系，用于对现实系统进行比较评价，得出各方案系统构成结构的优劣。然而在现实中，一般不存在标准结构，我们常常用某种理想结构作为准标准结构，如将方案集内各方案结构特性的最优参数构成理想结构。尽管该结构无法实现，但仍可作为我们评价方案集内各方案结构优劣的标准。

2）"系统－环境"影响评价

任何系统的形成和运行都会受到其所处环境的影响和制约。系统本身条件的好坏、调控机制是否灵活，直接影响到系统的适应能力和生存能力。因此，"系统—环境"影响的评价也涉及系统结构的评价，可以与之结合进行。

一般来讲，系统与环境的关系有以下几种情况：

（1）系统运行对环境具有改造性。系统保持良好运行状态，不但能适应环境的变化，而且对环境有良好的改造作用。这种关系可称为相生。

（2）系统能适应环境的变化。系统的建设和运行与环境的发展相辅相成，协调一致，运行状态良好。这种关系可称为相适。

（3）系统对环境起消极作用。系统的运行与环境的变化不协调，以致相互矛盾和制约。我们称这种关系为相克。

（4）系统的运行不但不适应环境的变化，而且对环境起破坏作用。它的运行加剧了环境的劣变。这种关系称之为相斥。

3）系统"输入－输出－反馈"评价

系统的输入和输出是系统外部特征的基本表现，表示了系统的转换功能；反馈是系统调节机制灵敏性和有效性的表现。现有评价方法已非常重视输入、输出的评价，但对反馈作用却重视不足。

（1）系统的输入、输出指标评价。一般按输入量与输出量之间的比值（或差值）来反映系统的转换功能，即系统的有效性。输入、输出流量的性质不外乎有三种：能准确定量计算；可定量分析，但无法准确估算；无法定量计算。一般来说，对于能准确定量计算的指标，可认真收集资料进行计算；对第二种情形中的指标可采用半定量方法进行评价；对无法定量计算的指标可采用专家咨询的方法进行分析，在必要时也可利用打分等方法进行半定量的估价。

（2）系统反馈性能评价。反馈是系统动态性能的一种具体表现，它影响系统的输入并通过系统转换机制影响到系统的输出。就大型工程建设系统而言，反馈性能反映在大型工程系统的组织协同上，即各种信息渠道是否畅通，组织机构是否合理、有无规则，组织和调节的能力、管理技术、手段是否先进等。

反馈性能评价、结构性能评价及环境适应性评价是相关的，应综合考虑。

4）系统综合评价

综合评价所要解决的问题，是如何把上述对系统各方面的评价综合起来，向决策者提供清晰的评价结论。

3. 系统评价的步骤

为了搞好系统评价，必须遵守下面几条原则：

（1）要保证评价的客观性。

（2）要保证方案的可比性。

（3）评价指标要成系统。

（4）评价指标必须与国家的方针、政策、法令的要求相一致。

评价是一个比较的过程。在这个过程中，把被评价的事物与一定的对象进行比较，从而决定该事物的价值，或者说确定其在事物系统之中的地位。因此，任何评价都可按照图 11-3 所示的范式进行，其中 x 为被评价的对象（元素、系统）。

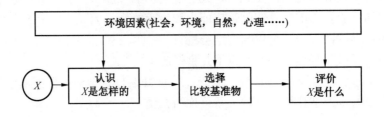

图 11-3 评价的范式

系统评价的步骤是有效地进行评价的保证，一般包括以下几项。

1）明确系统目标，熟悉系统方案

为了进行科学的评价，必须反复调查了解建立这个系统的目标，以及为完成系统目标所考虑的具体事项，熟悉系统方案，进一步分析和讨论已经考虑到的各个因素。

2）分析系统要素

根据评价的目标，集中收集有关的资料和数据，对组成系统的各个要素及系统的性能特征进行全面分析，找出评价的项目。

3）确定评价指标体系

指标是衡量系统总体目标的具体标志。对于所评价的系统，必须建立能对照和衡量各个方案的统一尺度，即评价指标体系。评价指标体系必须科学地、客观地、尽可能全面地考虑各种因素，包括组成系统的主要因素及有关系统性能、费用、效果等方面，这样就可以明确地对各方案进行对比和评价，并对其缺陷筹划适当的对策。指标体系的选择要视被评价系统的目标和特点而定。指标体系可以通过在大量的资料、调查、分析的基础上得到，它是由若干个单项评价指标组成的整体，它应反映出所要解决问题的各项目标要求。

4）制定评价结构和评价准则

在评价过程中，如果只是定性地描述系统达到的目标，而没有定量的表述，就难以作出科学的评价。因此，要对所确定的指标进行定量化处理。有些指标原来只有定性描述，就需要进行分析研究，制定和选择评价的定量依据。这里往往需要借助于模糊理论的概念和方法，评分就是最常用的一种简单方法，即按具体情况人为地分成若干等级、进行相对比较。

每一个具体指标可能是几个指标的综合，这是由评价系统的特性和评价指标体系的结构所决定的。在评价时要制定评价结构。

由于各指标的评价尺度不一样，对于不同的指标，很难放在一起比较。因此，必须将指标体系中的指标规范化，制定出评价准则，根据指标所反映要素的状况，确定各指标的结构和权重。

5）评价方法的确定

评价方法根据对象的具体要求不同而有所不同。总的来说，要按系统目标与系统分析结果、费用、效果的测定方法、成功可能性的讨论方法以及评价准则等确定。

6）单项评价

单项评价是就系统的某一特殊方面进行详细的评价，以突出系统的特征。单项评价不能解决最优方案的判定问题，只有综合评价才能解决最优方案或方案优先顺序的确定问题。

7）综合评价

按照评价标准，在单项评价的基础上，从不同的观点和角度对系统进行全面的评价。

综合评价就是利用模型和各种资料，用技术经济的观点对比各种可行方案，考虑成本与效益的关系，权衡各方案的利弊得失，从系统的整体观点出发，综合分析问题，选择适当而且可能实现的优化方案。

综上所述，系统评价的步骤如图11－4所示。

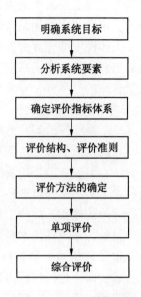

图11－4　系统评价步骤

11.1.2　系统评价方法简述

系统评价是一系列科学的论证和定量计算工作。目前国内外使用的评价方法很多，但大体上可分成以下几类：专家评价法，经济分析法，运筹学方法（包括多目标决策方法）和其他数学方法。其中每一类方法中又可分成许多具体的算法，本节简要介绍几种评价方法的思路，有兴趣的读者可参考其他专门书籍。

1.　经济分析法

经济分析法也可称为单项评价方法，主要指经济评价方法和技术评价方法，是利用经济理论和技术水平对系统的某个方面作出定量评价的方法。

经济评价方法主要有价值分析法、成本效益法、利润评价法等；技术评价方法主要有可行性分析、可靠性评价等。

2.　模糊综合评价和灰色系统评价法

模糊综合评价的模型是建立在模糊数学基础上的一种定量评价模式。模糊数学是由美国控制论专家查德（L. A. Zadeh）教授创立的。为了描述和处理事物的模糊关系，采用隶属度对其进行数量化。模糊综合评价方法，则是应用模糊数学的有关理论（如隶属度与隶属函数理论），对系统中多因素的制约关系进行数学抽象，建立一个反映其本质特征和动态过程的理想化的评价模式，并通过模糊数学的计算，确定被评价对象的等级归属。

灰色系统理论方法是我国学者邓聚龙教授创立的。采用灰色系统方法进行系统评价，是通过计算不同评价对象的特征参数序列与其基准参数序列的关联度来综合评价它们的优劣。

3.　层次分析法

层次分析法是一种能够有效地处理那些难以完全用定量方法来分析的复杂问题的方法之一。它是建立在分层次、单目标、单准则、两两对比判断的基础上进行的，通过两两比较的方法确定层次中诸因素的重要性程度和顺序，易于区分优劣高低。因此，它是一种实用的、定性与定量相结合的决策分析方法，可通过其分析计算，评定方案的优劣顺序。

上述模糊综合评价、灰色系统评价法和层次分析法3种方法都是对多因素系统（特别是信息不够清晰的系统）进行系统评价的方法。现实世界中，信息不完全确知的系统是很普遍的。另外，专家咨询法（也叫专家评估法）也是广泛应用的一种方法，本书第17章将对其做详细介绍。

11.1.3 系统评价问题分析

目前，人们在评价领域已具有了一定的优势，比如，已经形成了一套比较成熟的理论和方法。但也应清楚地看到，评价工作是一种跨学科、跨层次的综合性工作，它既要求社会科学、经济学与自然科学的综合，又要求决策层、执行层与研究层的结合。欲充分发挥系统评价的作用，评价工作的组织管理与机制建设十分重要。

另外，系统评价本身也有许多固有的困难，即单项评价易，综合评价难；定性评价易，定量评价难；硬指标（科技、生产、水平）评价易，软指标（社会、经济、组织）评价难。即使评价指标可以设计出来，由于指标体系与决策的内在关联及受环境的制约，评价实践也将是一件困难的事情。为此，进一步对系统评价的理论开展深入研究，并结合社会经济发展的实际状况开展评价理论和方法的应用，还需要人们继续作出努力。

11.2 安全评价的概念与种类

上一节介绍了系统评价，是普通意义上的评价。本节及之后的4章介绍安全评价，它可以看作是系统评价的一个分支。安全评价同其他工程系统评价一样，都是从明确的目标值开始，对工程、产品、工艺等的功能、特性和效果等属性进行科学测定，然后根据测定的结果，用一定的方法进行综合、分析、判断，并作为决策的参考。

安全评价是安全系统工程的重要组成部分。现代工业生产中，为实现系统安全的目标，必须应用安全原理和工程技术方法，预先对系统中的各种危险进行辨识、评价和控制，以有效地预防事故，特别是重大恶性事故的发生，将系统的危险性降低到最低程度，避免或减少事故可能造成的生命或财产损失。为达到这一目的，就需要对计划、设计直到生产运行的全过程不断地进行检查、测定、分析和评价，以便有的放矢地采取事故预防措施，保证系统的安全。因此，安全评价是充分认识系统的实际安全状况，有效地采取安全对策的基础，是应当引起高度重视并积极进行开发研究的一个重要课题。

安全评价技术首先是由于保险业的需要而发展起来的。之后，人们将其应用到安全管理工作中，取得了良好的效果。我国于20世纪80年代初期引进安全系统工程，80年代中、后期即开始研究安全评价技术在各行业和各企业的应用。近几年的应用实践说明，安全评价工作的开展，促进了安全管理水平的提高，对加强劳动保护，提高全社会的安全生产水平具有深远的意义。

11.2.1 安全评价的概念

安全评价（Safety Assessment）也称为安全性评价、危险评价或风险评价（Risk Assessment），是按照科学的程序和方法，对系统中的危险因素、发生事故的可能性及损失与伤害程度进行调查研究与分析论证，并以既定的指数、等级或概率值作出表示，再针对存在的问题，根据当前科学技术水平和经济条件，提出有效的安全措施，以便消除危险或将危险降低到最小的程度。

　　与"风险评价"或"危险评价"相比,"安全评价"的提法更容易被人们接受,所以我国广泛应用"安全评价"这一名词。

　　要消除危险就必须对它有充分的认识。我们知道,安全是指不发生导致死亡、工伤、职业病、设备损失或财产损失的状况。在传统的安全工作中,认为安全和危险是两个互不相容的绝对概念。但是,广义上讲,干一件事总要承担一定的风险。因此,现代安全工程认为,在现实世界中绝对的安全是不存在的,安全和危险是事物的两个方面。美国安全工程师学会将安全解释为,导致损伤的危险程度是可以容许的,较为不受损害的威胁和损害概率低的通用术语。也就是说,在某个具体的环境中,危险性和安全性都是存在的,只是它们的程度不同而已。当危险性小到某种程度时,人们就认为是安全的了。

11.2.2　安全评价的内容与种类

11.2.2.1　安全评价的内容

　　理想的安全评价,包括危险性的辨识和危险性的评价两个方面,如图11-5所示。对于危险性的辨识,应尽可能有量的概念,即用具体数字表示系统的危险程度的大小,以便于比较;并应反复校核系统的危险性,确认系统是否有新的危险以及系统的运行过程中危险性会发生什么变化。对于危险性评价,需要有1个标准,即社会公认的安全指标(将在第12章介绍);同时,还要确认危险性是否被排除、危险程度是否有所降低。

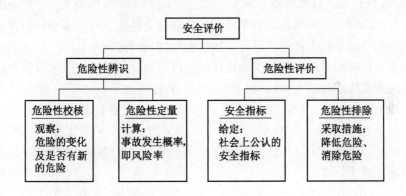

图11-5　安全评价的基本内容

11.2.2.2　安全评价的种类与方法

　　目前,安全评价技术仍处于开发研究阶段,还在不断地发展和完善。因此,其分类以及每类的具体叫法还不够统一。一般地,可从如下几个方面划分安全评价的种类与方法。

　　1. 从量化程度划分

　　根据评价指标和评价结果的量化程度,将安全评价方法划分为定性安全性评价和定量安全评价;也有人在这两类之间单独划分出"半定量安全评价"。

　　2. 按被评价系统所处的阶段或时间关系划分

　　根据安全评价工作与生产工作的时间关系,可以将其分为预评价和现状评价;按照被评价系统所处的阶段,可将安全评价划分为:新建、扩建、改建系统以及新工艺的预先评价;现有系统或运行系统的安全性评价;退役系统的安全性评价。

3. 按评价性质和目的划分

根据评价工作的性质和目的，可以将其分为系统固有危险性评价、系统安全管理状况评价和系统现实危险性评价。

4. 《安全评价通则》的划分

《安全评价通则》（AQ 8001—2007） 由国家安全生产监督管理总局 2007 年 1 月发布、2007 年 4 月 1 日实施，其将安全评价按照实施阶段的不同分为三类：安全预评价、安全验收评价、安全现状评价。

11. 2. 3 安全评价的发展历史

安全评价技术首先是由于保险业的需要发展起来的。早在 20 世纪 30 年代，保险公司为客户承担各种风险，必然要收取一定的费用。而这个费用收取多少合适，应该是由所承担的风险大小来决定。因此，就产生了一个衡量风险程度的问题，这个衡量风险程度的过程就是当时的美国保险协会所从事的风险评价。

20 世纪 60 年代，美国道化学公司开发了以火灾爆炸指数为依据的安全评价方法。这种方法在世界范围内影响很大，推动了安全评价工作的发展。之后，英国帝国化学公司在此基础上推出了蒙德法。而美国道化学公司的安全评价方法也日趋科学、合理，切合实际。经过多年的实践，道化学公司本身对其评价方法先后修订 6 次，于 1993 年推出了第 7 版和相应的教科书。评价范围也从火灾爆炸扩展到毒性等其他方面。

20 世纪 70 年代初，日本劳动省颁发了"化工厂安全评价指南"，把安全评价方法进一步向科学化、标准化方向推进。它采用了一整套安全系统工程的综合分析方法和评价手段，使化工厂的安全工作在规划、设计阶段就能得到充分的保障。

以风险率为标准的定量评价是安全评价的高级阶段，其评价方法随着高科技领域的开发而得到迅速的发展。英国在 20 世纪 60 年代中期就建立了故障率数据库和可靠性服务所，开展概率风险的评价工作。70 年代中，美国原了能管理委员会发表了关于"商用核电站风险评价报告"，在国际同行中影响很大，并推动了安全系统工程在世界范围内的广泛应用。现在，定量的安全评价已在工业发达国家的许多工程项目中得到广泛应用，并且许多行业制定了技术标准。

我国自 20 世纪 80 年代以来，开始在企业安全管理中应用安全系统工程，并取得了丰硕成果，推进了安全管理水平的提高，加快了我国安全管理向科学化、现代化方向发展的速度。在此期间，安全工作的特点主要是系统安全分析方法得到应用，基本上是解决了系统的局部安全问题；之后，人们对安全系统工程的认识逐步提高，认识到要全面了解和掌握整个系统的安全状况，客观地、科学地衡量企业的事故风险大小，区别轻重缓急，有针对性地采取相应对策，真正落实"安全第一、预防为主、综合治理"的方针，政府要有效地实行安全监督管理，工会系统要切实履行劳动保护监督职责，保险部门要合理收取保险费，科学地实行风险管理等等，必须采用系统安全评价的方法。目前，许多企业和一些产业部门开始着手安全性评价理论、方法的研究与应用。现在，以安全检查表为主要依据的安全评价方法已经比较成熟。例如，1988 年 1 月 1 日，国家机械电子工业部颁发了机械工厂安全性评价标准，受到企业的欢迎，收到较好的效果。该标准的颁布执行，标志着我国安全管理工作进入了一个新的阶段。国家其他一些产业部门，如原化工部、冶金部、航空航天部、兵器工业总公司等，也开展了本行业安全性评价标准的研制工作。核工业部参照国外标准对秦山核电站进行了科学的评价。北京、天津、上海、湖北、广东等省市，也在不同范围内、不同程度上开展了安全评价的研究与试点工作。所以，企业的安全评价工作正在全国范围内展开，这对加强劳动保护，提高全社会的安全生产水平具有深远的意义。

2002年11月1日起实施的《中华人民共和国安全生产法》第25条规定，矿山建设项目和用于生产、储存危险物品的建设项目，应当分别按照国家有关规定进行安全条件论证和安全评价。

2021年9月1日起施行的修订后的《中华人民共和国安全生产法》第32条规定，矿山、金属冶炼建设项目和用于生产、储存、装卸危险物品的建设项目，应当按照国家有关规定进行安全评价。

按照安全生产法等安全法规的规定，我国近年来对矿山和危险化学品等行业开展了大规模的安全评价工作，并由政府负有安全生产监督管理职责的部门对该项工作进行监督和管理，对保证项目的"三同时"建设、为企业创造良好安全生产条件、有的放矢地开展事故预防工作，起到了积极的基础和保证作用。

11.3　安全评价的意义与程序步骤

11.3.1　安全评价的意义

安全评价与日常的安全管理工作和安全监察监督工作不同，它的着眼点是由技术和工艺带来的负效应，主要从危险有害因素及其存在状态、产生损失和伤害的可能性、影响范围、严重程度及应采取的对策等方面进行分析、论证和评估。

第一，安全评价工作有助于政府应急管理部门对企业的安全生产实行宏观控制。

安全评价可以根据标准对企业的安全管理、安全技术、安全教育等方面作出综合评价，以了解企业存在的问题，客观地对企业安全水平作出结论。安全生产监督管理部门以此为依据，对企业依法进行恰当的处置，如依法追究事故责任、责令停产整顿或采取相应安全措施等。因此，可以达到安全监察和宏观控制的目的。

第二，安全评价有助于保险部门对企业灾害实行风险管理。

保险部门对企业由于事故引起的人身伤亡、职业病和财产损失风险所承担的经济补偿义务，是保险业务的一项主要内容。随着我国保险事业的发展，对企业事故的风险管理必然要纳入议事日程。对企业事故的风险管理应该包括以下内容：保险费的合理收取，风险的控制和事故后的合理赔偿。

保险部门为企业承担灾害事故保险，应该以什么为标准、收取多少保险费合适呢？一般保险费的收取是由企业灾害事故风险的大小决定的。严格地讲，保险费的计算应以实际风险率为基准。但目前尚不具备这样的条件。因此，可以考虑采用安全评价的结果计算费率，即综合考虑安全评价中对企业固有危险性划分的危险等级和企业安全管理现状的安全评价结果，也就是考虑企业生产过程中危险程度大小和企业对危险的控制能力的高低。

对于风险控制，是在保险过程中通过保险人与被保险人共同努力，尽量减少事故的发生、减轻灾害事故产生的损失。保险部门为客户提供灾害风险的保险，并不是所有事故都负责赔偿，而是仅在客户遵守保险部门制定的防灾防损条例、条令、规程、规定及保险人所明确的保险责任范围内，才履行经济补偿义务；目前，保险业可借用企业安全评价标准作为企业防灾防损的准则。

第三，安全评价有助于提高企业的安全管理水平。

安全评价可以使企业安全管理达到如下目的：

(1) 变事后处理为事先预防预测，使企业安全工作实现科学化。

(2) 变纵向单科管理为全面系统管理，使企业安全工作实现系统化。企业进行安全评价，不仅评价安全技术部门，而且要全面评价各职能部门以及每一个职工应负的安全职责，使企业所有部门都按照要求做好本系统的安全工作。这样，可以使企业安全管理实现全员、全面、全过程的系统化管理。

(3) 变盲目管理为目标管理，使企业安全工作实现标准化。按评价标准进行安全评价，可以使安全技术干部和全体职工明确各项工作的安全标准，就可使安全工作有明确的追求目标，从而使安全管理变为目标管理。

第四，安全评价可以为企业领导的安全决策提供必要的科学依据。

安全评价不仅要系统地确认危险性，而且还要进一步考虑危险发展为事故的可能性大小及事故造成损失的严重程度，进而计算风险率。以此为根据，可以合理地选择控制事故的措施，确定措施投资的多少，从而使投资和可能减少的负效益达到平衡，为企业领导的安全决策提供科学依据，使系统达到社会认可的安全标准。

11.3.2　安全评价的功能与特点

随着安全评价技术的发展，人们对它的认识也在不断地深化。归纳起来，安全评价的功能与特点有如下几个方面：

(1) 安全评价是一门控制系统总损失的技术。通过对系统固有的及潜在的危险进行辨识与评价，对控制系统总损失的有效性、经济性和可操作性诸方面进行分析论证，并采取有效的措施保证系统的安全，控制事故可能造成的损失。

(2) 安全评价是一门保障企业不断进步的技术。现代工业生产技术发展很快，新工艺、新设备、新材料和新能源等不断出现。每种新工艺、新设备、新材料或新能源的出现，都有可能带来新的危险。所以，要使企业不断地进步和发展，就需要适时地进行安全评价，并及时采取有针对性的事故预防措施，防止各种可能发生的事故。

(3) 安全评价必须全面、系统。安全评价工作中，既要考虑生产系统的各个环节，如生产、运输、储存等过程；又要考虑设备、工艺、材料等多种因素。

(4) 安全评价的着眼点是预防事故，因而带有预测的性质。安全评价工作虽然离不开有关的规程和标准，但主要不是依靠既定的规程和标准去制约技术和工程，而是对技术或工程本身可能产生的损失以及可能对人员造成的伤害进行预测。安全评价所要达到的目标，也不仅要求满足有关的规程和标准，而是要有效地控制系统的所有危险。

(5) 安全评价涉及多个领域，因而评价的方法应当多样化。根据需要，既可以对规划、设计阶段的工程项目进行评价；也可对运行中的生产装置进行评价；还可以进行某些专门的评价。应根据各种评价工作的具体要求，分别采用实用有效的方法。

(6) 安全评价的具体工作主要是调查研究。为了全面、系统地进行安全评价，有效地预防事故、控制事故可能造成的损失，应该进行深入细致的调查研究工作，对被评价系统的历史和现状进行详细的分析，以求对系统的实际安全状况作出客观、真实的评价。

安全评价工作的重要性，主要体现在如下3个方面：

（1）安全评价工作是预防事故的需要。

（2）安全评价工作是制订安全对策的需要。

（3）安全评价工作是加强安全管理的需要。

安全评价的结果，可以作为安全管理部门和监督检察部门进行安全管理工作的依据，便于确定重点管理的对象与范围；同时，可利用安全评价结果，进一步修订作业规程，改善防灾设施与组织，能够提高企业的防灾能力，促进安全管理水平的提高。

11.3.3 安全评价的程序步骤

安全评价，主要是对系统内的危险因素进行辨识、分析判断，制定相应的安全对策，并对系统的安全性作出安全评价结论。

安全评价工作可采取由企业自身进行评价，或企业与有关单位合作评价，或邀请外单位专家评价，或委托专业安全评价机构评价等几种方式。各种方式的安全评价程序不尽相同。以专业安全评价机构所做的安全评价（安全预评价等）为例，说明安全评价的程序步骤，如图11-6所示。

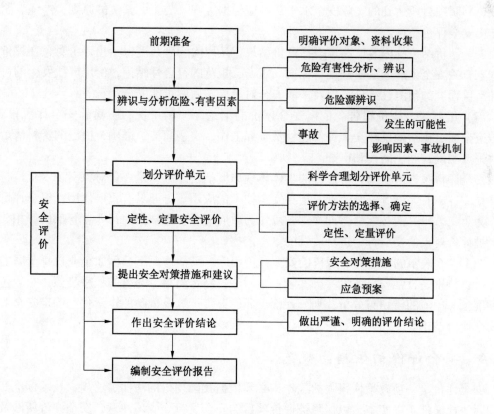

图11-6 安全评价程序步骤图

（1）前期准备。准备工作包括明确评价的对象和范围，了解被评价对象的技术概况，选择分析方法，收集国内外相关法律法规、标准、规章、规范等有关资料及事故案例，制定评价工作计划以及准备必要的替代方案等。

（2）辨识与分析危险、有害因素。通过一定的手段，对被评价对象的危险、有害因素进行辨识、分析和判断。要对危险、有害因素的性质、种类、范围和条件、危险发生的实际可能性和危险的严重程度进行分析，并推断危险影响的频率，分析发生危险的时间和空间条件。

（3）划分评价单元。为合理、有序开展安全评价，应划分评价单元。评价单元的划分应科学、合理，便于实施评价、相对独立且具有明显的特征界限。

（4）定性、定量安全评价。根据评价单元的具体情况，选择应用定性安全评价、定量安全评价或定性、定量相结合的评价方法，开展安全评价，确定其危险等级或发生概率，得出危险程度的明确结论。

（5）提出安全对策措施和建议。根据危险、有害因素辨识及定性、定量安全评价结果，提出有针对性、且技术可行、经济合理的安全对策措施和建议，以消除危险或将危险控制在可接受水平；当无法有效控制总体危险水平时，可以提出中断开发或停止使用等措施。

（6）作出安全评价结论。通过定性、定量安全评价，并同既定的安全指标或标准相比较，判明项目所达到的实际安全水平后，应根据客观、公正、真实的原则，严谨、明确地作出安全评价结论。

安全评价结论的内容应高度概括评价结果，从风险管理角度，给出评价对象在评价时与国家有关安全生产的法律法规、标准、规章、规范的符合性结论，给出事故发生的可能性和严重程度的预测性结论，以及采取安全对策措施后的可能安全状态等。

（7）编制安全评价报告。依据安全评价的结论，编制系统、明确的安全评价报告。报告应全面、概括地反映安全评价过程及全部工作，文字简洁、准确，提出的资料清楚可靠，论点明确，利于阅读和审查。

安全评价报告是安全评价过程的具体体现和概括性总结，是评价对象实现安全运行的指导性文件，对完善其安全管理、指导安全技术的应用等方面具有重要作用；安全评价报告作为第三方出具的技术性咨询文件，可作为政府应急管理部门、行业主管部门等相关单位对被评价对象的安全行为进行监管的参考依据。

图11-6表示的是全面、规范的安全评价程序。其他情况下，例如企业自身开展的安全评价，特别是日常安全评价，可参考上述程序，制定简单、易行的程序步骤，一般包括前期准备、危险的辨识与分析、划分评价单元、评价计算及危险的定量化、确定安全对策及安全评价结论等。

11.4 安全评价的依据与规范

安全评价是一项政策性很强的工作，必须依据我国现行的法律、法规、技术标准和相关国际法律文件予以实施，以保障被评价项目的安全运行。应该注意，安全评价所涉及的法规、标准等要随法规、标准条文的修改或新法规、新标准的出台而及时更新。

11.4.1 安全评价依据的主要法律、法规

安全评价应依法进行，严格执行相关法规、标准和规范。

（1）宪法。宪法的许多条文直接涉及安全生产和劳动保护问题，这些规定既是安全法规制定的最高法律依据，又是安全法律、法规的一种表现形式。

（2）法律。法律是由国家立法机构以法律形式颁布实施的，制定权属全国人民代表大会及其常务委员会。与安全评价有关的法律包括《中华人民共和国安全生产法》《中华人民共和国刑法》《中华人民共和国劳动法》《中华人民共和国矿山安全法》《中华人民共和国职业病防治法》《中华人民共和国突发事件应对法》《中华人民共和国消防法》《中华人民共和国道路交通安全法》等。

（3）行政法规。行政法规是由国务院制定的，以国务院令公布。与安全评价有关的行政法规很多，如《安全生产许可证条例》《危险化学品安全管理条例》《易制毒化学品管理条例》《使用有毒物品作业场所劳动保护条例》《烟花爆竹安全管理条例》《生产安全事故报告和调查处理条例》《特种设备安全监察条例》《女职工劳动保护特别规定》等。

（4）部门规章。部门规章是由国务院有关部门制定的专项安全规章，是安全法规各种形式中数量最多的。如《煤矿建设项目安全设施监察规定》《危险化学品建设项目安全生产许可实施办法》《非煤矿山建设项目安全设施设计审查与竣工验收办法》《非煤矿山企业安全生产许可证实施办法》《建设项目职业卫生"三同时"监督管理暂行办法》《生产经营单位安全培训规定》《安全评价检测检验机构管理办法》《安全评价机构考核管理规则》等。

（5）地方性法规和地方规章。地方性法规是由各省、自治区、直辖市人大及其常务委员会制定的有关安全生产的规范性文件；地方规章是由各省、自治区、直辖市政府，其首府所在地的市和经国务院批准的较大的市政府制定的有关安全生产的专项文件。

（6）国际法律文件。主要是我国政府批准加入的国际劳工公约。

11.4.2　安全评价依据的一般标准

各类与安全生产有关的标准，都是安全评价工作的依据。与安全评价相关的标准种类繁多，应根据被评价项目所属行业合理选择应用。相关标准可按来源、法律效力、对象特征等划分为多种类型。

按标准来源可分为 4 类：①由国家主管标准化工作的部门颁布的国家标准，如《生产设备安全卫生设计总则》（GB 5083—1999）等；②国务院各部委发布的行业标准，如《化工企业定量风险评价导则》（AQ/T 3046—2013）等；③地方政府制订颁布的地方标准；④企业制定的企业标准。

按法律效力可分为两类：①强制性标准，如《建筑设计防火规范（2018 年版）》（GB 50016—2014）等；②推荐性标准，如《煤矿绿色矿山评价指标》（GB/T 37767—2019）等。

按对象特征可分为管理标准和技术标准。其中，技术标准又可分为基础标准、产品标准和方法标准 3 类。

11.4.3　安全评价工作的标准规范

为规范安全评价本身的程序、方法、工作方式等各方面工作，原国家安全生产监督管理总局等制定了多项行业标准和规范，成为安全评价的主要工作依据。其中，最为重要的是《安全评价通则》（AQ/T 8001—2007）、《安全预评价导则》（AQ/T 8002—2007）和《安全验收评价导则》（AQ/T 8003—2007），其他还有《煤矿建设项目安全预评价实施细则》（AQ/T 1095—2014）、《煤矿建设项目安全验收评价实施细则》（AQ/T 1096—2014），以及由住房和城乡建设部制定的《施工企业安全生产评价标准》（JGJ/T 77—2010）等。

应急管理部成立后，相关部门又制定了多项规章、标准，如《安全评价检测检验机构管理办法》(应急管理部令第1号)、《陆上油气管道建设项目安全评价导则》(AQ/T 3057—2019)、《城郊干道交通安全评价指南》(GB/T 37458—2019)。

本 章 小 结

本章简要介绍了系统评价的概念、内容及指标体系；详细介绍了安全评价的概念、种类、意义、现状及发展沿革，分析了安全评价的功能特点与程序步骤，并对安全评价的法规依据、安全评价工作的标准规范做了系统、简练的说明。本章可为系统、深入地学习和研究安全评价建立基础。

思 考 与 练 习

1. 何为评价？
2. 何为系统评价？
3. 系统评价的内容是什么？
4. 说明系统评价的原则。
5. 说明系统评价的范式。
6. 说明系统评价的完整步骤。
7. 系统评价的方法有哪些？简述它们的思路。
8. 试述安全评价的概念。
9. 简述安全评价的功能特点。
10. 安全评价的内容包括哪些方面？
11. 试述安全评价的种类和方法，简述它们的基本思路。
12. 说明安全评价的意义。
13. 分析安全评价工作的重要性。
14. 分析安全评价的发展和应用情况。

12　安全评价的原理与指标体系

📝 **本章学习目标：**

（1）熟悉安全评价的基本原理，了解安全评价原则。

（2）明确安全评价指标体系的概念、建立原则与结构设计。

（3）熟悉安全评价的参数与标准的概念，掌握风险率的计算方法，明确风险率与安全指标的关系，并掌握安全评价的方法分类。

12.1　安全评价的基本原理与原则

12.1.1　安全评价的基本原理

安全评价的主要任务是寻求系统安全的变化规律，并赋予一定的量的概念，然后根据系统的安全状况、危险程度采取必要的措施，以达到预期的安全目标。如何掌握这种规律和结果，如何建立安全评价的数学模型才能得到有关系统安全程度的准确的量的概念，以及采取什么样的措施，从何处着手解决问题才能达到系统安全的目标，这些都需要在正确的理论指导下进行。这就要研究和探讨安全评价的基本原理。

安全评价的基本原理主要有相关性原理、类推性原理、惯性原理和量变到质变原理。

12.1.1.1　相关性原理

1. 相关性原理的概念

安全评价的对象是系统，而系统有大有小，千差万别，但其基本特征是一致的。系统的整体功能和任务是组成系统的各个子系统、单元综合发挥作用的结果。因此，不仅系统与子系统、子系统与单元有着密切的关系，而且各子系统之间、各单元之间也存在着密切的相关关系。所以，在评价过程中只有找出这种相关关系，并建立相关模型，才能正确地对系统的安全性作出评价。

对于每个系统，其属性、特征与事故和职业危害都存在着因果的相关性，这是相关性原理在安全评价中应用的理论基础。

2. 系统结构及安全评价

每个系统都有本身的目标或目标体系，而构成系统的所有子系统、单元都是为这一目标或目标体系而共同发挥作用。如何使这些目标达到最佳，是系统工程要解决的问题。因此，系统应该包括：

（1）系统要素 X，即组成系统的所有元素。

（2）相关关系集 R，即系统各元素之间的所有相关关系。

（3）系统要素和相关关系的分布形式 C。

要使系统目标达到最佳程度，只有使上述三者达到最优结合，才能产生最大的输出效果 E。即

$$E = \max f(X, R, C) \tag{12-1}$$

对于系统的安全评价来说，就是要寻求 X、R 和 C 的最合理的结合形式。所谓最合理的结合形式，即具有最优结合效果 E 的系统结构形式及在 E 条件下保证安全的最佳系统。安全评价的目的，就是寻求最佳生产（运行）状态下的最佳安全系统。因此，在评价之前要研究与系统安全有关的系统组成要素，要素之间的相关关系，以及它们在系统各层次的分布情况。例如，工厂的安全决定于构成工厂的所有要素，即人、机、环等，而它们之间又都存在着相互影响、相互制约的相关关系，这些关系在系统的不同层次中表现又各不相同。

要对系统作出准确的安全评价，必须对要素之间及要素与系统之间的相关形式和相关程度给出量的概念。哪个要素对系统有影响，是直接影响，还是间接影响；哪个要素对系统影响大，大到什么程度，彼此是线性相关，还是指数相关等等，都需要明确。

3. 因果关系及其应用

事故和导致事故发生的各种原因（危险因素）之间存在着相关关系，主要表现为因果关系，即危险因素是原因，事故是结果，事故的发生往往不是由单一危险因素造成的，而是由若干个危险因素综合作用的结果。当出现符合事故发生的充分与必要条件时，事故就会必然发生；多一个危险因素不影响事故发生的结果，而少一个危险因素则事故不会发生。进一步分析，每一个危险因素又由若干个二次危险因素构成，二次危险因素则由三次危险因素构成，依此类推。

根据因果关系，只要消除了事故发生的 n 次（$n \geq 1$）危险因素，破坏了发生事故的充分与必要条件，事故就不会产生。这是采取技术、管理、教育等方面安全对策措施的理论依据。

在安全评价过程中，明确事故发生的因果关系，则可根据各种原因（危险因素）的实际状况，通过对相关数据及其发展趋势的分析判断，借鉴因果关系模型而得到安全评价结果。因果关系模型越接近真实情况，安全评价效果越好，评价结果越准确。

12.1.1.2 类推性原理

类推性原理，即按照一定规则进行推算，根据两个或两类对象之间存在的某些相同或相似的属性，从一个已知对象具备的某个属性来推断出另一个对象也具有这一属性的一种推理方法。

类推原理既可以由一种现象推算出另一种现象，也可以根据已掌握的实际统计资料，采用合理的统计推算方法进行推算，求得基本符合实际需要的资料，以弥补调查统计资料的不足，供安全评价工作应用。

对于具有相同特征的类似系统的安全评价，可采用类推原理。常用的类推方法有以下几种。

1. 平衡推算法

平衡推算是根据相互依存的平衡关系，来推算所缺有关指标的方法。例如，利用事故法则（1：29：300），在已知重伤死亡数据的情况下，推算轻伤和无伤害事故数据；利用事故的直接经济损失与间接经济损失的比例为 1：4 的关系，从直接损失推算间接损失和事故总经济损失，等等。

2. 代替推算法

代替推算是利用具有密切联系（或相似）的有关资料，来代替所缺少资料项目的办法。例如，对新建装置的安全评价，可利用与其类似的已有装置资料、数据对其进行评价。

3. 因素推算法

因素推算是根据指标之间的联系，从已知因素数据推算有关未知指标数据的方法。例如，已知系统事故发生概率 P 和事故损失严重度 C，就可利用风险率 R 与 P、C 的关系 $R = P \cdot C$，来求得风险率数值 R。

4. 抽样推算法

抽样推算是根据抽样或典型调查资料，推算系统总体特征的方法。这种方法是数理统计分析中的常用方法，是以部分样本代表整个样本空间来对总体进行统计分析。

5. 比例推算法

比例推算是根据社会经济现象的内在联系，用某一时期、地区、部门或单位的实际比例，推算另一类似时期、地区、部门或单位有关指标的方法。例如，控制图法的控制中心线的确定，是根据上一个统计期间的平均事故率来确定的；国外各行业安全指标的确定，通常也是由前几年的年事故平均数值确定的。

6. 概率推算法

概率推算是指，对于任何随机事件，在一定条件下发生与否未知，但其发生概率是一客观存在的定值。事故的发生是一个随机事件，就可以用概率值来预测现在和未来系统发生事故的可能性大小，以此来衡量系统危险性的大小、安全程度的高低。美国原子能委员会发布的"商用核电站风险评价报告"基本上是采用了概率推算的方法。

12.1.1.3　惯性原理

任何事物的发展都带有一定的延续性，这一特性称为惯性。惯性原理指利用惯性来评价系统或项目的未来发展趋势。

惯性表现为趋势外推，如从一个单位过去的事故统计资料寻找出事故变化趋势，推测其未来状态。这就是马尔可夫过程中从过去事故发生规律预测未来事故发生的基本原理，概率推算也基于这种思想。

利用惯性原理进行安全评价时应注意以下两点。

1. 惯性的大小

惯性越大，影响越大；反之，影响越小。例如，一个生产经营单位中，如果疏于管理、违章作业严重、事故隐患多发，则事故发展的惯性就比较大，导致事故和损失的可能性就比较大，应该设法减小这种惯性，为安全生产创造良好条件。

事故发展的惯性运动是受"外力"影响的，可使其加速或减速。例如，安全投资、安全措施、安全管理等，均可认为作用于"事故"上的"外力"，使事故发展产生负加速度，使其发展速度减慢，惯性变小。而今天的安全投资，也是以昨天的事故损失大小为依据的。安全投资过少，则不能阻止事故发展的惯性运动。这就需要建立安全投资与减少事故损失的相关模型，并对其进行分析和优化，以期取得最佳的安全投资效益。

2. 惯性的趋势及影响

一个系统的惯性是这个系统内的各个内部因素之间互相联系、互相影响、互相作用，并按照一定的规律发展变化的一种状态趋势。因此，只有当系统是稳定的，受外部环境和内部因素的影响产生的变化较小时，其内在联系和基本特征才可能延续下去，该系统所表现的惯性发展结果才基本符合实际。但是，绝对稳定的系统是没有的，因为惯性在受到外力作用时，可以加速或减速，甚至可以改变方向。这样，就需要对应用惯性原理作出的评价进行修正，即在系统主要方面不变、而其他方面有所偏离时，就应根据其偏离程度对所作出的现有评价结果进行修正。

12.1.1.4 量变到质变原理

任何一个事物在发展变化过程中都存在着从量变到质变的规律。同样，在一个系统或项目中，许多有关安全的因素也都一一存在着量变到质变的规律；在评价一个系统或项目的安全时，也都离不开从量变到质变的原理。即量变到质变原理在安全评价工作中有广泛应用。

例如，作业条件危险性评价法（LEC 法）中，在评价、计算出危险分数 D 后，按照 D 从量变到质变的层次，将 D 值划分为 $D < 20$、$20 \sim 69$、$70 \sim 159$、$160 \sim 319$、$D \geqslant 320$ 5 个分数段，每一段分别对应着"稍有危险""可能危险""显著危险""高度危险""极其危险"5 个危险等级。在作出评价结论时，"稍有危险"是一般可接受的，"极其危险"是不可接受的，必须"停产整改"，其他几个危险等级也需要采取相应的危险控制对策（详见第 5 章）。

因此，在安全评价中进行等级划分等，一般要应用量变到质变原理；在评价各种危险、有害因素对人体或系统的危害时，也经常应用量变到质变原理。

上述安全评价基本原理是在安全评价发展过程中总结、提炼出来的，可用于指导安全评价工作。掌握安全评价的基本原理可以建立正确的思维模式，对于安全评价人员拓展思路、合理选择和灵活运用安全评价方法，有效开展安全评价工作，都是有益和必需的。

12.1.2 安全评价的原则

安全评价是安全生产监督管理的重要手段，是落实"安全第一，预防为主，综合治理"安全生产方针的重要技术保障。安全评价工作以国家有关安全的方针、政策和法律、法规、标准为依据，运用各种安全评价方法对建设项目或生产经营单位存在的危险、有害因素进行识别、分析和评价，明确其实际危险状况，提出预防、控制、治理对策措施，为建设单位或生产经营单位减少事故发生的风险，为政府主管部门进行安全生产监督管理提供科学依据。因此，安全评价是关系到被评价项目及生产经营单位能否达到国家规定的安全标准，能否保障劳动者安全与健康的关键性工作，不但技术要求高，而且有很强的政策性。要做好这项工作，必须以被评价对象（项目及生产经营单位）的实际情况为基础，以国家安全法规及有关技术标准为依据，用严肃的科学态度，认真负责的精神，强烈的责任感和事业心，全面、仔细、深入地开展和完成安全评价任务；安全评价工作中必须自始至终遵循科学性、公正性、合法性和针对性原则。

1. 科学性

安全评价涉及多方面的知识和技术。安全预评价旨在实现项目的本质安全及防灾的预测、预防性，安全验收评价则在项目的可行性和保障性上作出结论，安全现状评价注重整个项目全面的现实安全效果。为保证安全评价能准确地反映被评价项目的客观实际和结论的准确性，在安全评价的全过程中，必须依据科学的方法、程序，以严谨的科学态度全面、准确、客观地进行工作，提出科学的对策措施，作出科学的结论。从收集资料、调查分析、筛选评价因子、测试取样、数据处理、模式计算和权重值的确定，直至提出安全对策措施、作出安全评价结论与建议等，每个环节都必须严守科学态度，用科学的方法和可靠的数据，按科学的工作程序一丝不苟地完成，在最大程度上保证评价结论的正确性和对策措施的合理性、可行性和可靠性。

2. 公正性

安全评价结论是被评价项目的决策、设计及能否安全运行的依据，也是应急管理部门安全监督管理的执法依据。安全评价的正确与否直接涉及被评价项目能否安全运行，涉及国家财产和声誉会不会受到破坏和影响，涉及被评价单位的财产是否受到损失、生产能否正常进行，涉及周围单位及居民是否受到影响，涉及被评价单位职工乃至周围居民的安全和健康。因此，安全评价单位和评价人员必须严肃、认真、实事求是地进行公正的评价。即对于安全评价的每一项工作，都要做到客观公正，既要防止受评价人员主观因素的影响，又要排除外界因素的干扰，切实避免出现不合理、不公正的结论。安全评价有时会涉及一些部门、集团、个人的利益，这就要求在评价时必须以国家和劳动者的总体利益为重，充分考虑劳动者的安全与健康，依据国家有关法规、标准和经济技术的可行性提出明确、公正的结论和建议。

3. 合法性

安全评价目前是我国法律明确规定、在特定行业必须实施的法定工作，安全评价机构和评价人员也必须由国家相关部门予以资质核准和资格注册，只有取得资质的单位和人员才能依法进行安全评价工作，国家的政策、法规、标准是安全评价的依据。所以，安全评价工作必须严格执行国家及地方颁布的有关安全的方针、政策、法规和标准等，全面、仔细、深入地剖析被评价项目或生产经营单位在执行产业政策、安全生产和劳动保护政策等方面存在的问题，并且在评价过程中主动接受国家相关部门的指导、监督和检查，力争为项目决策、设计和安全运行提出符合政策、法规、标准要求的评价结论和建议，为安全生产监督管理提供科学依据。

4. 针对性

进行安全评价工作时，首先应针对被评价对象的实际情况和特征，收集有关资料，对系统进行全面的分析；其次要对众多的危险、有害因素及评价单元进行筛选，针对主要的危险、有害因素及重要单元进行重点评价，并辅以对重大事故后果和典型案例的分析、评价。由于各类安全评价方法都有特定适用范围和使用条件，要有针对性地选用安全评价方法；最后，要从实际的经济、技术条件出发，提出有针对性的、操作性强的安全对策措施，对被评价对象作出客观、公正的评价结论。

12.2　安全评价的指标体系

安全评价的对象，可以是一部机器、一台装置、一条工艺线、一种物质或材料等；但是，更多情况下是针对一个建设项目（如某一金属冶炼企业扩建项目等）或一个厂矿企业整体进行安全评价，包括对危险设备和危险装置、工艺过程、危险物质、生产环境和人的安全素质的评价等，是对一个复杂系统所做的综合评价。在安全评价技术中，这种评价具有一定的代表性，况且在国内广泛应用。

安全评价的核心问题，是确定评价指标体系。对评价一个项目或企业（以下简称企业）而言，就是采用哪些指标或者标准去评价、估量其安全水平。确定一个指标体系是否合理和科学，既关系到能否得到实际安全水平的准确、真实的评价结论，又关系到能否发挥安全评价的作用，达到通过评价而促进整个企业安全水平不断提高的总目的。因此，建立一套安全评价指标体系，对于企业安全生产的健康发展有着方向性、实质性的影响。但是，要建立一套既科学又合理的评价指标体系，却是一个难度非常大的课题。因为企业是一个极为复杂的大系统，存在着影响其安全状况的各种因素，而究竟其中哪些因素是最重要的，是需要认真研究探讨的问题。要建立一套完善、合理、科学的安全评价指标体系，必须首先确定建立评价指标体系的指导原则。

12.2.1　建立安全评价指标体系的原则

在建立安全评价指标体系时，应该遵循什么样的指导原则众说不一。在众多说法中，可以归纳为以下几个指导原则。

1. 科学性原则

科学的任务是揭示事物发展的客观规律，探求客观真理，作为人们改造世界的指南。建立安全评价指标体系，也必须能反映客观实际、反映事物的本质、反映出影响企业安全状况的主要因素。只有坚持科学性原则，获得的信息才具有可靠性和客观性，评价的结果才具有可信性。

2. 可行性原则

所建立的安全评价指标体系，应该能方便数据资料的收集，能反映事物的可比性，使评价程序与工作尽量简化，避免面面俱到，烦琐复杂。只有坚持可行性，安全评价的实施方案才能比较容易地为企业界、科学界和各级应急管理部门所接受。

3. 方向性原则

所建立的安全评价指标体系，应能体现我国安全生产的方针政策，体现我国的国情。只有坚持方向性原则，才能通过安全评价引导各类企业在贯彻"安全第一，预防为主，综合治理"的方针下，在安全生产方面达到安全法规和政府应急管理部门的要求。

4. 可比性原则

安全评价指标应当具有可比性；为了便于比较，安全评价指标宜予以量化。安全管理和安全技术工作，具有社会性、迟效性、综合性等特点，评价的对象比较复杂。但是，事物的质量是事物的存在形式，而质与量总是紧密相连的，事物的质是要通过一定的量表现出来的。因此，评价的指标应当尽可能量化，以精确地揭示事物的本来面目。

12.2.2　安全评价指标体系的结构设计

评价一个企业的安全水平，可从系统分析的角度，设想一个评价模型框图，如图12-1所示。

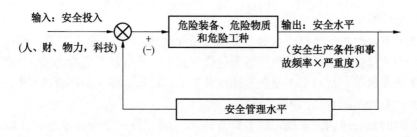

图12-1　企业安全评价模型框图

在框图中，把一个企业看作一个大系统，即人－机－环境系统。系统的输入，看作是国家和企业本身对安全在人力、财力、物力和科学技术方面的投入；系统的输出为企业的安全生产条件和风险率（伤亡事故频率和严重度）。在系统的内部，影响系统输出项的因素很多，其中起主要作用的是企业的安全管理水平、职工的安全意识和处理事故的应变能力，以及企业所拥有的危险装备和物资。而更为重要的是，一个企业的安全管理水平、职工的安全意识，还会反过来强烈地影响着企业投入的效益。从控制论的角度说，有着很强的反馈作用，不可避免地要加强或削弱输出项。因此，作为整个系统诸因素的综合信息，应该是企业的安全水平。换言之，企业的整体安全水平与企业的安全管理水平、职工的安全意识和处理事故的应变能力，以及危险装置与物质这3个方面，都有着紧密的联系。

以上3个方面，可以看作是3个子系统，每个子系统由若干指标所组成，合在一起则构成安全评价指标体系。在确定各个子系统指标时，应当解决目标评价和过程评价的关系。

对于这个问题，存在着两种观点：

第一种观点认为，企业安全评价应当是目标评价。其主要论点是：

（1）企业的安全评价是对企业加强宏观指导和管理的手段之一，应当是目标控制，不应强调过程控制。

（2）许多过程是不太容易衡量其好坏的，过程管理的好坏主要通过效果来反映。目标评价正是主要看企业安全工作的结果，而不是看过程本身。

（3）从安全评价的任务来看，评价本身不是经验的总结。

第二种观点认为，企业的安全评价不能只进行目标评价，应当考虑过程评价。其主要论点是：

（1）企业的安全评价是一个很复杂的问题，其中的一些因素，特别是人的安全意识和企业的安全管理水平，对企业的整体安全水平的影响要通过一段时间才能反映出来，是一种滞后效应。因此，需要经过一些过程指标来衡量人的安全意识和企业安全管理水平对企业整体安全水平的影响。

（2）一个企业的安全水平，同企业的安全管理关系密切，科学的、现代化的管理显得越来越重要，而管理方面的评价基本上是属于过程评价。

（3）考虑过程评价，将有助于企业的安全工作健康地发展，因为有些过程指标是带有引导性的。

以上两种观点均不无道理，但都只强调了事物的某个方面，具有一定的片面性。对此，应综合考虑两方面的情况，才能比较全面地得出结论。

基于上面的分析和讨论，可以提出这样一个安全评价指标体系，即以企业的危险物质和危险装置为基础，以降低伤亡事故率和减少损失为目标，以企业的安全管理水平与职工的安全意识为控制手段的评价指标体系。

例如，矿井提升系统安全评价指标体系，可以由设备设施、员工素质等6个一级指标和20多个二级指标组成，如图12－2所示。

再如，煤矿瓦斯爆炸事故危险性评价指标体系，可以由矿井瓦斯等级、矿井瓦斯管理、瓦斯检查员素质、机电工人素质、爆破工素质、机电设备失爆率、矿井通风管理、安全生产方针执行情况、安全保护装置、瓦斯监测监控、瓦斯抽放这11个指标组成。

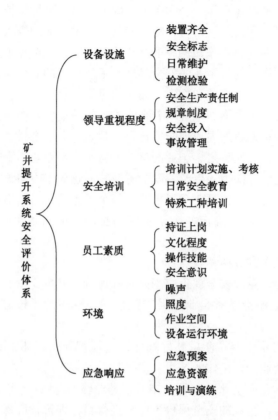

图 12-2 矿井提升系统安全评价指标体系

12.3 安全评价的参数与标准

安全评价的参数指危险性的判别指标（或判别准则），是用来衡量被评价系统风险大小的尺度，无论是定性评价还是定量评价，都需要有危险判别指标；安全评价标准则是衡量被评价系统危险性的限定或期望尺度，判断风险是否达到了可接受程度、系统的安全水平是否在可接受范围的参数。显然，无论是定性评价还是定量评价，也都需要安全评价标准。

12.3.1 一般安全评价中的参数与标准

一般安全评价特别是定性安全评价中，其参数（危险判别指标）主要有安全系数、安全等级、危险指数、危险等级等；失效概率、事故频率、财产损失率、死亡概率、风险率和安全指标等也经常作为安全评价的参数，且主要应用在定量安全评价中。

各种安全评价都应该根据国家相关法律、法规、规章和标准进行，因此，国家法律、法规、规章和标准是安全评价所依据的主要标准。

需要说明的是，安全评价所依据标准众多，不同行业会涉及不同标准，安全评价过程中应注意使用最新的、适合本行业的标准。

12.3.2 风险率与安全指标

定量安全评价过程中，需要用风险率与安全指标两个数量化的参数，以判定系统的实际安全状况。下面对这两个参数以及与之相关的事故频率等参数做一详细介绍。

12.3.2.1　风险率

风险率也叫危险度，是用来表示危险性大小的指标。安全系统工程认为，危险性是客观存在的，并且在一定条件下会发展成为事故，造成一定损失。

危险性的大小受两方面因素的影响，一是事故的发生概率，二是事故后果的严重程度。事故的发生概率表示事故发生的可能性，可以用事故的频率来代替。事故的频率表示在一定时间或生产周期内事故发生的次数。事故后果的严重程度表示发生一起事故造成的损失数值，称为严重度。如果事故仅造成财物损失，则包括直接损失和间接损失，可以折算成损失的金额进行计算；由于安全方面主要考虑事故造成的伤亡损失，事故的严重度则由人员死亡或负伤的损失工作日来表示。

风险率的定义如下：

$$R = P \cdot C \tag{12-2}$$

式中　R——风险率；

　　　P——事故发生概率（频率）；

　　　C——事故后果的严重度。

对风险率的定义式作进一步分析，有

$$风险率 = 频率 \times 严重度 = \frac{事故次数}{单位时间} \times \frac{损失数值}{事故次数} = \frac{损失数值}{单位时间} \tag{12-3}$$

由式（12-3）可见，风险率是以单位时间的损失数值来表示的。在安全方面，主要考虑事故造成的伤亡情况，即损失数值用人员死亡或负伤的损失工作日数来表示。因此，风险率可以用如下单位表示：

（1）死亡/（人·年），指每人每年的死亡概率。

（2）FAFR（Fatal Accident Frequency Rate，死亡事故频率），指接触工作1亿(10^8) h所发生的死亡人数。1FAFR相当于1000人在40年工作时间内（每年工作2500 h）有1人死亡。

（3）损失工日/接触小时，指每接触工作1 h所损失的工作日数。

有了风险率的概念，就可以用数字明确表示系统的危险性大小，也即表示了其安全性如何。安全评价及安全工作的任务，就是要设法降低风险率，提高系统的安全性。

下面通过实例说明风险率的计算。据统计，美国一年发生汽车交通事故1500万次，其中每300次事故中造成1人死亡。这样，一年中汽车交通事故的死亡人数为5万人。若按美国人口为2亿计算，则当时美国汽车交通事故的风险率为

$$R = \frac{5 \times 10^4}{2 \times 10^8} = 2.5 \times 10^{-4} \quad 死亡/（人·年）$$

若每人每天用车时间为4 h，则每年365天中总共接触小汽车1460 h。根据这些数据，可以求得以 $FAFR$ 表示的风险率为

$$R = \frac{2.5 \times 10^{-4}}{1460} \times 10^8 = 17.1 \quad FAFR$$

事故除了可能产生死亡这一最严重的后果以外，大多数是负伤。对负伤风险进行评价，则采用损失工作日/接触小时为计算单位。

负伤有轻重之分，如果经过治疗、休养后能够完全恢复劳动能力，则损失工作日数按实际休工天数计算。但有的重伤后造成残废，或身体失去某种功能，不能完全恢复劳动能力，甚至发生死亡事故。为了便于计算，应该把致残、死亡伤害折合成相应的损失工作日数。

《企业职工伤亡事故分类》（GB 6441—1986）中，对每类伤亡事故的损失工作日均规定了换算标准，表12-1是其中的一例。同时规定，死亡或永久性全失能伤害的损失工作日为6000日。

表12-1 骨折损失工作日换算表

骨折部位	损失工作日	骨折部位	损失工作日
掌、指骨	60	胸骨	105
桡骨下端	80	跖、趾	70
尺、桡骨干	90	胫、腓	90
肱骨髁上	60	股骨干	105
肱骨干	80	股粗隆间	100
锁骨	70	股骨颈	160

实际计算中，可按《企业职工伤亡事故分类》（GB 6441—1986）的规定计算各类伤亡事故的损失工作日，未规定数值的暂时性失能伤害按歇工天数计算。

对于永久性失能伤害，不管其歇工天数多少，损失工作日均按《企业职工伤亡事故分类》（GB 6441—1986）的规定数值计算。各伤害部位累计损失工作日数超过6000日者，仍按6000日计算。

12.3.2.2 安全指标

1. 可接受危险分析

按照相对安全的观点，安全是没有超过允许限度的危险。即安全也是一种危险，只不过其危险性很小，人们可以接受它。这种没有超过允许限度的危险称作可接受危险。

安全是一个相对的概念，人们对安全的认识也可以看作一种心理状态的反应。对于同一事物究竟是安全的还是危险的，不同人或同一人在不同的心理状态下会有不相同的认识。也就是说，不同的人、在不同的心理状态下，其可接受危险的水平是不同的。一般地，人们随着立场、目的、环境的变化，对安全与危险的认识也会变化。

研究表明，许多因素影响人们对危险的认识。一般地，人们进行某项活动可能获得的利益越多，所能承受的危险越高。例如，在图12-3中处于A处的人认为是安全的，而获得较多利益的处于B处的人也认为是安全的。美国原子能委员会曾引用它的利益与危险关系图来说明人们从事非自愿活动所获得的利益与可承的危险之间的关系，如图12-4所示。

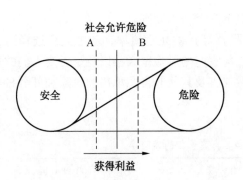

图 12 - 3　社会允许危险

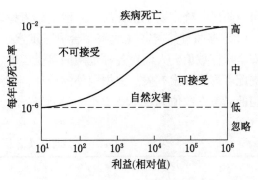

图 12 - 4　利益与危险

影响可接受危险水平的因素还包括人们是否自愿从事某项活动,以及危险的后果是否立即出现,是否有进行该项活动的替代方案,认识危险的程度,共同承担还是独自承担危险,事故的后果能否被消除等。

被社会公众所接受的危险称作"社会允许危险"。在系统安全评价中,社会允许危险是判别安全与危险的标准。

有人研究了公众认识的危险与实际危险之间的关系,得到了如下的结果:

(1) 公众认为疾病死亡人数低于交通事故死亡人数,而实际上前者是后者的若干倍。

(2) 低估了一次死亡人数少但大量发生的事件的危险性。

(3) 过高估计了一次死亡许多人但很少发生的事件的危险性。

在公众的心目中,每天死亡 1 人的活动没有一年中只发生一次死亡 300 人的活动危险,出现这种情况的主要原因是一些精神的、道义的和社会心理的因素起作用。

在系统安全评价中确定安全评价标准时,必须充分考虑公众对危险的认识。

2. 安全指标的概念

任何系统都有一定的风险,绝对的安全是没有的。从这一观念出发,可以认为安全就是一种可以容许的危险。例如,谁都不否认,与煤炭工业等工业企业相比,商业是最安全的,但据美国 20 世纪 80 年代统计,商业的风险率也达到 3.2 FAFR。因此需要确定,系统中的风险率小到什么程度,才算是安全的。进行定量安全评价时,将计算出的系统实际风险率与已确定的、公认为安全的风险率数值进行比较,以判别系统是否安全。这个安全风险率数值就叫作安全指标 (也有人称之为安全标准或安全目标),它是根据多年的经验积累并为公众所承认的指标。

我们仍以美国的汽车交通事故为例进行说明。经计算 (如前所述),美国汽车交通事故的风险率为 2.5×10^{-4} 死亡/(人·年),这个数值意味着,对于每个人来说,每年有 0.00025 因车祸而死亡的可能性。但是,为了享受小汽车带来的物质文明,就必须承担这样的风险率。实际生活中,没有人由于害怕承担这样的风险而放弃使用小汽车。所以,这个风险率数值就可以作为使用小汽车的一个社会公认的安全指标。

3. 安全指标制定的一般原则与方案

1) 安全指标制定的一般原则

安全指标的确定本身是个科学问题。对于工业生产安全指标的确定,至今尚处于探索和研究阶段。确定安全指标时,一般应该考虑以下几个基本原则。

(1)参照自然灾害(地震、台风、洪水、陨石等)的死亡概率,从中权衡选择适当的安全指标数值。人们对各种危险的接受程度,与它们的风险率大小以及是否受人们的意志支配等许多因素有关。根据国外的统计,自然灾害及其他非自愿承担的风险和部分自愿承担的风险率数值见表12-2。

表12-2 自然灾害及自愿和非自愿承担的风险率

类 型	死亡/(人·年)	FAFR
自然灾害及非自愿承担的风险		
陨石	6×10^{-11}	
雷击(英)	1×10^{-7}	
堤坝决口(荷)	1×10^{-7}	
溺水(美)	4×10^{-5}	
飓风(美)	4×10^{-6}	
触电(美)	6×10^{-6}	
火灾(美)	4×10^{-5}	
飞机失事(英)	2×10^{-8}	
中毒(美)	2×10^{-5}	
疾病	9.8×10^{-3}	133
自愿承担的风险		
足球	4×10^{-5}	
爬山	4×10^{-5}	
吸烟(20支/日)	500×10^{-5}	
避孕药	2×10^{-5}	
家中		3
乘下列交通工具旅行		
公共汽车		3
火车		5
小汽车		57
自行车		96
飞机		240
摩托车		660
橡皮艇		1000

注:资料来源于英、美等国20世纪70年代资料。

英国、美国各类工业所承担的风险率见表12-3。

表12-3　美英各类工业的风险率

国别	工业类型	FAFR	死亡/（人·年）	备　　注
美国	工业	7.1	1.4×10^{-4}	1. 每年以接触2000 h计； 2. 美国1980年资料
	商业	3.2	0.6×10^{-4}	
	机关	5.7	1.14×10^{-4}	
	运输及公用事业	16	3.6×10^{-4}	
	农业	27	5.4×10^{-4}	
	建筑业	28	5.6×10^{-4}	
	采矿、采石业	31	6.2×10^{-4}	
英国	全英工业	4		英国20世纪70年代资料
	制衣和制鞋业	0.15		
	钢铁	8		
	农业	10		
	铁路	45		
	建筑	67		
	煤矿	40		
	化工	3.5		
	飞机乘务员	250		

从以上两表的数据，可以看出各种工业所承担的风险率情况。风险率的大小是采取安全措施的重要依据。

如果风险率以死亡/（人·年）表示，在风险率的数值为不同的数量等级时，其危险程度和一般应采取的对策见表12-4。

表12-4　风险率的等级

风险率 ［死亡/（人·年）］	危　险　程　度	对　　策
10^{-3}数量级	危险程度特别高，相当于由生病造成的自然死亡率的1/10	必须立即采取措施予以改进
10^{-4}数量级	危险程度中等	应采取预防措施
10^{-5}数量级	和游泳淹死的事故风险率为同一数量级	人们对此危险是关注的，也愿意采取措施加以预防
10^{-6}数量级	相当于地震或天灾的风险率	人们并不担心这种事故的发生
$10^{-7} \sim 10^{-8}$数量级	相当于陨石坠落伤人的风险率	没有人愿意为这种事故投资加以预防

（2）以产业实际的平均死亡率，作为确定安全指标的基础。保护人的生命是安全的根本目的，"死亡"是安全工作中所应处理的最为明确、也最为敏感的事件，其统计数据的可靠程度也最高。况且，根据事故法则，还可以由死亡人数推断出重伤和轻伤事故情况。所以，死亡率是评价安全工作的一个重要指标，并且应以死亡率作为确定安全指标的基础。

安全指标必须低于已经发生的实际死亡率数值，并应考虑由于自然灾害可能引起的次生灾害的影响。

（3）对职业性灾害的评价要比对其他灾害的评价严格。人们自愿做的事情，如踢足球、骑摩托和吸烟等，对其风险基本上是接受的；对于职业性灾害就不是这样，没有人心甘情愿地承担这种风险。因此，对于职业性灾害的评价和防范，要采取更为严格的措施。

（4）要考虑合理的投资。要采取措施降低事故的风险率，就需要有一定的投入。因此，确定安全指标时，要对可能达到的安全水平和需要支出的费用进行综合比较和判断，从而确定具有投资可行性、有效性的最佳费用指标。

2）安全指标的制订方案

以上介绍的是制定安全指标的几个基本原则。安全指标的制定方法可采用统计法或风险与收益比较法。但是，对于具体的安全指标，至今还没有通用的或国际公认的标准。下面介绍关于制订安全指标的3种提案，可作为参考方案，供实际工作中参考应用。

（1）工业生产的安全指标定为安全指标 $< 10^{-5}$ 死亡/（年·工厂）。这是英国原子能委员会的提案。这个提案的依据是，现阶段工厂的实际风险率为 10^{-4}，降低一个数量级则为 10^{-5}。因此，对整个社会而言，以 10^{-5} 作为安全指标是适宜的。否则，如果将安全指标订得更为严格，将风险率降低到 10^{-6}，则需要对现阶段的生产过程和生产设备等做大幅度改变并重新作出评价，而且需要大量的费用，目前还很难做到。

（2）取 FAFR 值的 1/10 作为安全指标。这是英国帝国化学公司（ICI）的提案。根据化学工业的风险率为 3.5FAFR，取其 1/10，即 0.35FAFR 作为安全指标。这意味着特定的人在 3×108 工作小时内死亡一次。假若一个人每年平均工作 2000 h，则其 150000 年死亡一次。

这种方案的实质，就是在安全设计时，要按照所有的人所承担的风险率都小于 0.35FAFR 来考虑。

（3）以损害程度和发生频率表示安全与危险等级。以损害程度和发生频率表示安全与危险等级，可参考美国军事标准 MIL – STD – 882 中提出的安全与危险等级的划分，见表 12 – 5，其划分依据即是事故的损害程度和发生频率。

表 12 – 5　MIL – STD – 882 中的危险等级划分

危险等级	损　害　程　度	发生频率
1. 安全	不发生人体伤害和系统功能的损害	不足 10^4 工作小时 1 次
2. 允许范围	虽然影响系统功能，但不致引起主要系统的损害和人身伤亡，可以防止和控制	$10^4 \sim 10^5$ 工作小时 1 次
3. 危险范围	产生人身伤害和主要系统的损害，要立即采取措施	$10^5 \sim 10^7$ 工作小时 1 次
4. 破坏状态	造成系统报废和多人伤亡的重大灾害	

（4）负伤安全指标。事故导致的损失，除了死亡以外，大多数是负伤的情况。如上所述，对负伤风险进行评价，采用损失工作日/接触小时为计算单位，并据此制定负伤安全指标。

表 12-6 为美国不同工作地点的负伤安全指标；对于一些职业性或非职业性的活动，如汽车司机、游泳和体育运动等，也可根据统计数据来制订负伤安全指标，见表 12-7。这两个表中的数据可作为制订负伤安全指标的参考。

表 12-6　美国不同工作地点的负伤安全指标

工业类型	风险率（损失工日/接触小时）	工业类型	风险率（损失工日/接触小时）
全美工业	6.7×10^{-4}	钢铁工业	6.3×10^{-4}
汽车工业	1.6×10^{-4}	石油工业	6.9×10^{-4}
化学工业	3.5×10^{-4}	造船工业	8.0×10^{-4}
橡胶与塑料工业	3.6×10^{-4}	建筑业	1.5×10^{-3}
商业（批发与零售）	4.7×10^{-4}	采矿采煤工业	5.2×10^{-3}

表 12-7　职业活动与非职业活动负伤安全指标

活动项目	负伤风险率（损失日数/接触小时）	活动项目	负伤风险率（损失日数/接触小时）
汽车运输	6.6×10^{-3}	赛车	3.0
民航	4.1×10^{-3}	摔跤	6.0×10^{-2}
摩托车	3.1×10^{-2}	足球	3.7×10^{-2}
划船	6.0×10^{-2}	体操	3.1×10^{-2}
游泳	7.8×10^{-2}	篮球	3.0×10^{-2}
爬山	2.4×10^{-1}	潜水	8.4×10^{-3}
拳击	4.2×10^{-1}		

注：资料来源于《企业职工伤亡事故分类标准》（GB 6441—1986）。

12.3.2.3　我国危险化学品安全指标

2014 年 5 月 7 日，我国国家安全生产监督管理总局发布第 13 号公告，公布了《危险化学品生产、储存装置个人可接受风险标准和社会可接受风险标准（试行）》（以下简称《可接受风险标准》），可作为危险化学品生产、储存装置安全评价时的安全指标，用于确定陆上危险化学品企业新建、改建、扩建和在役生产、储存装置的外部安全防护距离。

《可接受风险标准》分别对个人风险和社会风险制定了标准。个人风险指因危险化学品生产、储存装置各种潜在的火灾、爆炸、有毒气体泄漏事故造成区域内某一固定位置人员的个体死亡概率，即单位时间内（通常为一年）的个体死亡率。社会风险是对个人风险的补充，指在个人风险确定的基础上，考虑到危险源周边区域的人口密度，以免发生群死群伤事故的概率超过社会公众的可接受范围。通常用累积频率和死亡人数之间的关系曲线（$F-N$ 曲线）表示。

1. 可接受风险标准的确定原则

1）"以人为本、安全第一"的理念

根据不同防护目标处人群的疏散难易程度，将防护目标分为低密度、高密度和特殊高密度三类场所，分别制定相应的个人可接受风险标准。

2）既与国际接轨、又符合中国国情的原则

我国新建装置的个人可接受风险标准在现有公布可接受风险标准的国家中处于中等偏上水平。由于我国现有在役危化装置较多，综合考虑其工艺技术、周边环境和城市规划等历史客观原因，对在役装置设定的风险标准比新建装置相对宽松。

2. 可接受风险的具体标准

1）个人可接受风险标准

我国危险化学品生产、储存装置个人可接受风险标准见表 12-8。不同防护目标的个人可接受风险标准是由分年龄段死亡率最低值乘以相应的风险控制系数得出的。根据我国第六次人口普查（2010 年）数据，10～20 岁之间青少年的平均死亡率 3.64×10^{-4}/年，是分年龄段死亡率最低值。参考国外相关做法，不同防护目标的风险控制系数分别选定为 10%、3%、1% 和 0.1%，则得到表中的风险率数值。例如，在役装置低密度人员场所的个人可接受风险标准为 $3.64 \times 10^{-4} \times 10\% \approx 3 \times 10^{-5}$ 死亡/（人·年）。

表 12-8　我国个人可接受风险标准值表

防 护 目 标	个人可接受风险标准 死亡/（人·年）	
	新建装置	在役装置
低密度人员场所（人数＜30 人）：单个或少量暴露人员	1×10^{-5}	3×10^{-5}
居住类高密度场所（30 人≤人数＜100 人）：居民区、宾馆、度假村等； 公众聚集类高密度场所（30 人≤人数＜100 人）：办公场所、商场、饭店、娱乐场所等	3×10^{-6}	1×10^{-5}
高敏感场所：学校、医院、幼儿园、养老院、监狱等； 重要目标：军事禁区、军事管理区、文物保护单位等； 特殊高密度场所（人数≥100 人）：大型体育场、交通枢纽、露天市场、居住区、宾馆、度假村、办公场所、商场、饭店、娱乐场所等	3×10^{-7}	3×10^{-6}

2）社会可接受风险标准

我国社会可接受风险标准如图 12-5 所示，用累积频率和死亡人数之间的关系曲线（$F-N$ 曲线）表示。图中横坐标对应的是死亡人数 N，纵坐标对应的是所有超过该死亡人数事故的累积概率 F。因此，$F(30)$ 对应的是该装置造成 30 人以上死亡事故的概率，也就是特别重大事故的发生概率。

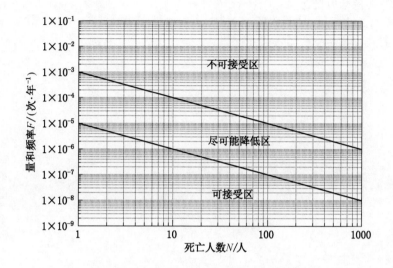

图 12-5 我国社会可接受风险标准图

可以看出，社会可接受社会风险标准划分为不可接受区、可接受区和尽可能降低区 3 个区域，这是采用 ALARP（As Low As Reasonable Practice）原则划分的。即 ALARP 原则通过两个风险分界线将风险划分为 3 个区域：

（1）不可接受区：指风险不能被接受。

（2）可接受区：指风险可以被接受，无须采取安全改进措施。

（3）尽可能降低区：指需要尽可能采取安全措施，降低风险。

根据《可接受风险标准》，可采用定量风险评价方法确定外部安全防护距离，科学开展危险化学品企业的安全评价工作。

我国各行业及有关安全生产监督管理部门在进行安全管理工作中，都要给所属单位下达死亡指标。为防止盲目性，应该研究提出适于我国应用的安全指标。《可接受风险标准》的应用，可为这一工作提供参考和指导。

本 章 小 结

本章简要介绍了安全评价的基本原理，详细介绍了安全评价的指标体系、评价参数与评价标准；对各类安全评价方法做了概略说明。

思 考 与 练 习

1. 安全评价的基本原理有哪些？如何应用？

2. 试述安全评价的一般程序。

3. 试述建立安全评价指标体系的原则。

4. 试述风险率的概念和单位，它的几个单位如何进行换算?

5. 试述安全指标的概念。

6. 试述安全指标的确定原则。

7. 试述安全指标的制订方案。

13 危险辨识与评价单元划分

📝 **本章学习目标：**

（1）熟悉危险、有害因素的产生原因及其与事故的关系，掌握危险、有害因素的分类。

（2）了解危险、有害因素的辨识原则，熟悉危险、有害因素的辨识方法，掌握危险、有害因素的辨识过程及其注意事项。

（3）了解安全评价单元的概念和目的意义，掌握评价单元的划分原则、方法及其注意事项。

（4）能够辨识生产过程中的危险和有害因素，分析其危险与危害。

（5）能够根据行业安全评价的标准、导则或细则，对各行业存在的危险和有害因素进行分类和分析。

13.1 危险、有害因素及其分类

13.1.1 危险、有害因素概述

1. 危险、有害因素的定义

危险、有害因素指可对人造成伤亡、影响人的身体健康甚至导致疾病的因素，可以拆分为危险因素和有害因素。

（1）危险因素：能对人造成伤亡或对物造成突发性损害的因素。

（2）有害因素：能影响人的身体健康，导致疾病，或对物造成慢性损害的因素。

通常情况下，对两者并不严格区分而统称为危险、有害因素。

2. 危险、有害因素的产生原因

危险、有害因素尽管表现形式不同，但从事故发生的本质上讲，之所以能造成危险和有害后果，均可归结为存在危险、有害物质和能量与危险、有害物质和能量失去控制两方面因素的综合作用，并导致危险有害物质的泄漏、散发和能量的意外释放。因此，存在危险、有害物质和能量与危险、有害物质和能量失去控制是危险、有害因素转换为事故的根本原因。

1）危险、有害物质和能量的存在

能量与有害物质是危险、有害因素产生的根源，也是最根本的危险、有害因素。一方面，系统具有的能量越大，存在的有害物质数量越多，其潜在危险性和危害性就越大。另一方面，只要进行生产活动，就需要相应的能量和物质（包括有害物质），因此危险危害因素是客观存在的，是不能完全消除的。

（1）能量就是做功的能力。它既可以造福人类，也可以造成人员伤亡和财产损失；一切产生、供给能量的能源和能量的载体在一定条件下都可能是危险、有害因素。例如，锅炉、爆炸危险物质爆炸时产生的冲击波、温度和压力，高处作业（或吊起的重

物等）的势能，带电导体上的电能，行驶车辆（或各类机械运动部件、工件等）的动能，噪声的声能，激光的光能，高温作业及剧烈热反应工艺装置的热能，各类辐射能等，在一定条件下都能造成各类事故。静止的物体棱角、毛刺、地面等之所以能伤害人体，也是人体运动、摔倒时的动能、势能造成的。这些都是由于能量意外释放形成的危险因素。

（2）有害物质在一定条件下能损伤人体的生理功能和正常代谢功能，破坏设备和物品的效能，也是最根本的有害因素。例如，作业场所中由于有毒物质、腐蚀性物质、有害粉尘、窒息性气体等有害物质的存在，当它们直接、间接与人体或物体发生接触，能导致人员的死亡、职业病、伤害、财产损失或环境的破坏等，都是有害物质。

2）危险、有害物质和能量的失控

在生产实践中，能量与危险物质在受控条件下，按照人们的意志在系统中流动、转换，进行生产。如果发生失控（没有控制、屏蔽措施或控制措施失效），就会发生能量与有害物质的意外释放和泄漏，造成人员伤亡和财产损失。因此，失控也是一类危险、有害因素。

人类的生产和生活离不开能量，能量在受控条件下可以做有用功；一旦失控，能量就会做破坏功。如果意外释放的能量作用于人体，并且超过人体的承受能力，则会造成人员伤亡；如果意外释放的能量作用于设备、设施、环境等，并且能量的作用超过其抵抗能力，则会造成设备、设施的损失或环境的破坏。用此观点解释事故产生的机理，可以认为所有事故都是因为系统接触到了超过其组织或结构抵抗力的能量，或系统与周围环境的正常能量交换受到了干扰。

3. 危险、有害因素与事故的关系

根据危险、有害因素在事故发生、发展中的作用，以及从导致事故和伤害的角度出发，我们把危险因素划分为"固有"和"失效"两类。"固有危险因素"指系统中存在的、可能发生意外释放而伤害人员和破坏财物的能量或危险物质；"失效危险因素"是指导致约束、限制能量措施失效或破坏的各种不安全因素。

一起灾害事故的发生是系统中"固有危险因素"和"失效危险因素"共同作用的结果，如图13-1所示。

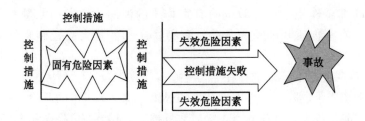

图13-1　危险因素与事故的关系

在事故的发生、发展过程中，固有危险因素和失效危险因素是相辅相成、相互依存的。固有危险因素是灾害事故发生的前提，决定事故后果的严重程度；失效危险因素出现的难易程度决定事故发生的可能性大小，失效危险因素的出现是导致固有危险因素产生事故的必要条件。

13.1.2 危险、有害因素的分类

危险、有害因素的分类，对于指导和规范行业在规划、设计和组织生产，对危险、有害因素预测、预防，对伤亡事故原因的辨识和分析具有重要意义。对危险、有害因素分类便于安全评价时进行危险、有害因素的分析与识别。安全评价中常按"导致事故的直接原因"和"参照事故类别、职业病类别"进行分类。

1. 按事故和职业危害的直接原因分类

根据《生产过程危险和有害因素分类与代码》(GB/T 13861—2022)，生产过程中的危险和有害因素分为4类，分别是"人的因素""物的因素""环境因素""管理因素"。危险、有害因素分类代码用6位数字表示，共分4层。

1）人的因素

人的因素，指在生产活动中，来自人员或人为性质的危险和有害因素。

（1）心理、生理性危险和有害因素。包括①心负荷超限：体力负荷超限（指易引起疲劳、劳损、伤害等的负荷超限），听力负荷超限，视力负荷超限，其他负荷超限；②健康状况异常，指伤、病期等；③从事禁忌作业；④心理异常：情绪异常，冒险心理，过度紧张，其他心理异常；⑤辨识功能缺陷：感知延迟，辨识错误，其他辨识功能缺陷；⑥其他心理、生理性危险和有害因素。

（2）行为性危险和有害因素。包括①指挥错误（包括生产过程中的各级管理人员的指挥）：指挥失误，违章指挥，其他指挥错误；②操作错误：误操作，违章操作，其他操作错误；③监护失误；④其他行为性危险和有害因素：脱岗等违反劳动纪律的行为。

2）物的因素

物的因素，指机械、设备、设施、材料等方面存在的危险和有害因素。

（1）物理性危险和有害因素。物理性危险和有害因素包括：

① 设备、设施、工具、附件缺陷：强度不够；刚度不够；稳定性差，抗倾覆、抗位移能力不够（包括重心过高、底座不稳定、支承不正确等）；密封不良，指密封件、密封介质、设备辅件、加工精度、装配工艺等缺陷，以及磨损、变形、气蚀等造成的密封不良；耐腐蚀性差；应力集中；外形缺陷，指设备、设施表面的尖角利棱和不应有的凹凸部分等；外露运动件，指人员易触及的运动件；操纵器缺陷，指结构、尺寸、形状、位置、操纵力不合理及操纵器失灵、损坏等；制动器缺陷；控制器缺陷；设备、设施、工具、附件的其他缺陷。

② 防护缺陷：无防护；防护装置、设施缺陷，指防护装置、设施本身安全性、可靠性差，包括防护装置、设施、防护用品损坏、失效、失灵等；防护不当，指防护装置、设施和防护用品不符合要求、使用不当，不包括防护距离不够；支撑不当，包括矿井、建筑施工支护不符要求；防护距离不够，指设备布置、机械、电气、防火、防爆等安全距离不够和卫生防护距离不够等；其他防护缺陷。

③ 电伤害：带电部位裸露，指人员易触及的裸露带电部位；漏电；静电和杂散电流；电火花；其他电伤害。

④ 噪声：机械性噪声；电磁性噪声；流体动力性噪声；其他噪声。

⑤ 振动危害：机械性振动；电磁性振动；流体动力性振动；其他振动危害。

⑥ 电离辐射：X 射线、γ 射线、α 粒子、β 粒子、中子、质子、高能电子束等辐射。

⑦ 非电离辐射：紫外辐射、激光辐射、微波辐射、超高频辐射、高频电磁场、工频电场。

⑧ 运动物伤害：抛射物、飞溅物、坠落物、反弹物，土、岩滑动料堆（垛）滑动，气流卷动，其他运动物伤害。

⑨ 明火。

⑩ 高温物体：高温气体、高温液体、高温固体、其他高温物体。

⑪ 低温物体：低温气体、低温液体、低温固体、其他低温物体。

⑫ 信号缺陷：无信号设施，指应设信号设施处无信号，如无紧急撤离信号等；信号选用不当；信号位置不当；信号不清，指信号量不足，如响度、亮度、对比度、时间维持时间不够；信号显示不准，包括信号显示错误、显示滞后或超前；其他信号缺陷。

⑬ 标志缺陷。标志缺陷包括：无标志，标志不清晰，标志不规范，标志选用不当，标志位置缺陷，其他标志缺陷。

⑭ 有害光照。包括直射光、反射光、眩光、频闪效应等。

⑮ 其他物理性危险和有害因素。

（2）化学性危险和有害因素。包括①爆炸品；②压缩气体和液化气体；③易燃液体；④易燃固体、自燃物品和遇湿易燃物品；⑤氧化剂和有机过氧化物；⑥有毒品；⑦放射性物品；⑧腐蚀品；⑨粉尘与气溶胶；⑩其他化学性危险和有害因素。

（3）生物性危险和有害因素。包括①致病微生物，致病微生物包括细菌、病毒、真菌、其他致病微生物；②传染病媒介物，传染病媒介物包括致害动物、致害植物、其他生物性危险和有害因素。

3）环境因素

环境因素，指生产作业环境中的危险和有害因素。包括室内、室外、地上、地下（如隧道、矿井）、水上、水下等作业（施工）环境。

（1）室内作业场所环境不良。包括：室内地面滑，指室内地面、通道、楼梯被任何液体、熔融物质润湿，结冰或有其他易滑物等；室内作业场所狭窄；室内作业场所杂乱；室内地面不平；室内梯架缺陷，包括楼梯、阶梯、电动梯和活动梯架，以及这些设施的扶手、扶栏和护栏、护网等；地面、墙和天花板上的开口缺陷，包括电梯井、修车坑、门窗开口、检修孔、孔洞、排水沟等；房屋地基下沉；室内安全通道缺陷，包括无安全通道、安全通道狭窄、不畅等；房屋安全出口缺陷，包括无安全出口、设置不合理等；采光照明不良，指照度不足或过强、烟尘弥漫影响照明等；作业场所空气不良，指自然通风差、无强制通风、风量不足或气流过大、缺氧、有害气体超限等；室内温度、湿度、气压不适；室内给、排水不良；室内涌水；其他室内作业场所环境不良。

（2）室外作业场地环境不良。包括：恶劣气候与环境，包括风、极端的温度、雷电、大雾、冰雹、暴雨雪、洪水、浪涌、泥石流、地震、海啸等；作业场地和交通设施湿滑，包括铺设好的地面区域、阶梯、通道、道路、小路等被任何液体、熔融物质润湿，冰雪覆盖或有其他易滑物等；作业场地狭窄；作业场地杂乱；作业场地不平，包括不平坦的地面和路面，有铺设的、未铺设的、草地、小鹅卵石或碎石地面和路面；航道狭窄、有暗礁或险滩；脚手架、阶梯和活动梯架缺陷，包括这些设施的扶手、扶栏和护栏、护网等；地面开口缺陷，包括升降梯井、修车坑、水沟、水渠等；建筑物和其他结构缺陷，包括建筑中或拆毁中的墙壁、桥梁、建筑物；筒仓、固定式粮仓、固定的槽罐和容器；屋顶、塔楼等；门和围栏缺陷，包括大门、栅栏、畜栏和铁丝网等；作业场地地基下沉；作业场地安全通道缺陷，包括无安全通道、安全通道狭窄或不畅等；作业场地安全出口缺陷，包括无安全出口、设置不合理等；作业场地光照不良，指光照不足或过强、烟尘弥漫影响光照等；作业场地空气不良，指自然通风差或气流过大，作业场地缺氧，有害气体超限等；作业场地温度、湿度、气压不适；作业场地涌水；其他室外作业场地环境不良。

（3）地下（含水下）作业环境不良（不包括以上室内室外作业环境已列出的有害因素）。包括：隧道或矿井顶面缺陷；隧道或矿井正面或侧壁缺陷；隧道或矿井地面缺陷；地下作业面空气不良，包括通风差或气流过大、缺氧、有害气体超限等；地下火；冲击地压，指井巷（采场）周围的岩石（如煤体）等物质在外载作用下产生的变形能，当力学平衡状态受到破坏时，瞬间释放，将岩体、气体、液体急剧、猛烈抛（喷）出造成严重破坏的一种井下动力现象；地下水；水下作业供氧不当；其他地下（含水下）作业环境不良。

（4）其他作业环境不良。包括：①强迫体位，指生产设备、设施的设计或作业位置不符合人类工效学要求，而易引起作业人员疲劳、劳损或事故的一种作业姿势；②综合性作业环境不良，显示有两种以上作业环境致害因素，且不能分清主次的情况；③以上未包括的其他作业环境不良。

4）管理因素

管理因素，管理和管理责任缺失所导致的危险和有害因素。

（1）职业安全卫生组织机构不健全。包括组织机构的设置和人员的配置。

（2）职业安全卫生责任制未落实。

（3）职业安全卫生管理规章制度不完善。包括：建设项目"三同时"制度未落实；操作规程不规范；事故应急预案及响应缺陷；培训制度不完善；其他职业安全卫生管理规章制度不健全，包括隐患管理、事故调查处理等制度不健全。

（4）职业安全卫生投入不足。

（5）职业健康管理不完善。

（6）其他管理因素缺陷。

【例13-1】对某企业进行安全现状评价时现场勘察发现如下问题：厂区有些建筑物之间的防火间距小于设计标准；某设备表面有尖角利棱；某作业部位受眩光影响；地面沉降使固定式槽罐倾斜；高处作业人员体格健康检查报告中发现有一名低血压患者；本企业从未进行安全预评价和安全验收评价。

问题：根据《生产过程危险和有害因素分类与代码》GB/T 13861—2022，列出有害因素的名称、分类和代码，并说明理由。

解答：按照 GB/T 13861—2022，将危险、有害因素分类、代码及理由列于表 13-1。

表13-1 危险、有害因素分类与代码

序号	存在的问题	危险、有害因素分类			理 由
		名 称	分类	代码	
1	厂区有些建筑物之间的防火间距小于设计标准	防护距离不够	第二类物的因素	210205	机械、电气、防火、防爆安全距离不够
2	某设备表面有尖角利棱	外形缺陷	第二类物的因素	210107	设备设施表面存在尖角利棱和不应有的凸凹部分
3	某作业部位受眩光影响	有害光照	第二类物的因素	2114	存在直射光、反射光、眩光、频闪效应
4	地面沉降使固定式槽罐	作业场地地基下沉	第三类环境因素	3211	室外作业场地环境不良
5	检查报告中发现有一低血压患者	从事禁忌作业	第一类人的因素	1103	低血压患者不得从事登高作业
6	本企业从未进行安全预评价和安全验收评价	建设项目"三同时"制度未落实	第四类管理因素	4301	安全预评价与同时设计相关；安全验收评价与同时投入生产和使用相关

2. 按照事故类别和职业病类别分类

除了以导致事故和职业危害的直接原因进行危险、有害因素辨识之外，还可以利用事故类别和职业危害分类来进行危险、有害因素辨识。

1) 参照企业职工伤亡事故分类

参照《企业职工伤亡事故分类》(GB 6441—1986)，考虑起因物、引起事故的诱导性原因、致害物、伤害方式等，将危险、有害因素分为20类。

(1) 物体打击。物体在重力或其他外力的作用下产生运动，打击人体造成人身伤亡事故，如落物、滚石、砸伤等。不包括因机械设备、车辆、起重机械、坍塌等引发的物体打击。

(2) 车辆伤害。企业机动车辆在行驶中引起的人体坠落和物体倒塌、下落、挤压伤亡事故。不包括起重设备提升、牵引车辆和车辆停驶时引发的事故。

(3) 机械伤害。机械设备运动（静止）部件、工具、加工件直接与人体接触引起的夹击、碰撞、剪切、卷入、绞、辗、割、刺等伤害。不包括车辆、起重机械引起的机械伤害。

(4) 起重伤害。各种起重作业（包括起重机安装、检修、试验）中发生的挤压、坠落、（吊具、吊重）物体打击和触电。

(5) 触电。电流流过人体或人与带电体间发生放电引起的伤害，包括雷击伤亡事故。

(6) 淹溺。水大量经口、鼻进入肺内，导致呼吸道阻塞，发生急性缺氧而窒息死亡的事故，包括高处坠落淹溺，不包括矿山、井下透水淹溺。

(7) 灼烫。火焰烧伤、高温物体烫伤、化学灼伤（酸、碱、盐、有机物引起的体内外灼伤）、物理灼伤（光、放射性物质引起的体内外灼伤）。不包括电灼伤和火灾引起的烧伤。

（8）火灾。火灾引起的烧伤、窒息、中毒等伤害。

（9）高处坠落。在高处作业发生坠落造成的伤亡事故，包括由高处落地和由平地落入地坑。不包括触电坠落事故。

（10）坍塌。物体在外力或重力作用下，超过自身的强度极限或因结构稳定性破坏而造成的事故，如挖沟时的土石塌方、脚手架坍塌、堆置物倒塌等；不包括矿山冒顶、片帮和车辆、起重机械、爆破引起的坍塌。

（11）冒顶片帮。矿井工作面、巷道侧壁支护不当或压力过大造成的顶板冒落、侧壁垮塌事故。

（12）透水。从事矿山、地下开采或其他坑道作业时，因涌水造成的伤害。其中不包括地面水害事故。

（13）放炮。由爆破作业引起的伤害，包括因爆破引起的中毒。

注："放炮"在《煤炭科技名词》中已规范为"爆破"。

（14）火药爆炸。只有火药、炸药及其制品在生产、加工、运输、储存中发生的爆炸事故。

（15）瓦斯爆炸。可燃性气体瓦斯、煤尘与空气混合形成的混合物的爆炸。

（16）锅炉爆炸。适用于工作压力在 0.07 MPa 以上、以水为介质的蒸汽锅炉的爆炸。

（17）容器爆炸。压力容器破裂引起的气体爆炸（物理性爆炸）以及容器内盛装的可燃性液化气体在容器破裂后立即蒸发，与周围的空气混合形成爆炸性气体混合物遇到火源时产生的化学爆炸。

（18）其他爆炸。可燃性气体、蒸汽、粉尘等与空气混合形成爆炸性混合物的爆炸，如炉膛、钢水包、亚麻粉尘等爆炸。

（19）中毒和窒息。职业性毒物进入人体引起的急性中毒事故，或缺氧窒息性伤害。

（20）其他伤害。上述范围之外的伤害事故，如扭伤、非机动车碰撞轧伤、滑倒碰倒、非高处作业跌落损伤等。

【例 13 - 2】某机械加工企业的主要生产设备为金属切削机床，包括车床、钻床、冲床、剪床、铣床、磨床等，车间还安装了 3 t 桥式起重机，配备了 2 辆叉车。该公司事故统计资料显示某一年内发生冲床断指的事故共有 14 起。

问题：根据《企业职工伤亡事故分类》（GB 6441—1986）对该企业的危险、有害因素进行辨识，并说明产生危险、有害因素的原因。

解答：根据《企业职工伤亡事故分类》（GB 6441—1986），该企业存在危险、有害因素和产生原因列于表 13 - 2。

表 13 - 2 危险、有害因素类别及其产生原因

序号	危险、有害因素	产 生 原 因
1	机械伤害	机械设备旋转部位（齿轮、联轴节、工具、工件等）无防护设施或防护装置失效，以及因人员操作失误或操作不当等可能导致卷入、绞、切等伤害；机械设备之间的距离过小或设备活动机件与墙、柱的距离过小而造成人员挤伤；冲剪压作业时由于防护失效等造成伤人事故；机械设备上的尖角、锐边等可能划伤人体

表13-2（续）

序号	危险、有害因素	产 生 原 因
2	物体打击	由于机械设备防护不到位，工件装夹不牢固，操作失误等造成工件、工具或零部件飞出伤人
3	起重伤害	由于起重设备质量缺陷、安全装置失灵、操作失误、管理缺陷等因素均可发生起重机械伤害事故
4	车辆伤害	由于场内叉车引起的事故
5	高处坠落	由于从事高处作业可能引起事故
6	触电	由于设备漏电，未采取必要的安全技术措施（如保护接零、漏电保护、安全电压、等电位联结等），或安全措施失效，操作人员的操作失误或违章作业等可能导致人员触电
7	火灾	机械设备使用的润滑油属于易燃物品，在有外界火源作用下可能会引起火灾；由于电气设备出现故障、电线绝缘老化、电气设备检查维护不到位等还可能引起电气火灾

2）参照职业病分类或目录分类

国家卫生计生委、人力资源社会保障部、国家安全监管总局、全国总工会于2015年11月17日联合发布了《职业病危害因素分类目录》，可根据此目录对职业病危害因素进行分类。

（1）粉尘（52类）。主要包括：矽尘（游离 SiO_2 含量≥10%）、煤尘、石墨粉尘、铝尘、棉尘、硬质合金粉尘等。

（2）化学因素（375类）。主要包括：铅及其化合物（不包括四乙基铅）、汞及其化合物、钡及其化合物、氯气、光气（碳酰氯）、氨、一氧化碳、硫化氢、氯酸钾等。

（3）物理因素（15类）。主要包括：噪声、高温、低温、高原低氧、振动、激光、微波、紫外线、高频电磁场等。

（4）放射性因素（8类）。主要包括：密封放射源产生的电离辐射、非密封放射性物质、X射线装置（含CT机）产生的电离辐射、加速器产生的电离辐射、中子发生器产生的电离辐射、铀及其化合物等。

（5）生物因素（6类）。主要包括：艾滋病病毒、布鲁氏菌、伯氏疏螺旋体、森林脑炎病毒、炭疽芽孢杆菌等。

（6）其他因素（3类）。主要包括金属烟等。

13.2 危险、有害因素辨识的原则与方法

13.2.1 危险、有害因素的辨识原则

1. 科学性

危险、有害因素的辨识是分辨、识别、分析确定系统内存在的危险，是预测安全状态和事故发生途径的一种手段。这就要求进行危险、有害因素识别必须要有科学的安全理论作指导，使之能真正揭示系统安全状况，危险、有害因素存在的部位、存在的方式、事故发生的途径及其变化规律，并予以确切描述、明确表示。

2. 系统性

危险、有害因素存在于生产活动的各个方面，因此要对系统进行全面、系统地剖析，研究危险、有害因素对系统和子系统的影响及其约束关系，并分清主要危险、有害因素及其相关的危险、有害性。

3. 全面性

辨识危险、有害因素时不要发生遗漏，要从厂址、自然条件、总平面布置、建筑物、工艺过程、生产装置、特种设备、公用工程、安全管理、设施、制度等各方面进行分析、识别。不仅要分析正常生产运转、操作中存在的危险、有害因素，还要分析开车、停车、检修、装置故障及操作失误等情况下的危险、有害后果。

4. 预测性

对于危险、有害因素，还要分析其触发事件，亦即危险、有害因素出现的条件或设想的事故模式。

13.2.2　危险、有害因素的辨识方法

选用哪种辨识方法要根据分析对象的性质、特点、寿命的不同阶段和分析人员的知识经验和习惯来定。常用的危险、有害因素辨识方法有直观经验分析方法和系统安全分析方法。

1. 直观经验分析法

（1）对照分析法：对照有关标准、法规、检查表或依靠分析人员的观察分析能力，借助经验和判断能力直接对评价对象的危险、有害因素进行分析的方法。

（2）类比推断法：利用相同或相似的工程系统或作业条件的经验和劳动卫生的统计资料来类推、分析评价对象的危险、有害因素。

2. 系统安全分析法

系统安全分析方法是应用某些系统安全评价方法进行危险、有害因素辨识。系统安全分析方法常用于复杂系统或新开发系统，常用的系统安全分析方法有安全检查表、预先危险性分析、故障类型和影响分析、事件树分析、事故树分析等。

13.2.3　危险、有害因素的辨识过程

在进行危险、有害因素的辨识时，要全面、有序地进行辨识，防止出现漏项，宜按厂址、总平面布置、道路及运输、建（构）筑物、生产工艺、物流、主要设备装置、作业环境管理等几方面进行。辨识过程实际上就是系统安全分析过程。

1. 厂址

从厂址的工程地质、地形地貌、水文、气象条件、周围环境、交通运输条件、自然灾害、消防支持等方面分析、识别。

2. 总平面布置

从功能分区、防火间距和安全间距、风向、建筑物朝向、危险有害物质设施、动力设施（氧气站、乙炔气站、压缩空气站、锅炉房、液化石油气站等）、道路、储运设施等方面进行分析、识别。

3. 道路及运输

从运输、装卸、消防、疏散、人流、物流、平面交叉运输和竖向交叉运输等几方面进行分析、识别。

4. 建（构）筑物

从厂房的生产火灾危险性分类、耐火等级、结构、层数、占地面积、防火间距、安全疏散等方面进行分析识别；从库房储存物品的火灾危险性分类、耐火等级、结构、层数、占地面积、安全疏散、防火间距等方面进行分析、识别。

5. 工艺过程

（1）新建、改建、扩建项目设计阶段危险、有害因素的辨识应从以下6个方面进行分析识别。

① 对设计阶段是否通过合理的设计，尽可能从根本上消除危险、有害因素的发生进行考查。例如是否采用无害化工艺技术，以无害物质代替有害物质并实现过程自动化等，否则就可能存在危险。

② 当消除危险、有害因素有困难时，对是否采取了预防性技术措施来预防或消除危险、危害的发生进行考查。例如是否设置安全阀、防爆阀（膜）；是否有有效的泄压面积和可靠的防静电接地、防雷接地、保护接地、漏电保护装置等。

③ 当无法消除危险或危险难以预防的情况下，对是否采取了减少危险、危害的措施进行考查。例如是否设置防火堤、涂防火涂料；是否敞开或半敞开式的厂房；防火间距、通风是否符合国家标准的要求等；是否以低毒物质代替高毒物质；是否采取了减震、消声和降温措施等。

④ 当在无法消除、预防、减弱的情况下，对是否将人员与危险、有害因素隔离等进行考查。如是否实行遥控、设隔离操作室、安全防护罩、防护屏、配备劳动保护用品等。

⑤ 当操作者失误或设备运行一旦达到危险状态时，对是否能通过连锁装置来终止危险、危害的发生进行考查。如锅炉极低水位时停炉连锁和冲剪压设备光电联锁保护等。

⑥ 在易发生故障和危险性大的地方，对是否设置了醒目的安全色、安全标志和声、光警示装置等进行考查。如厂内铁路或道路交叉路口、危险品库、易燃易爆物质区等。

（2）安全现状评价中，可针对行业和专业特点及行业和专业制定的安全标准、规程进行分析、识别。例如，应急管理部会同有关部委制定了冶金、电子、化学、机械、石油化工、轻工、塑料、纺织、建筑、水泥、制浆造纸、平板玻璃、电力、石棉、核电站等一系列安全标准及安全规程、规定，评价人员应根据这些标准、规程、规定、要求对被评价对象可能存在的危险、有害因素进行分析和识别。

（3）根据典型的单元过程（单元操作）进行危险、有害因素的识别。典型的单元过程是各行业中具有典型特点的基本过程或基本单元，这些单元过程的危险、有害因素已经归纳总结在许多手册、规范、规程和规定中，可通过查阅文献获取。

6. 生产设备、装置

对于工艺设备可以从高温、低温、高压、腐蚀、振动、关键部位的备用设备、控制、操作、检修和故障、失误时的紧急异常情况等方面进行辨识；对机械设备可从运动零部件和工件、操作条件、检修作业、误运转和误操作等方面进行辨识；对电气设备可从触电、断电、火灾、爆炸、误运转和误操作、静电、雷电等方面进行辨识。另外，还应注意辨识高处作业设备、特殊单体设备（如锅炉房、乙炔站、氧气站）等的危险、有害因素。

7. 作业环境

注意辨识存在毒物、噪声、振动、高温、低温、辐射、粉尘及其他有害因素的作业部门。

8. 安全管理措施

可以从安全生产管理组织机构、安全生产管理制度、事故应急救援预案、特种作业人员培训、日常安全管理等方面进行辨识。

13. 2. 4   危险、有害因素辨识注意事项

危险、有害因素辨识工作要始终坚持"横向到边、纵向到底、不留死角"的原则，尽可能包括："三个所有"，即所有人员、所有活动、所有设施；还要注意考虑有可能出现的各种事故类型。

1. 辨识危险时要考虑典型危害类型

（1）机械危险。注意加速、减速、活动零件、旋转零件、弹性零件、角形部件、锐边、机械活动性、稳定性等；机械可能造成人体砸伤、压伤、倒塌压埋伤、割伤、刺伤、擦伤、扭伤、冲击伤、切断伤等。

（2）电气危险。注意带电部件、静电现象、短路、过载、电压、电弧、与高压带电部件无足够距离、在故障条件下变为带电零件等；设备设施安全装置缺乏或损坏造成的火灾、人员触电、设备损害等。

（3）热危险。注意热辐射、火焰、具有高温或低温的物体或材料等。

（4）噪声危险。注意作业过程中运动部件、气穴现象、气体高速泄漏、气体啸声等。

（5）振动危险。注意机器或部件振动，机器移动，运动部件偏离轴心，刮擦表面，不平衡的旋转部件等。

（6）材料和物质产生的危险。注意易燃物、可燃物、爆炸物、粉尘、烟雾、悬浮物、氧化物等；还有各种有毒有害化学品的挥发、泄漏所造成的人员伤害、火灾等，以及生物病毒、有害细菌、真菌等造成的发病感染。

（7）辐射危险。注意低频率电磁辐射、无线频率电磁辐射、光学辐射（红外线、可见光和紫外线）等。

（8）与人类工效学有关的危险。注意出入口、指示器和视觉显示单元的位置，控制设备的操作和识别费力、照明、姿势、重复活动、可见度等，以及不适宜的作业方式、作息时间、作业环境等引起的人体过度疲劳危害等。

（9）与机器使用环境有关的危险。注意雨、雾、雪、风、温度、闪电、潮湿、粉尘、电磁干扰、污染等。

2. 辨识危险时要考虑 3 种时态、3 种状态

（1）3 种时态。过去时：作业活动或设备等过去的安全控制状态及发生过的人体伤害事故；现在时：作业活动或设备等现在的安全控制状况；将来时：作业活动发生变化，系统或设备等在发生改进、报废后将会产生的危险因素。

（2）3 种状态。正常：作业活动或设备等按其工作任务连续长时间进行工作的状态；异常：作业活动或设备等周期性或临时性的作业状态，如设备的开启、停止、检修等状态；紧急状态：事故等状态或隐患严重、不处理则将发生事故的状态，如有毒或可燃气体大量泄漏的状态。

3. 根据行业特点辨识危险、有害因素

不同行业的生产技术工艺差别巨大，涉及不同的危险、有害因素，应根据各行业特点，有针对性地开展危险、有害因素的辨识工作。其中，最为基础的是机械行业的危险、

有害因素辨识；最为重要的是危险化学品、矿山、建筑施工、交通、烟花爆竹及民用爆破器材行业的危险、有害因素辨识；比较重要的还有特种设备、港口运营等行业的危险、有害因素辨识等。限于篇幅，本章仅以机械行业为例进行介绍，其他行业可参考相关书籍和手册。

13.2.5　机械行业危险、有害因素辨识

机械行业涉及喷漆、油封、铸造、热处理、电炉、油库、空气压缩站、锅炉房、压力容器、变配电站等多种危险因素。在机械行业中进行危险、有害因素辨识是依据物质的危险特性、数量及其加工工艺过程的危险性等来进行的。

1. 机械运行状态分析

（1）正常工作状态。在机械完好的情况下，机械完成预定功能的正常运转过程中，存在着各种不可避免的但却是执行预定功能所必须具备的运动要素，有些可能产生危害后果。例如，大量形状各异的零部件的相互运动、刀具锋刃的切削、起吊重物、机械运转的噪声等，在机械正常工作状态下就存在着碰撞、切割、重物坠落、使环境恶化等对人身安全不利的危险因素。

（2）非正常工作状态。在机械运转过程中，由于各种原因（可能是人员的操作失误，也可能是动力突然丧失或来自外界的干扰等）引起的意外状态。例如，意外启动、运动或速度变化失控，外界磁场干扰使信号失灵，瞬时大风造成起重机倾覆倒地等。机械的非正常工作状态会直接导致或轻或重的事故危害。

（3）故障状态。故障状态是指机械设备（系统）或零部件丧失了规定功能的状态。设备的故障，哪怕是局部故障，有时都会造成整个设备的停转，甚至整个流水线、整个自动化车间的停产，给企业带来经济损失。而故障对安全的影响可能会有两种结果。有些故障的出现，对所涉及的安全功能影响很小，不会出现大的危险。例如，当机器的动力源或某零部件发生故障时，使机械停止运转，处于故障保护状态。有些故障的出现，则会导致某种危险状态。例如，由于砂轮轴的断裂，会导致砂轮飞甩的危险；速度或压力控制系统出现故障，会导致速度或压力失控的危险等。

（4）非工作状态。机器停止运转处于静止状态时，在正常情况下，机械基本上是安全的，但不排除由于环境光照度不够，导致人员与机械悬凸结构的碰撞；结构垮塌；室外机械在风力作用下的滑移或倾覆；堆放的易燃易爆原材料的燃烧爆炸等。

（5）检修保养状态。检修保养状态是指对机械进行维护和修理作业时（包括保养、修理、改装、翻建、检查、状态监控和防腐润滑等）机械的状态。尽管检修保养一般在停机状态下进行，但其作业的特殊性往往迫使检修人员采用一些超常规的做法，如攀高、钻坑、将安全装置短路、进入正常操作不允许进入的危险区等，使维护或修理出现在正常操作时不存在的危险。

2. 机械伤害表现形式

机械危险的伤害实质，是机械能（动能和势能）的非正常做功、流动或转化，导致对人员的接触性伤害。机械危险的主要伤害形式有夹挤、碾压、剪切、切割、缠绕或卷入、戳扎或刺伤、摩擦或磨损、飞出物打击、高压流体喷射、碰撞和跌落等。

1）卷绕和绞缠

引起这类伤害的是做回转运动的机械部件（如轴类零件），包括联轴节、主轴、丝杠

等；回转件上的凸出物和开口。例如轴上的凸出键、调整螺栓或销、圆轮形状零件（链轮、齿轮、胶带轮）的轮辐、手轮上的手柄等，在运动情况下，将人的头发、饰物（如项链）、肥大衣袖或下摆卷缠引起的伤害。

2）卷入和碾压

引起这类伤害的主要危险是相互配合的运动，例如相互啮合的齿轮之间，以及齿轮与齿条之间，胶带与胶带轮、链与链轮进入啮合部位的夹紧点，两个做相对回转运动的辊子之间的夹口等所引发的卷入；滚动的旋转件引发的碾压，例如轮子与轨道、车轮与路面等。

3）挤压、剪切和冲撞

引起这类伤害的是做往复直线运动的零部件，诸如相对运动的两部件之间，运动部件与静止部分之间由于安全距离不够产生的夹挤，做直线运动部件的冲撞等。直线运动有横向运动（例如大型机床的移动工作台、牛头刨床的滑枕、运转中的带链等部件的运动）和垂直运动（例如剪切机的压料装置和刀片、压力机的滑块、大型机床的升降台等部件的运动）。

4）飞出物打击

由于发生断裂、松动、脱落或弹性位能等机械能释放，使失控的物件飞甩或反弹出去，对人造成伤害。例如：轴的破坏引起装配在其上的胶带轮、飞轮、齿轮或其他运动零部件坠落或飞出；螺栓的松动或脱落引起被其紧固的运动零部件脱落或飞出；高速运动的零件破裂碎块甩出；切削废屑的崩甩等。另外，弹性元件的位能引起的弹射有弹簧、皮带等的断裂；在压力、真空下的液体或气体位能引起的高压流体喷射等。

5）物体坠落打击

处于高位置的物体具有势能，当它们意外坠落时，势能转化为动能，造成伤害。例如：高处掉下的零件、工具或其他物体（哪怕是很小的）；悬挂物体的吊挂零件破坏或夹具夹持不牢引起物体坠落；由于质量分布不均衡，重心不稳，在外力作用下发生倾翻、滚落；运动部件运行超行程脱轨导致的伤害等。

6）切割和擦伤

切削刀具的锋刃，零件表面的毛刺，工件或废屑的锋利飞边，机械设备的尖棱、利角和锐边；粗糙的表面（如砂轮、毛坯）等，无论物体的状态是运动的还是静止的，这些由于形状产生的危险都会构成伤害。

7）碰撞和剐蹭

机械结构上的凸出、悬挂部分（例如起重机的支腿、吊杆，机床的手柄等），长、大加工件伸出机床的部分等，这些物件无论是静止的还是运动的，都可能产生危险。

8）跌倒及坠落

由于地面堆物无序或地面凸凹不平导致的磕绊跌伤，或接触面摩擦力过小（光滑、油污、冰雪等）造成打滑、跌倒。例如：人从高处失足坠落；误踏入坑井坠落；电梯悬挂装置破坏，轿厢超速下行，撞击坑底对人员造成的伤害。

机械危险大量表现为人员与可运动物件的接触伤害，各种形式的机械危险与其他非机械危险往往交织在一起。在进行危险因素辨识时，应该从机械系统的整体出发，考虑机械的不同状态、同一危险的不同表现方式、不同危险因素之间的联系和作用以及显现或潜在的不同形态等。

3. 静止机械的危险、有害因素

主要包括切削刀的刀刃，机械加工设备凸出较长的机械部分，毛坯、工具、设备边缘锋利飞边和粗糙表面，引起滑跌、坠落的工作平台。

4. 运动机械的危险、有害因素

1）直线运动的危险

（1）接近式的危险。纵向运动的构件，如龙门刨床的工作台、牛头刨床的滑枕、外圆磨床的往复工作台；横向运动的构件，如升降式铣床的工作台。

（2）经过式的危险。单纯做直线运动的部位，如运转中的传动带、链；做直线运动的凸起部分，如运动中的金属接头；运动部位和静止部位的组合，如工作台与底座的组合；做直线运动的刃物，如牛头刨的刨刀、带锯床的带锯。

2）旋转运动的危险

卷进单独旋转机械部件中的危险，如卡盘等单独旋转的机械部件以及磨削砂轮、铣刀等加工刀具；卷进旋转运动中两个机械部件间的危险，如朝相反方面旋转的两个轧辊之间，相互啮合的齿轮；卷进旋转机械部件与固定构件间的危险，如砂轮与砂轮支架之间、传输带与传输带架之间；卷进旋转机械部件与直线运动件间的危险，如传动带与带轮、链条与链轮、齿条与齿轮；旋转运动加工件打击或绞轧的危险，如伸出机床的细长加工件。

3）振动部件夹住的危险

机构部件的一些结构可以发生这种危险，如振动引起被振动体部件夹住的危险。

4）飞出物击伤的危险

飞出的刀具或机械部件，如未夹紧的刀片、紧固不牢的接头、破碎的砂轮片等；飞出的切屑或工件，如连续排出的或破碎而飞散的切屑，锻造加工中飞出的工件。

5. 与手工操作有关的危险、有害因素

在从事手工操作，搬、举、推、拉及运送重物时，有可能导致的伤害有椎间盘损伤、韧带或筋损伤、肌肉损伤、神经损伤、挫伤、擦伤、割伤等。其危险、有害因素有：

（1）远离身体躯干拿取或操纵重物。

（2）超负荷推、拉重物。

（3）不良的身体运动或工作姿势，尤其是躯干扭转、弯曲、伸展取东西。

（4）超负荷的负重运动，尤其是举起或搬下重物的距离过长，搬运重物的距离过长。

（5）负荷有突然运动的风险。

（6）手工操作的时间及频率不合理。

（7）没有足够的休息和恢复体力的时间。

（8）工作的节奏及速度安排不合理。

6. 与职业危害有关的因素分析

1）静电危险

如在机械加工过程中产生的有害静电，将引起爆炸、电击伤害事故。

2）灼烫和冷冻危害

如在热加工作业中，有被高温金属体和加工件灼烫的危险。又如在深冷处理时，有被冻伤的危险。

3）振动危害

在机械加工过程中，按振动作用于人体的方式，可分为局部振动和全身振动。局部振动是通过振动工具、振动机械或振动工件传向操作者的手和臂，从而给操作者造成振动危害；全身振动是由振动源通过身体的支持部分将振动传布全身而引起的振动危害。

4）噪声危害

（1）机械性噪声。机械性噪声由于机械的撞击、摩擦、转动而产生，如球磨机、电锯及切削机床在加工过程中发出的噪声。

（2）流体动力性噪声。流体动力性噪声由于气体压力突变或流体流动而产生，如液压机械、气压机械设备等在运转过程中发出的噪声。

（3）电磁性噪声。电磁性噪声由于电机中交变力相互作用而产生，如电动机、变压器等在运转过程中发出的"嗡嗡"声。

5）辐射危害

（1）电离辐射危害。指放射性物质、X射线装置及γ射线装置等的电离辐射危害。

（2）非电离辐射危害。指紫外线、可见光、红外线、激光和射频辐射等。如从高频加热装置中产生的高频电磁波或激光加工设备中产生的强激光等的非电离辐射伤害。

6）化学物质危害

主要包括工业毒物的危害、化学物质的腐蚀性危害和易燃、易爆物质的危害。

（1）易燃、易爆物质危害。引燃、引爆后在短时间内释放出大量能量的物质，因其具有迅速释放能量的能力而产生危害，或者是因其爆炸或燃烧而产生的物质（如有机溶剂）而造成危害。

（2）腐蚀性物质危害。用化学的方式伤害人身及物体的物质（如强酸、碱）是腐蚀性物质，其危险有害性包括两个方面：一是对人的化学灼伤，腐蚀性物质作用于皮肤、眼睛或进入呼吸系统、食道而引起表皮组织破坏，甚至死亡；二是作用于物体表面，如建（构）筑物、设备、管道、容器等而造成腐蚀、损坏。

腐蚀性物质可分为无机酸、有机酸、无机碱、有机碱、其他有机和无机腐蚀物质5类。

（3）有毒物质危害。以不同形式干扰、妨碍人体正常功能的物质是有毒物质，它们可能加重器官（如肝脏、肾）的负担而造成人身中毒。有毒物质包括：

① 毒物。指以较小剂量作用于生物体，能使生物体的生理功能或机体正常结构发生暂时性或永久性病理改变甚至死亡的物质。

② 工业毒物。工业毒物按化学性质分类，其基本特性可以查阅相应的危险化学品安全技术说明书。

③ 148种剧毒化学品。2022年10月13日，应急管理部、工业和信息化部、公安部、生态环境部、交通运输部、农业农村部、国家卫生健康委员会、国家市场监督管理总局、国家铁路局、中国民用航空局十部委联合发布了《危险化学品目录》（2022调整版），其"备注"中共收录了148种剧毒化学品。

7）粉尘危害

在生产过程中，如果在粉尘作业环境中长时间工作吸入粉尘，就会引起肺部组织纤维化、硬化，丧失呼吸功能，导致尘肺病，是难以治愈的职业病；粉尘还会引起刺激性疾病、急性中毒或癌症。爆炸性粉尘在空气中达到一定的浓度（爆炸下限浓度）时，遇火源会发生爆炸。

（1）粉尘及其形成工艺。

① 固态物质的机械加工或粉碎，如金属的抛光、石墨电极的加工。

② 某些物质加热时产生的蒸气在空气中凝结或被氧化所形成的粉尘，如熔炼黄铜时，锌蒸气在空气中冷凝，氧化形成氧化锌烟尘。

③ 有机物质的不完全燃烧，如木材、焦油及煤炭等燃烧时所产生的烟。

④ 铸造加工中，清砂时或在生产中使用的粉末状物质在混合、过筛、包装及搬运等操作时沉积的粉尘，由于振动或气流的影响又浮游于空气中的粉尘（二次扬尘）。

⑤ 焊接作业中，由于焊药分解，金属蒸发所形成的烟尘。

（2）粉尘危害的辨识。生产性粉尘危险、有害因素辨识包括以下内容：

① 根据工艺、设备、物料、操作条件，分析可能产生的粉尘种类和部位。

② 用已经投产的同类生产厂、作业岗位的检测数据或模拟实验测试数据进行类比辨识。

③ 分析粉尘产生的原因、粉尘扩散传播的途径、作业时间、粉尘特性，确定其危害方式和危害范围。

④ 分析是否具备形成爆炸性粉尘及其爆炸的条件。

（3）粉尘爆炸及其条件。有些粉尘在一定条件下能够爆炸。

① 爆炸性粉尘的危险性主要表现：虽然燃烧速度和爆炸压力比气体爆炸低，但因其燃烧时间长、产生能量大，所以破坏力和损害程度大；爆炸时粒子一边燃烧一边飞散，可使可燃物局部严重炭化，造成人员严重烧伤；最初的局部爆炸发生之后，会扬起周围的粉尘，继而引起二次爆炸、三次爆炸，扩大伤害；与气体爆炸相比，易于造成不完全燃烧，从而使人发生一氧化碳中毒。

② 形成爆炸性粉尘有 4 个必要条件：粉尘的化学组成和性质，粉尘的粒度分布，粉尘的形状与表面状态，粉尘中的水分。可用上述 4 个条件来辨识是否为爆炸性粉尘。

③ 爆炸性粉尘爆炸的条件：可燃性和微粉状态，在空气中（或助燃气体）悬浮式流动，达到爆炸极限，存在点火源。

8）生产环境

（1）气温。工作区温度过高、过低或急剧变化。

（2）湿度。工作区湿度过大或过小。

（3）气流。工作区气流速度过大、过小或急剧变化。

（4）照明。工作区照度不足，亮度分布不适当，光或色的对比度不当，以及频闪效应，眩光现象。

7. 安全管理方面的危险和有害因素

安全管理方面的危险、有害因素可从以下几方面进行分析：

（1）企业是否建立、健全本单位安全生产责任制，组织制订本单位安全生产规章制度和操作规程，保证本单位安全生产投入的有效实施；企业是否经常进行安全检查和日常的安全巡查，及时消除生产安全事故隐患，组织制定并实施本单位的生产安全事故应急救援预案；是否依法设置安全生产管理机构和配备安全生产管理人员，是否对从业人员进行安全生产教育和培训，保证从业人员具备必要的安全生产知识，熟悉有关的安全生产规章制度和安全操作规程，掌握本岗位的安全操作技能。

（2）企业采用新工艺、新技术、新材料或者使用新设备，是否了解、掌握其安全技术特性，采取有效的安全防护措施，并对从业人员进行专门的安全生产教育和培训。

（3）生产经营单位的特种从业人员是否按照国家有关规定经专门的安全作业培训，取得特种作业操作资格证书，再进行上岗作业。

13.3　安全评价单元划分

安全评价过程包括前期准备、划分评价单元、危险及有害因素辨识、安全评价和安全对策措施等多个阶段。合理、正确地划分评价单元，是成功开展危险、有害因素识别和安全评价工作的重要环节。

13.3.1　评价单元的概念与目的意义

1. 评价单元的概念

我国对于安全评价单元的最早定义出自原劳动部颁布的《建设项目（工程）劳动安全卫生预评价导则》，定义评价单元为根据评价的要求而划定的在工艺和设备布置上相对独立的作业区域；之后，1999 年版的《建设项目（工程）劳动安全卫生预评价指南》作了补充定义：评价单元就是在危险、有害因素分析的基础上，根据评价目标和评价方法的需要，将系统分为若干有限、确定范围和需要评价的单元。

国家安全生产监督管理局 2007 颁布的《安全预评价导则》对评价单元的定义是：评价单元是为了安全评价需要，按照建设项目生产工艺或场所的特点，将生产工艺或场所划分成若干相对独立的部分。

《非煤矿山安全评价导则》《危险化学品生产企业安全评价导则（试行）》《煤矿安全评价导则》等均对评价单元进行了定义。本书认为《安全预评价导则》和《建设项目（工程）劳动安全卫生预评价指南》给出的定义说明了评价单元的实质。本书将其定义如下：评价单元是安全评价工作的基本单元，是根据评价目标和评价方法的需要，按照建设项目生产工艺或场所的特点，将生产工艺或场所划分成若干相对独立的部分。

美国道化学公司火灾爆炸危险指数法评价中称，多数工厂是由多个单元组成，在计算该类工厂的火灾爆炸指数时，只选择那些对工艺有影响的单元进行评价，这些单元可称为评价单元，其评价单元的定义与本书定义实质上是一致的。

2. 评价单元划分的目的与意义

作为安全评价对象的建设项目或装置（系统），一般是由相对独立、相互联系的若干部分（子系统、单元）组成。各部分的功能、含有的物质、存在的危险和有害因素、危险性和危害性以及安全指标均不尽相同。以整个系统作为评价对象实施评价时，一般按一定原则将评价对象分成若干个评价单元分别进行评价，再综合为整个系统的评价。

将系统划分为不同类型的评价单元进行评价，不仅可以简化评价工作、减少评价工作量、避免遗漏，而且由此能够得出各评价单元危险性（危害性）的比较概念，从而提高安全评价的准确性，有针对性地采取安全对策措施。

13.3.2　评价单元的划分原则和方法

划分评价单元是为评价目标和评价方法服务的，要便于评价工作的进行，有利于提高评价工作的准确性。评价单元的划分一般将生产工艺、工艺装置、物料的特点和特征与危险、有害因素的类别、分布有机结合进行划分，还可以按评价的需要将一个评价单元再划分为若干子评价单元或更细致的单元。由于很难用明确通用的"规则"来规范单元的划分方法，因此会出现不同的评价人员对同一个评价对象划分出不同的评价单元的现象。

由于评价目标不同、各评价方法均有自身特点，只要达到评价的目的，评价单元的划分并不要求绝对一致。行业标准《安全预评价导则》（AQ 8002—2007）要求评价单元划分应考虑安全预评价的特点，以自然条件、基本工艺条件、危险有害因素分布及状况、便于实施评价为原则进行；《安全验收评价导则》（AQ 8003—2007）要求"划分评价单元应符合科学、合理的原则"。

1. 划分评价单元的基本原则

划分评价单元时要坚持以下几点基本原则：

（1）各评价单元的生产过程相对独立。

（2）各评价单元在空间上相对独立。

（3）各评价单元的范围相对固定。

（4）各评价单元之间具有明显的界限。

这几项评价单元划分原则并不是孤立的，而是有内在联系的，划分评价单元时应综合考虑各方面的因素进行划分。

2. 评价单元划分的方法

划分评价单元的方法很多，最基础的方法有：以危险、有害因素类别划分评价单元、以装置和物质特征划分评价单元、依据评价方法的有关规定划分评价单元等。

1）以危险、有害因素的类别划分评价单元

（1）综合评价单元。对工艺方案、总体布置及自然条件和环境对系统的影响等综合性的危险、有害因素的分析和评价，宜将整个系统作为一个评价单元。

（2）共性评价单元。将具有共性危险、有害因素的场所和装置划为一个评价单元。

① 按危险因素类别各划归一个单元，再按工艺、物料、作业特点（其潜在危险因素不同）划分成子单元分别评价。例如，炼油厂可将火灾爆炸作为一个评价单元，按熘分、催化重整、催化裂化、加氢裂化等工艺装置和储罐区划分成子评价单元，再按工艺条件、物料的种类（性质）和数量细分为若干评价单元。

再如，将存在起重伤害、车辆伤害、高处坠落等危险因素的各码头装卸作业区作为一个评价单元；有毒危险品、矿砂等装卸作业区的毒物、粉尘危害部分则列入毒物、粉尘有害作业评价单元；燃油装卸作业区作为一个火灾爆炸评价单元，其车辆伤害部分则在通用码头装卸作业区评价单元中评价。

② 进行安全评价时，可按有害因素（有害作业）的类别划分评价单元。例如，将噪声、辐射、粉尘、毒物、高温、低温、体力劳动强度危害等场所各划归一个评价单元。

2）以装置特征和物质特征划分评价单元

（1）按装置工艺功能划分。对于化工生产的评价对象，按生产装置的区域划分，基本上可以反映出化工生产的工艺过程，各装置的功能特征区别也较分明，以装置划分单元更有利于评价结果的准确性。例如：原料储存区域、反应区域、产品蒸馏区域、吸收或洗涤区域、中间产品储存区域、产品储存区域、运输装卸区域、催化剂处理区域、副产品处理区域、废液处理区域、通入装置区的主要配管桥区、其他（过滤、干燥、固体处理、气体压缩等）区域。

（2）按布置的相对独立性划分。

① 以安全距离、防火墙、防火堤、隔离带等与（其他）装置隔开的区域或装置部分可作为一个单元。

② 储存区域内通常以一个或共同防火堤（防火墙、防火建筑物）内的储罐、储存空间作为一个单元。

（3）按工艺条件划分。按操作温度、压力范围的不同划分为不同的单元；按开车、加料、卸料、正常运转、添加触媒、检修等不同作业条件划分单元。

（4）按储存、处理危险物品的潜在化学能、毒性和危险物品的数量划分。

① 一个储存区域内（如危险化学品库）储存不同危险物品，为了能够正确识别其相对危险性，可作不同单元处理。

② 为避免夸大评价单元的危险性，评价单元的可燃、易燃、易爆等危险物质应有最低限量。例如，道化学公司火灾、爆炸危险指数评价法（第七版）要求，评价单元内可燃、易燃、易爆等危险物质的最低限量为 2270 kg（5000 磅）或 2.27 m^3（600 加仑），小规模实验工厂上述物质的最低限量为 454 kg（1000 磅）或 0.454 m^3（120 加仑）。

（5）按危险严重程度划分。根据以往事故资料，将发生事故能导致停产、波及范围大、造成巨大损失和伤害的关键设备作为一个单元；将危险性大且资金密度大的区域作为一个单元；将危险性特别大的区域、装置作为一个单元；将具有类似危险性潜能的单元合并为一个大单元。

上述评价单元划分原则并不是孤立的，是有内在联系的，划分评价单元时应综合考虑各方面因素。应用火灾爆炸危险指数法、单元危险性快速排序法等评价方法进行火灾爆炸危险性评价时，除按照这些原则外，还应依据评价方法的有关具体规定划分评价单元。

3）依据评价方法的有关具体规定划分评价单元

评价单元划分原则并不是孤立的，而是有内在联系的，划分评价单元时应综合考虑各方面因素。如 ICI 公司，蒙德法需结合物质系数，以及操作过程、环境或装置采取措施前后的火灾、爆炸、毒性和整体危险性指数等划分评价单元；故障假设分析方法则按问题分门别类，例如按照电气安全、消防、人员安全等问题分类划分评价单元；再如模糊综合评价法需要从不同角度（或不同层面）划分评价单元，再根据每个单元中多个制约因素对事物作综合评价，建立各评价集。

13.3.3　评价单元划分的注意事项

1. 评价单元划分中存在的误区

评价单元划分是安全评价中一项极为重要的环节。在系统存在的各种危险、有害因素得到全面辨识后，需要针对具体对象作进一步格外细致的分析和评价，所以要进行评价单元的划分。在评价单元划分环节，应该避免出现以下几个理解误区。

（1）把评价单元等同于工艺单元。有些安全评价报告列出工艺流程中的工艺单元并直接认定为安全评价单元，仅仅照搬可操作性研究阶段工艺流程中提出的工艺单元而不作延伸；也有些报告中的评价单元划分，仅列出物理概念上的系统，而作业条件安全性、作业现场职业危害程度、工程环境条件、项目周边的安全影响等其他需要相对独立评价的部分往往都被忽略。把评价单元等同于工艺单元往往是由于熟悉工艺设计、熟悉工程技术而不理解评价单元划分的真正作用，是最常见的错误。

（2）评价单元划分与实际评价脱节。某些安全评价报告，章节安排完全按照安全评价导则中的要求进行编制，虽然划分了评价单元，但是划分出来的评价单元与实际评价过程采用的评价单元没有逻辑关系，甚至自相矛盾，这可能是由于没有理解安全评价过程中单元划分的意义所在。

（3）评价单元划分层次不清晰。对于一些比较复杂的工艺系统，评价单元的划分必须分层进行，这给评价者带来麻烦，往往随意划分会造成混淆，忽略复杂系统在逻辑分析上的统一性。

（4）把评价单元等同于定量分析的指数评价单元。有些评价人员错误地将评价单元仅仅理解为火灾、爆炸危险指数评价方法中所使用的指数评价单元。其实安全评价的范围远远不止火灾、爆炸、中毒因素，切忌以偏概全，类似的错误对于过于偏重理论计算、定量计算的评价者来说比较普遍。

2. 评价单元划分与评价结果的相关性

在划分评价单元时，一般不会采用某种单一方法，往往是多种方法同时使用。但是应注意，在同一划分层次上，一般不使用第二种划分方法，因为如果那样做，就很难保证危险、有害因素识别的全面性。

以某种原则划分评价单元，实际上就确定了评价结果的形式，划分评价单元方法不同，导致评价结果反映的角度不同，评价单元划分与所表现的评价结果密切相关。

若按有害作业的类别划分评价单元，则将这个单元汇总噪声、辐射、粉尘、毒物、高温、低温、体力劳动强度等检测结果与对应标准比较，查看各个因素是否超标，得出"单项评价结果"。例如：若粉尘浓度超标，则粉尘这个单项的评价结果为"不合格"。由于各种因素对人体健康损害的后果不同，相互比较时最好置入"权"值（整合条件），各单项评价结果经过整合，得到的是"单元评价结果"。

若按某种评价方法的要求划分单元，单元中包含不同类型的危险、有害因素，按评价方法的标准（评价方法一般都带有判别标准）进行评价后，得到的可能不是"单项评价结果"，而是不同因素的"综合评价结果"，再根据评价方法的要求得出"单元评价结果"。

采用以上两种单元划分方法，会出现不可比较的两种"单元评价结果"。因此，在确定评价单元划分方法的同时，需要认真考虑能否与评价要求相一致。

本 章 小 结

本章介绍了危险、有害因素的分类及其辨识方法，详细介绍了机械行业的危险、有害因素分析；详细介绍了安全评价单元及其划分方法。通过本章学习，可为正确划分安全评价单元，明确辨识生产场所、生产工艺、设备设施等存在的危险、有害因素提供依据，也为安全评价工作奠定了基础。

思 考 与 练 习

1. 简述危险、有害因素的定义及分类。

2. 分析危险因素与事故的关系；危险辨识时应注意的问题有哪些？

3. 危险、有害因素辨识原则有哪些？有哪些辨识方法？

4. 试分析危险、有害因素辨识在安全评价中的作用。

5. 简述机械行业的危险、有害因素。

6. 对新建、改建、扩建项目设计阶段危险、有害因素的辨识应从哪几个方面进行？

7. 根据《企业职工伤亡事故分类》(GB 6441—1986)，如何进行事故分类？

8. 根据《生产过程危险和有害因素分类与代码》(GB/T 13861—2022) 的规定，危险、有害因素分为几类？

9. 什么是安全评价单元？如何划分安全评价单元？

10. 划分安全评价单元的原则和目的是什么，应该注意哪些问题？

14　定性与定量安全评价方法

📝 **本章学习目标：**

（1）了解安全评价方法的分类。

（2）理解定性安全评价方法、定量安全评价方法。

（3）理解和熟悉安全评价方法的设计和选择思路。

（4）综合应用：定性安全评价与定量安全评价的综合应用，定量安全评价中指数法与可靠性方法的综合应用。

根据安全评价的对象和目的不同，可以采用各种不同的方法开展安全评价工作。具体工作中，应该设计（或选用）科学、适用的安全评价方法体系，即采用定性安全评价、定量安全评价，或定性与定量相结合的系列（或综合）安全评价方法，对具体对象开展安全评价，以客观、真实地评定其实际安全状况，为事故预防和风险控制提供准确、可靠的依据。

定性安全评价与定量安全评价是安全评价方法设计和应用的基础，本章对它们的基本情况进行介绍。

14.1　定性安全评价

定性评价是最基本，也是目前应用最广泛的安全评价方法，我国各企业中经常进行的安全检查工作，就可以看作为一种定性安全评价。

定性安全评价可以按次序揭示系统、子系统中存在的所有危险，并能大致按重要程度对危险性进行分类，以便区别轻重缓急，采取适当的措施控制事故。同时，定性安全评价的结果还可以为定量安全评价作好准备。

14.1.1　定性安全评价方法

应用前述的各种定性系统安全分析方法（如安全检查表、预先危险性分析、故障类型和影响分析、危险与可操作性研究等）进行安全评价工作，均属于定性安全评价。

定性安全评价方法中，安全检查表法是一种比较系统的方法。采用安全检查表，可以对系统的危险性进行系统的、不遗漏的检查，并根据检查结果对系统的安全性作出大致的评价。为了提高评价结果的准确性，还可以按重要性程度对检查对象进行分类。美国保险协会制订的安全检查表，就曾把检查对象按其重要性程度进行分类，列出评价分数。例如，工厂选址占3.5%，平面布置占2%，构筑物占3.3%，原材料占20%，工艺流程占10.6%，单元装置和储运占4.4%，操作占17%，设备占30.7%，防灾措施占8.5%。这样，可以促使评价工作中区分主次，而不是同等对待。

利用安全检查表进行定性评价的方法，还可以分为检查表式综合评价法和优良可劣评价法。

1. 检查表式综合评价法

　　检查表式综合评价法，是应用安全检查表，对企业的安全管理、安全状况、环境和操作因素等进行综合评价。

　　这种安全评价方法一般都预先拟定用于安全评价的安全检查表，可称为"安全评价表"，属于安全评价用的专业性安全检查表。安全检查表的内容，根据检查的目的、时间、规模、检查人的不同而有所区别。综合性的安全检查表一般应包括安全管理、安全技术、安全教育、安全措施计划、文明生产和工业卫生等方面，根据检查内容的编写形式可分为问答式的和陈述式的，其检查标准是判断检查结果是否合格的根据，目前多是参考有关规范和标准制订的。具体进行安全评价时，根据安全检查表规定的内容（评价指标）进行检查评定，记录每一评价指标的评价结果，综合每一评价指标的评价结果，给出安全评价的结果（往往是定性划分的安全等级）；或进一步将每一评价指标的评价结果按一定的规则打分，再按规定的方法给出安全评价的总分数，并据此划分安全等级。

　　为应用检查表式综合评价法，需完成如下基础工作：设计安全评价用的专业性安全检查表，规定评价操作程序和评价结果处理办法。检查表式综合评价法所用安全检查表的一般格式见表 14 - 1。

表14-1　检查表式综合评价法的一般格式

序号	评价项目	评价、验收要求	评价办法	评 价 结 果	
				自查	验收

　　为科学地开展安全管理工作，我国许多行业主管部门和企业制订了安全状况评价验收标准，这实际上就是一种比较简单的检查表式的综合评价法。

　　表 14 - 2 为某企业制定的安全生产、文明生产的检查验收细则，可以看作检查表式综合评价法的一个具体应用。

表14-2　安全生产、文明生产、工业卫生检查验收细则（标准：60分）

项目号	项目	条款号	验收、评价要求	标准分	评 价 办 法	评价分数	
						自查	验收
一	领导重视，机构健全（12分）	1	各级领导树立"安全第一"的思想，由一名领导分管安全工作	2	无分管领导或厂部党委会议记录无安全内容扣2分		
		2	按规定配备专职安全技术人员并保持相对稳定	4	机构不健全、人员不适应工作需要或不稳定扣2～4分；有活动无记录扣1分；无活动、无记录扣2分		
		3	认真贯彻"五同时"和"三同时"。安全技术人员（科长）每周参加生产调度会，有会议记录	4	厂部召开生产会议，无安全技术人员参加扣1分；安全生产和劳动保护工作没摆上议事日程扣2分；安全生产无会议记录扣1分		

表14-2（续）

项目号	项目	条款号	验收、评价要求	标准分	评 价 办 法	评价分数 自查	验收
一	领导重视，机构健全（12分）	4	坚持中层以上干部或安全值班员值班制度，记录认真填写	2	无值班制度的不得分，已进行值班但记录简单、不完全扣1分；值班认真记录内容齐全，存在问题整改及时，有据可查的加2分		
二	安全基础管理工作（15分）	1	建立各级安全生产责任制，健全各项规章制度，并认真贯彻执行	4	管理制度不健全扣2分；未认真贯彻扣2分		
		2	严格执行安全操作规程，做到无违章指挥、违章操作	4	操作规程不齐全扣2分；无违章记录表的扣1分		
		3	加强基础管理，做到图表化、数据化，表、单、卡齐全	2	未做到图表化、数据化的扣1分；表、单、卡少于10种的扣1分		
		4	消除重大事故隐患，减少或杜绝重大人身事故；发生事故严格按事故报告规程处理。一般事故频率在2‰以内	5	发生事故后未按"三不放过"精神处理的扣3分；隐瞒事故不报的扣2~4分；事故频率超过2‰的不得分（化工、铸锻热加工不超过3‰）		
三	安全生产宣传教育（6分）	1	运用多种形式进行宣传教育，做到生动活泼、坚持不懈	2	无据可查不得分		
		2	开展全员安全教育（包括干部），受教育面超过80%	2	无据可查不得分		
		3	抓好新工人进厂（矿）后的三级教育和调换工种的教育，有安全教育登记表、卡	2	新工人进厂后不进行教育的不得分；工种调换无记录和资料可查的扣1分		
四	特种设备安全管理（8分）	1	特种设备安全附件齐全、灵敏、可靠，操作工人凭证操作，每年进行1次考核	4	安全附件不齐全、不完好的扣2~4分；发现无证操作的扣1分		
		2	有全厂要害部位分布图，严格执行管理制度	2	无分布图扣1分；执行制度不严扣1分		
		3	"冲床、木刨"有完善安全防护措施；其他机械设备有安全防护措施	2	无防护措施的不得分		
五	安全检查（4分）	1	开展定期（节日、专业）和不定期安全生产检查，做到检查有记录、整改有计划、完成有保障	2	检查出的问题无整改计划、措施又不落实的不得分		
		2	坚持巡回检查制度	2	未进行检查的不得分；无检查记录的扣1分		

表 14-2（续）

项目号	项目	条款号	验收、评价要求	标准分	评价办法	评价分数 自查	评价分数 验收
六	安全措施计划（4分）	1	编制年度计划的同时，编制安全措施计划并按时上报	2	无计划或有计划不执行的不得分		
		2	按规定提取安全措施费用并用于改善劳动条件，做到专款专用，按期完成项目	2	安全措施费用不按规定提取、不用于改善劳动条件的扣1~2分		
七	文明生产（6分）	1	加强厂区管理，保持主干道平整、清洁，沟盖齐全、道路畅通，有明显的安全标志，要害部门有醒目警告标志	2	厂区物料堆放零乱扣1分；道路不平整、不畅通扣0.5分；要害部位无醒目安全标记扣1分		
		2	车间内部照明齐全，墙壁整洁、地面平整，工件堆放整齐，安全通道畅通、标志明显	2	车间内部文明生产差的扣1分；安全通道不畅通、标志不明显的扣1分		
		3	劳保用品穿戴齐全，坚持文明生产，无野蛮操作	2	不坚持文明生产的不得分；穿戴不齐全的扣1分		
					注：年内发生责任性重伤、死亡、重大火灾的不得验收		
八	工业卫生（5分）	1	接触尘毒的工人有健康档案	2	无健康档案扣2分		
		2	采取各种措施，使职业病逐年下降	3	职业病上升、无治理措施的不得分		

2. 优良可劣评价法

优良可劣评价法，则是采用优、良、可、劣4个等级，或采用"可靠""基本可靠""基本不可靠""不可靠"4个等级进行安全评价工作，也就是将评价结果划分为上述四个等级，以便于合理安排事故预防措施。

优良可劣评价法的基础工作如下：对于每一个安全评价项目，制定优、良、可、劣4个等级标准，在此基础上设计出安全评价用的专业性安全检查表，规定评价操作程序和评价结果处理办法。优良可劣评价法所用安全检查表的格式可参考表14-3。

表 14-3 优良可劣评价法参考格式

序号	评价项目	劣	可	良	优	评价结果

表14-4为英国化工协会制订的"企业安全活动评价标准"，评价结果即采用优、良、可、劣表示。若经过评价，某项内容为"劣""可"两级，则需迅速采取措施予以更正或改善；若为"良"，也需采取适当措施，尽量把安全工作做得尽善尽美。

表14-4 企业安全活动评价标准（英国化工企业）

活 动	劣	可	良	优
一、组织管理				
1. 厂领导有无分工专管安全，有无组织机构，有无专、兼职人员及相应的安全责任制	无人负责也未曾指定过	各级领导对安全工作一般了解，但对责任制未有成文规定	领导上有分工专管，组织机构健全，各级责任制明确	除了"良"中所包含的以外，每年对安全工作有检查和总结，领导对重大安全问题经常组织研究
2. 安全操作规程和岗位安全操作法	无成文规定	对危险的操作有成文的操作规程或操作法，但不完善	全部危险性操作均有操作规程或操作法	全部危险性操作均有操作规程或操作法，并张贴在工作场所，每年要进行检查
3. 工作人员的适用和安排	仅进行身体检查	对新工人要进行适应性检查	除"可"包括的以外，录用工人时还要考虑其安全方面的有关历史资料	除"良"中规定的以外，提拔时也要考虑其安全历史资料
4. 重大灾害和紧急处理计划	无计划或规定	只有口头上知道紧急状态时如何处理	写出了规定并提出了最低要求	各类紧急处理方法均有文字规定；救援人员的义务和责任均很明确
5. 经常性的安全管理	无活动	发生事故后才有所活动	除"可"外，对所有的事故加以研究和检查，并实施改进措施	除"良"外，还详细研究，将安全和生产问题同等对待，并在生产调度会或专题会议上加以研究
6. 厂级安全管理	无	有规定	和工厂其他规定结合实施	每年进行修订，经常检查是否执行，有一定强制性
二、工业危险性控制				
1. 物料保管储存等	保管不良，原材料、半成品和成品胡乱堆放	保管较好，采取了合理的储存方式	有次序地存放；重型或大体积的物料、设备等均放在不碍事的地方	原材料的储放均处于合理状态
2. 机器防护	对机器上的危险点很少注意防护	虽有防护设备但效果不好或不够合理	有防护设备并符合有关规定，但仍有改进的余地	有效地进行了防护，不容易发生事故。设计时首先考虑操作安全
3. 工作区域防护	对下列危险从未注意：地板上的开口、地面的缺陷、楼梯不良等	虽然注意但所采取的措施并不十分有效	采取了措施并且符合有关规定，但仍有改进余地	采取了有效措施，不容易发生工伤事故
4. 设备、防护装置、手动工具的维修	对防护装置、手动工具和设备的安全状态无系统的计划维修	虽然计划维修但效果不佳	计划维修合理，电动、手动工具在使用前进行实验检查并成为制度	除"良"外，所有危险性设备和工具均实施计划维修，出现异常均有记录，并报请安全部门处理

表 14-4（续）

活 动	劣	可	良	优
5. 原材料搬运	搬运原材料时不注意可能发生的工伤事故	注意不够或不够合理	手工装卸时限制装卸件的尺寸和形状，重型物件由机器搬运	手工和机器搬运时均有严格规定和管理，并防止所搬运物件使其他人受伤
6. 个人防护用品适用性和使用方法	未提供专用的防护用品或不适用	发放和使用的防护用品及供应品种不合理	提供专用防护用品及设备。班组长发放防护用品，工人均要使用防护用品	严格按标准供应和使用防护用品；如发生事故要在记录中说明是否使用了防护用品
三、防火				
1. 化学危险品	无使用知识和有关数据	有数据，但只有班组长知道使用方法	除"可"外，还有有关的标准	在需要处均有详细要求和规定并张贴出来，经常对工人进行宣传教育并进行检查
2. 易燃和爆炸性物品	储存设备不符合防火规定，容器上未标明所储何物，未使用批准的设备，工作地点储存有过量原料	某些储存设备符合防火规定。大多数容器标明了所储物品名称，使用了批准的设备	储存设备符合防火规定，大多数容器标明所储何物，一般均使用批准的设备，工作地点原料储量限制在一天用量之下，小型容器均放在批准的小室内	除"良"外，所有设备选用质量最好的并维护在最佳状况
3. 防灭火措施	不符合防火规定	满足最低要求	除"可"外，还提供水龙和灭火器，用火时有制度，所有焊工操作处均配备灭火器	除"良"外，还有组织好的消防队，对处理紧急状态和救火进行经常训练
四、工业卫生				
1. 通风、烟尘和雾状物的防护	有害工作地点通风次数低于国家标准	换气次数符合国家最低标准	除"可"外，对换气次数进行定期测定并作记录，设备维护在良好状态	除"良"外，选用优质设备并维护在最佳使用状态
2. 皮肤污染防护	未注意防止皮肤接触有害物质而发生炎症	保护措施虽已设置但不够完善；对皮肤伤害的急救处理只停留在根据个人事故报告的基础上	主要工作人员都知道引起炎症的物质，给工人提供合格保护设备，并硬性规定要使用这些设备	告知所有工作人员引起皮肤炎症的物质，给工人提供合格保护设备，使用专用的设备是硬性规定，鼓励工人常清洗皮肤；工伤记录上应说明此事
3. 废料收集和清理及空气和水质污染	无适当的控制措施	对某些有害废料有控制措施，但效果不佳需进一步改进	绝大多数废料已辨识清楚，控制措施也已实现，但仍有改进余地	排泄废料的危险已有效地被控制住，水和空气的潜在性污染降低到最低限度

表14-4（续）

活　动	劣	可	良	优
五、监督检查活动和安全教育				
1. 班组长的安全教育	所有班组长均未受过基本的安全训练	车间班组长受过一些安全训练	所有班组长均参加安全训练课每年不少于两次	除"良"外，对专门问题还参加专门训练
2. 新工人教育	没有关于安全方面的教育	仅有口头教育	写出教材进行教育	对新工人有正式教育计划
3. 岗位危险性分析	无书面分析	某些岗位有危险性分析计划	主要操作岗位有危险性分析计划	除"良"外，所有操作均实行正规岗位危险性分析并有书面规定
4. 特种工种的训练	对特殊操作无适当的训练	对特殊操作进行不定期训练	对特殊操作进行正规化的训练并定期进行复习以校正操作	除"良"外，每年要进行评议，以确定训练方法
5. 内部自检	对辨识和评价所存在的危险性和状态无书面说明	依赖外部来人检查，每个班、组、段长负责检查各自管辖区域	书面列出检查要点、责任、检查间隔并有有效的措施	对措施结果进行检查，例如伤亡事故和财务损失的降低情况；领导要参与检查
6. 安全宣传	为进行宣传使用了黑板报或壁报	另外设有安全板报说明、电影等，但不经常使用	安全板报和说明已形成制度	另设专门的安全板报窗口等，除了形成制度外，对关键问题设有专门栏目
7. 班组长和工人在安全方面的接触	班组长和工人从不讨论安全问题	班组长和工人时而讨论安全问题但不经常	班组长在检查工作时经常和工人作安全方面的谈话	除"良"外，班组长严格贯彻安全计划并在检查岗位安全状况，每天至少与工人谈论安全问题一次
六、事故研究统计和报告				
1. 岗位工人对事故进行研究	岗位工人对事故不进行研究	仅对已发生需要治疗的工伤事故进行研究	岗位操作人员对事故进行全面研究，确定原因，限期实施改正措施	除"良"外，事故发生24 h内进行研究，提出措施，报经车间和工厂领导审阅
2. 事故原因、工伤地点分析和事故统计	不分析事故发生的原因	能有效地分析出事故原因和地点、具备医药和急救措施	除进行有效的分析外，并针对事故原因采取预防措施	事故原因和受伤情况都能进行详细分析并进行评价，在管理工作中加以改进
3. 财物损失的研究	不研究	口头上有要求或对财物损失有一般调查指示	低于150元的财物损失要进行询问，高于此数者要进行调查	除"良"外，对所有财物损失事故均要进行详细调查
4. 专门的事故报告制度	事故报告程序不合理	有定期报告	除"可"外，报告均加以整理以备分析	均按事故报告制度进行

3. 量化安全检查表

如上所述，检查表式安全评价法还可通过评分方式形成量化效果，有学者根据量化程度将其划分为"半定量化安全检查表"和"定量化安全检查表"。按照这种划分方式，上述检查表式综合评价法（表14-4）可认为是半定量化安全检查表。

按照这种方式划分的定量化安全检查表，则包括各子系统的权重系数及各检查项目的得分情况。评价过程中，按照一定的计算方法，首先应计算出各子系统的评价分数值，再计算出各评价系统的评价得分，最后确定系统（装置）的安全评价等级。定量化安全检查表的格式见表14-5。

表14-5 定量化安全检查表的格式

序号	检查项目（权重）	检查内容（权重）	检查得分	检查内容评价分数	检查项目评价分数

【例14-1】表14-6表示的"危险化学品生产、存储企业安全评估表"，就是一个定量化安全检查表。该表中的不同检查项目和检查内容均按重要程度给予权重系数，同一层次各权重系数之和等于1。评价时从检查内容开始，按实际得分逐层向前推算，根据检查内容的分数值和权重系数计算检查项目分数值，最后得到系统总的评价得分，按评价总分划分安全评价结果等级。

表14-6 危险化学品生产、存储企业安全评估表

序号	检查项目（权重）	检查内容（权重）	检查得分	检查内容评价分数	检查项目评价分数
1	组织机构及安全管理制度（0.2）	安全生产管理机构（0.05）			
		专职安全管理人员（0.05）			
		兼职安全管理人员（0.05）			
		安全生产工作领导机构（0.05）			
		事故应急救援抢救组织（委托、兼管也可）（0.05）			
		安全生产议事制度（0.05）			
		安全生产岗位责任制（0.1）			
		安全技术与操作规程（0.1）			
		安全生产教育制度（0.1）			
		安全生产检查制度（0.1）			
		安全生产值班制度（0.05）			

表 14 - 6（续）

序号	检查项目（权重）	检查内容（权重）	检查得分	检查内容评价分数	检查项目评价分数
1	组织机构及安全管理制度（0.2）	危险物品仓储安全管理制度（0.1）			
		危险作业安全管理制度（0.1）			
		设备安全管理制度（0.05）			
2	从业人员（0.12）	劳动合同中安全条款是符合国家有关规定（0.08）			
		从业人员是否经过安全教育、培训及持证上岗情况（0.24）			
		特种作业人员是否经过培训和持证上岗情况（0.16）			
		事故应急救援抢救人员是否经过培训（0.09）			
		作业人员是否熟悉并遵守作业规程（0.18）			
		从业人员是否掌握紧急情况下的应急措施（0.09）			
		是否全部缴纳职工工伤保险（0.08）			
		安全生产合理化建议情况（0.08）			
3	生产、储存工艺技术与装备（0.1）	生产、储存装备布置、建筑结构、电气设备的选用及安装是否符合国家有关规定和国家标准（0.3）			
		采用的生产、储存工艺技术是否为国家淘汰的生产工艺（0.2）			
		使用的生产、储存装备是否为国家淘汰的生产装备（0.2）			
		特种设备是否按照国家有关规定取得检验、检测合格证（0.2）			
		特种设备档案是否齐全（0.1）			
4	公用工程与安全设施（0.14）	公用工程是否满足生产工艺技术的需要（0.05）			
		职工安全防护装置的配置是否符合国家有关规定（0.15）			
		生产、储存装备安全防护装置的配置是否符合国家有关规定（0.15）			
		职工劳动防护用品的配备是否符合国家有关规定（0.15）			
		职工安全防护装置，生产、储存装备安全防护装置，职工劳动防护用品等安全设施是否定期检验、检测，并建立档案（0.15）			
		消防设施的配置是否符合国家有关规定（0.15）			
		是否配备事故应急救援器材、设备（0.05）			
		危险作业场所是否按照国家有关规定和国家标准设置明显的安全警示标志（0.15）			

表14-6（续）

序号	检查项目（权重）	检查内容（权重）	检查得分	检查内容评价分数	检查项目评价分数
5	安全操作、检查与检修施工作业（0.14）	是否按照安全检查制度进行检查，并保存记录（0.08）			
		生产、储存操作记录是否齐全（0.08）			
		有无跑、冒、滴、漏及腐蚀现象（0.2）			
		是否按国家有关规定定期对现有生产、储存装备进行安全评价（0.15）			
		对安全检查和安全评价发现的隐患是否提出整改措施，并完成整改工作（0.2）			
		生产、储存装备是否按规定定期进行维护保养与检修（0.15）			
		检修施工作业是否遵守国家有关规定和国家标准（0.08）			
		重复使用的危险化学品包装物、容器在使用前是否进行了检查，并有相应的记录（0.06）			
6	事故预防与处理（0.09）	是否对危险源实施监控，并建立档案（0.15）			
		是否制定了相应的化学事故应急预案（0.2）			
		化学事故应急预案是否按规定向政府部门备案（0.1）			
		是否按照化学事故应急预案定期组织演练，并及时修订预案（0.15）			
		发生的事故是否建立了档案（0.1）			
		事故调查处理是否符合国家有关规定（0.1）			
		事故"四不放过"的落实情况（0.2）			
7	安全生产投入（0.08）	安全技术措施项目投入是否编入年度投入计划（0.25）			
		安全技术措施项目完成情况（0.25）			
		年度投入是否满足改善安全生产条件的需要（0.25）			
		事故隐患整改投入完成情况（0.25）			
8	危险物品安全管理（0.13）	对新的或危险性不明的化学品，是否按规定委托国家认可的专业技术机构对其危险性进行鉴别和评估（0.08）			
		编制危险化学品安全技术说明书和安全标签是否符合国家标准（0.15）			
		是否生产、使用国家明令禁止的危险化学品（0.2）			
		销售、购买危险化学品是否符合国家有关规定，并保存记录（0.08）			
		危险物品是否建立了档案（0.08）			

表 14 –6（续）

序号	检查项目（权重）	检查内容（权重）	检查得分	检查内容评价分数	检查项目评价分数
8	危险物品安全管理（0.13）	危险物品的运输是否符合国家有关规定和国家标准（0.08）			
		使用的危险化学品包装物、容器是否是定点生产单位生产的产品（0.15）			
		使用的危险化学品包装物、容器是否取得具有专业资质的检测、检验机构检测、检验合格（0.09）			
		废弃危险化学品的处置是否符合国家有关规定（0.09）			
		评估分数合计			

注：检查内容每条按百分制打分，无须检查的条目按满分计算。

14.1.2 定性安全评价计分方式的种类与选用

由上述介绍可知，利用安全检查表进行的定性安全评价中，常常对每一评价指标打分，然后汇总得出安全评价的总分数。按照指标评分和汇总方式的不同，可分为逐项赋值评价法、单项定性加权计分法、加权平均法和单项否定计分法 4 类。

1. 逐项赋值评价法

针对每一评价指标，即安全检查表的每一项检查内容，按其重要性程度的不同，赋予不同的标准分值（表 14 –2）。评价时，单项检查完全合格者给满分，部分合格者按规定的标准给分，完全不合格者记分。这样逐条逐项地检查评分，最后累计所有各项得分以得到系统评价的总分。然后，根据总分多少，按规定的标准确定被评价系统的安全等级。

表 14 –2 的检查表式综合评价法属于逐项赋值评价法。

2. 单项定性加权计分法

这种评价计分方法，是把安全检查表中的所有检查项目，按照实际检查评定结果，分别给予优、良、可、劣，或采用可靠、基本可靠、基本不可靠、不可靠等定性等级评定，对每一等级赋予相应的权重系数，然后累计求和并划分安全等级。它相当于上面介绍的优良可劣评价法。

3. 加权平均法

把企业的安全评价按专业分成若干个评价表，所有评价表不管条款多少，都按统一计分体系分别评价计分，如 10 分制或 100 分制等；同时，按照各评价表的内容对总体安全评价的重要程度，分别给予一定的权重系数。评价时，按各评价表评价所得的分值，分别乘上各自的权重系数并求和，便得到企业安全评价的总分值，并划分安全等级。

4. 单项否定计分法

这种方法一般不单独使用，仅适用于企业系统中某些具有特殊危险而又十分敏感的具体系统，如煤气站、锅炉房、起重设备等。这类系统往往有若干危险因素，其中只要有一处处于不安全状态，就极有可能导致严重事故的发生。因此，把这类系统的安全评价表中的某些评价项目确定为对该系统安全状况具有否定权的项目，只要这些项目中有一项被判为不合格，就认为该系统安全状况不合格。这种方法已在机械工厂和核工业设施的安全评价中采用。

以上 4 种评价计分方法的特点和选用原则是：逐项赋值法最简单实用，而且计值较合理；加权平均法的系统性、科学性较强，适用于大型企业按一定评价范围分别进行评价；单项定性加权计分法仅在所有评价项目的重要性均等的情况下才能使用；而单项否定计分法则只能在危险性很大、危险因素很多的系统中采用。

14.2　定量安全评价

14.2.1　定量安全评价方法

通过安全评价，查明系统中存在的危险性，并对危险性进行定量化处理，确定危险性的等级或发生概率，从而为评价提供数量依据，即为定量安全评价。

应用前述各种定量系统安全分析方法（如事故树分析、事件树分析、因果分析、致命度分析等）进行定量安全评价工作，均属于定量安全评价。

目前，定量安全评价方法有两个主要的趋势，一种是以可靠性为基础的方法，另一种是指数法（或评分法）。据此，可将定量安全评价方法分为两类，一类是可靠性安全评价法，也称为概率评价法，是通过计算发生事故的概率，进而计算出风险率，并和社会允许的安全值（安全指标）进行比较，确定被评价系统的安全状况。这种方法的评价精度较高，但需要足够的基础数据，且需要一定的数学基础，所以比较复杂，也较难掌握。另一类方法是指数法（或评分法），是通过评定计算危险（安全）分数来确定系统安全状况的方法。这种方法计算简单，使用起来比较容易，但评价精度稍差。

需要说明的是，如果按照"定性 – 半定量 – 定量"的划分标准，似乎应该将指数法划分为"半定量评价方法"；而定量安全评价方法，则专指概率评价法（可靠性安全评价法）。目前此问题尚无定论。

14.2.2　概率安全评价法

采用概率安全评价法（可靠性安全评价法）进行安全评价时，需要首先知道系统的安全指标。评价时，采用事故树分析法、事件树分析法等计算出事故的发生概率，并进而计算出风险率。之后，将计算出的实际风险率数值与已知的安全指标进行比较，如果风险率低于安全指标，就认为系统是安全的，评价工作也就可以结束；否则，如果风险率高于安全指标，则认为系统不安全，必须采取有效措施，降低系统的风险率，然后再进行评价。这样反复进行，直到风险率低于安全指标为止。

实际应用中，可分别以 3 种风险率单位进行安全评价，下面分别予以介绍。

1. 以单位时间死亡率进行评价

定量评价系统的安全性是比较困难的，原因是收集积累各子系统的危险性发生频率的数据不充分，同时在估算因事故造成的经济损失和人员伤亡时也往往受评价者的主观意志所影响。目前，国际上经常采用单位时间死亡率来进行系统安全性的评价，其主要原因是：①保障人身安全是安全系统工程的根本任务；②"死亡"的统计数据最为可靠。

例如，以美国交通事故情况，对其作出安全评价：

第 12 章中，美国汽车交通事故的风险率为 2.5×10^{-4} 死亡/(人·年)，这个数值意味着，一个 10 万人的集体每年有 25 人因车祸而死亡的风险，或 4000 人的集体每年有 1 人死亡，或每人每年有 0.00025 因车祸而死亡的可能性。但是，为了享受小汽车带来的物质文明，就必须承担这样的风险率。

要降低这个风险率数值当然可以，但要花很多钱去改善交通设施和汽车性能。因此，没人愿意花更多的钱去改变这种状况，也没有人因害怕这种风险而放弃使用小汽车。这就是说，在实际生活中，没有人由于害怕承担这样的风险而放弃使用小汽车。所以，这个风险率数值就可以作为使用小汽车的一个社会公认的安全指标。从这个意义上讲，美国汽车交通事故的风险率未超出安全指标，因此是可以接受的。

2. 以单位时间损失工作日进行评价

【例14-2】对压力机系统进行安全评价。设有一如图14-1所示的压力机系统。压力机上有一个手动开关 K_1，操作者通过开关 K_1 操纵控制阀 KV 使压杆上下运动。当压杆提上时，用手向压模之间送料。如果压力机发生故障或操作失误，就会发生轧手事故。假设该系统的负伤安全指标为 8×10^{-4} 损失工日/接触小时，下面对其进行安全评价。

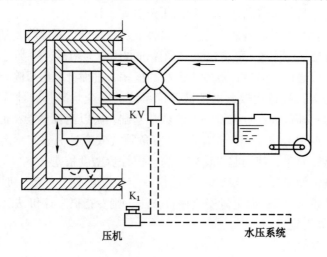

图14-1　压力机系统示意图

1）计算压力机轧手事故的发生概率

此例用事故树分析法计算事故的发生概率。编制出轧手事故的事故树，如图14-2所示。这里，我们认为压杆下降完全是由于控制阀 KV 处于下降位置造成的（不考虑其他故障因素），所以二者是等同的，其间不需经过逻辑门连接。

按照图14-2，列出事故树的结构式为

$$T = x_1 A_1 = x_1 A_2$$
$$= x_1 (x_2 + A_3)$$
$$= x_1 (x_2 + x_3 + x_4)$$
$$= x_1 x_2 + x_1 x_3 + x_1 x_4$$

根据系统的运行况并参照各元件的故障率数值，设定各基本事件的发生概率为

$$q_1 = 0.5(送料时间占手工作时间的一半)$$
$$q_2 = 10^{-7}(参照元件的故障率)$$
$$q_3 = 10^{-7}(参照元件的故障率)$$
$$q_4 = 10^{-3}(参照元件的故障率)$$

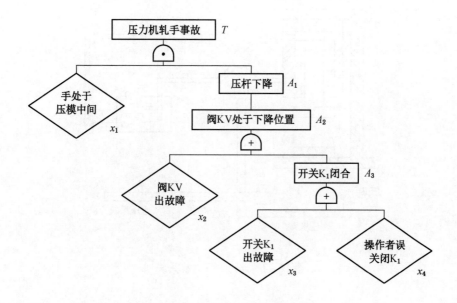

图 14－2 轧手事故的事故树

根据各基本事件的概率，按照事故树的结构式，用近似算法求出顶上事件的发生概率为

$$q_T \approx q_1 q_2 + q_1 q_3 + q_1 q_4$$
$$= 0.5 \times 10^{-7} + 0.5 \times 10^{-7} + 0.5 \times 10^{-3}$$
$$\approx 5 \times 10^{-4}$$

2）计算系统的风险率

按照国家标准《企业职工伤亡事故分类》（GB 6441—1986）规定，压断掌骨使手完全失去功能（腕部截肢）的损失工作日为 1300 日。根据顶上事件的发生概率及损失工作日数，可以算出系统的风险率 R 为

$$R = q_T \times 1300$$
$$= 5 \times 10^{-4} \times 1300$$
$$= 0.65（损失工日/接触小时）$$

3）比较与评价

根据以上计算，每接触压力机 1 h，就要承担损失工作日 0.65 日的风险。与安全指标 8×10^{-4} 损失工日/接触小时相比，可以看出风险率大于安全指标。所以，这个系统是不安全的，这样大的风险率是不能接受的。

4）采取措施降低事故风险率

由于系统处于危险状态，所以应该采取措施提高系统的可靠性，降低事故风险率。例如，可以在基本元件上串联一个元件，即增加一个冗余件来提高操作的可靠性。本例中，在原来的开关 K_1 上串接另一个开关 K_2，如图 14－3 所示。

根据图 14－3，作出改进后的系统中"压力机轧手事故"的事故树，如图 14－4所示。

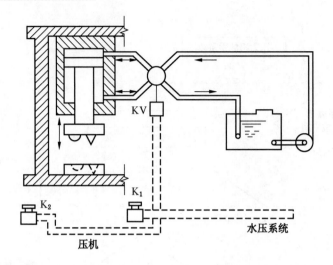

图 14-3 改进的压力机系统

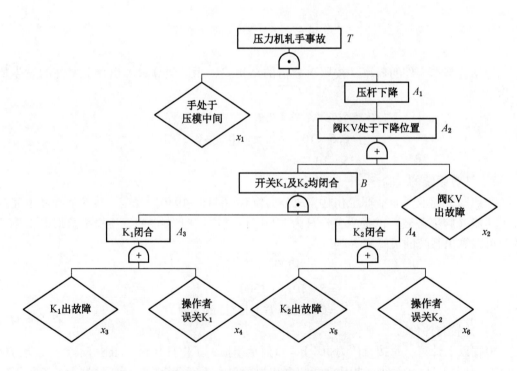

图 14-4 改进后轧手事故的事故树

改进后的事故树的结构式为

$$T = x_1 A_1 = x_1 A_2 = x_1 (B + x_2)$$
$$= x_1 (A_3 A_4 + x_2)$$
$$= x_1 [(x_3 + x_4)(x_5 + x_6) + x_2]$$
$$= x_1 x_2 + x_1 x_3 x_5 + x_1 x_3 x_6 + x_1 x_4 x_5 + x_1 x_4 x_6$$

基本事件 x_1、x_2、x_3、x_4 的概率与上相同，x_5、x_6 的概率设为

$$q_5 = 10^{-7}, \quad q_6 = 10^{-3}$$

求出顶上事件的发生概率为

$$T \approx q_1 q_2 + q_1 q_3 q_5 + q_1 q_3 q_6 + q_1 q_4 q_5 + q_1 q_4 q_6$$
$$= 0.5 \times 10^{-7} + 0.5 \times 10^{-7} \times 10^{-7} + 0.5 \times 10^{-7} \times 10^{-3} + 0.5 \times 10^{-3} \times 10^{-7} + 0.5 \times 10^{-3} \times 10^{-3}$$
$$\approx 5.5 \times 10^{-7}$$

则风险率为

$$R = q_T \times 1300$$
$$= 5.5 \times 10^{-7} \times 1300$$
$$= 7.15 \times 10^{-4} (损失工日/接触小时)$$

这一风险率数值小于安全指标。所以，经过改进后的系统是安全的。安全评价工作到此结束。

3. 以单位时间损失价值进行评价

以单位时间内经济损失价值的风险率进行安全评价，是全面评价系统安全性的方法，它既考虑事故发生可能造成的经济损失，同时又把人员伤亡损失折合成经济损失，统一计算事故造成的总损失。在计算出系统发生事故概率（或频率）的情况下，就可计算出以单位时间内的经济损失金额作为单位的风险率，以此来评价系统的安全性和考察安全投资的合理性。

一般地说，事故的经济损失越大，其允许发生的概率越小；事故的经济损失越小，允许发生的概率越大，这个允许范围就是安全范围。两者的关系以及安全范围如图 14-5 所示。事故经济损失与其发生概率的关系之所以并非直线关系，主要是人们对损失严重的事故的恐惧心理所致，如对核事故就是如此。所以，对核设施的要求就格外严格，对其允许的事故发生概率一般在 10^{-7}/年以下。

评价结果如果超出安全范围，则系统必须调整。对于不符合安全要求的风险率的调整，需要采取各种措施，使其降低至安全目标值以下，以达到系统安全的目的。

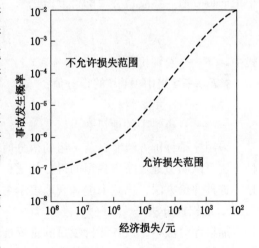

图 14-5 经济损失程度与事故发生概率的关系

综上所述，概率安全性评价（可靠性安全评价）是一种通过大量事故资料统计分析和科学计算，能得到准确结果的评价方法。但是，这一安全评价方法的应用，需要建立相应的系统零部件和子系统事故发生频率（或故障率）的数据库系统，而目前我国故障率数据的积累还不充分，所以其应用范围受到很大限制，这是使用这种方法的一个难点。

14.2.3 指数法（评分法）

采用指数法（评分法）进行安全评价时，首先根据评价对象的具体情况选定评价的

项目，并根据各个评价项目对安全状况的影响程度，确定各个项目所占的分数值（或分数值范围）。在此基础上，由评价者对各个项目逐项进行评定，确定各个评价项目的得分值。然后，通过一定的规则计算得出总评价分数，再根据总评价分数的大小确定系统的安全等级。

确定总评价分数时，可以采用不同的计算方法。据此，可将评分法分为加法评分法、加乘评分法和加权评分法3种。

1. 加法评分法

加法评分法是将各评价项目的得分值依次相加，各评价项目得分值之和即为系统的总评价分数。即

$$F = \sum_{i=1}^{n} F_i \tag{14-1}$$

式中　F——总评价分数；

　　　F_i——评价项目 i 的评价分数值；

　　　n——评价项目的数目。

这种方法简单易行，但它将各评价项目平等对待，往往会忽视主要项目的决定性作用，使评价结果与系统的实际安全状况之间产生一定的偏差。

2. 加乘评分法

加乘评分法是将各评价项目分成若干小组，首先将每组之内各项目的得分值相加求出小组的得分值，然后将各组的得分值相乘，求出系统的总评价分数。即

$$F = \prod_{i=1}^{m} \sum_{j=1}^{n} F_{ij} \tag{14-2}$$

式中　F——总评价分数；

　　　F_{ij}——i 组中项目 j 的得分值；

　　　m——小组数目；

　　　n——小组中的项目数目。

采用这种评价方法时，若某组的得分值较小，则对总评价分数的影响较大。即采用这种方法可以明显地反映出各组的得分状况，可以促使被评价单位全面地做好安全工作。但是，这种评价方法，仍然未能客观地表示主要评价项目的决定性作用。

3. 加权评分法

加权评分法中，按各评价项目的重要性程度对其分配权数。计算总评价分数时，将各项目的得分值乘以该项目的权数，然后再相加。即

$$F = \sum_{i=1}^{n} Q_i F_i \tag{14-3}$$

式中　Q_i——评价项目 i 的权数。

这种评价方法，可以客观地确定各评价项目的重要性程度，突出主要评价项目的作用，使评价工作重点突出，因而评价结果也比较准确、可靠。

对照前述定性安全评价中的评价计分方法可知，此处的评分法与之并无本质的不同。因此，评分法的归属，或者说安全评价方法的分类和规范问题，还需要在实践中做进一步的研究和探讨。本书从实用的角度分别介绍了这些方法，以期为读者提供更为全面的知识

和信息，作为进一步学习、应用和研究的基础。

14.3 安全评价方法的综合应用

14.3.1 安全评价方法的设计或选用思路

针对不同目的开展安全评价工作，可参考如下思路设计安全评价方法，或选择应用安全评价方法体系：

（1）采用某一合理的系统安全分析方法进行安全评价，达到安全评价工作的某一具体要求。例如，采用故障类型和影响分析方法，对某一在用设备进行分析评价，找出严重故障类型，以便加以改进，提高设备的安全性。

（2）根据被评价对象的特点和安全评价的目的，选择应用现有成熟的安全评价（系列）方法，如第 15 章介绍的道化学公司火灾爆炸危险指数评价法、日本劳动省化工企业六阶段安全评价法等。

（3）根据安全评价工作的实际需要，按照本章介绍的定性安全评价、定量安全评价的方法和思路，设计新的安全评价方法或方法体系。不论是解决实际安全评价问题，还是安全评价方法的深化研究和发展，这一考虑尤为重要。

（4）结合应用两种或两种以上的安全评价方法，综合开展安全评价工作。综合评价法参见以下介绍。

14.3.2 综合评价法

实际安全评价工作中，根据评价对象和评价的深度、广度要求，经常将两种或数种不同的安全评价方法结合应用，以使安全评价工作更加完善。这样的安全评价方法也称为综合评价法，是把定性方法和定量方法综合在一起应用于安全评价，有时则是两种以上定量评价方法的综合应用。例如，安全检查表法同指数法相结合，指数法同概率法相结合等。由于各种评价方法都有其适用范围和局限性，所以综合应用几种评价方法就会相互取长补短，提高评价结果的精度和可靠性。

由上述分析可知，不同安全评价方法的综合应用，可以取得较为理想的效果；另外，从我国的实际情况出发，难以很快解决建立故障率数据库提供众多的基础事故数据这一实际困难。所以，定性与定量相结合的安全评价法将是今后较长一段时间付诸应用的主要安全评价方法。

本 章 小 结

本章介绍了安全评价方法的分类和安全评价方法体系；详细介绍了定性安全评价方法和定量安全评价方法。之后，介绍了安全评价方法的设计思路及综合评价法。

通过本章学习，了解安全评价方法的设计、选择思路，掌握典型的定性安全评价和定量安全评价方法。

思 考 与 练 习

1. 何为定性安全评价？可以采取哪些方法进行定性安全评价？

2. 应用安全检查表进行定性安全评价，分为哪几种方法？简述各种方法的基本思路，以及方法设计中的基础工作。

3. 定性安全评价按照计分方式划分为哪几种方法？说明它们的特点和选择方法。

4. 定量安全评价方法如何分类？其发展趋势如何？

5. 概率安全评价分为哪几种？试述各种方法的基本思路和应用步骤，掌握评价计算方法。

6. 图 14-1 所示的压力机系统，设其以经济价值表示的安全指标为 5×10^{-3} 元/接触小时；每发生一次轧手事故，因停工、处理事故造成的损失为 1000 元，受伤人员的休工工资、抚恤等共 44000 元。设基本事件的发生概率分别为：$q_1 = 0.5$，$q_2 = 10^{-7}$，$q_3 = 10^{-7}$，$q_4 = 10^{-3}$（q_2，q_3，q_4 均为 1/h），试对该系统进行安全评价。

7. 评分法中，如何确定总评价分数？

8. 试述安全评价方法的设计和选用思路。

9. 何为安全评价方法中的综合评价法？分析其特点和应用。

15　国内外安全评价常用方法

📝 **本章学习目标：**

（1）学习、熟悉本章介绍的各种定量安全评价方法的设计思路和方法步骤。

（2）熟练应用道化学公司火灾、爆炸指数危险评价法开展安全评价工作；熟练应用作业条件危险性评价法、化工企业六阶段安全评价法、风险矩阵法开展安全评价工作。

（3）了解重大危险源评价法、保护层分析法、模糊数学综合评判法、人员可靠性分析法的原理、层次分析法的评价程序和特点，并能加以应用。

15.1　火灾、爆炸指数危险评价法

15.1.1　道化学公司火灾、爆炸指数危险评价法概述

15.1.1.1　道化学公司火灾爆炸危险指数评价法简况

美国道化学公司火灾、爆炸指数危险评价法，用于对化工工艺过程及其生产装置的火灾、爆炸危险性作出评价，并提出相应的安全措施。它以物质系数为基础，再考虑工艺过程中其他因素如操作方式、工艺条件、设备状况、物料处理、安全装置情况等的影响，来计算每个单元的危险度数值，然后按数值大小划分危险度级别。

道化学公司的火灾、爆炸危险指数评价法开创了化工生产危险度定量评价的历史。1964 年公布第一版，提出了以物质指数为基础的危险评价方法；1966 年，进一步提出了火灾、爆炸指数的概念；1972 年，提出了代表物质潜在能量的物质系数，结合物质的特定危险值、工艺过程及特殊工艺的危险值，计算出系统的火灾、爆炸指数，以评价该系统火灾、爆炸危险程度的方法，即第三版；1976 年发表了第四版，1980 年发表了第五版，1987 年发表了第六版；在对第六版进行了修改并给出了美国消防协会（NFPA）的最新物质系数后，于 1993 年推出了最新的第七版，以物质的潜在能量和现行安全措施为依据，定量地对工艺装置及所含物料的实际潜在火灾、爆炸和反应危险性进行分析评价，可以说更加完善、更趋成熟。其目的是：①量化潜在火灾、爆炸和反应性事故的预期损失；②确定可能引起事故发生或使事故扩大的装置；③向有关部门通报潜在的火灾、爆炸危险性；④使有关人员及工程技术人员了解各工艺系统可能造成的损失，以此确定减轻事故严重性和总损失的有效、经济的途径。

15.1.1.2　道化学公司火灾爆炸危险指数评价法的评价程序

道化学公司火灾、爆炸危险指数评价法的评价程序如图 15 – 1 所示。其步骤如下：

（1）确定单元。

（2）求取单元内的物质系数 MF。

（3）按单元的工艺条件，将采用适当的危险系数，得出"一般工艺危险系数"和"特殊工艺危险系数"。

（4）用一般工艺危险系数和特殊工艺危险系数相乘求出工艺单元危险系数。

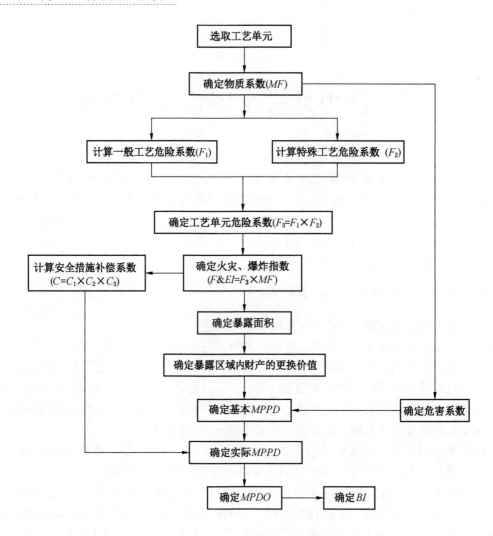

图 15-1 道氏危险指数评价法程序图

（5）将工艺单元危险系数与物质系数相乘，求出火灾、爆炸危险指数（$F\&EI$）。

（6）根据火灾、爆炸危险指数得到单元的暴露区域半径，并计算暴露面积。

（7）查出单元暴露区域内的所有设备的更换价值，确定危害系数，求出基本最大可能财产损失 $MPPD$。

（8）计算安全措施补偿系数。

（9）应用安全措施补偿系数乘以基本最大可能财产损失 $MPPD$，确定实际最大可能财产损失 $MPPD$。

（10）根据实际最大可能财产损失，确定最大可能工作日损失 $MPDO$。

（11）用 $MPDO$ 确定停产损失 BI（按美元计算）。

15.1.1.3　道化学公司火灾爆炸危险指数评价法的资料准备

道化学公司火灾爆炸危险指数评价法的资料包括：

（1）完整的工厂设计方案。

（2）工艺流程图。

（3）火灾、爆炸指数计算表（表15-1）。

（4）安全措施补偿系数表（表15-2）。

（5）工艺单元危险分析汇总表（表15-3）。

（6）生产单元风险分析汇总表（表15-4）。

表15-1 火灾、爆炸指数（F&EI）表

地区/国家：		部门：		场所：		日期：
位置：		生产单元：		工艺单元：		
评价人：		审定人（负责人）：		建筑物：		
检查人（管理部）：		检查人（技术中心）：		检查人（安全和损失预防）：		
工艺设备中的物料：						
操作状态：设计-开车-正常操作-停车				确定 MF 的物质：		
操作温度：				物质系数：		

1. 一般工艺危险	危险系数范围	采用危险系数
基本系数	1.00	1.00
A. 放热化学反应	0.30~1.25	
B. 吸热反应	0.20~0.40	
C. 物料处理与输送	0.25~1.05	
D. 密闭式或室内工艺单元	0.25~0.90	
E. 通道	0.20~0.35	
F. 排放和泄漏控制	0.20~0.50	
一般工艺危险系数（F_1）		
2. 特殊工艺危险	危险系数范围	采用危险系数
基本系数	1.00	1.00
A. 毒性物质	0.20~0.80	
B. 负压（<500 mmHg）	0.50	
C. 接近易燃范围的操作：惰性化、未惰性化		
（1）罐装易燃液体	0.50	
（2）过程失常或吹扫故障	0.30	
（3）一直在燃烧范围内	0.80	
D. 粉尘爆炸	0.25~2.00	
E. 压力：操作压力（kPa，绝对） 　　　释放压力（kPa，绝对）		
F. 低温	0.20~0.30	

表 15 - 1（续）

2. 特殊工艺危险	危险系数范围	采用危险系数
G. 易燃及不稳定物质量（kg），物质燃烧热 Hc（J/kg）		
（1）工艺中的液体及气体		
（2）储存中的液体及气体		
（3）储存中的可燃固体及工艺中的粉尘		
H. 腐蚀与磨损	0.10 ~ 0.75	
I. 泄漏——连接头和填料	0.10 ~ 1.50	
J. 使用明火设备		
K. 热油、热交换系统	0.15 ~ 1.15	
L. 传动设备	0.50	
特殊工艺危险系数（F_2）		
工艺单元危险系数（$F_3 = F_1 \times F_2$）		
火灾、爆炸指数（$F\&EI = F_3 \times MF$）		

注：无危险时系数用 0.00。

表 15 - 2 安全措施补偿系数表

项 目	补偿系数范围	采用补偿系数	项 目	补偿系数范围	采用补偿系数
1. 工艺控制			c. 排放系统	0.91 ~ 0.97	
a. 应急电源	0.98		d. 连锁装置	0.98	
b. 冷却装置	0.97 ~ 0.99		物质隔离安全补偿系数 C_2 [②]		
c. 抑爆装置	0.84 ~ 0.98		3. 防火设施		
d. 紧急切断装置	0.96 ~ 0.99		a. 泄漏检验装置	0.94 ~ 0.98	
e. 计算机控制	0.93 ~ 0.99		b. 钢结构	0.95 ~ 0.98	
f. 惰性气体保护	0.94 ~ 0.96		c. 消防水供应系统	0.94 ~ 0.97	
g. 操作规程/程序	0.91 ~ 0.99		d. 特殊灭火系统	0.91	
h. 化学活泼性物质检查	0.91 ~ 0.98		e. 洒水灭火系统	0.74 ~ 0.97	
i. 其他工艺危险分析	0.91 ~ 0.98		f. 水幕	0.97 ~ 0.98	
工艺控制安全补偿系数 C_1 [②]			g. 泡沫灭火装置	0.92 ~ 0.97	
2. 物质隔离			h. 手提式灭火器和喷水枪	0.93 ~ 0.98	
a. 遥控阀	0.96 ~ 0.98		i. 电缆防护	0.94 ~ 0.98	
b. 卸料/排空装置	0.96 ~ 0.98		防火设施安全补偿系数 C_3 [②]		

注：安全措施补偿系数 = $C_1 \times C_2 \times C_3$。

　　① 无安全补偿系数时，填入 1.00。

　　② 是所采用的各项补偿系数之积。

表15-3 工艺单元危险分析汇总表

序号	内　　容	工艺单元
1	火灾、爆炸危险指数（$F\&EI$）	
2	危险等级	
3	暴露区域半径	m
4	暴露区域面积	m²
5	暴露区域内财产价值	
6	危害系数	
7	基本最大可能财产损失（基本 $MPPD$）	
8	安全措施补偿系数	
9	实际最大可能财产损失（实际 $MPPD$）	
10	最大可能工作日损失（$MPDO$）	天
11	停产损失（BI）	

表15-4 生产单元危险分析汇总表

地区/国家：		部门：		场所：			
位置：		生产单元：		操作类型：			
评价人：		生产单元总替换价值：		日期：			
工艺单元主要物质	物质系数	火灾爆炸指数 $F\&EI$	影响区内财产价值	基本 $MPPD$	实际 $MPPD$	最大可能工作日损失 $MPDO$	停产损失 BI

15.1.2　道化学公司火灾爆炸危险指数评价法的评价计算过程

15.1.2.1　选择工艺单元

进行危险指数评价的第一步是确定评价单元，单元是装置的一个独立部分，与其他部分保持一定的距离，或用防火墙、防火堤等与其他部分隔开。

1. 相关定义

工艺单元——工艺装置的任一单元。

生产单元——包括化学工艺、机械加工、仓库、包装线等在内的整个生产设施。

恰当工艺单元——在计算火灾、爆炸危险指数时，只评价从预防损失角度考虑对工艺有影响的工艺单元，简称工艺单元。

2. 恰当工艺单元的选择

（1）选择恰当工艺单元的重要参数有下列6个。一般来说，参数值越大，该工艺单元就越需要评价：①潜在化学能（物质系数）；②工艺单元中危险物质的数量；③资金密度（每平方米美元数）；④操作压力和操作温度；⑤导致火灾、爆炸事故的历史资料；⑥对装置起关键作用的单元。

（2）选择恰当工艺单元时，还应注意以下几个要点：①由于火灾、爆炸危险指数体系是假定工艺单元中所处理的易燃、可燃或化学活性物质的最低量为 2268 kg 或 2.27 m³，因此，若单元内物料量较少，则评价结果就有可能被夸大。一般，所处理的易燃、可燃或化学活性物质的量至少为 454 kg 或 0.454 m³，评价结果才有意义。②当设备串联布置且相互间未有效隔离，要仔细考虑如何划分单元。③要仔细考虑操作状态（如开车、正常生产、停车、装料、卸料、添加触媒等）及操作时间，对 *F&EI* 有影响的异常状况，判别选择一个操作阶段还是几个阶段来确定重大危险。

15.1.2.2 确定物质系数（*MF*）

物质系数是表述物质在燃烧或其他化学反应引起的火灾、爆炸时释放能量大小的内在特性，是一个最基础的数值。物质系数是由美国消防协会（NFPA）规定的 N_F、N_R（分别代表物质的燃烧性和化学活性）决定的。物质系数和特性表中提供了大量的化学物质系数，它能用于大多数场合。

1. 表外物质系数

在求取物质系数和特性表未列出的物质、混合物或化合物的物质系数时，必须确定其可燃性等级（N_F）或可燃性粉尘等级（St），即首先确定表 15 – 5 左栏中的参数。液体和气体的 N_F 由闪点求得，粉尘或尘雾的 S_t 值由粉尘爆炸试验确定，可燃固体的 N_F 值则依其性质不同在表 15 – 5 左栏中分类标示。

表 15 – 5 物 质 系 数 取 值 表

液体、气体的易燃性或可燃性	NFPA325M 或 49	反应性或不稳定性				
		$N_R = 0$	$N_R = 1$	$N_R = 2$	$N_R = 3$	$N_R = 4$
不燃物	$N_F = 0$	1	14	24	29	40
F. P.① > 93.3 ℃	$N_F = 1$	4	14	24	29	40
37.8 ℃ < F. P. < 93.3 ℃	$N_F = 2$	10	14	24	29	40
22.8 ℃ < F. P. < 37.8 ℃ 或 F. P. < 22.8 ℃ 并且 B. P.② < 37.8 ℃	$N_F = 3$	16	16	24	29	40
F. P. < 22.8 ℃ 并且 B. P. < 37.8 ℃	$N_F = 4$	21	21	24	29	40
可燃性粉尘或烟雾						
$S_t – 1$（$K_{st} \leq 200$ bar③·m/s）		16	16	24	29	40
$S_t – 2$（$K_{st} = 201 \sim 300$ bar·m/s）		21	21	24	29	40
$S_t – 3$（$K_{st} > 300$ bar·m/s）		24	24	24	29	40

表 15 - 5（续）

液体、气体的易燃性或可燃性	NFPA325M 或 49	反应性或不稳定性				
		$N_R = 0$	$N_R = 1$	$N_R = 2$	$N_R = 3$	$N_R = 4$
可燃性固体						
厚度 > 40 mm 紧密的	$N_F = 1$	4	14	24	29	40
厚度 < 40 mm 疏松的	$N_F = 2$	10	14	24	29	40
发泡材料、纤维、粉尘等	$N_F = 3$	16	16	24	29	40

注：① F. P. 为闭杯闪点。

② B. P 为标准温度和压力下的沸点。

③ 1 bar = 10^5 Pa。

物质、混合物或化合物的反应性等级 N_R 根据其在环境温度条件下的不稳定性（或与水反应的剧烈程度），按 NFPA704 确定。

$N_R = 0$ 指在燃烧条件下仍保持稳定的物质，通常包括以下物质：①不与水反应的物质；②在温度 > 300 ~ 500 ℃时，用差示扫描量热仪（DSC）测量显示温升的物质；③用 DSC 试验时，在温度 ≤ 500 ℃时不显示温升的物质。

$N_R = 1$ 指稳定，但会在加温加压条件下成为不稳定的物质，一般包括如下物质：①接触空气、受光照射或受潮时，发生变化或分解的物质；②在温度 > 150 ~ 300 ℃时，显示温升的物质。

$N_R = 2$ 指在加温加压条件下发生剧烈化学变化的物质：①用 DSC 做试验，在温度 ≤ 150 ℃时，显示温升的物质；②与水剧烈反应或与水形成潜在爆炸性混合物的物质。

$N_R = 3$ 指本身能发生爆炸分解或爆炸反应，但需要强引发源或引发前必须在密闭状态下加热的物质：①加温加热时对热机械冲击敏感的物质；②加温加热时或密闭，即与水发生爆炸反应的物质。

$N_R = 4$ 指在常温常压下易于引爆分解或发生爆炸反应的物质。

若该物质为氧化剂，则 N_R 再加 1（但不超过 4）；对冲击敏感性物质，N_R 为 3 或 4；如得出的 N_R 值与物质的特性不相符，则应补做化学品反应性试验。

2. 混合物

工艺单元内混合物质应按"在实际操作过程中所存在的最危险物质"原则来确定。发生剧烈反应的物质，如氢气和氯气在人工条件下混合、反应，反应持续而快速，生成物为非燃烧性、稳定的产物，则其物质系数应根据初始混合状态来确定。

混合溶剂或含有反应性物质溶剂的物质系数，可通过反应性化学试验数据求得；若无法取得时，则应取组分中最大的 MF 作为混合物 MF 的近似值（最大组分浓度 ≥ 5%）。

对由可燃粉尘和易燃气体在空气中能形成爆炸性的混合物，其物质系数必须用反应性化学品试验数据来确定。

3. 烟雾

易燃或可燃液体的微粒悬浮于空气中能形成易燃的混合物，在远远低于其闪点的温度下，能像易燃蒸汽与空气混合物那样具有爆炸性。防止烟雾爆炸的最佳措施是避免烟雾的形成，特别是不要在封闭的工艺单元内使可燃液体形成烟雾。如果会形成烟雾，则需将物质系数提高1级。

4. 物质系数的温度修正

如果物质闪点小于60℃或反应活性温度低于60℃，则该物质系数不需要修正；若工艺单元温度超过60℃，则对MF应作修正，见表15-6。

表15-6　物质温度系数修正表

MF温度修正	N_F	S_t	N_R	备　注
a. 填入N_F（粉尘为S_t）、N_R				若工艺单元是反应器，则不必考虑温度修正
b. 若温度<60℃，则转至"e"项				
c. 若温度高于闪点，或温度>60℃，则在N_F栏内填"1"				
d. 若温度大于放热起始温度或自燃点，则在N_R栏内填"1"				
e. 各竖行数字相加，当总数>5时，填"4"				
f. 用"e"栏数和表5-5确定MF				

15.1.2.3　工艺单元危险系数（F_3）

工艺单元危险系数（F_3）包括一般工艺危险系数（F_1）和特殊工艺危险系数（F_2），对每项系数都要恰当地进行评价。

1. 一般工艺危险性

一般工艺危险是确定事故损害大小的主要因素，共有6项。根据实际情况，并不是每项系数都采用，各项系数的具体取值见以下介绍。

1）放热化学反应

若所分析的工艺单元有化学反应过程，则选取此项危险系数，所评价物质的反应性危险已经为物质系数所包括。

（1）轻微放热反应的危险系数为0.3，包括加氢、水合、异构化、磺化、中和等反应。

（2）中等放热反应系数为0.5，包括：

① 烷基化——引入烷基形成各种有机化合物的反应。

② 酯化——有机酸和醇生成酯的反应。

③ 加成——不饱和碳氢化合物和无机酸的反应，无机酸为强酸时系数增加到0.75。

④ 氧化——物质在氧中燃烧生成CO_2、H_2O的反应，或者在控制条件下物质与氧反应不生成CO_2、H_2O的反应，对于燃烧过程及使用氯酸盐、硝酸、次氯酸、次氯酸盐类强氧化剂时，系数增加到1.00。

⑤ 聚合——将分子连接成链状物或其他大分子的反应。

⑥ 缩合——两个或多个有机化合物分子连接在一起形成较大分子的化合物，并放出H_2O和HCL等物质的反应。

（3）剧烈反应——指一旦反应失控有严重火灾、爆炸危险的反应，如卤化反应，取 1.00。

（4）特别剧烈的反应，系数取 1.25，指相当危险的放热反应。

2）吸热反应

反应器中所发生的任何吸热反应，系数均取 0.25。

（1）煅烧——加热物质除去结合水或易挥发性物质的过程，系数取为 0.40。

（2）电解——用电流离解离子的过程，系数为 0.20。

（3）热解或裂化——在高温、高压和触媒作用下，将大分子裂解成小分子的过程，当用电加热或高温气体间接加热时，系数为 0.20；直接用火加热时，系数为 0.4。

3）物料处理与输送

用于评价工艺单元在处理、输送和储存物料时潜在的火灾危险性。

（1）所有 I 类易燃或液化石油气类的物料在连接或未连接的管线上装卸时的系数为 0.5。

（2）采用人工加料，且空气可随时加料进入离心机、间歇式反应器、间歇式混料器设备内，并且能引起燃烧或发生反应的危险，不论是否采用惰性气体置换，系数均取 0.5。

（3）可燃性物质存放于库房或露天时的系数为：

① 对 $N_F = 3$ 或 $N_F = 4$ 的易燃液体或气体，系数取 0.85，包括桶装、罐装、可移动挠性容器和气溶胶罐装。

② 表 15-5 中所列 $N_F = 3$ 的可燃性固体，系数取 0.5。

③ 表 15-5 中所列 $N_F = 2$ 的可燃性固体，系数取 0.4。

④ 闭杯闪点大于 37.8 ℃并低于 60 ℃的可燃性液体，系数取 0.25。

若上述物质存放于货架上且未安设洒水装置时，系数要加 0.20，此处考虑的范围不适合于一般储存容器。

4）封闭单元或室内单元

封闭区域定义为有顶且三面或多面有墙壁的区域，或无顶但四周有墙封闭的区域。封闭单元或室内单元系数选取原则如下：

（1）粉尘过滤器或捕集器安置在封闭区域内时，系数取 0.50。

（2）在封闭区域内，在闪点以上处理易燃液体时，系数取 0.3；如果处理易燃液体量 ＞4540 kg，系数取 0.45。

（3）在封闭区域内，在沸点以上处理液化石油气或任何易燃液体量时，系数取 0.6；若易燃液体的量大于 4540 kg，则系数取 0.90。

（4）若已安装了合理的通风装置时，①、③两项系数减 50%。

5）通道

生产装置周围必须有紧急救援车辆的通道，"最低要求"是至少在两个方向上设有通道，选取封闭区域内主要工艺单元的危险系数时要格外注意。至少有一条通道必须是通向公路的，火灾时消防道路可以看作第二条通道，设有监控水枪并处于待用状态。

（1）整个操作区面积大于 925 m² ，且通道不符合要求时，系数为 0.35。

（2）整个库区面积大于 2315 m² ，且通道不符合要求时，系数为 0.35。

（3）面积小于上述数值时，要分析它对通道的要求。如果通道不符合要求，影响消防时，系数取 0.20。

6）排放和泄漏控制

此内容是针对大量易燃、可燃液体溢出危及周围设备的情况；该项系数仅适用于工艺单元内物料闪点小于 60 ℃ 或操作温度大于其闪点的场合。

为了评价排放和泄漏控制是否合理，必须估算易燃、可燃物总量以及消防水能否在事故时得到及时排放。

（1）排放量按以下原则确定：

① 对工艺和储存设备，取单元中最大储罐的储量加上第二大储罐 10% 的储量。

② 采用 30 min 的消防水量。

（2）排放和泄漏控制系数选取的原则：

① 设有堤坝防止泄漏液流入其他区域，但堤坝内所有设备露天放置时，系数取 0.5。

② 单元周围为一可排放泄漏液的平坦地，一旦失火，会引起火灾，系数为 0.5。

③ 单元的三面有堤坝，能将泄漏液引至蓄液池的地沟，并满足以下条件，不取系数：蓄液池或地沟的地面斜度不得小于下列数值，其中土质地面为 2%，硬质地面为 1%；蓄液池或地沟的最外缘与设备之间的距离至少不小于 15 m，如果没有防火墙，可以减少其距离；蓄液池的储液能力至少等于（1）中①与②之和。

④ 如蓄液池或地沟处设有公用工程管线或管线的距离不符合要求，系数取 0.5。

2. 特殊工艺危险性

特殊工艺危险是影响事故发生概率的主要因素，特定的工艺条件是导致火灾、爆炸事故的主要原因。特殊工艺危险有下列 12 项。

1）毒性物质

毒性物质能够扰乱人们机体的正常反应，因而降低了人们在事故中制定对策和减轻伤害的能力。毒性物质的危险系数为 $0.2 \times N_H$，对于混合物，取其中最高的 N_H 值。

N_H 是美国消防协会在 NFPA 704 中定义的物质毒性系数，其值在 NFPA 325 M 或 NFPA 49 中已列出。物质系数和特性表中给出了许多物质的 N_H 值；对于新物质，可请工业卫生专家帮助确定。

NFPA704 对物质的 N_H 分类为：

$N_H = 0$，火灾时除一般可燃物的危险外，短期接触没有其他危险的物质。

$N_H = 1$，短期接触可引起刺激，致人轻微伤害的物质，包括要求使用适当的空气净化呼吸器的物质。

$N_H = 2$，高浓度或短期接触可致人暂时失去能力或残留伤害的物质，包括要求使用单独供给空气的呼吸器的物质。

$N_H = 3$，短期接触可致人严重的暂时或残留伤害的物质，包括要求全身防护的物质。

$N_H = 4$，短暂接触也能致人死亡或严重伤害的物质。

2）负压操作

本项内容适用于空气泄入系统会引起危险的场合。当空气与湿度敏感性物质或氧敏感性物质接触时可能引起危险，在易燃混合物中引入空气也会导致危险。该系数只用于绝对压力小于 500 mmHg（66661 Pa）的情况，系数为 0.50。

如果采用了该系数，就不再采用下面"燃烧范围内或其附近的操作"和"释放压力"中的系数，以免重复。大多数气体操作、一些压缩过程和少许蒸馏操作都属于本项内容。

3）燃烧范围或其附近的操作

某些操作导致空气引入并夹带进入系统，空气的进入会形成易燃混合物，进而导致危险。

（1）$N_F = 3$ 或 $N_F = 4$ 的易燃液体储罐，在储罐泵出物料或者突然冷却时可能吸入空气，系数取 0.50。

打开放气阀或在负压操作中未采用惰性气体保护时，系数为 0.50。

储有可燃液体，其温度在闭杯闪点以上且无惰性气体保护时，系数也为 0.50。

如果使用了惰性化的密闭蒸汽回收系统，且能保证其气密性则不用选取系数。

（2）只有当仪表或装置失灵时，工艺设备或储罐才处于燃烧范围内或其附近，系数为 0.30。

任何靠惰性气体吹扫，使其处于燃烧范围之外的操作，系数为 0.30，该系数也适用于装载可燃物的船舶和槽车。若已按"负压操作"选取系数，此处不再选取。

（3）由于惰性气体吹扫系统不实用或者未采取惰性气体吹扫，使操作总是处于燃烧范围内或其附近时，系数为 0.80。

4）粉尘爆炸

本项系数将用于含有粉尘处理的单元，如粉体输送、混合粉碎和包装等。除非粉尘爆炸试验已经证明没有粉尘爆炸危险，否则都要考虑粉尘系数。

所有粉尘都有一定的粒径分布范围。为了确定系数，采用 10% 粒径，即在这个粒径处有 90% 粗粒子，其余 10% 为细粒子。根据表 15 - 7 确定合理的系数。

表 15 - 7　粉尘爆炸危险系数确定表

粉尘爆炸危险系数		
粉尘粒径/μm	泰勒筛/网目	系数①
>175	60 ~ 80	0.25
>150 ~ 175	>80 ~ 100	0.50
>100 ~ 150	>100 ~ 150	0.75
>75 ~ 100	>150 ~ 200	1.25
<75	>200	2.00

注：① 在惰性气体气氛中操作时，上述系数减半。

5）释放压力

操作压力高于大气压时，由于高压可能会引起高速率的泄漏，所以要采用危险系数；是否采用系数，则取决于单元中的某些导致易燃物料泄漏的构件是否会发生故障。

操作压力（表压）的计算公式为

$$表压 = 绝对压力 - 大气压 \tag{15 - 1}$$

当操作压力小于 6895 kPa 时，由图 15 - 2 查得危险系数值，或通过下式计算得到。

$$y = 0.16109 + 1.61503(x/1000) - 1.42879(x/1000)^2 + 0.5172(x/1000)^3 \tag{15 - 2}$$

式中　y——危险系数；

　　　x——操作压力，系按照式（15－1）确定的表压，bf/in² 。单位换算为 1 bf/in² =
　　　　　6894.76 Pa。

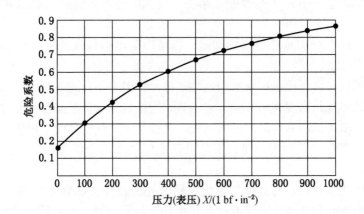

注：1 bf·in⁻² = 6894.76 Pa

图 15－2　易燃、可燃液体的压力危险系数图

　　用图 15－3 中的曲线能直接确定闪点低于 60 ℃的易燃可燃液体的系数。对其他物质，可先由图 15－3 中曲线查出初始系数值，再用下列方法加以修正：

　　（1）焦油、沥青、重润滑油和柏油等高黏性物质，用初始系数乘以 0.7 作为危险系数。

　　（2）单独使用压缩气体或利用气体使易燃液体压力增至 103 kPa（表压）以上时，用初始系数值乘以 1.2 作为危险系数。

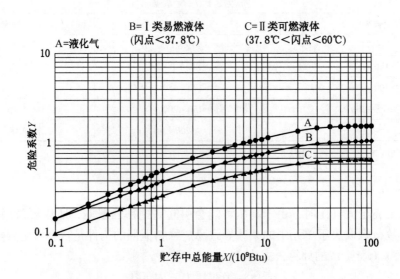

注：1 Btu = 1.055 × 10³ J

图 15－3　储存中的液体和气体的危险系数

（3）液化的易燃气体（包括所有在其沸点以上储存的易燃物料），用初始系数值乘以1.3 作为危险系数。

表 15 - 8 可确定压力大于 6895 kPa（表压）的易燃、可燃液体的压力危险系数。

表 15 - 8　易燃、可燃液体的压力危险系数

压力（表压）/kPa	危险系数	压力（表压）/kPa	危险系数
6895	0.86	17238	0.98
10343	0.92	20685 ~ 68950	1.00
13790	0.96	>68950	1.50

6）低温

本项主要考虑碳钢或其他金属在其展延或脆化转变温度以下时可能存在的脆性问题；如经过认真评价，确认在正常操作和异常情况下均不会低于转变温度，则不用系数。低温系数给定原则为：

（1）采用碳钢结构的工艺装置，操作温度等于或低于转变温度时，系数取 0.30。如果没有转变温度数据，则可假定转变温度为 10 ℃。

（2）装置为碳钢以外的其他材质，操作温度等于或低于转变温度时，系数取 0.20。切记，如果材质适于最低可能的操作温度，则不用给系数。

7）易燃和不稳定物质的数量

易燃和不稳定物质数量主要讨论单元中易燃物和不稳定物质的数量与危险性的关系。分为 3 种类型，用各自的系数曲线分别评价。对每个单元而言，只能选取一个系数，其依据是已确定为单元物质系数代表的物质。

（1）工艺过程中的液体或气体。该系数主要考虑可能泄漏并引起火灾危险的物质数量，或因暴露在火中可能导致化学反应事故的物质数量。它应用于任何工艺操作，包括用泵向储罐送料的操作。该系数适用于下列已确定作为单元物质系数代表的物质：①易燃液体和闪点低于 60 ℃的可燃液体；②易燃气体；③液化易燃气；④闭杯闪点大于 60 ℃的可燃液体，且操作温度高于其闪点时；⑤化学活性物质，不论其可燃性大小（N_R = 2，3 或 4）。

确定该项系数时，首先要估算工艺中的物质数量（kg），指在 10 min 内从单元中或相连的管道中可能泄漏出来的可燃物的量。在判断可能有多少物质泄漏时要借助于一般常识。经验表明，取下列两者中的较大值作为可能泄漏量是合理的：工艺单元中的物料量；相连单元中的最大物料量。

在火灾、爆炸指数计算表的特殊工艺危险的"G"栏中的有关空格中填写易燃或不稳定物质的合适数量。

由图 15 - 4 工艺单元能量值查得所对应的危险系数。总能量值与曲线的相交点代表系数值。该曲线中总能量值 X 与系数 Y 的曲线方程为：

$$\lg Y = 0.17179 + 0.42988(\lg X) - 0.37244(\lg X)^2 + 0.17712(\lg X)^3 - 0.029984(\lg X)^4$$

（15 - 3）

式中，X 的单位应为英热单位 $\times 10^9$，英热是英国热力单位，简记作 Btu。

$$1\ \text{Btu} = 1055.05585\ \text{J} \approx 1.06\ \text{kJ}$$

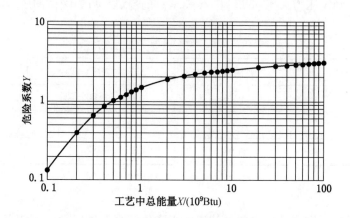

图 15 - 4　工艺中的液体和气体的危险系数

使用图 15 - 4 时，将求出的工艺过程中的可燃或不稳定物料总量乘以燃烧热 H_c（J/kg），得到总热量（J）。燃烧热 H_c 可以从附表或化学反应试验数据中查得。

对于 $N_R = 2$ 或 N_R 值更大的不稳定物质，其 H_c 值可取 6 倍于分解热或燃烧热中的较大值。分解热也可从化学反应试验数据中查得。

在火灾、爆炸指数计算表的特殊工艺危险"G"栏有关空格处填入燃烧热 H_c（J/kg）值。

（2）储存中的液体或气体（工艺操作场所之外）。操作场所之外储存的易燃和可燃液体、气体或液化气的危险系数比"工艺中的"要小，这是因为它不包含工艺过程，工艺过程有产生事故的可能。本项包括桶或储罐中的原料、罐区中的物料以及可移动式容器和桶中的物料。

对单个储存容器可用总能量值（储存物料量乘以燃烧热而得）查图 15 - 3 确定其危险系数；对于若干个可移动容器，用所有容器中的物料总能量查图 15 - 3 确定系数。对于不稳定的物质，取最大分解热或燃烧热的 6 倍作为 H_c。

如果单元中的物质有几种，则查图 15 - 3 时，要找出总能量与每种物质对应的曲线中最高的一条曲线的交点，然后再查出与交点对应的系数值，即为所求系数。

图 15 - 3 中曲线 A、B 和 C 的总能量值（X）与系数（Y）的对应方程分别为

曲线 A：

$$\lg Y = -0.289069 + 0.472171(\lg X) - 0.074585(\lg X)^2 - 0.018641(\lg X)^3 \quad (15-4)$$

曲线 B：

$$\lg Y = -0.403115 + 0.378703(\lg X) - 0.046402(\lg X)^2 - 0.015379(\lg X)^3 \quad (15-5)$$

曲线 C：

$$\lg Y = -0.558394 + 0.363321(\lg X) - 0.057296(\lg X)^2 - 0.010759(\lg X)^3 \quad (15-6)$$

以上各式中，X 的单位为英热单位 $\times 10^9$。

【例 15 - 1】若有 3 个容器，分别储存有 340100 kg 苯乙烯、336516 kg 二乙基苯和

272100 kg 丙烯腈，求物料的危险系数。

其总能量计算如下：

$$340100 \text{ kg 苯乙烯} \times 40.5 \times 10^6 \text{ J/kg} = 13.8 \times 10^{12} \text{ J}$$

$$336516 \text{ kg 乙基苯} \times 41.9 \times 10^6 \text{ J/kg} = 14.1 \times 10^{12} \text{ J}$$

$$272100 \text{ kg 丙烯腈} \times 31.9 \times 10^6 \text{ J/kg} = 8.7 \times 10^{12} \text{ J}$$

$$总能量 = 36.6 \times 10^{12} \text{ J}$$

根据物质种类确定曲线：

苯乙烯　　Ⅰ类易燃液体（图 15-3 曲线 B）

丙烯腈　　Ⅰ类易燃液体（图 15-3 曲线 B）

二乙基苯　Ⅱ类可燃液体（图 15-3 曲线 C）

查图 15-3，总能量与各物质对应的最高曲线是曲线 B，其对应的系数是 1.00。

（3）储存中的可燃固体和工艺中的粉尘。本项包括了储存中的固体和工艺单元中的粉尘的量系数，涉及的固体或粉尘即是确定物质系数的那些基本物质。根据物质密度、点火难易程度以及维持燃烧的能力来确定系数，如图 15-5 所示。

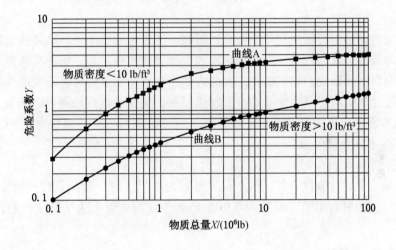

注：1 lb = 0.454 kg

图 15-5　储存中的可燃固体、工艺中的粉尘的危险系数

用储存固体总量（kg）或工艺单元中粉尘总量（kg），由图 15-5 查取系数。图 15-5 中 lb/ft³ 是磅每立方英尺，是一个密度的单位，与我们熟悉的密度单位 "t/m³（吨每立方米）" 的换算关系如下：1 t/m³ = 62.427973725314 lb/ft³，则 1 lb/ft³ = 16.02 kg/m³。因此，根据物质的松密度是否小于 1 lb/ft³，即 160.2 kg/m³，确定选用曲线 A 或曲线 B。松密度是指包括颗粒内外孔及颗粒间空隙的松散颗粒堆积体的平均密度。

对于 $N_R = 2$ 或更高的不稳定物质，用单元中物质实际质量的 6 倍，查曲线 A 来确定系数（参见【例 15-2】）。

图 15-5 中曲线 A、B 的方程式分别为：

曲线 A：

$$\lg Y = 0.280423 + 0.464559(\lg X) - 0.28291(\lg X)^2 + 0.066218(\lg X)^3 \qquad (15-7)$$

曲线 B：

$$\lg Y = -0.358311 + 0.459926(\lg X) - 0.141022(\lg X)^2 + 0.02276(\lg X)^3 \qquad (15-8)$$

以上两式中，X 的单位为 $lb \times 10^6$，lb 是英国和美国的重量单位"磅"的简写。

$$1\ lb = 0.454\ kg$$

【例 15-2】一座仓库，不计通道时面积为 1860 m^2，货物堆放高度为 4.57 m，即容积为 8500 m^3。

若储存物品（苯乙烯桶装的多孔泡沫材料和纸板箱）的平均密度为 35.2 kg/m^3，则总质量为

$$35.2\ kg/m^3 \times 8500\ m^3 = 299200\ kg$$

由于平均密度 $< 160.2\ kg/m^3$，故查曲线 A，得其量系数为 1.54。

假如在此场所存放的货物是平均密度为 449 kg/m^3 的袋装聚乙烯颗粒或甲基纤维素粉末，则总质量为

$$449\ kg/m^3 \times 8500\ m^3 = 3816500\ kg$$

由于平均密度 $> 160.2\ kg/m^3$，故用曲线 B 查得量系数为 0.92。

8）腐蚀

虽然正规的设计留有腐蚀和侵蚀余量，但腐蚀或侵蚀问题仍可能在某些工艺中发生。

此处的腐蚀速率被认为是外部腐蚀速率和内部腐蚀速率之和。切不可忽视工艺物流中少量腐蚀可能产生的影响，它可能比正常的内部腐蚀和由于油漆破坏造成的外部腐蚀强得多，砖的多孔性和塑料衬里的缺陷都可能加速腐蚀。腐蚀系数按以下规定选取：

（1）腐蚀速率（包括点腐蚀和局部腐蚀）小于 0.127 mm/a，系数为 0.10。

（2）腐蚀速率大于 0.127 mm/a，并小于 0.254 mm/a，系数为 0.20。

（3）腐蚀速率大于 0.254 mm/a，系数为 0.50。

（4）如果应力腐蚀裂纹有扩大的危险，系数为 0.75，这一般是氯气长期作用的结果。

（5）要求用防腐衬里时，系数为 0.20。但如果衬里仅仅是为了防止产品污染，则不取系数。

9）泄漏——连接头和填料处

垫片、接头或轴的密封处及填料处可能是易燃、可燃物质的泄漏源，尤其是在热和压力周期性变化的场所，应该按工艺设计情况和采用的物质选取系数。具体按下列原则选取泄漏系数：

（1）泵和压盖密封处可能产生轻微泄漏时，系数为 0.10。

（2）泵、压缩机和法兰连接处产生正常的一般泄漏时，系数为 0.30。

（3）承受热和压力周期性变化的场合，系数为 0.30。

（4）如果工艺单元的物料是有渗透性或磨蚀性的浆液，则可能引起密封失效，或者工艺单元使用转动轴封或填料函时，系数为 0.40。

（5）单元中有玻璃视镜、波纹管或膨胀节时，系数为 1.50。

10）明火设备的使用

当易燃液体、蒸汽或可燃性粉尘泄漏时，工艺中明火设备的存在额外增加了引燃的可能性。分为两种情况选取系数：一是明火设备设置在评价单元中；二是明火设备附近有各

种工艺单元。从评价单元可能发生泄漏点到明火设备的空气进口的距离就是图 15 – 6 中要采取的距离，单位用 ft(英尺) 表示，1 ft = 0. 3048 m。

图 15 – 6 中曲线 $A – 1$ 用于：①确定物质系数的物质可能在其闪点以上泄漏的任何工艺单元；②确定物质系数的物质是可燃性粉尘的任何工艺单元。

图中曲线 $A – 2$ 用于：确定物质系数的物质可能在其沸点以上泄漏的任何工艺单元。

系数确定的方法：按照图 15 – 6 用潜在泄漏到明火设备空气进口的距离与相对应曲线 ($A – 1$ 或 $A – 2$) 的交点即可得到系数值。

曲线 $A – 1$，$A – 2$ 中，可能的泄漏源距离 (X) 与系数 (Y) 对应的方程为：

曲线 $A – 1$：

$$\lg Y = -3.3243\left(\frac{X}{210}\right) + 3.75127\left(\frac{X}{210}\right)^2 - 1.42523\left(\frac{X}{210}\right)^3 \tag{15 – 9}$$

曲线 $A – 2$：

$$\lg Y = -0.3745\left(\frac{X}{210}\right) - 2.70212\left(\frac{X}{210}\right)^2 + 2.09171\left(\frac{X}{210}\right)^3 \tag{15 – 10}$$

以上两式中，X 的单位为 ft(英尺)。

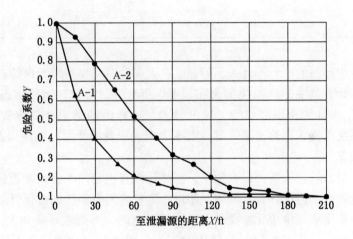

注：1 ft = 0. 3048 m

图 15 – 6 明火设备的危险系数

如果明火设备本身就是评价工艺单元，则到潜在泄漏源的距离为 0；如果明火设备加热易燃或可燃物质，即使物质的温度不高于其闪点，系数也取 1. 00。

明火设备的使用系数不适用于明火炉。本项所涉及的任何其他情况，包括所处理的物质低于其闪点都不用取系数。

如果明火设备在工艺单元内，并且单元中选作物质系数的物质的泄漏温度可能高于闪点，则不管距离多少，系数至少取 0. 10。

对于带有"压力燃烧器"的明火设备，若空气进气孔为 3 m 或更大且不靠近排放口之类的潜在的泄漏源时，系数取标准燃烧器所确定系数 50% ；但是，当明火加热器本身就是评价单元时，则系数不能乘以 50% 。

11）热油交换系统

大多数交换介质可燃且操作温度经常在闪点或沸点之上，因此增加了危险性。此项危险系数是根据热交换介质的使用温度和数量来确定的。热交换介质为不可燃物或虽为可燃物但使用温度总是低于闪点时，不用考虑这个系数，但应对生成油雾的可能性加以考虑。

按照表15－9确定危险系数时，其油量可取下列两者中较小者：油管破裂后15 min的泄漏量；热油循环系统中的总油量。

表15－9　热油交换系统危险系数

油量/m³	系数	
	大于闪点	等于或大于沸点
<18.9	0.15	0.25
18.9~37.9	0.30	0.45
37.9~94.6	0.50	0.75
>94.6	0.75	1.15

热交换系统中储备的油量不计入，除非它在大部分时间里与单元保持着联系。

此处建议，计算热油循环系统的火灾、爆炸指数时，应包含运行状态下的油罐（不是油储罐）、泵、输油管及回流油管。根据经验，这样做的结果会使火灾、爆炸指数较大。热油循环系统作为评价热油系统时，则按"明火设备的使用"的规定选取系数。

12）转动设备

单元内大容量的转动设备会带来危险，虽然还没有确定一个公式来表征各种类型和尺寸转动设备的危险性，但统计资料表明，超过一定规格的泵和压缩机很可能引起事故。

评价单元中使用或评价单元本身是以下转动设备的，可选取系数0.5：大于600马力（1马力＝735.5 W）的压缩机，大于75马力的泵，发生故障后因混合不均、冷却不足或终止等原因引起反应温度升高的搅拌器和循环泵；其他曾发生过事故的大型高速转动设备，如离心机等。

评价了所有的特殊工艺危险之后，计算基本系数与所涉及的特殊工艺危险系数的总和，并将它填入火灾、爆炸指数计算表中的"特殊工艺危险系数（F_2）"的栏中。

3. 工艺单元危险系数

一般工艺危险系数的计算：

一般工艺危险系数（F_1）＝基本系数＋所有选取的一般工艺危险系数之和

$$(15-11)$$

特殊工艺危险系数的计算：

特殊工艺危险系数（F_2）＝基本系数＋所有选取的特殊工艺危险系数之和

$$(15-12)$$

工艺单元危险系数的计算：

工艺单元危险系数 (F_3) = 一般工艺危险系数 (F_1) × 特殊工艺危险系数 (F_2)

$$(15-13)$$

F_3 值范围为 $1 \sim 8$。若计算出的 $F_3 > 8$，则取 $F_3 = 8$。

15.1.2.4 计算火灾、爆炸危险指数 (F&EI)

火灾、爆炸危险指数用来估计生产过程中的事故可能造成的破坏。各种危险因素，如反应类型、操作温度、压力和可燃物的数量等，表征了事故发生概率、可燃物的潜能以及由工艺控制故障、设备故障、振动或应力疲劳等导致的潜能释放的大小。

按直接原因，易燃物泄漏并点燃后引起的火灾或燃料混合物爆炸的破坏类型有：①冲击波或燃爆；②初始泄漏引起的火灾；③容器爆炸引起对管道与设备的撞击；④引起二次事故——其他可燃物的能量释放。

随着单元危险系数和物质系数的增大，二次事故变得愈加严重。

火灾、爆炸危险指数由下式计算：

火灾、爆炸危险指数 $(F\&EI)$ = 单元危险系数 (F_3) × 物质系数 (MF) (15-14)

计算 $F\&EI$ 时，一次只分析、评价一种危险，使分析结果与特定的最危险状况（如开车、正常操作、停车）相对应。

按照 $F\&EI$ 数值划分危险等级，见表 15-10，可使人们对火灾、爆炸的严重程度有一个相对的认识。

表 15-10   F&EI 值及危险等级

F&EI 值	1~60	61~96	97~127	128~158	>158
危险等级	最轻	较轻	中等	很大	非常大

$F\&EI$ 被汇总记入火灾、爆炸指数计算表中。

15.1.2.5 安全措施补偿系数

建造任何一个化工装置（或化工厂）时，应该考虑一些基本设计要点，要符合各种规范、规章的要求，还要实施相关安全措施。

实施安全措施，则能降低事故的发生概率和危害。安全措施可分为工艺控制、物质隔离、防火措施三类，其补偿系数分别为 C_1、C_2、C_3。

安全措施补偿系数按下列程序进行计算，并汇总于安全措施补偿系数表中：①直接把合适的系数填入该安全措施的右边；②没有采取的安全措施，系数记为 1；③每一类安全措施的补偿系数是该类别中所有选取系数的乘积；④ $C_1 \times C_2 \times C_3$ 计算便得到总补偿系数；⑤将补偿系数填入单元危险分析汇总表（表 15-3）中。

选择的安全措施应能切实地减少或控制评价单元的危险，提高安全可靠性，最终结果是确定损失减少的金额或使最大可能财产损失降到更为实际的程度。

1. 工艺控制补偿系数 (C_1)

1) 应急电源——0.98

本补偿系数适应于基本设施（仪表电源、控制仪表、搅拌器和泵等）具有应急电源且能从正常状态自动切换到应急状态。只有当应急电源与评价单元事故的控制有关时才考虑这个系数。例如，在某一反应过程中维持正常搅拌是避免失控反应的重要手段，若为搅拌器配备应急电源就有明显的保护功能，因此，应予以补偿。

2）冷却——0.97，0.99

如果冷却系数难保证在出现故障时维持正常的冷却 10 min 以上，补偿系数为 0.99；如果有备用冷却系统，冷却能力为正常需要量的 1.5 倍且至少维持 10 min 时，系数为 0.97。

3）抑爆——0.84，0.98

粉体设备或蒸气处理设备上安有抑爆装置或设备本身有抑爆作用时，系数为 0.84；采用防爆膜或泄爆口防止设备发生意外时，系数为 0.98。只有那些在突然超压（如燃爆）时能防止设备或建筑物遭受破坏的释放装置才能给予补偿系数，对于那些在所有压力窗口器上都配备的安全阀、储罐的紧急排放口之类常规超压释放装置则不考虑补偿系数。

4）紧急停车装置——0.96，0.98，0.99

情况出现异常时能紧急停车并转换到备用系统，补偿系数为 0.98；重要的转动设备如压缩机、透平机和鼓风机等装有振动测定仪时，若振动仪只能报警，系数为 0.99；若振动仪能使设备自动停车，系数为 0.96。

5）计算机控制——0.93，0.97，0.99

设置了在线计算机以帮助操作者，但它不直接控制关键设备或经常不用计算机操作时，系数为 0.99；具有失效保护功能的计算机直接控制工艺操作时，系数为 0.97；采用下列三项措施之一者，系数为 0.93：

（1）关键现场数据输入的冗余技术。

（2）关键输入的异常中止功能。

（3）备用的控制系统。

6）惰性气体保护——0.94，0.96

盛装易燃气体的设备有连续的惰性气体保护时，系数为 0.96；如果惰性气体系统有足够的容量并自动吹扫整个单元时，系数为 0.94。但是，惰性吹扫系统必须人工启动或控制时，不取系数。

7）操作指南或操作规程——0.91～0.99

正确的操作指南、完整的操作规程是保证正常作业的重要因素。下面列出最重要的条款并规定分值：①开车——0.5；②正常停车——0.5；③正常操作条件——0.5；④低负荷操作条件——0.5；⑤备用装置启动条件（单元循环或全回流）——0.5；⑥超负荷操作条件——1.0；⑦短时间停车后再开车规程——1.0；⑧检修后的重新开车——1.0；⑨检修程序（批准手续、清除污物、隔离、系统清扫）——1.5；⑩紧急停车——1.5；⑪设备、管线的更换和增加——2.0；⑫发生故障时的应急方案——3.0。

将已经具备的操作规程各项的分值相加作为下式中的 X，并按下式计算补偿系数：

$$X = 1.0 - \frac{X}{150} \tag{15-15}$$

如果上面列出的操作规程均已具备，则补偿系数为：

$$1.0 - \frac{13.5}{150} = 0.91$$

此外，也可以根据操作规程的完善程度，在 0.91 ~ 0.99 的范围内确定补偿系数。

8）活性化学物质检查——0.91，0.98

用活性化学物质大纲检查现行工艺和新工艺（包括工艺条件的改变、化学物质的储存和处理等），是一项重要的安全措施。如果按大纲进行检查是整个操作的一部分，系数为 0.91；如果只是在需要时才进行检查，系数为 0.98。采用此项补偿系数的最低要求是至少每年操作人员应获得 1 份应用于本职工作的活性化学物质指南，如不能定期地提供则不能选取补偿系数。

9）其他工艺过程危险分析——0.91 ~ 0.98

几种其他的工艺过程危险分析工具也可用来评价火灾、爆炸危险。这些方法是：定量风险评价（QRA），详尽的后果分析，事故树分析（FTA），危险和可操作性研究（HAZOP），故障类型和影响分析（FMEA），环境、健康、安全和损失预防审查，故障假设分析，检查表评价以及工艺、物质等变更的审查管理。相应的补偿系数如下：

定量风险评价	0.91
详尽的后果分析	0.93
事故树分析（FTA）	0.93
危险和可操作性研究（HAZOP）	0.94
故障类型和影响分析（FMEA）	0.94
环境、健康、安全和损失预防审查	0.96
故障假设	0.96
检查表评价	0.98
工艺、物质等变更的审查管理	0.98

定期开展上面所列的任一危险分析时，均可按规定取相应的补偿系数。如果只是在必要时才进行一些危险分析，可仔细斟酌后取较高一些的补偿系数。

2. 物质隔离补偿系数（C_2）

1）远距离控制阀——0.96，0.98

如果单元备有遥控的切断阀以便在紧急情况下迅速地将储罐、容器及主要输送管线隔离时，系数为 0.98；如果阀门至少每年更换一次，则系数为 0.96。

2）备用泄料装置——0.96，0.98

如果备用储槽能安全地（有适当的冷却和通风）直接接受单元内的物料时，补偿系数为 0.98；如果备用储槽安置在单元外，则系数为 0.96；对于应急通风系统，如果应急通风管能将气体、蒸气排放至火炬系统或密闭的受槽，系数为 0.96；与火炬系统或受槽连接的正常排气系统的补偿系数为 0.98。

3）排放系统——0.91，0.95，0.97

为了自生产和储存单元中移走大量的泄漏物，地面斜度至少要保持 2%（硬质地面 1%），以便使泄漏物流至尺寸合适的排放沟。排放沟应能容纳最大储罐内所有的物料再加上第二大储罐 10% 的物料以及消防水 1 h 的喷洒量。满足上述条件时，补偿系数为 0.91。

只要排放设施完善，能把储罐和设备下以及附近的泄漏物排净，就可采用补偿系数 0.91。

如果排放装置能汇集大量泄漏物料，但只能处理少量物料（约为最大储罐容量的一半）时，系数为 0.97；许多排放装置能处理中等数量的物料时，则系数为 0.95。

4）联锁装置——0.98

装有联锁系统以避免出现错误的物料流向以及由此而引起的不需要的反应时，系数为 0.98。此系数也能适用于符合标准的燃烧器。

3. 防火措施补偿系数（C_3）

1）泄漏检测装置——0.94, 0.98

安装了可燃气体检测器，但只能报警和确定危险范围时，系数为 0.98；若它既能报警又能在达到燃烧下限之前使保护系统动作，此时系数为 0.94。

2）钢质结构——0.95, 0.97, 0.98

防火涂层应达到的耐火时间取决于可燃物的数量及排放装置的设计情况。

如果采用防火涂层，则所有的承重钢结构都要涂覆，且涂覆高度至少为 5 m，这时取补偿系数为 0.98；涂覆高度大于 5 m 而小于 10 m 时，系数为 0.97；如果有必要，涂覆高度大于 10 m 时，系数为 0.95。防火涂层必须及时维护，否则不能取补偿系数。

钢筋混凝土结构采用和防火涂层一样的系数。另外的防火措施是单独安装大容量水喷洒系统来冷却钢结构，这时取补偿系数为 0.98，而不是按照"喷洒系统"的规定来取。

3）消防水供应——0.94, 0.97

消防水压力为 690 kPa（表压）或更高时，补偿系数为 0.94；压力低于 690 kPa（表压）时系数为 0.97。

工厂消防水的供应要保证按计算的最大需水量连续供应 4 h。对危险不大的装置，供水时间少于 4 h 可能是合适的。满足上述条件的话，补偿系数为 0.97。

4）特殊系统——0.910

特殊系统包括二氧化碳、卤代烷灭火及烟火探测器、防爆墙或防爆层等。由于对环境存在潜在的危害，不推荐安装新的卤代烷灭火设施。

特殊系统的补偿系数为 0.910。地上储罐如果设计成夹层壁结构，当内壁发生泄漏时外壁能承受所有的负荷，此时采用 0.91 的补偿系数。

5）喷洒系统——0.74 ~ 0.97

洒水灭火系统的补偿系数为 0.97。室内生产区和仓库使用的湿管、干管喷洒灭火系统的补偿系数按表 15 – 11 选取。

表 15 – 11　室内生产区和仓库使用的试管、干管喷洒灭火系统的补偿系数

危险等级	设计参数/（L·min⁻¹·m⁻²）	补偿系数	
		湿管	干管
低危险	6.11 ~ 8.15	0.87	0.87
中等危险	8.56 ~ 13.6	0.81	0.84
非常危险	>14.3	0.74	0.81

6）水幕——0.97，0.98

在点火源和可能泄漏的气体之间设置自动喷水幕，可以有效地减少点燃可燃气体的危险。为保证良好的效果，水幕到泄漏源之间的距离至少要为 23 m，以便有充裕的时间检测并自动启动水幕。最大高度为 5 m 的单排喷嘴，补偿系数为 0.98；在第一层喷嘴之上 2 m 内设置第二层喷嘴的双排喷嘴，其补偿系数为 0.97。

7）泡沫装置——0.92 ~ 0.97

如果设置了远距离手动控制的将泡沫注入标准喷洒系统的装置，补偿系数为 0.94，这个系数是对喷洒灭火系统补偿系数的补充；全自动泡沫喷射系统的补偿系数为 0.92，所谓全自动意味着当检测到着火后泡沫阀自动地开启。

为保护浮顶罐的密封圈设置的手动泡沫灭火系统的补偿系数为 0.97，当采用火焰探测器控制泡沫系统时，补偿系数为 0.94。

锥形顶罐配备有地下泡沫系统和泡沫室时，补偿系数为 0.95；可燃液体储罐的外壁配有泡沫灭火系统时，如为手动其补偿系数为 0.97，如为自动控制则系数为 0.94。

8）手提式灭火器或水枪——0.93 ~ 0.98

如果配备了与火灾危险相适应的手提式或移动式灭火器，补偿系数为 0.98。

如果安装了水枪，补偿系数为 0.97；如果能在安全地点远距离控制它，则系数为 0.95；带有泡沫喷射能力的水枪，其补偿系数为 0.93。

9）电缆保护——0.94，0.98

仪表和电缆支架均为火灾时非常容易遭受损坏的部位。如采用带有喷水装置，其下有 14 ~ 16 号钢板金属罩加以保护时，系数为 0.98；如金属罩上涂有耐火涂料以取代喷水装置时，其系数也是 0.98。若电缆管埋在地下的电缆沟内（不管沟内是否干燥），补偿系数为 0.94。

15.1.2.6 计算暴露半径和暴露区域

1. 暴露半径

暴露半径表明了生产单元危险区域的平面分布，是一个以工艺设备的关键部位为中心，以暴露半径为半径的圆。若评价的对象是一个小设备，则以该设备的中心为圆心，以暴露半径画圆；若设备较大，则应从设备表面向外量取暴露半径。暴露区域的中心常常是泄漏点，经常发生泄漏的点则是排气口、膨胀节和连接处等部位。暴露半径 R 按下式计算，单位为英尺（1 英尺 = 0.3048 m）或 m。

$$R = F\&EI \times 0.84(英尺)$$
$$R = F\&EI \times 0.256(m) \tag{15-16}$$

2. 暴露区域面积

暴露半径决定了暴露区域的大小，按下式计算暴露区域的面积（英尺² 或 m²）：

$$暴露区域面积 = \pi R^2 \tag{15-17}$$

暴露区域的数值填入工艺单元危险分析汇总表（表 15-3）的第 4 行。

暴露区域意味着其内的设备将会暴露在本单元发生的火灾或爆炸环境中。为了评价这些设备遭受的损坏，要考虑实际影响的体积。该体积是一围绕着工艺单元的圆柱体的体积，其面积是暴露区域，高度相当于暴露半径。有时用球体的体积来表示也是合理的。该体积表征了发生火灾、爆炸事故时生产单元所承受风险的范围。

如果暴露区域内有建筑物，但该建筑物的墙耐火或防爆或二者兼而有之，此时该建筑物没有危险因素而不应计入暴露区域内；如果暴露区域内设有防火墙或防爆墙，则墙后的面积也不算作暴露面积。另外还要考虑：

（1）包含评价单元的单层建筑物的全部面积可以看作是暴露区域，除非它用耐火墙分隔成几个独立的部分。如果有爆炸危险，即使各部分用防火墙隔开，整个建筑面积都要看成是暴露区域。

（2）防爆墙可以看作是暴露区域的界限。

15.1.2.7　暴露区域财产价值

暴露区域内财产价值可由区域内含有的财产（包括在存物料）的更换价值来确定：

$$更换价值 = 原来成本 \times 0.82 \times 增长系数 \qquad (15-18)$$

式中，0.82 是考虑了场地平整、道路、地下管线、地基等在事故发生时不会遭到损失或无须更换的系数；增长系数则由工程预算专家确定。

更换价值可按以下几种方法计算：

（1）采用暴露区域内设备的更换价值。

（2）用现行的工程成本来估算暴露区域内所有财产的更换价值（地基和其他一些不会遭受损失的项目除外）。

（3）从整个装置的更换价值推算每平方米的设备费，再乘上暴露区域的面积，即为更换价值。对老厂最适用，但其精确度差。

计算暴露区域内财产的更换价值时，需计算在存物料及设备的价值。储罐的物料量可按其容量的80%计算；塔器、泵、反应器等计算在存量或与之相连的物料储罐物料量，亦可用 15 min 流量或其有效容积计。

物料的价值要根据制造成本、可销售产品的销售价及废料的损失等来确定，要将暴露区内的所有物料包括在内。

计算时，不重复计算两个暴露区域相重叠的部分。

15.1.2.8　危害系数的确定

危害系数也叫破坏系数，是由工艺单元危险系数(F_3)和物质系数(MF)按图 15 - 7 来确定的，它代表了单元中物料泄漏或反应能量释放所引起的火灾、爆炸事故的综合效应。危害系数填入工艺单元危险分析汇总表（表 15 - 3）。

15.1.2.9　计算基本最大可能财产损失（Base MPPD）

$$基本最大可能财产损失 = 暴露区域的更换价值 \times 危害系数 \qquad (15-19)$$

基本最大可能财产损失是假定没有任何一种安全措施来降低损失。确定了暴露区域、暴露区域内财产和危害系数之后，则可计算按理论推断的暴露面积（实质上是暴露体积）内有关设备价值的数据。暴露面积代表了基本最大可能财产损失（Base MPPD），是根据多年来开展损失预防积累的数据而确定的。基本最大可能财产损失填入工艺单元危险分析汇总表（表 15 - 3）和生产单元危险分析汇总表（表 15 - 4）中。

15.1.2.10　实际最大可能财产损失（Actual MPPD）

$$实际最大可能财产损失 = 基本最大可能财产损失 \times 安全措施补偿系数 \qquad (15-20)$$

实际最大可能财产损失（Actual MPPD）表示，在采取适当的（但不完全理想）防护措施后事故造成的财产损失。如果这些防护装置出现故障，其损失值应接近于基本最大可

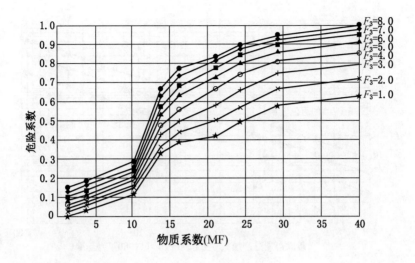

图 15 - 7   危害系数计算图

能财产损失。实际最大可能财产损失填入工艺单元危险分析总表（表 15 - 3）的和生产单元危险分析汇总表（表 15 - 4）相应的栏目中。

15.1.2.11   最大可能工作日损失（*MPDO*）

估算最大可能工作日损失（*MPDO*）是评价停产损失（*BI*）必须经过的一个步骤。

为了求得 *MPDO*，必须首先确定 *MPPD*，然后按图 15 - 8 查取 *MPDO*。得到的 *MPDO* 值填入工艺单元危险分析汇总表（表 15 - 3）及生产单元危险分析汇总表（表 15 - 4）中。

图 15 - 8 体现了 *MPDO* 与实际 *MPPD* 之间的关系。一般情况下，可直接从中间那条线读出 *MPDO* 的值。需要注意的是，在确定 *MPDO* 时应作恰当的判断；如果不能作出精确判断，则 *MPDO* 的值可能在 70% 上下范围内波动。

有时，*MPDO* 值会与一般情况不尽符合。例如，压缩机的关键部件可能有备品，备用泵和整流器也有储备，这种情况下利用图 15 - 8 中 70% 可能范围最下面的线来查取 *MPDO* 是合理的；反之，部件采购困难或单机系统时，一般就要利用图 15 - 8 中上面的线来确定 *MPDO*。另外，专门的火灾、爆炸后果分析可用来代替图 15 - 8 以确定 *MPDO*。

图 15 - 8 中，*MPPD*（*X*）与停工日 *MPDO*（*Y*）之间的方程式如下。

上限 70% 的斜线为

$$\lg Y = 1.550233 + 0.598416 \lg X \qquad (15 - 21)$$

正常值的斜线为

$$\lg Y = 1.325132 + 0.592471 \lg X \qquad (15 - 22)$$

下限 70% 的斜线为

$$\lg Y = 1.045515 + 0.610426 \lg X \qquad (15 - 23)$$

15.1.2.12   停产损失（*BI*）

按美元计，停产损失（*BI*）按下式计算：

$$BI = MPDO/30 \times VPM \times 0.7 \qquad (15 - 24)$$

式中   *VPM*——每月产值；

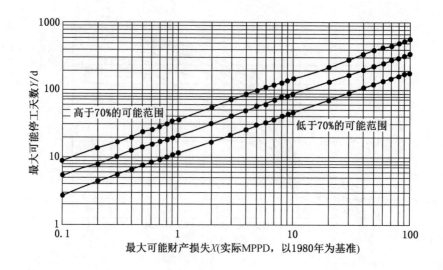

图 15 – 8 最大可能停工天数（*MPDO*）计算图

0.7——考虑固定成本和利润的系数。

停产损失（*BI*）填入工艺单元危险分析汇总表（表 15 – 3）和生产单元危险分析汇总表（表 15 – 4）中。

15.1.2.13 关于最大可能财产损失、停产损失和工厂平面布置的讨论

1. 可以接受的最大可能财产损失和停产的风险值

可以接受的最大可能财产损失和停产的风险值取决于不同类型的工厂，应该与类似的工厂进行比较，一个新装置的损失风险预测值应不超过有同样技术的、相同规模的类似工厂；或采用工厂（生产单元）更换价值的 10% 作为可以接受的最大可能财产损失。

此外，要与市场情况相联系。若许多厂生产同一品种，则其停产损失就小；若被破坏的工厂是某一产品唯一生产厂家，则其潜在损失就很大。

若发生重大财产损失事故涉及的是关键单元且恢复时间长，则停产损失就大。

2. 不可接受的最大可能财产损失的处理

若最大可能财产损失是不可接受的，处理方法如下：

（1）预评价在重大建设项目的设计阶段进行，这就提供了一个采取措施以减少 *MPDO* 的良好机会。其最有效的办法是改变平面布置，增大间距，减少暴露区域内的总投资，减少在存物料量等，采取消除或减少危险的预防措施；而采取安全措施应放在第二位。

（2）对于正在生产的装置，则应将重点放在增加安全措施，因为改变平面布置或减少物料在存量较难做到。

3. *F&EI* 分析与平面布置

F&EI 分析要求工艺单元和重要建筑物、设备之间有合适距离，*F&EI* 越大，装置之间距离就越大，因此要求设备与建筑物的安全、易于维修、方便操作、成本和效益兼顾。若分析结果不能接受，则应增大间距或采取更先进的工程措施，并估算其后果。

15.1.3 道化学公司方法的特点与适用范围

美国道化学公司自 1964 年开发 "火灾、爆炸危险指数评价法"（第一版）以来，历经 29 年，不断地进行了补充、修改、完善，1993 年推出了第七版，是一种比较成熟、可靠的方法，且由于其方法独特、有效、容易掌握，曾在 20 世纪 70 年代衍生发展出日本的六阶段评价法，英国的蒙德火灾、爆炸、毒性指标法等。

美国道化学公司火灾、爆炸指数危险评价法能定量地对工艺过程、生产装置及所含物料的实际潜在火灾、爆炸和反应性危险逐步推算并进行客观评价，并能提供评价火灾、爆炸总体危险性的关键数据，能很好地剖析生产单元的潜在危险，并提出相应的安全措施。但该方法大量使用图表，涉及大量参数的选取，且参数取值范围较宽，容易因人而异，因而影响了评价的准确性。

道化学火灾、爆炸危险指数评价法适用于生产、储存和处理具有易燃、易爆、有化学活性或有毒物质的工艺过程及其他有关工艺系统。

15.1.4 道化学公司火灾、爆炸指数危险评价法应用实例

【例 15 - 3】 用道化学公司火灾、爆炸指数危险评价法对环氧乙烷制造厂做安全评价。

1. 概述

某环氧乙烷制造厂，采用乙烯氧气直接氧化制环氧乙烷装置生产的环氧乙烷产品。环氧乙烷的闪点 $-17.7\,℃$，沸点 $10.73\,℃$，爆炸极限 $3.0\% \sim 100\%$，在常温常压下是无色易燃的气体，与空气形成爆炸性混合物，并且环氧乙烷会发生聚合放热反应，自动加速导致气化，产生爆炸性分解。

2. 评价、计算过程

1）计算火灾、爆炸危险指数（$F\&EI$）

（1）环氧乙烷的物质系数 $MF = 26$。

（2）一般工艺危险系数（F_1）。反应是放热反应所以危险系数取 1.00。物料处理与输送储存的是 $N_R = 4$ 的环氧乙烷液体，危险系数取 0.85。在厂房内进行环氧乙烷的制造，危险系数取 0.25。排放和泄漏控制，虽然厂房周围设有堤坝，但环氧乙烷的排放和泄漏都可能给装置和人员造成很大的危害，危险系数取 0.5。一般工艺危险系数 F_1 按照下式计算：

$$F_1 = 基本系数 + 放热化学反应 + 物料处理与输送 + 室内工艺单元 + 排放和泄漏控制$$
$$= 1.00 + 1.00 + 0.85 + 0.25 + 0.5 = 3.60$$

（3）特殊工艺危险系数（F_2）。环氧乙烷为高毒性物质，危险系数取 0.4。常温常压下是无色易燃的气体，能与空气形成爆炸性混合物，危险系数取 0.5。操作压力为 $0.25\,MPa$，危险系数取 0.22。泵机械密封处有轻微泄漏，危险系数取 0.1。储罐有轻微腐蚀现象，危险系数取 0.1。特殊工艺危险系数 F_2 按照下式计算：

$$F_2 = 基本系数 + 毒性物质 + 接近易燃范围操作 + 压力 + 泄漏 + 腐蚀$$
$$= 1.00 + 0.4 + 0.5 + 0.22 + 0.1 + 0.1 = 2.32$$

（4）环氧乙烷厂房的工艺单元危险系数 F_3。

$$F_3 = F_1 \times F_2 = 3.60 \times 2.32 = 8.352$$

因 F_3 取值范围为 $1 \sim 8$，取 $F_3 = 8$。

（5）确定火灾、爆炸危险指数（$F\&EI$）。火灾、爆炸危险指数 $F\&EI$ 是单元危险系数

F_3 和物质系数 MF 的乘积。

$$F\&EI = F_3 \times MF = 8 \times 26 = 208$$

查 $F\&EI$ 值及危险等级表（表 15 – 10）可知，危险等级是"非常大"。

2）安全措施补偿系数 C

（1）工艺控制安全补偿系数 C_1。在厂房中设置了应急电源，补偿系数取 0.98。在生产工具装置中有冷却装置，补偿系数取 0.98。设置了紧急切断装置，补偿系数取 0.97。工艺控制安全补偿系数 C_1 按照下式计算。

$$C_1 = 0.98 \times 0.98 \times 0.97 = 0.93$$

（2）物质隔离安全补偿系数 C_2。排放系统如发生泄漏，厂房外部设置废水池足以容纳泄漏物料及消防水，且能迅速排尽，补偿系数取 0.91。物质隔离补偿系数 C_2 取 0.91。

（3）防火设施安全补偿系数 C_3。

泄漏检测装置共安装了 8 台可燃性气体检测仪，可报警并联锁打开喷淋系统，补偿系数取 0.94。

钢质结构采用防火涂层，且保温材料也选用耐火材料，补偿系数取 0.98。

消防水供应系统消防水压均为 1.2 MPa，补偿系数取 0.94。

手提式消防器材料配有手提式灭火器，两门消防水炮以及多个消防水栓，补偿系数取 0.95。

防火设施安全补偿系数 C_3 按照下式计算。

$$C_3 = 0.94 \times 0.98 \times 0.94 \times 0.95 = 0.82$$

所以安全措施补偿系数为

$$C = C_1 \times C_2 \times C_3 = 0.93 \times 0.91 \times 0.82 = 0.69$$

3）确定暴露区域内的财产价值

（1）确定暴露半径及暴露区域面积。

$$R = F\&EI \times 0.84\ \text{ft} = 208 \times 0.84\ \text{ft} = 174.72\ \text{ft} = 53.3\ \text{m}$$

暴露区域面积 $= \pi R^2 = 8920.4\ \text{m}^2$

（2）确定暴露区域内的财产价值。该厂环氧乙烷生产设备及厂房建造费用约为人民币 0.05 亿元，厂房内所存物料以及其他辅助设备价值为人民币 0.10 亿元；根据专家统计，增长系数为 1.16。由此可得：

更换价值 $= (0.05 + 0.10) \times 0.82 \times 1.16 = 0.14$ 亿元人民币

4）基本最大可能财产损失（基本 $MPPD$）

（1）确定危害系数。由工艺单元危险系数 F_3 和物质系数 MF 查图确定，危害系数为 0.91。

（2）基本最大可能财产损失（基本 $MPPD$）。

基本最大可能财产损失 $=$ 更换价值 $\times$ 危害系数 $= 0.14 \times 0.91 = 0.13$ 亿元人民币

5）实际最大可能财产损失（实际 $MPPD$）

实际最大可能财产损失 $=$ 基本最大可能财产损失 $\times$ 安全措施补偿系数

$= 0.090$ 亿元人民币

6）最大可能工作日损失（$MPDO$）与停产损失（BI）

（1）最大可能工作日损失（$MPDO$）。环氧乙烷厂房的设备均可由国内制造，但重新设计、制造、土建、安装到投入使用等一系列工作都需要一定时间。初步估计损失时间是180天。

（2）停产损失（BI）。

$$BI = \frac{MPDO}{30} \times VPM \times 0.70 = \frac{180}{30} \times 0.037 \times 0.70 = 0.1554 \text{ 亿元人民币}$$

其中，每月产值 VPM 为 0.037 亿元人民币。

7）火灾爆炸事故所引起的总损失

总损失包括实际最大可能财产损失和实际停产损失，共为 0.2451 亿元人民币。

8）评价结论

根据上述分析，环氧乙烷生产装置在本质上是危险的。尽管采取了多种形式的安全措施，但环氧乙烷生产厂房的危险等级依然很高，一旦发生火灾爆炸事故，其造成的损失和影响都是巨大的。通过评价，需要对存在的问题要有针对性地提出对策措施，确定重点管理的范围与对象，以预防事故的发生。

9）安全措施建议（略）

15.1.5　火灾、爆炸危险评价的蒙德法

道化学公司方法推出以后，各国竞相研究，在其基础上提出了一些不同的评价方法，尤以英国 ICI 公司蒙德法最具特色。蒙德法根据化学工业的特点，扩充了毒性指标，并对所采取的安全措施引进了补偿系数的概念，把这种方法向前推进了一大步。

1974 年英国帝国公司（ICI）蒙德（MOND）在现有装置及计划建设装置的危险性研究中，认为道化学公司方法在工程设计的初步阶段，对装置潜在的危险性评价是相当有意义的。其中最重要的有两个方面：

（1）引进了毒性的概念，将道化学公司的"火灾爆炸指数"扩展到物质、毒性在内的"火灾、爆炸、毒性指标"的初期评价，使表示装置潜在危险性的初期评价更加切合实际。

（2）发展了某些补偿系数（系数都小于1），进行装置现实危险性再评价，即采取措施加以补偿后的最终评价。从而使安全评价较为恰当，使定量化更具有实用意义。

15.2　化工企业六阶段安全评价法

15.2.1　化工企业六阶段安全评价法概述

1976 年，日本劳动省颁布了化工厂安全评价指南，提出了六阶段安全评价法。"化工企业六阶段安全评价法"是一种综合性的安全评价方法，其中既有定性安全评价方法，又有定量的安全评价方法，考虑较为周到。

化工企业六阶段安全评价法中综合应用了定性评价（安全检查表）、定量危险性评价、事故信息评价和系统安全评价（事故树分析、事故树分析）等评价方法，分为六个阶段采取逐步深入，定性和定量结合，层层筛选的方式对危险进行识别、分析和评价，并采用措施修改设计，消除危险。

15.2.2　化工企业六阶段安全评价法的方法程序

化工企业六阶段安全评价法的评价内容及程序如图 15 - 9 所示。六个阶段的具体内容是：

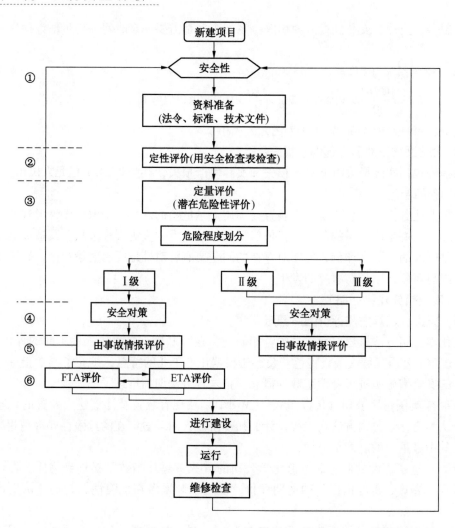

图 15-9 化工企业六阶段安全评价法

第一阶段：资料准备。这一阶段主要是搜集资料、熟悉政策和了解情况。所要搜集的资料包括：建厂条件（如地理环境，气象及周边关系图）、工厂总体布置、工艺流程及设备配置；原材料、产品及中间产品的物理、化学性质；材料、产品的运输和储存方式；安全装置的类别和位置，人员配备、操作方式及组织机构等；所要熟悉的政策包括有关法令、有关规程标准及操作指南；同时，要了解人、机、环、管等情况，为进一步的评价工作做好准备。

第二阶段：定性评价。主要是用安全检查表进行检查和粗略评价。主要针对厂址选择、工艺流程布置、设备选择、建（构）筑物、原材料、中间体、产品、输送储存系统、消防设施及事故预防计划等方面用安全检查表进行检查。

第三阶段：定量评价。进行定量评价时，首先将系统分为若干子系统及单元。对于每个单元，按物质、容量、温度、压力和操作5个项目进行检查和评定，每一项又分为A、B、C、D 4个类别，分别表示10分，5分，2分，0分。然后，按照单元的总危险分数，确定该单元的危险程度。物质、容量、温度、压力和操作5个项目的评分标准见表15-12。

计算单元的总危险分数时，采用加法评分法，即将上述 5 个项目的分数之和作为单元的总危险分数 W_d：

$$W_d = 物质分 + 容量分 + 温度分 + 压力分 + 操作分 \qquad (15-25)$$

表 15-12　日本化工企业六阶段评价法定量评价标准

项目	分　　数			
	A	B	C	D
	10	5	2	0
物质	①劳动安全卫生法实施令附表（以下简称令附表）中的爆炸性物质；②令附表中的发火性物质金属锂、钠以及黄磷；③令附表里可燃性气体中 0.2 MPa 以上的乙炔；④与①~③同样危险程度的物质，如烷基铝	①令附表中发火性物质的硫化磷和赤磷；②令附表中氧化性物质的氯酸盐、过氯酸盐、无机过氧化物；③令附表中引火性物质中闪点小于 -30 ℃者；④令附表中可燃气体；⑤具有①~④同样危险性的物质	①令附表中发火性物质中的赛璐珞（现称硝酸纤维素塑料）类、电石、磷化钙、镁、铝粉；②令附表中引火性物质闪点在 -30 ℃~30 ℃者；③具有和①、②同样危险程度的物质	不属于 A、B、C 的物质
	所谓物质，指原材料、中间体或生成物中危险度最大的物质。如果使用的物质为爆炸下限之下不满 10% 的微量，可以不考虑			
容量/m³	气体 > 1000	500~1000	100~500	< 100
	液体 > 100	50~100	10~50	< 10
	对于充满了触媒的反应装置，容量指除去触媒层的空间体积，对于气液混合系的反应装置，按照其反应时的形态，精制装置按精制形态选择上述规定，没有化学反应精制装置和储藏装置的，降一级进行评价			
温度	在1000 ℃以上使用，其使用温度在燃点以上	①在 1000 ℃以上使用，但使用温度在燃点以下；②在 250 ℃以上，不到 1000 ℃时使用，其使用温度在燃点以上	①在 250 ℃以上，不到 1000 ℃时使用，其使用温度在燃点以下；②在 250 ℃使用，但使用温度在燃点以上	使用温度不到 250 ℃且未达燃点
压力/MPa	> 100	20~100	1~20	< 1
操作	在爆炸范围附近操作	①$Q_r/c_p \rho V$[①] 值为 400 ℃/min 以上的操作；②运转条件从一般的条件有 25% 变化成①的状态进行的操作；③单批式操作系统中进入空气等不纯物质时可能发生危险的操作；④使用粉状或雾状物能够发生粉尘爆炸的操作；⑤具有与①~④相同危险程度的操作	①$Q_r/c_p \rho V$[①] 值为 4~400 ℃/min 的操作；②运转条件从通常的条件由 25% 变化到①的状态上的操作；③为单批式，但已开始用机械进行的程序操作；④精制操作中伴随有化学反应的操作；⑤具有与①~④相同危险程度的操作	①$Q_r/c_p \rho V$[①] 值不到 4 ℃/min 的操作；②运转条件从通常的条件由 25% 变化到①的状态上的操作；③反应器中有 70% 以上是水的操作；④精制或储存操作中不伴随有化学反应的操作；⑤①~④之外，不属于 A、B、C 的操作

注：① 化学反应强度 $Q = Q_r/c_p \rho V$，℃/min。式中，Q_r 为反应发热速度，kJ/mol；c_p 为反应物质比热容，kJ/(kg·K)；ρ 为单元内物质的密度，kg/m³；V 为装置容积，m³。

计算出单元危险分数 W_d 后，再根据其数值大小，将单元的危险程度划分为 3 个等级，见表 15-13。

表 15-13　危　险　等　级

危险等级	I	II	III
危险分数 W_d	>16	11~15	1~10
危险等级	高	中等	低

第四阶段：安全对策。评出危险性等级之后，就要在设备、组织管理等方面采取相应的措施：

（1）按评价等级采取的安全措施。

（2）管理措施。主要包括：

① 人员配备。以技术、经验和知识等为基础，编成小组，合理进行人员配备。

② 教育培训。主要的教育培训科目有：危险物品及化学反应的有关知识，化工设备的构造及使用方法的有关知识，化工设备操作及维修方法的有关知识、操作规程、事故案例、有关法令。

③ 维修。须按照规定定期维修，并做相应的记录和保存，对以前的维修记录或操作时的事故记录，也要充分利用。

第五阶段：用事故情报进行再评价。第四阶段以后，再根据设计内容参照过去同类设备和装置的事故信息进行再评价，如果有应改进之处再参照前四阶段重复进行讨论。

对于危险度为 II 和 III 的装置，在以上的评价完成后，即可进行装置和工厂的建设。

第六阶段：用 FTA 及 ETA 进行再评价。对于危险程度为 I 级的项目，用事故树分析和事件树分析进行再评价。通过评价，如果发现有不完善之处，要对设计进行修改，然后才能进行项目建设。

15.2.3　化工企业六阶段安全评价法应用实例

【例 15-4】大连港桃园罐区六阶段安全评价。大连港原油库区位于大连市大孤山半岛端部东侧站鱼湾新港的大连港油品码头公司，距大连经济技术开发区约 10 km。

大连港原油库区占地南北方向约 1200 m，东西方向约 1000 m，目前共有 5 个原油罐区已经投用，分别为桃园罐区、海滨罐区、南海罐区、沙蛇子罐区和 7~8 号罐区，共拥有原油储罐 43 座，储存能力 450×10^4 m³，罐区配套建有污水处理、消防、供热、供气、供水、供电、通信等辅助生产系统。

以桃园罐区为例运用化工企业六阶段安全评价法进行评价。

1. 第一阶段：资料准备

1）罐区情况

桃园原油罐区位于创业路两侧，路东为 7~8 号原油罐区，东南侧为八三输油站和总变电所，桃园罐区依山而建，西侧为大连石化公司旧储库原油罐区，北侧坡下为大连港集装箱场站，如图 15-10 所示。桃园罐区共建有 5 座 10×10^4 m³，储存能力为 50×10^4 m³，罐区东侧设有值班室、泡沫站、变电所，罐区北侧防火外侧架设大连西太平洋石化公司输油管线。罐区周围建有围墙，防火堤高度随地势变化而变化，罐组内防火堤高度相同。罐区内消防道路宽 5 m。

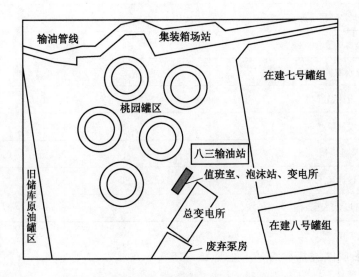

图 15 – 10   桃园罐区平面布置图

2）罐区周边情况

大连港原油库区位于大连大孤山半岛化工区，其北侧为大连港大窑湾港区各集装箱场站，西侧为国家石油储备库原油罐区和中联油原油罐区，南侧为中石油大连天然液化气码头（LNG），西南侧距 1.5 km 处为大连港矿石码头公司，东侧沿海，分布了油品码头公司各码头泊位。

大连港原油库区自有储罐 43 座，目前储存能力已达 1460×10^4 m³，正在建设中的 9 号罐组储罐 12 座，库容 120×10^4 m³。库区周边分布着多个企业的大型原油储罐群、液体化工品储罐群以及液化天然气（LNG）储罐等。

大连港原油库区所属区域的危险物质存储量非常大，目前已建有储罐近 200 座，区域原油总储量近 1500×10^4 m³。同时，大连港原油库区与周边其他相邻企业较近，布局集中，极易发生事故连锁破坏效应。

3）罐区的主要设备设施

（1）主要设备型号：桃园罐区储罐型号为 10×10^4 m³ 浮顶储罐，其技术数据见表 15 – 14。

表 15 – 14   储 罐 技 术 数 据 表

储罐技术数据	10×10^4 m³ 浮顶储罐
储罐内径/mm	80000
罐壁高度/mm	21800
1 ~ 9 圈壁厚/mm	32、27、22、19、15、12、12、12

表15-14（续）

储罐技术数据	10×10^4 m³ 浮顶储罐
最高液位/mm	20200
金属质量/10^3 kg	2000
充水质量/10^8 kg	1.015
设计温度/℃	$-10 \sim 70$
最大收发油量/(m³·h⁻¹)	8000
腐蚀余量/mm	2
设计风压/Pa	650
日最大降雨/mm	186.4

（2）库区所属储罐基本情况，见表15-15。

表15-15 大连港原油库区桃园罐区情况

罐区名称	设计库容/10^4 m³	储罐数量/座	储罐规格/10^4 m³	小计/10^4 m³
桃园罐区	50	5	10	50

（3）库区主要设备设施情况，见表15-16。

表15-16 罐区主要设备设施

罐区	名称	型号	规格	数量
桃园罐区	Plenty 搅拌器		45 kW	10台
	电动闸阀	KZ543WPF-16C	DN700 PN1.6	10台
	电动蝶阀	Vanessa	DN700 PN1.6	23台
	电动闸阀	BZ942h-25	DN700 PN1.6	4台
	电动闸阀	BZ942h-25	DN500 PN1.6	7台
	电动闸阀	KZ9B43wbF	DN700 PN1.6	1台
	泡沫泵		7.2 L/S	2台
	泡沫罐		16.5 m³	1座
	消防水池		3000 m³	1座
	消防阀门	SGD9B43H	DN300 PN1.6	19台

4）罐区安全管理

（1）消防现状。罐区的消防系统采用以下方式：消防冷却水系统、泡沫灭火系统、移动式消防系统和火灾报警系统。各系统配置情况如下：

① 消防冷却水系统。整个公司共建有 3 个消防泵房，其中为桃园罐区提供消防供水的为 1 号消防泵房，位于成品油码头作业区，建有 4000 m^3 消防水池。消防管网沿罐区和码头栈桥布置，在罐区周围布置消防栓。冷却方式采用固定式水冷却系统。

② 泡沫灭火系统。整个原油库区设置 6 个泡沫站，同时建有泡沫混合液管网，沿罐区周围布置固定式泡沫灭火系统，配有固定消防栓，其中桃园罐区泡沫站具体供给情况见表 15 – 17。

表 15 – 17　具体供给情况表

罐区	泡沫站名称	位置	设　备	备　注
桃园罐区	2 号泡沫站	桃园罐区东侧	1 座卧式泡沫液罐，泡沫比例混合装置 2 套（1 用 1 备）	泡沫混合液的供给能力为 436 m^3/h，由 1 号消防泵站引出的 1 条 DN350 管道供给

③ 移动式消防系统。陆地移动式消防系统主要指位于库区内的变电所、值班室、中控室等配置的干粉灭火器和二氧化碳灭火器，用于扑灭油品的初期火灾和电气设备火灾。

消防站：新港消防站共 13 辆消防车，包括 1 辆五十铃干粉泡沫联用车、2 辆黄河泡沫消防车、奔驰消防车 1 辆、斯太尔水罐车 1 辆、2 辆大力直臂云梯举高消防车等，车载泡沫共 21 m^3、干粉 1 m^3、消防人员总数 80 人，最大执勤能力 40 人。

站内设有专用报警通信设施，可提供 7 台消防车和 30 名消防人员救援力，能够满足接到火灾报警后 5 min 内到达火场的要求。

协防力量：（略）。

④ 火灾报警系统。在原油库区内泵房、油罐及阀组处设置有可燃气体探测器，并设置火灾报警按钮；在控制室、罐区防火堤外均设置手动火灾报警按钮；储罐火灾探测还通过在油浮顶的密封圈外设有感温电缆；为防止误操作，在控制室的控制台上设有紧急停止按钮。

（2）消防系统安全检查情况：根据《海港总体设计规范》（JTS 165—2013）及《油气化工码头设计防火规范》（JTS 158—2019）、《石油库设计规范》（GB 50074—2014）等相关标准，结合危险货物港口作业的实际情况，运用安全检查表（SCL）对库区消防系统进行检查，结果见表 15 – 18。

5）自然条件

（1）气温。年平均气温：10.5 ℃；年极端最高气温：35.3 ℃；年极端最低气温：－21.1 ℃；最高月平均气温：23.9 ℃；最低月平均气温：－4.9 ℃；最热月平均相对湿度：83%；最冷月平均相对湿度：58%。

（2）风况。本地区受季风影响，夏季多南风，冬季多偏北风。冬季平均风速：5.8 m/s；冬季主导风向：N；夏季平均风速：4.3 m/s；夏季主导风向：SE；六级以上大风（N 向为主）：8.4%。据多年台风资料统计，对大连海区影响较大的台风平均约 2 年出现一次,多出现在6~9月。

(3)降水量(略)。

(4)雾(略)。

(5)雷暴。地区全年平均雷暴日22.2天,年最多雷暴日38天。

(6)湿度(略)。

(7)降雪(略)。

(8)地震基本烈度(略)。

6)原油的危险性分析

包括:①易燃性;②易爆性;③易蒸发性;④易泄漏、扩散性;⑤易积聚性;⑥易产生静电的危险性;⑦受热易膨胀性;⑧毒性;⑨杂质的危害;⑩发生沸溢或喷溅危险性。

7)原油事故特性分析

原油(包括其伴生物质,如轻烃、闪蒸气等)泄漏与扩散、火灾爆炸事故是相互联系的。原油一旦泄漏,必然会造成原油的扩散,甚至火灾爆炸事故的发生;反过来,火灾爆炸事故所产生的破坏力,在特定条件下,又会引起发新的泄漏事故,形成恶性循环。

2. 第二阶段:定性评价

主要针对厂址选择、工艺流程布置、设备选择、建(构)筑物、原材料、中间体、产品、输送储存系统、消防设施及事故预防计划等方面用安全检查表进行检查。其中,总平面布置安全检查表见表15-18。

表15-18 库区总平面布置检查表

序号	检查项目及内容	依据标准	检查结果说明	检查结果
1	石油库的总容量、等级划分		本库区为一级石油库	合格
2	石油库内生产性建筑物和构筑物的耐火等级		满足规范要求	合格
3	石油库的库址应具备良好的地质条件,不得选择在土崩、断层、滑坡、沼泽、流沙及泥石流的地区和地下矿藏开采后有可能塌陷的地区		本库区场地为开山爆破的碎石土不加选择地直接抛填而成,场地稳定未见不良地质现象	合格
4	一级石油的库址,不得选在地震基本烈度为9度以上的地区		本库区地震基本烈度为7度	合格
5	当库址选定在海岛、沿海地段或潮汐作用明显的河口段时,库区场地的最低设计标高,应高于计算水位1 m及以上	GB 50074—2014	场地最低设计标高为7 m,设计水位为4.06 m	合格
6	石油库的库址应具备满足生产、消防、生活所需的水源和电源的条件,还应具备排水的条件		港区辅助设施齐全	合格
7	石油库区内的设施宜分区布置		作业区均分开布置	合格
8	石油库内建筑物、构筑物之间的防火距离		见罐区竣工平面图	合格
9	行政管理区宜设围墙(栅)与其他各区隔开,并应设单独对外的出入口		行政管理区单独设置	合格

表 15 - 18（续）

序号	检查项目及内容	依据标准	检查结果说明	检查结果
10	油罐区应设环形消防道路		部分油罐区消防道路不能构成环形	不合格
11	油罐中心与最近的消防道路之间的距离，不应大于 80 m；相邻油罐组防火堤外堤角线之间应留有宽度不小于 7 m 的消防通道		相邻油罐组防火堤外堤角线之间的距离最小为 11 m	合格
12	消防道路与防火堤外堤角线之间的距离，不应小于 3 m		>3 m	合格
13	一级石油库的油罐区和装卸区消防道路的路面宽度不应小于 6 m	GB 50074—2014	桃园罐区消防道路宽 5 m	部分不合格
14	一级石油库的油罐区消防道路和转变半径不宜小于 12 m		桃园罐区满足要求	合格
15	一级石油库通向公路的车辆出入口不宜少于 2 处		2 处，且处于不同方位	合格
16	石油库应设高度不低于 2.5 m 的非燃烧材料的实体围墙		部分区域没有建实体围墙	部分不合格
17	石油库区应进行绿化，除行政管理区外，不应种植油性大的树种。防火堤内严禁植树，但在气温适宜地区可铺设高度不超过 0.15 m 的四季常绿草皮。消防道路与防火堤之间，不宜种树。石油库内绿化，不应妨碍消防操作		防火堤内均为水泥地面，罐组内无绿化，但桃园罐区外侧杂草及树木多	不合格
18	甲、乙类油品码头前沿线与陆上储油罐的防火间距不应小于 50 m	JTS 158—2019	码头距现有储油罐的防火间距均大于 50 m	合格

总平面布置安全检查结论：

（1）桃园罐区防火堤上人行梯设置少，防火堤外侧距离路面过高，且消防通道距离防火堤较远。桃园罐区消防通道小于 6 m，且消防道路的坡度大。

（2）桃园罐区外侧杂草及树木多。

（3）部分库区围墙设置不满足高度不小于 2.5 m 实体围墙的规范要求。

周边环境安全检查结论：大连港原油库区西侧为中联油和国家石油储备库的原油储罐，其罐容 1545×10^4 的 156 座原油储罐地势均高于本库区，其一旦发生严重泄漏事故，油品可顺势流淌至本库区。应采取隔离或导流的措施，防止原油罐区发生泄漏事故而殃及大连港原油库区。

储运工艺安全检查结论：

（1）库区原油管理安全流速不大于 4.5 m/s。

（2）在浮顶罐进口管的罐内部分采用分散管，使其流速不大于 1 m/s，以防止油品进入储罐时流速过大吹翻浮盘。

（3）每个储罐的进罐管线上均设置了紧急切断阀，以在发生火灾等事故状态下迅速切断油源，该切断阀可在中控室遥控操作。

（4）库区储罐安装有液位计、温度计、压力表、可燃气体报警仪等检测设备，并具有超限报警功能，满足安全预防要求。

（5）桃园罐区防火堤高度不符合安全设计要求，高度超高，一旦发生火情，对消防车救援造成一定难度。

常规设备安全检查结论：

（1）油罐设有盘梯，罐顶设罐顶平台，且盘梯和罐顶平台上设置栏杆，高度符合要求，可防止高处坠落事故。

（2）各罐区油罐编号明确、清晰，有利于罐区管理。

（3）输油管线在罐区的联箱处标明编号，便于油运操作管理；但在罐区与码头之间连接段无明显标识，不利于辨识。

（4）储罐的上罐盘梯处、罐区入口台阶设有消除人体静电的装置。

（5）罐组内有良好的排水设施，且地面平整。

（6）罐区内各主要路口、中控室设有电视监控系统，可实现对整个港区和储罐浮船顶部的安全监控，有利于油运生产作业安全监护和港口设施保安工作的开展。

（7）罐区设有管线跨路桥涵，一旦发生原油泄漏事故，原油可顺桥涵顺流而下，形成流淌火，造成火灾蔓延。

（8）罐区内没有明显的人员撤离指引标志。

3. 第三阶段：定量评价

桃园罐区储存的危险化学品为原油，属易燃液体，23 ℃ ≤ 闪点 < 61 ℃，单罐容量为 $10 \times 10^4 \text{ m}^3$，压力为 28490.87 kg/m^2，根据表 15-12 可查得物质分、容量分、温度分、压力分和操作分分别为 2、10、0、10、2，根据式（15-25）可得总危险分数为

$$W_\text{d} = 物质分 + 容量分 + 温度分 + 压力分 + 操作分$$

$$= 2 + 10 + 0 + 10 + 2 = 24$$

查危险等级表 15-13，其危险等级为 Ⅰ 级。

4. 第四阶段：安全对策

1）安全制度完善

公司制定了各项安全生产管理规章制度，现有的安全管理制度和操作规程较为完善。

2）人员素质培养提高

应加大对员工安全教育，提高员工安全意识，加强员工专业技术培训，提高员工操作水平，增强员工职业道德素质和业务素质。

5. 第五阶段：用事故情报进行再评价

根据大连"7·16"火灾事故的经验教训，工艺阀门应增加应急电源接口，在紧急情况下可利用应急发电机紧急关闭储罐根部阀门，防止油品泄漏。

中联油保税油库和国家石油储备库的原油罐区海拔均高于大连港原油库区，一旦发生严重泄漏事故，油品可顺势流淌到其相邻的桃园罐区或南海罐区，大连"7·16"特别火灾爆炸事故就是由于保税油库发生火灾爆炸而形成流淌火殃及南海罐区，因此必须采取隔离或导流的措施，防止泄漏事故殃及周边。

6. 第六阶段：用 FTA 及 ETA 进行再评价

由于危险程度为 I 级，需要用事故树分析和事件树分析进行再评价。

1）事故树编制

对原油储罐火灾爆炸事故进行事故树分析，如图 15 – 11 所示。

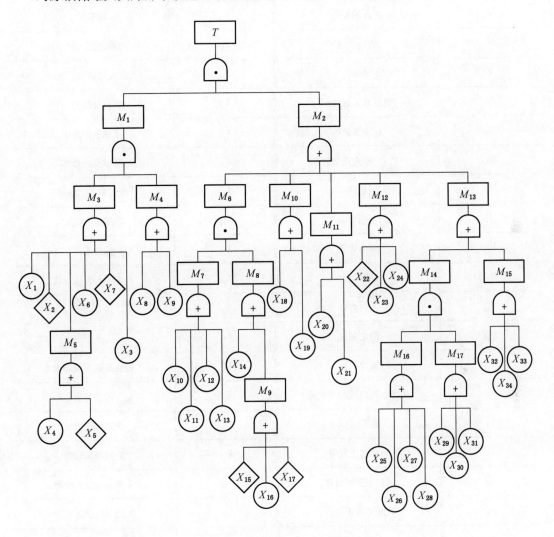

图 15 – 11 原油储罐火灾爆炸事故树

事故树中的字母符号及含义见表 15 – 19。

表 15 – 19 事故树中事件名称列表

事件符号	事件名称	事件符号	事件名称
T	火灾爆炸事故	M_2	点火源
M_1	达到可燃浓度	M_3	原油泄漏

表 15 - 19（续）

事件符号	事 件 名 称	事件符号	事 件 名 称
M_4	储罐区通风不良	X_{11}	感应雷
M_5	注满油溢出	X_{12}	球形雷
M_6	雷击火花	X_{13}	雷电波入侵
M_7	雷击	X_{14}	未安装避雷设施
M_8	避雷器未起作用	X_{15}	设计缺陷
M_9	避雷器故障	X_{16}	接地电阻超标
M_{10}	电火花	X_{17}	避雷设施损坏
M_{11}	自燃	X_{18}	电气设备不防爆
M_{12}	明火	X_{19}	防爆电气损坏
M_{13}	静电火花	X_{20}	散热不良
M_{14}	储罐静电	X_{21}	产生 FeS 自然物质
M_{15}	人体静电	X_{22}	违章动火
M_{16}	静电累积	X_{23}	人员吸烟
M_{17}	接地不良	X_{24}	过往车辆发动起火
X_1	管线、阀口或法兰故障	X_{25}	流速过快
X_2	底部腐蚀	X_{26}	管道内壁粗糙
X_3	油品输出故障	X_{27}	原油冲击管壁
X_4	液位报警器故障	X_{28}	飞溅油与空气摩擦
X_5	切断装置未动作	X_{29}	未设置防静电装置
X_6	人的误操作	X_{30}	接地电阻不符合要求
X_7	搅拌器故障	X_{31}	接地线损坏
X_8	罐区选址不当	X_{32}	化纤品与人体摩擦
X_9	天气因素	X_{33}	鞋与地面摩擦
X_{10}	直击雷	X_{34}	人接近高压带电体

2）事故树分析

（1）最小径集。绘制事故树的成功树，通过成功树求出该事故树有 6 个最小径集：

$P_1 = \{X_8, X_9\}$；

$P_2 = \{X_1, X_2, X_3, X_4, X_5, X_6, X_7\}$；

$P_3 = \{X_{10}, X_{11}, X_{12}, X_{13}, X_{18}, X_{19}, X_{20}, X_{21}, X_{22}, X_{23}, X_{24}, X_{25}, X_{26}, X_{27}, X_{28}, X_{32}, X_{33}, X_{34}\}$；

$P_4 = \{X_{14}, X_{15}, X_{16}, X_{17}, X_{18}, X_{19}, X_{20}, X_{21}, X_{22}, X_{23}, X_{24}, X_{25}, X_{26}, X_{27}, X_{28}, X_{32}, X_{33}, X_{34}\}$；

$P_5 = \{X_{10}, X_{11}, X_{12}, X_{13}, X_{18}, X_{19}, X_{20}, X_{21}, X_{22}, X_{23}, X_{29}, X_{30}, X_{31}, X_{32}, X_{33}, X_{34}\}$；

$P_6 = \{X_{14}, X_{15}, X_{16}, X_{17}, X_{18}, X_{19}, X_{20}, X_{22}, X_{23}, X_{24}, X_{29}, X_{30}, X_{31}, X_{32}, X_{33}, X_{34}\}$。

（2）结构重要度分析。根据最小径集，判断出各个基本事件的结构重要度顺序为：

$$I_\Phi(8) = I_\Phi(9) > I_\Phi(1) = I_\Phi(2) = I_\Phi(3) = I_\Phi(4) = I_\Phi(5) = I_\Phi(6) = I_\Phi(7) > I_\Phi(18) =$$

$$I_\Phi(19) = I_\Phi(20) = I_\Phi(21) = I_\Phi(22) = I_\Phi(23) = I_\Phi(24) = I_\Phi(32) = I_\Phi(33) = I_\Phi(34) > I_\Phi(29) =$$

$$I_\Phi(30) = I_\Phi(31) > I_\Phi(10) = I_\Phi(11) = I_\Phi(12) = I_\Phi(13) = I_\Phi(14) = I_\Phi(15) = I_\Phi(16) = I_\Phi(17) >$$

$$I_\Phi(25) = I_\Phi(26) = I_\Phi(27) = I_\Phi(28)$$

通过以上计算可得出：结构重要度中形成爆炸性混合气体的因素最重要，之后是造成泄漏的基本事件，最后是点火源基本事件。由此可得到预防原油储罐火灾爆炸的控制措施：首先，原油泄漏后要及时采取措施处理，防止形成爆炸性混合气体；其次，要定期检查储罐的罐体、阀门、输气管线及附属设施，防止原油泄漏；此外，要严格控制引火源，加强日常管理等。

3）事件树分析

设定初始事件为汽油储罐内油品连续泄漏到大气，考虑储罐泄漏后是否成功检测并堵漏、是否形成蒸气云、点火、泡沫灭火系统启动等，构建事件树如图 15-12 所示。

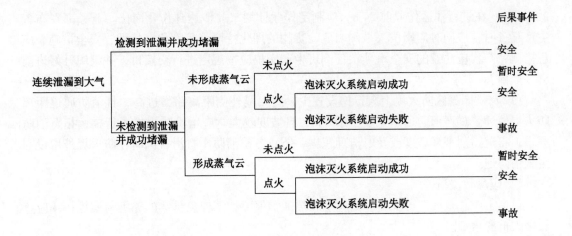

图 15-12 原油储罐火灾事故事件树分析

通过图 15-12 事件树分析可知，要预防火灾事故发生，首先要避免原油泄漏，其次要设置可靠的检查设备和应急堵漏装置，而且要设置应急灭火系统。

4）事故隐患整改措施

（1）桃园罐区外侧有高压输电线，尽管高压输电线与罐区距离满足规范要求，但一旦发生倒杆、断线或导线打火等意外事故，亦有可能引燃泄漏的可燃气体，建议采取必要防护措施。

（2）防火堤内侧均没有涂防火涂料，应及时进行整改。

（3）罐区的防火堤均采用毛石结构，易发生渗漏，在日常管理中应经常检查防火堤的有效性，或在防火堤外侧增加隔离土，以进一步防止油品渗漏。

（4）罐区外侧杂草及树木多，应尽快清理杂草，平整场地。

（5）储罐标识不明、各输油管道及工艺管道未做标识，罐区内没有人员撤离指引标志。应按《安全标志及其使用导则》（GB 2894—2008）的要求，设置各类安全警示标志标识，及时增加标识和指引图。

（6）库区没有设置事故池，应选择合适地点，设置事故池。

（7）严格执行门卫制度，对出入罐区的人员、车辆要严格按章检查，尤其是火源管理，严禁吸烟和携带火种进入储罐区域、防火堤内等。

（8）对外来施工人员，在施工前应按公司规定进行安全教育和应急培训，施工过程中应配备专职安全监管人员，严禁非作业人员和车辆进入罐区。

（9）应定期组织应急救援演练和消防演练，保证每年应急预案的演练不少于两次，并做好相应的演练记录，及时总结演练中存在的问题和不足，更新相关内容，保持应急预案的持续改进。

（10）应定期组织对相关作业人员的有关安全作业知识培训，学习国家有关法律、法规、规章和安全知识、专业技术、职业卫生防护和应急救援知识，对新员工应组织参加经交通运输部或其授权机构组织的考核。考核合格取得上岗资格证后方可上岗作业。

（11）在进行油运作业前24 h，应制定作业计划，并传达到作业岗位。业务部在布置生产任务时，应同时向岗位人员阐明危险货物的理化特性、危险危害特性、安全措施、应急措施，交代应注意的安全事项。各倒班生产岗位应按规定进行交接班，并组织开好班前会、船前会。

（12）桃园罐区防火堤上人行梯设置少，防火堤外侧距离路面过高，且消防通道距离防火堤较远。罐区消防通道宽度小于6 m，且坡度较大。应增设防火堤人行梯；拓宽消防通道，将道路削平降坡度或及时清理积雪，防止冬季消防车打滑；同时在防火堤外增设固定式消防炮。

5）应急救援措施

包括①应急救援资源配备；②应急救援通信保障；③应急预案的完善与演练；④应急救援人员的培训。

15.2.4 化工企业六阶段安全评价法的特点与适用范围

日本劳动省化工企业六阶段安全评价法集中了定性评价和定量评价的双重内容，先从安全检查表入手，再分别应用定量评价、类比评价、FTA、ETA反复评价，根据各种条件评价出表示危险性大小的分数（以及概率值），然后根据总的危险分数采取相应的安全对策，是一个考虑比较周到的安全评价方法。该方法准确性高，但工作量大。

化工企业六阶段安全评价法主要应用于化工产品的制造和储存。除了在化工厂实施外，还可扩大到其他行业。

15.3　风险矩阵法

15.3.1　风险矩阵法的概念

　　风险矩阵法是一种通过定义后果和可能性的范围，对风险进行展示和排序的工具。风险矩阵法由美国空军电子系统中心（Electronic Systems Center，简称为 ESC）的采办工程小组于 1995 年 4 月提出。风险矩阵法是将决定危险事件的风险的两种因素，即危险事件的严重性和危险事件发生的可能性，按其特点相对地划分为等级，形成一种风险评价矩阵，并赋以一定的加权值作为定性衡量风险的大小。

15.3.2　风险矩阵法的方法步骤

　　（1）分析由系统、子系统或设备的故障、环境条件、设计缺陷、操作规程不当、人为差错引起的有害后果，将这些后果的严重程度相对地、定性地分为若干级，称为危险事件的严重性分级。通常将严重性等级分为四级，见表 15 - 20。

表 15 - 20　危险事件的严重性等级

严重性等级	等级说明	事 故 后 果 说 明
I	灾难	人员死亡或系统报废
II	严重	人员严重受伤、严重职业病或系统严重损伤
III	轻度	人员轻度受伤、轻度职业病或系统轻度损坏
IV	轻微	人员伤害程度和系统损坏程度都轻于 III 级

　　（2）把上述危险事件发生的可能性根据其出现的频繁程度相对地定性为若干级，称为危险事件的可能性等级。通常将可能性等级划分为五级，见表 15 - 21。

表 15 - 21　危险事件的可能性等级

可能性等级	说明	单个项目具体发生情况	总体发生情况
A	频繁	频繁发生	连续发生
B	很可能	在寿命期内会出现若干次	频繁发生
C	有时	在寿命期内有时可能发生	发生若干次
D	极少	在寿命期内不易发生，但有可能发生	不易发生，但有理由可预期发生
E	不可能	极不易发生，以至于可以认为不会发生	不易发生

　　（3）将上述危险严重性和可能性等级编制成矩阵，并分别给以定性的加权指数，即形成风险矩阵，见表 15 - 22。

表15-22 风 险 矩 阵

可能性等级＼严重性等级	Ⅰ（灾难）	Ⅱ（严重）	Ⅲ（轻度）	Ⅳ（轻微）
A（频繁）	1	2	7	13
B（很有可能）	2	5	9	16
C（有时）	4	6	11	18
D（极少）	8	10	14	19
E（不可能）	12	15	17	20

矩阵中的加权指数称为风险评价指数，指数从1~20是根据危险事件可能性和严重性水平综合确定的。通常将最高风险指数定为1，对应于危险事件是频繁发生的并具有灾难性的后果；最低风险指数20，则对应于危险事件几乎不可能发生而且后果是轻微的。中间的各个数值，则分别表达了不同的风险大小。

此处风险评价指数的具体数字是为了便于区别各种风险的档次。实际安全评价工作中，需要根据具体评价对象确定风险评价指数。

（4）根据矩阵中的指数确定不同类别的决策结果，确定风险等级，见表15-23。

表15-23 风 险 等 级

风险值（风险指数）	1~5	6~9	10~17	18~20
风险等级	1	2	3	4

（5）根据风险等级确定相应的风险控制措施。一般来说1级为不可接受的风险；2级为不希望有的风险；3级为需要采取控制措施才能接受的风险；4级为可接受的风险，需要引起注意。评价人员可以结合企业实际情况，综合考虑风险等级。

15.3.3 风险矩阵法应用实例分析

【例15-5】油气集输站风险矩阵法安全评价。针对某油田油气集输站运用风险矩阵法进行安全评价，评价结果见表15-24。

表15-24 某油田油气集输站风险评价表

序号	工序/区域	危险描述	发生频次	严重程度	风险值	风险等级
1	长输管线	输油管线泄漏火灾爆炸	B	Ⅰ	2	1
2	管线中间站	阀门泄漏火灾爆炸	B	Ⅱ	5	2
3	配电站	触电	C	Ⅱ	6	2
4	管线中间站	阀门泄漏油气中毒	B	Ⅰ	2	1

表 15 - 24（续）

序号	工序/区域	危险描述	发生频次	严重程度	风险值	风险等级
5	管线中间站	高处坠落	D	Ⅱ	10	3
6	管线中间站	工具坠落物体打击	C	Ⅲ	11	3
7	长输管线	坍塌	C	Ⅰ	4	1
…						

15.3.4　风险矩阵分析法特点及适用条件

15.3.4.1　风险矩阵分析法的应用特点

风险矩阵分析法的优点：操作简单方便，能初步估算出危险事件的风险指数，并能进行风险分级。

风险矩阵分析法的缺点：风险评估指数通常是主观确定的，造成风险等级的确定也具有一定的主观性，也就影响了风险等级的准确性。

15.3.4.2　风险矩阵分析法应用范围、使用

风险矩阵法在安全评价中经常使用；

风险矩阵法经常和预先危险性分析、故障类型及影响性分析、*LEC* 法等评价方法结合使用。

15.3.4.3　风险矩阵分析法注意事项

需要注意，本节风险矩阵（表 15 - 22）中 1 ~ 20 数字等级划分只是一种常用划分方式，风险等级划分标准（表 15 - 23）也只是与之相适应的风险等级划分标准。实际工作中，风险的严重程度划分、风险事件发生的可能性划分，以及风险等级划分均有不同的方式和等级标准，需要根据评价对象具体情况及安全评价工作的实际需要灵活应用。

15.4　作业条件危险性评价法

作业条件危险性评价法用于评价具有潜在危险性环境中作业时的危险性大小，其基础方法是 *LEC* 评价法。

15.4.1　*LEC* 评价法

15.4.1.1　*LEC* 方法介绍

在某种环境条件下进行作业时，总是具有一定程度的潜在危险。美国学者 K·J 格雷厄姆（Kennth J·Graham）和 G·F 金尼（Gilbert F·Kinney）认为，影响危险性的主要因素有 3 个：①发生事故或危险事件的可能性；②暴露于危险环境中的时间；③发生事故后可能产生的后果。因此，某种作业条件的危险性（D）可用下式计算：

$$D = LEC \qquad\qquad (15 - 26)$$

式中　D——作业条件的危险性分数值；

　　　L——事故或危险事件发生的可能性分数值；

　　　E——暴露于危险环境中的时间长短的分数值；

　　　C——事故或危险事件后果的分数值。

事故或危险事件发生的可能性大小差别是很大的。这种评价方法中，将实际不可能发生的情况作为评分的参考点，规定其可能性分数值为0.1；将完全出乎预料而不可预测，但有极小可能性的情况定为1，将完全可以预料到的情况定为10，并规定了其他各种情况的可能性分数值，见表15-25。

表15-25 事故或危险事件发生的可能性分数值

事故或危险事件发生的可能性	分数值
完全会被预料到	10
相当可能	6
不经常	3
完全意外、极少可能	1
可以设想，但绝少可能	0.5
极不可能	0.2
实际上不可能	0.1

暴露于危险环境中的时间越长，受到伤害的可能性越大，即危险性越大。这种评价法规定，连续暴露于危险环境中的分数值为10，每年仅出现几次时的分数值为1。并以这两种情况作为参考点，规定了其他各种情况的暴露分数值，见表15-26。

表15-26 暴露于危险环境中的分数值

暴露于危险环境的情况	分数值
连续暴露于潜在危险环境	10
逐日在工作时间内暴露	6
每周一次或偶然暴露	3
每月一次暴露	2
每年几次暴露于潜在危险环境	1
罕见暴露	0.5

事故或危险性事件后果的分数值规定为1~100。将需要救护的轻微伤害事故的分数值定为1，造成多人死亡的事故的分数值定为100，并以它们作为参考点，规定了其他各种情况的分数值，见表15-27。

表 15 - 27　事 故 后 果 分 数 值

可 能 结 果	分数值
大灾难，许多人死亡	100
灾难，数人死亡	40
非常严重，一人死亡	15
严重，严重伤害	7
重大，致残	3
引人注目，需要救护	1

根据式（15 - 26）计算危险分数后，按表 15 - 28 确定危险等级。这里，危险等级的划分标准是根据经验确定的。

表 15 - 28　危 险 等 级

危险分数	危险等级	危 险 对 策
>320	极其危险	停产整改
160 ~ 320	高度危险	立即整改
70 ~ 159	显著危险	及时整改
20 ~ 69	可能危险	需要整改
<20	稍有危险	一般可接受，但亦应该注意防止

15.4.1.2　冲床操作工人的操作性安全评价

【例 15 - 6】在重庆某厂，某冲床操作工由于急于完成任务，不用镊子夹持坯料，将手伸入危险区送料。快下班时，由于疲倦，手脚失调，以致误踩脚踏板，造成左手食指、中指末节被冲压掉。用 LEC 评价方法评价该冲床操作工人的危险性。

操作这种冲床时，有时会发生压断手指或整个手掌的事故，属于"不经常、但可能"发生，故 $L = 3$；工人每天都在这种环境中操作，故 $E = 6$；可能的事故后果处于"致残"和"严重伤害"之间，取 $C = 5$。所以，危险分数为

$$D = LEC = 3 \times 6 \times 5 = 90$$

由表 15 - 28 知，此作业条件的危险等级为"显著危险"，需要及时采取措施解决。

为了使用方便，制作了图 15 - 13 所示的计算用图（诺模图）。根据此图，可很简单地求出某一作业条件的危险程度。例如，应用此图评价上例操作冲床的危险性，可得出与计算相同的结果（图 15 - 13）。

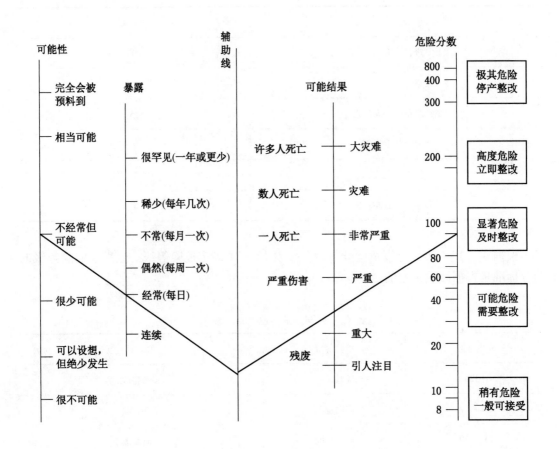

图 15 - 13 作业条件危险评价图

15.4.2 MES 评价法

15.4.2.1 方法介绍

MES 评价法是对 LEC 评价法的改进。此方法中，作业条件的危险性用符号 R 表示。MES 评价法的思路为：

人们常常用特定危害事件发生的可能性 L 和后果 S 的乘积反映风险程度 R 的大小，即 $R = LS$。人身伤害事故发生的可能性主要取决于人体暴露于危险环境的频繁程度，即时间 E 和控制措施的状态 M。所以，作业条件的危险性（R）可用下式计算：

$$R = MES \tag{15-27}$$

式中   R——作业条件的危险性分数值；

M——控制措施的分数值；

E——暴露于危险环境中的时间长短的分数值；

S——事故或危险事件后果的分数值。

评价事故发生的可能性 L 时，要评价控制措施的状态 M 和人体暴露的时间 E。控制措施的状态 M 评分见表 15 - 29。

表15-29　控制措施的状态表

分数值	控 制 措 施 的 状 态
5	无控制措施
3	有减轻后果的应急措施，包括警报系统
1	有预防措施（如机器防护装置等），必须保证有效

人体暴露的时间 E 的评分标准与 LEC 法相同，见表15-26。

事故可能后果 S 的评分见表15-30。

表15-30　事故的可能后果表

分数值	事 故 的 可 能 后 果			
	伤 害	职业相关病症	设备、财产损失	环 境 影 响
10	有多人死亡		>1亿元	有重大环境影响的不可控排放
8	有1人死亡	职业病（多人）	1000万~1亿元	有中等环境影响的不可控排放
4	永久失能	职业病（1人）	100万~1000万元	有较轻环境影响的不可控排放
2	需医院治疗，缺工	职业性多发病	10万~100万元	有局部环境影响的可控排放
1	轻微，仅需急救	职业因素引起的身体不适	<10万元	无环境影响

注：1. 永久失能：某肢体残缺或虽未残缺但功能完全丧失。

2. 职业病：按《中华人民共和国职业病防治法》的规定分类。

我国职业病防治机构将职业性多发病定义如下：凡是职业性有害因素直接或间接地构成该病病因之一的非特异性疾病均属于职业性多发病（也称工作有关疾病、职业性相关疾病）。如疲劳、矿工中的消化性溃疡、建筑工中的肌肉骨骼疾病（如腰背痛）等，其病症与多种非职业性因素有关，职业性有害因素不是唯一的病因，但能促使潜在的疾病显露或加重已有疾病的病症。通过改善工作条件，所患疾病得以控制或缓解。

与职业性多发病不同，职业病的病因是单一的因素——不良工作条件。

MES 评价法中作业条件的危险性 R 的确定如下：

对于人身伤害事故，$R = L \cdot S = MES$，风险程度划分见表15-31。

表15-31　人身伤害事故风险程度表

$R = L \cdot S = MES$	风险程度（等级）	$R = L \cdot S = MES$	风险程度（等级）
>180	一级	20~48	四级
90~150	二级	<18	五级
50~80	三级		

对于单纯财产损失事故，由于所指的财产是与特定的风险联系在一起，因此，不必考虑暴露问题，只考虑控制措施的状态 M。所以，$R = MS$，风险程度可查表15-32。

表15-32 单纯财产损失事故风险程度表

$R = MS$	风险程度（等级）	$R = MS$	风险程度（等级）
30~50	一级	4~6	四级
20~24	二级	≤3	五级
8~12	三级		

15.4.2.2 冲床操作工人的操作性安全评价

【例15-7】操作冲床危险性的 MES 评价。条件及事故情况与【例15-6】相同，试用 MES 评价方法评价该冲床操作工人的危险性。

由于工人在操作中没有控制措施，则 $M = 5$。

工人每天都在这种环境中操作，则 $E = 6$。

可能的事故后果处于"缺工"和"永久失能"之间，则 $S = 3$。

$$危险性 = MES = 5 \times 6 \times 3 = 90$$

由于只有人身伤害，根据表15-31人身伤害事故风险程度表，危险等级为二级。

15.4.3 方法特点与适用条件

LEC 法只能对一般作业条件的危险进行评价，它强调的是操作人员在具有潜在危险性的环境下作业的危险性；MES 法作为 LEC 的改进方法，考虑了安全补偿系数——控制措施对事故发生的抑制作用。因此，能够更为客观地评价生产作业的危险性。

作业条件危险性评价法评价人们在某种具有潜在危险的作业环境中进行作业的危险程度，方法简单易行，危险程度的级别划分比较清楚、醒目。但是，由于它主要是根据经验来确定3个因素的分数值及划定危险程度等级，因此具有一定的局限性；而且它是一种作业条件的局部评价，故不能普遍应用于整体、系统的完整评价。

15.5 其他安全评价法

15.5.1 重大危险源评价法

15.5.1.1 重大危险源的定义

我国国家标准《危险化学品重大危险源辨识》（GB 18218—2018）中规定，危险化学品重大危险源是指长期地或临时地生产、储存、使用和经营危险化学品，且危险化学品的数量等于或超过临界量的单元。

15.5.1.2 重大危险源评价方法概述

《危险化学品重大危险源辨识》（GB 18218—2018）规定了辨识危险化学品重大危险源的依据和方法。

易燃、易爆、有毒重大危险源评价法是"八五"国家科技攻关专题（易燃、易爆、有毒重大危险源辨识评价技术研究）提出的分析评价方法，是在大量重大火灾、爆炸、毒物泄漏中毒事故资料的统计分析基础上，从物质危险性、工艺危险性入手，分析重大事故发生的原因、条件，评价事故的影响范围、伤亡人数和经济损失，提出应采取的预防、控制措施。

下面分别介绍这两种重大危险源评价方法。

15.5.1.3 根据《危险化学品重大危险源辨识》评价重大危险源

1. 危险化学品临界量的确定方法

由《危险化学品重大危险源辨识》（GB 18218—2018）中的表1（表15-33为表1的节选）和表2（表15-34）确定危险化学品的临界量。未在表1范围内的危险化学品，依据其危险性，按表2（表15-34）确定临界量；若一种危险化学品具有多种危险性，按其中最低的临界量确定。

表 15-33 危险化学品名称及其临界量（节选）

序号	危险化学品名称和说明	别 名	CAS 号	临界量/t
1	氨	液氨、氨气	7664-41-7	10
2	二氟化氧	一氧化二氟	7783-41-7	1
3	二氧化氮		10102-44-0	1
4	二氧化硫	亚硫酸酐	7446-09-5	20
5	氟		7782-41-4	1
6	碳酰氯	光气	75-44-5	0.3
7	环氧乙烷	氧化乙烯	75-21-8	10

表 15-34 未在表1中列举的危险化学品类别及其临界量

类 别	符 号	危险性分类及说明	临界量/t
健康危害	J（健康危害性符号）	—	—
	J1	类别1，所有暴露途径，气体	5
	J2	类别1，所有暴露途径，固体、液体	50
急性毒性	J3	类别2、类别3，所有暴露途径，气体	50
	J4	类别2、类别3，吸入途径，液体（沸点≤35℃）	50
	J5	类别2，所有暴露途径，液体（除J4外）、固体	500
物理危险	W（物理危险性符号）		

表15-34（续）

类　别	符　号	危　险　性　分　类　及　说　明	临界量/t
爆炸物	W1.1	—不稳定爆炸物 —1.1项爆炸物	1
	W1.2	1.2、1.3、1.5、1.6项爆炸物	10
	W1.3	1.4项爆炸物	50
易燃气体	W2	类别1和类别2	10
气溶胶	W3	类别1和类别2	150（净重）
氧化性气体	W4	类别1	50
易燃液体	W5.1	—类别1 —类别2和3，工作温度高于沸点	10
	W5.2	—类别2和3，具有引发重大事故的特殊工艺条件包括危险化工工艺、爆炸极限范围或附近操作、操作压力大于1.6 MPa等	50
	W5.3	—不属于W5.1或W5.2的其他类别2	1000
	W5.4	—不属于W5.1或W5.2的其他类别3	5000
自反应物质和混合物	W6.1	A型和B型自反应物质和混合物	10
	W6.2	C型、D型、E型、F型有机过氧化物	50
有机过氧化物	W7.1	A型和B型有机过氧化物	10
	W7.2	C型、D型、E型、F型有机过氧化物	50
自燃液体和自燃固体	W8	类别1自燃液体 类别1自燃固体	50
氧化性固体和液体	W9.1	类别1	50
	W9.2	类别2、类别3	200
易燃固体	W10	类别1易燃固体	200
遇水放出易燃气体的物质和混合物	W11	类别1和类别2	200

2. 危险化学品重大危险源的判定

　　按照规定，涉及危险化学品的生产、储存装置、设施或场所，分为生产单元和储存单元。危险化学品的生产、加工及使用等的装置及设施，当装置及设施之间有切断阀时，以切断阀作为分隔界限划分为独立的单元。用于储存危险化学品的储罐或仓库组成的相对独立的区域,储罐区以罐区防火堤为界限划分为独立的单元,仓库以独立库房(独立建筑物)为界限划分为独立的单元。

生产单元、储存单元内存在的危险化学品为单一品种,该危险化学品的数量即为单元内危险化学品的总量,若等于或超过相应的临界量,则定为重大危险源。

$$\frac{q}{Q} \geqslant 1 \tag{15-28}$$

式中 q——危险化学品实际存在量,t;

   Q——该危险化学品的临界量,t。

生产单元、储存单元内存在的危险化学品为多品种时,按以下公式计算,若结果不小于1,则定为重大危险源。

$$S = \frac{q_1}{Q_1} + \frac{q_2}{Q_2} + \cdots + \frac{q_n}{Q_n} \geqslant 1 \tag{15-29}$$

式中 $q_1, q_2, \cdots, q_n$——每种危险化学品实际存在量,t;

   $Q_1, Q_2, \cdots, Q_n$——与各危险化学品相对应的临界量,t。

3.《危险化学品重大危险源辨识》评价方法的适用条件

根据《危险化学品重大危险源辨识》标准(GB 18218—2018)的要求,重大危险源评价法适用于危险化学品的生产、使用、储存和经营等各企业或组织。该标准不适用于以下方面:

(1)核设施和加工放射性物质的工厂,但这些设施和工厂中处理非放射性物质的部门除外;

(2)军事设施;

(3)采矿业,但涉及危险化学品的加工工艺及储存活动除外;

(4)危险化学品的厂外运输(包括铁路、道路、水路、航空、管道等运输方式);

(5)海上石油天然气开采活动。

15.5.1.4 易燃、易爆、有毒重大危险源评价法简介

1. 易燃、易爆、有毒重大危险源评价方法

易燃、易爆、有毒重大危险源评价方法分为固有危险性评价与现实危险性评价。后者是在前者的基础上考虑各种危险性的控制因素,反映了人对控制事故发生和事故后果扩大的主观能动作用。固有危险性评价主要反映物质的固有特性、危险物质生产过程的特点和危险单元内、外部环境状况。它分为事故的易发性评价和严重度评价。事故易发性取决于危险物质事故易发性和工艺过程危险性。

该方法评价内容及步骤如图15-14所示。

评价数学模型如式(15-30)所示。

$$A = \left\{ \sum_{i=1}^{n} \sum_{j=1}^{m} (B_{111})_i W_{ij} (B_{112})_j \right\} \times B_{12} \times \prod_{k=1}^{3} (1 - B_{2k}) \tag{15-30}$$

式中 A——危险性等级;

   $(B_{111})_i$——第 i 种物质危险性的评价值;

   $(B_{112})_j$——第 j 种工艺危险性的评价值;

   W_{ij}——第 j 种工艺与第 i 种物质危险性的相关系数;

B_{12}——事故严重度评价值；

B_{21}——工艺、设备、容器、建筑结构抵消因子；

B_{22}——人员素质抵消因子；

B_{23}——安全管理抵消因子。

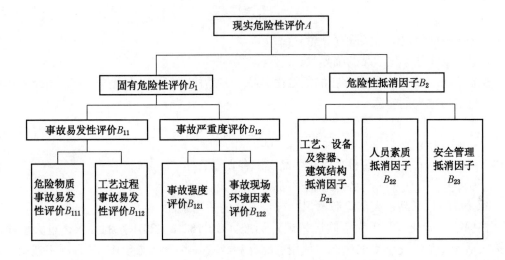

图 15 – 14　重大危险源评价

2. 方法特点及适用条件

易燃、易爆、有毒重大危险源评价法主要用于对重大危险源的评价，能较准确地评价出系统内危险物质、工艺过程的危险程度、危险性等级，较准确地计算出事故后果的严重程度。

该方法计算量大，计算过程复杂，尤其在事故严重度计算时需要应用事故后果模型，模型中参数的选取具有一定的主观性，因此在使用此方法时，应结合危险源的实际情况进行选取，尽量避免人的主观性带来的偏差。

15.5.2　保护层分析法

15.5.2.1　保护层分析的概念与用途

保护层分析（layer of protection analysis，简称为 LOPA）方法是一种半定量的工艺危害分析方法，指对降低不期望事件频率或后果严重性的独立保护层的有效性进行评估的一种过程方法或系统。

通过保护层分析，可以发现可行方案，如增设其他保护层、改变工艺等，从而选择最经济有效地降低危险性的措施。

根据《保护层分析（LOPA）应用指南》（GB/T 32857—2016），其相关术语及定义为：

（1）保护层（layer of protect）：用来防止不期望事件的发生或降低不期望事件后果严重性从而降低过程风险的设备、设施或方案。

（2）独立保护层（Independent protection layer，简称为 IPL）：一种设备、系统或行动，有效地防止场景向不期望的后果发展，它与场景的初始事件或其他保护层的行动无关。独立性表示保护层的执行能力不会受初始事件或其他保护层失效的影响。

（3）要求时危险失效概率（probability of dangerous failure on demand，简称为PFD）：当受保护设备或保护设备控制系统发生要求时，执行规定安全功能的独立保护层的安全不可用性。

（4）场景（scenario）：可能导致不期望后果的一种事件或事件序列。

（5）初始事件（initial event）：产生导致不期望后果场景的事件。

（6）频率（frequency）：一个事件单位时间内发生的次数。

（7）使能事件或使能条件（enable event/enable condition）：导致场景发生的必要条件或事件，但不会直接导致场景发生。

（8）后果（consequence）：某一特定事件的结果。通常包括人员伤亡、财产损失、环境污染、声誉影响等。

LOPA分析提供了识别场景风险的方法，并且将其与可容许风险比较，以确定现有安全措施是否合适，是否需要增加新的安全措施；可以了解不同独立保护层在降低风险过程中的贡献，并可选择更加经济合理的保护措施来降低风险。该方法通常采用表格的形式记录评估的过程，记录过程符合通常的思维习惯，文件易读易用。

15.5.2.2 保护层分析基本程序和应用时机

1. 基本程序

保护层分析的目的是在定性危险分析的基础上，进一步对具体的场景的风险进行相对量化（准确到数量级）的研究，包括对场景的准确表述及识别已有的独立保护层，从而判定该场景发生时系统所处的风险水平是否达到可容许风险标准的要求，并根据需要增加适当的保护层，以将风险降低至可容许风险标准所要求的水平。

保护层分析的过程包括：场景识别与筛选、后果及严重性评估、初始事件描述及频率确认、独立保护层识别及PFD的确认、场景导致预期后果的频率计算、风险评估与建议。

2. 应用时机

LOPA一般用于如下场景：

（1）场景过于复杂，不能采用完全定性的方法作出合理的风险判断；

（2）场景后果过于严重而不能只依靠定性方法进行风险判断。

LOPA也用于以下几种场景：确定安全仪表功能的安全完整性等级；识别过程中安全关键设备；识别操作人员关键安全行为和关键安全响应；确定场景的风险等级以及场景中各种保护层降低的风险水平；其他适用LOPA的场景等（如设计方案分析和事故调查）。

15.5.2.3 保护层分析的特点及适用条件

保护层分析方法的优点是：

（1）与定性分析相比较，LOPA分析可以提供相对量化的风险决策依据。避免主观因素对风险控制决策的影响。

（2）虽然没有定量风险分析那么精确，但其过程简便。在定量分析工作之前，可以应用LOPA分析方法对风险相对较高的场景进行筛选，从而提高整个风险分析的工作的效率，节约分析工作的成本。

保护层分析方法的不足为：与定性分析方法相比较，它每次只是针对一个特定的场景进行分析，不能反映各种场景之间相互影响。此外，初始事件的发生频率及独立保护层的要求时危险失效率等数据对 LOPA 分析的结果有很大的影响，需要付出很多努力和积累才能获取这些数据。

这种半定量的安全评价方法可以减少定性评价方法的主观性，且较完全的定量评价方法容易实行，在安全评价中被越来越广泛地应用。

15.5.3 模糊数学综合评价法

15.5.3.1 模糊数学综合评价法概述

模糊理论起源于 1965 年美国加利福尼亚大学控制论专家扎德（L. A. Zadeh）教授在《Information and Control》杂志上的一篇文章"Fuzzy Sets"。模糊数学自 1976 年传入我国后，在我国得到了迅速发展，现在它的应用已遍及各个行业。

由于安全与危险都是相对模糊的概念，在很多情况下都有不可量化的确切指标，这就需要将诸多模糊的概念定量化、数字化。在此情况下，应用模糊数字将是一个较好的选择方案之一。

现实社会中，综合评价问题是多因素、多层次决策过程中所遇到的一个带有普遍意义的问题。模糊综合评价作为模糊数学的一种具体应用方法，已获得广泛应用。由于在进行系统安全评价时，使用的评语常带有模糊性，所以宜采用模糊综合评价方法。

15.5.3.2 模糊综合评价原理及评价模型

1. 模糊综合评价基本原理

模糊综合评价是应用模糊关系合成的原理，从多个因素对被评判事物隶属度等级状况进行综合评判的一种方法。模糊综合评价评价包括以下 6 个基本要素。

（1）评判因素论域 U。U 代表综合评判中各评判因素所组成的集合。

（2）评语等级论域 V。V 代表综合评判中，评语所组成的集合。它实质是对被评事物变化区间的一个划分，如安全技术中"三同时"落实的情况可分为优、良、中、差四个等级，这里，优、良、中、差就是综合评判中对"三同时"落实情况的评语。

（3）模糊关系矩阵 R。R 是单因素评价的结果，即单因素评价矩阵。模糊综合评判所综合的对象正是 R。

（4）评判因素权向量 A。A 代表评判因素在被评对象中的相对重要程度，它在综合评判中用来对 R 作加权处理。

（5）合成算子。合成算子指合成 A 与 R 所用的计算方法，也就是合成方法。

（6）评判结果向量 B。它是对每个被评判对象综合状况分等级的程度描述。

2. 一级综合评价模型

（1）建立因素集。因素就是评价对象的各种属性或性能，在不同场合，也称为参数指标或质量指标，它们综合地反映出对象的质量。人们就是根据这些因素进行评价的。所谓因素集，就是影响评价对象的各种因素组成的一个普通集合，即 $U\{u_1, u_2, \cdots, u_n\}$。这些因素通常都具有不同程度的模糊性，但也可以是非模糊的。各因素与因素集的关系，或者 u_i 属于 U，或者 u_i 不属于 U，二者必居其一。因此，因素集本身是一个普通集合。

（2）建立评价集。评价集，又称备择集，是评价者对评价对象可能作出的各种总的评价结果所组成的集合，即 $V = \{v_1, v_2, \cdots, v_m\}$。各元素 v_i 代表各种可能的总评价结果。模糊综合评价的目的，就是在综合考虑所有影响因素的基础上，从评价集中得出一最佳的评价结果。

显然，v_i 与 V 的关系也是普通集合关系，因此，评价集也是一个普通集合。

（3）计算权重。在因素集中，各因素的重要程度是不一样的。为了反映各因素的重要程度，对各个因素 u_i 应赋予一相应的权数 $a_i(i=1,2,\cdots,n)$。由各权数所组成的集合 $\tilde{A}=(a_1,a_2,\cdots,a_n)$ 称为因素权重集，简称权重集。

通常各权数 a_i 应满足归一性和非负性条件，即

$$\sum_{i=1}^{n}a_i = 1 \quad (a_i \geq 0)$$

各种权数一般由人们根据实际问题的需要主观确定，没有统一、严格的方法。常用方法有统计实验法、分析推理法、专家评分法、层次分析法和熵权法等。

（4）单因素模糊评价。单独从一个元素出发进行评价，以确定评价对象对评价集元素的隶属度便称为单元素模糊评价。

单元素模糊评价，即建立一个从 U 到 $F(V)$ 的模糊映射：

$$\tilde{f}:U\to F(V),\forall u_i\in U,u_i\mid \to \tilde{f}(u_i)=\frac{r_{i1}}{v_1}+\frac{r_{i2}}{v_2}+\cdots+\frac{r_{im}}{v_m}$$

式中　$r_{ij}\to u_i$ 属于 u_i 的隶属度。

由 $\tilde{f}(u_i)$ 可得到单因素评价集 $\tilde{R}_i=(r_{i1},r_{i2},\cdots,r_{im})$。

以单因素评价集为行组成的矩阵称为单因素评价矩阵。该矩阵为一模糊矩阵。

$$\tilde{R}=\begin{bmatrix} r_{11} & r_{12} & \cdots & r_{1m} \\ r_{21} & r_{22} & \cdots & r_{2m} \\ \vdots & \vdots & & \vdots \\ r_{n1} & r_{n2} & \cdots & r_{nm} \end{bmatrix}$$

（5）模糊综合评价。单因素模糊评价仅反映了一个因素对评价对象的影响，这显然是不够的；综合考虑所有因素的影响，便是模糊综合评价。

由单因素评价矩阵可以看出：$\tilde{R}$ 的第 i 行反映了第 i 个因素影响评价对象取评价集中各个因素的程度；$\tilde{R}$ 的第 j 列反映了所有因素影响评价对象取第 j 个评价元素的程度。如果对各因素作用以相应的权数 a_i，便能合理地反映所有因素的综合影响。因此，模糊综合评价可以表示为

$$\tilde{B}=\tilde{A}\circ\tilde{R}=(a_1,a_2,\cdots,a_n)\begin{bmatrix} r_{11} & r_{12} & \cdots & r_{1m} \\ r_{21} & r_{22} & \cdots & r_{2m} \\ \vdots & \vdots & & \vdots \\ r_{n1} & r_{n2} & \cdots & r_{nm} \end{bmatrix}=(b_1,b_2,\cdots,b_j,\cdots,b_n) \quad (15-31)$$

式中，b_j 称为模糊综合评价指标，简称评价指标。其含义为：综合考虑所有因素的影响时，评价对象对评价集中第 j 个元素的隶属度。

3. 多级综合评价模型

将因素集 U 按属性的类型划分成 s 个子集，记作 $U_1,U_2,\cdots,U_s$，根据问题的需要，每一个子集还可以进一步划分。对每一个子集 U_i，按一级评价模型进行评价。将每一个 U_i 作为一个因素，用 B_i 作为它的单因素评价集，又可构成评价矩阵：

$$\tilde{R} = \begin{bmatrix} \tilde{B}_1 \\ \tilde{B}_2 \\ \vdots \\ \tilde{B}_s \end{bmatrix}$$

于是有第二级综合评价：

$$\tilde{B} = \tilde{A} \circ \tilde{R} \tag{15-32}$$

15.5.3.3　模糊数学综合评价法的特点及适用条件

1. 模糊数学综合评价法的优点

从模糊综合评价法具有其他综合评价方法所不具备的优点，主要表现为

（1）模糊综合评价结果本身是一个向量，而不是一个单点值，并且这个向量是一个模糊子集，较为准确地刻画了对象本身的模糊状况，提供的评价信息比其他方法全面。

（2）模糊综合评价从层次角度分析复杂对象，有利于最大限度地客观描述被评价对象。

（3）模糊综合评价中的权数是从评价者的角度认定各评价因素重要程度而确定的。根据评价者的着眼点不同，可以改变评价因素的权数，定权方法的适用性较强。

2. 模糊数学综合评价法的局限性

模糊综合评价方法也有自身的局限性，如：

（1）模糊综合评价过程中，不能解决评价因素间的相关性所造成的评价信息重复的问题。因此，在进行模糊综合评价前，因素的预选和删除十分重要，需要尽量把相关程度较大的因素删除，以保证评价结果的准确性。

（2）在模糊综合评价中，各指标的权重是由人为打分给出的。这种方式具有较大的灵活性，但人的主观性较大，与客观实际可能会有一定的偏差。

3. 模糊数学综合评价法适用范围

模糊综合评价方法适用性强，既可用于主观因素的综合评价，又可以用于客观因素的综合评价。在实际生活中，"亦此亦彼"的模糊现象大量存在，所以模糊综合评价的应用范围很广，特别是在主观因素的综合评价中，使用模糊综合评判可以发挥模糊数学的优势，评价效果优于其他方法。在安全评价工作中，模糊综合评价法既可以用于系统的整体安全评价，也可以用于局部安全评价。

15.5.4　人员可靠性分析法

15.5.4.1　人员可靠性分析概述

1. 人员可靠性分析的概念

人员可靠性分析（Human Reliability Analysis，简称为 HRA）是以分析、预测和减少与防止人误为研究核心，对人的可靠性进行定性与定量分析和评价的新兴学科。HRA 可作为一种方法，用来对人机系统中人的可能性失误对系统正常功能的影响作出评价。因此，它也可视为一种预测性和追溯性的工具，用于系统的设计、改进或再改进，以便将重要的人误概率减少到系统可接受的最低限度。

2. HRA 分析方法简介

HRA 分析方法包括：人员失误概率预测技术（Technique For Human Error Rate Prediction，简称为 THERP)、ASEP HRA 方法、人的认知可靠性模型（Human Cognitive Reliability，简称为 HCR)、成功似然指数法（Success Likelihood Index Methodology，简称为 SLIM)、认知可靠性和失误分析方法（Cognitive Reliability And Error Analysis Method，简称为 CREAM）等。对 HRA 分析方法进行简要的介绍，见表 15 – 35。

表 15 – 35　HRA 方法汇总

序号	名　称	介　　绍
1	THREP 方法	THERP 分析方法主要是利用人因事件树对人因事件中涉及的所有人员行为按事件发展的过程进行分析，并在事件树中确定失效途径后进行定量的计算。适合于对动作的可靠性分析，而对认知、诊断的可靠性分析很粗略
2	ASEP HRA 方法	1. 是 THERP 的简化方法，使用简便，得到的结果较为保守，适合于筛选分析； 2. 有清晰的实施步骤，利于人员进行方法应用
3	HCR 方法	基于认知心理学理论建立，研究人在操作产品的动态认知过程，其中包含了探查、诊断、决策意向的行为，探究人的失误机理
4	SLIM 方法	是一种专家判断的定量化分析方法，其核心思想是人无法完成某一任务的概率，是一系列行为形成因子的函数
5	CREAM 方法	通过对任务环境进行分析从而直接确定人为差错发生概率，可进行追溯分析，也可以进行定量化预测分析

15.5.4.2　人员失误概率预测技术

1. 人失误概率及其影响分析

一般用人失误发生概率来定量地描述人员从事某项活动时发生人为失误的难易程度。与物的故障概率相类似，人失误概率可以广义地表达为

$$E(t) = 1 - e^{-\int_0^t h(t)\,dt} \tag{15 – 33}$$

式中　$E(t)$——任意时刻的人失误概率；

$h(t)$——失误率函数，表明人员从事该项活动到 t 时刻时单位时间内发生失误的比率。

人与物不同，物发生故障后将一直处于故障状态，除非有人修理，不会自行恢复到正常状态；人发生失误后可能自己发现失误并予以改正，即具有纠错能力。

关于人员失误的定量问题，人们已经研究、开发出了许多种人失误概率预测模型。例如，在 1985 年汉纳曼（G. W. Hannaman）就曾经介绍过 16 种人失误定量模型。在众多的人失误定量模型中，最著名的是 1962 年由斯温（Swain）等人开发的人失误率预测技术。在核电站概率危险性评价中应用该技术成功地预测了人失误概率，并被应用于其他领域的人失误概率预测中。人失误发生概率与人完成某项操作任务时的复杂程度和时间因素等有关。在工业生产中，人员的工作任务可分成以下 5 类：

（1）简单任务。由一些需要稍加决策的顺序操作组成的操作即可完成的任务，如打开手动阀等。

（2）复杂任务。已经明确规定的且需要决策的一系列操作任务，一些问题需要操作者处理，如进行事故诊断、异常诊断等。

（3）要求警觉的任务。一些发现信号或警报工作的任务，要求操作者对信号或警报保持警觉。从事这种工作时影响人失误概率的主要因素包括等待时间长度，注意集中程度，信号种类和频率，发现信号或警报后必须采取的行动的类型等。

（4）检验任务。操作者必须作出决策的监视与检验多变量工艺过程。完成检验任务过程中，操作者必须防止扰动引起严重故障。

（5）应急任务。异常出现时或事故发生时操作者面临的任务。任务的内容可能在很大的范围内变化，可能是条件反射式的反应，也可能需要寻找新的解决办法。当异常后果十分严重时，操作者可能面临严重危险而心理高度紧张，失误发生概率会迅速增大。

2. 人员失误定量模型

下面对井口教授（Prof. Inkuchi）模型进行介绍。井口教授模型适用于操作机械设备的人员失误概率预测，其将人员操作机械的可靠度视为接收信息可靠度、判断可靠度和执行可靠度的乘积：

$$R_0 = R_1 R_2 R_3 \qquad (15-34)$$

式中　R_1——接收信息可靠度；

　　　R_2——判断可靠度；

　　　R_3——执行操作可靠度。

这样得到的可靠度 R_0 为基本可靠度，考虑具体操作条件，还需要乘以一系列的修正系数，得到实际的操作可靠度：

$$R = 1 - k_1 k_2 k_3 k_4 k_5 (1 - R_0) \qquad (15-35)$$

由此得出人失误概率为

$$E = k_1 k_2 k_3 k_4 k_5 (1 - R_0) \qquad (15-36)$$

式中　E——人失误发生概率；

　　　k_1——作业时间系数；

　　　k_2——操作频率系数；

　　　k_3——危险程度系数；

　　　k_4——生理、心理条件系数；

　　　k_5——环境条件系数。

表15-36列出了基本可靠度数值；表15-37列出了各种修正系数的数值范围。

表15-36　人员操作基本可靠度

类别	内　容	R_1	R_2	R_3
简单	变量不超过几个	0.9995~0.9999	0.9990	0.9995~0.9999
一般	变量不超过10个	0.9990~0.9995	0.9995	0.9990~0.9995
复杂	变量超过10个	0.9900~0.9990	0.9900	0.9900~0.9990

表15-37　人员操作可靠度修正系数

符号	项　目	内　容	系 数 的 值
k_1	作业时间	有充足的多余时间 没有充足的多余时间 完全没有多余时间	1.0 1.0~3.0 3.0~10.0
k_2	操作频度	频率适当 连续操作 很少操作	1.0 1.0~3.0 3.0~10.0
k_3	危险程度	即使误操作业安全 误操作危险性大 误操作有重大事故危险	1.0 1.0~3.0 3.0~10.0
k_4	心理、生理状态	教育训练、健康、疲劳、动机等 综合状态良好 综合状态不好 综合状态很差	1.0 1.0~3.0 3.0~10.0
k_5	环境条件	综合条件良好 综合条件不好 综合条件很差	1.0 1.0~3.0 3.0~10.0

3. 人员失误概率预测技术

人员失误概率预测技术（THERP），是一种应用广泛的人的可靠性分析方法。此项技术最早发展于20世纪50年代武器系统的任务分析，并在核电站风险分析中得到大量应用。THERP方法中包含了HRA事件树、人的绩效形成因子（PSF）、动作相关性分析等方面，并采用主要由专家判断提供的人误数据库进行定量化计算。在分析人的认知诊断的可靠性时，此方法提供了基于时间相关曲线的粗略分析。

用THERP方法完成人员失误概率定量化计算包括4个阶段：系统熟悉阶段、定性分析阶段、定量分析阶段、结果应用阶段。

15.5.4.3　人员可靠性分析方法的特点及适用条件

人员可靠性分析法是以人因工程、系统分析、认知科学、概率统计、行为科学等诸多学科为理论基础，以对人的可靠性进行定性与定量分析和评价为中心内容，以分析、预测、减少与预防人的失误为研究目标。

迄今为止，HRA已有数十种方法，这些方法对HRA的发展和应用起到了良好的推动作用，但也存在不足：使用HRA事件树的两分法逻辑（成功与失败）不能真实、全面地描述人的行为现象；缺乏充分的数据，多依赖专家判断；HRA方法的正确性与准确性难以验证；HRA方法缺乏心理学基础；缺乏对重要的行为形成因子的恰当考虑和处理。

THERP特别适合于预测运转、检测和维修操作人员的失误概率。

15.5.5　层次分析法

15.5.5.1　概念

层次分析法，简称AHP，是指将与决策总是有关的元素分解成目标、准则、方案等层次，在此基础之上进行定性和定量分析的决策方法。该方法是美国运筹学家、匹茨堡大学教授 Saaty 于 20 世纪 70 年代初，在为美国国防部研究"根据各个工业部门对国家福利的贡献大小而进行电力分配"课题时，应用网络系统理论和多目标综合评价方法，提出的一种层次权重决策分析方法。

15.5.5.2　基本原理

层次分析法是指将一个复杂的多目标决策问题作为一个系统，将目标分解为多个目标或准则，进而分解为多指标（或准则、约束）的若干层次，通过定性指标模糊量化方法算出层次单排序（权数）和总排序，以作为目标（多指标）、多方案优化决策的系统方法。

层次分析法是将决策问题按总目标、各层子目标、评价准则直至具体的备投方案的顺序分解为不同的层次结构，然后用求解判断矩阵特征向量的办法，求得每一层次的各元素对上一层次某元素的优先权重，最后再加权和的方法递阶归并各备择方案对总目标的最终权重，此最终权重最大者即为最优方案。

层次分析法比较适合于具有分层交错评价指标的目标系统，而且目标值又难于定量描述的决策问题。

15.5.5.3　计算步骤

1. 建立层次结构模型

将决策的目标、考虑的因素（决策准则）和决策对象按它们之间的相互关系分为最高层、中间层和最低层，绘出层次结构图。最高层是指决策的目的、要解决的问题。最低层是指决策时的备选方案。中间层是指考虑的因素、决策的准则。对于相邻的两层，称高层为目标层，低层为因素层。

2. 构造判断（成对比较）矩阵

在确定各层次各因素之间的权重时，如果只是定性的结果，则常常不容易被别人接受，因而 Saaty 等人提出一致矩阵法，即不把所有因素放在一起比较，而是两两相互比较，对此时采用相对尺度，以尽可能减少性质不同的诸因素相互比较的困难，以提高准确度。如对某一准则，对其下的各方案进行两两对比，并按其重要性程度评定等级。a_{ij} 为要素 i 与要素 j 重要性比较结果，表 15 - 38 列出 Saaty 给出的 9 个重要性等级及其赋值。按两两比较结果构成的矩阵称作判断矩阵。判断矩阵具有如下性质：

$$a_{ij} = \frac{1}{a_{ij}}$$

判断矩阵元素 a_{ij} 的标度方法见表 15 - 38。

表 15 - 38　比　例　标　度

因素 i 比因素 j	量化值	因素 i 比因素 j	量化值
同等重要	1	强烈重要	7
稍微重要	3	极端重要	9
较强重要	5	两相邻判断的中间值	2, 4, 6, 8

3. 层次单排序及其一致性检验

对应于判断矩阵最大特征根 $\lambda_{\max}$ 的特征向量，经归一化（使向量中各元素之和等于1）后记为 W。W 的元素为同一层次因素对于上一层次因素某因素相对重要性的排序权值，这一过程称为层次单排序。能否确认层次单排序，则需要进行一致性检验，所谓一致性检验是指对 A 确定不一致的允许范围。其中，n 阶一致阵的唯一非零特征根为 n；n 阶正互反阵 A 的最大特征根 $\lambda \geq n$，当且仅当 $\lambda = n$ 时，A 为一致矩阵。

由于 λ 连续地依赖于 a_{ij}，则 λ 比 n 大得越多，A 的不一致性越严重，一致性指标用 CI 计算，CI 越小，说明一致性越大。用最大特征值对应的特征向量作为被比较因素对上层某因素影响程度的权向量，其不一致程度越大，引起的判断误差越大。因而可以用 $\lambda - n$ 数值的大小来衡量 A 的不一致程度。定义一致性指标为

$$CI = \frac{\lambda - n}{n - 1}$$

$CI = 0$，有完全的一致性；CI 接近于 0，有满意的一致性；CI 越大，不一致越严重。为衡量 CI 的大小，引入随机一致性指标 RI：

$$RI = \frac{CI_1 + CI_2 + \cdots + CI_n}{n}$$

其中，随机一致性指标 RI 和判断矩阵的阶数有关，一般情况下，矩阵阶数越大，则出现一致性随机偏离的可能性也越大，其对应关系见表 15－39。

表 15－39　平均随机一致性指标 RI 标准值（不同的标准不同，RI 的值也会有微小的差异）

矩阵阶数	1	2	3	4	5	6	7	8	9	10
RI	0	0	0.58	0.90	1.12	1.24	1.32	1.41	1.45	1.49

考虑到一致性的偏离可能是由于随机原因造成的，因此在检验判断矩阵是否具有满意的一致性时，还需将 CI 和随机一致性指标 RI 进行比较，得出检验系数 CR，公式如下：

$$CR = \frac{CI}{RI} \tag{15－37}$$

一般，如果 $CR < 0.1$，则认为该判断矩阵通过一致性检验，否则就不具有满意一致性。

4. 层次总排序及其一致性检验

计算某一层次所有因素对于最高层（总目标）相对重要性的权值，称为层次总排序。这一过程是从最高层次到最低层次依次进行的。

15.5.5.4　优缺点及注意事项

1. 层次分析法的优点

1）系统性的分析方法

层次分析法把研究对象作为一个系统，按照分解、比较判断、综合的思维方式进行决策，成为继机理分析、统计分析之后发展起来的系统分析的重要工具。系统的思想在于不割断各个因素对结果的影响，而层次分析法中每一层的权重设置最后都会直接或间接影响

到结果，而且在每个层次中的每个因素对结果的影响程度都是量化的，非常清晰明确。这种方法尤其可用于对无结构特性的系统评价，以及多目标、多准则、多时期等的系统评价。

2）简洁实用的决策方法

这种方法既不单纯追求高深数学，又不片面地注重行为、逻辑、推理，而是把定性方法与定量方法有机地结合起来，使复杂的系统分解，能将人们的思维过程数字化、系统化，便于人们接受，且能把多目标、多准则又难以全部量化处理的决策问题化为多层次单目标问题，通过两两比较确定同一层次元素相对上一层次元素的数量关系后，最后进行简单的数学运算。计算简便，并且所得结果简单明确，容易让决策者了解和掌握。

3）所需定量数据信息较少

层次分析法主要是从评价者对评价问题的本质、要素的理解出发，比一般的定量方法更讲求定性的分析和判断。由于层次分析法是一种模拟人们决策过程的思维方式的一种方法，层次分析法把判断各要素的相对重要性的步骤留给了大脑，只保留人脑对要素的印象，化为简单的权重进行计算。这种思想能处理许多用传统的最优化技术无法着手的实际问题。

2. 层次分析法缺点

1）不能为决策提供新方案

层次分析法的作用是从备选方案中选择较优者。在应用层次分析法的时候，可能就会有这样一个情况，就是自身的创造能力不够，造成了尽管在想出来的众多方案里选了一个最好的出来，但其效果仍然不如企业所做出来的效果好。而对于大部分决策者来说，如果一种分析工具能替我分析出在我已知的方案里的最优者，然后指出已知方案的不足，又或者甚至再提出改进方案的话，这种分析工具才是比较完美的。但显然，层次分析法还没能做到这点。

2）定量数据较少，定性成分多，不易令人信服

在如今对科学的方法的评价中，一般都认为一门科学需要比较严格的数学论证和完善的定量方法。但现实世界的问题和人脑考虑问题的过程很多时候并不是能简单地用数字来说明一切的。层次分析法是一种带有模拟人脑的决策方式的方法，因此必然带有较多的定性色彩。

3）指标过多时，数据统计量大，且权重难以确定

当我们希望能解决较普遍的问题时，指标的选取数量很可能也就随之增加。指标的增加就意味着我们要构造层次更深、数量更多、规模更庞大的判断矩阵。那么我们就需要对许多的指标进行两两比较的工作。由于一般情况下我们对层次分析法的两两比较是用 1～9 来说明其相对重要性，如果有越来越多的指标，我们对每两个指标之间的重要程度的判断可能就出现困难了，甚至会对层次单排序和总排序的一致性产生影响，使一致性检验不能通过。不能通过，就需要调整，在指标数量多的时候比较难调整过来。

4）特征值和特征向量的精确求法比较复杂

在求判断矩阵的特征值和特征向量时，所用的方法和我们多元统计所用的方法是一样的。在二阶、三阶的时候，我们还比较容易处理，但随着指标的增加，阶数也随之增加，在计算上也变得越来越困难。不过幸运的是这个缺点比较好解决，我们有 3 种比较常用的

近似计算方法。第一种就是和法，第二种是幂法，还有一种常用方法是根法。

3. 注意事项

在运用层次分析法时，如果所选的要素不合理，其含义混淆不清，或要素间的关系不正确，都会降低 AHP 法的结果质量，甚至导致 AHP 法决策失败。为保证递阶层次结构的合理性，需把握以下原则：

（1）分解简化问题时把握主要因素，不漏不多；

（2）注意相比较元素之间的强度关系，相差太悬殊的要素不能在同一层次比较。

本 章 小 结

本章系统介绍了除概率风险评价法之外的常用定量安全评价方法：道化学公司火灾、爆炸指数危险评价法，化工企业六阶段安全评价法，重大危险源评价法，风险矩阵法，作业条件危险性评价法，保护层分析法，模糊数学综合评价法，人员可靠性分析法，以及层次分析法。每种方法均从产生背景、基本原理、评价方法步骤、特点和适用条件等方面加以介绍，并通过实例说明其具体应用。

思 考 与 练 习

1. 火灾、爆炸指数危险评价法主要有哪几种？试述每种方法的分析步骤、特点和适用范围。

2. 试述化工企业六阶段安全评价法的方法步骤。

3. 简述作业条件危险性评价的方法步骤。

4. 分析 LEC 评价法、MES 评价法的异同点。

5. 简述作业条件危险性评价如何与其他方法综合应用。

6. 简述重大危险源评价的优缺点、适用范围和评价程序。

7. 模糊评价的步骤及评价内容是什么？

8. 试述保护层分析法的优点与局限性；阐述独立保护层的含义。

9. 汽油属于轻组分油，轻组分油具有易燃、易爆、易挥发、易泄漏、毒性等危险特性。某加油站的油罐区设置了 4 个容积均为 5 m³ 的埋地油罐（每罐汽油质量为 3650 kg，每罐柴油质量为 4200 kg），其中 2 个为汽油罐，2 个为柴油罐，即最大的汽油储量为 10 m³，柴油储量为 10 m³，属三级加油站。该站采用油气回收系统，油罐内气相空气进入量很少，油罐内气相空间氧含量低于 10%，油气浓度超过爆炸范围，没有爆炸危险，柴油储罐储存温度低于柴油闪点，没有爆炸危险。汽油和柴油储罐常压操作，埋地汽油罐和柴油罐采用加强级防腐，腐蚀速率可能大于 0.127 mm/a，但小于 0.254 mm/a，汽油的泄漏温度高于其闪点，柴油的泄漏温度低于其闪点。加油站有完整的操作规程，对所经营的危险化学品的性质和工艺过程有一定的了解，并按有关设计规范和管理规定采取相应的安全措施，加油站没有隔离安全措施，配备有手提式或移动式干粉灭火器、灭火毯、灭火沙，电缆埋在地下。通过现场实地测量，该加油站油罐区与相邻小区间的距离 10.7 m，符合《汽车加油加气加氢站技术标准》（GB 50156—2021）要求。该加油站是有资质的单位设计和施工的，手续齐全，装设了油气回收系统，防雷、防静电设施完善，且做到定期检查，结果符合要求；消防器材配备规范齐全完好有效，有健全组织机构，配备有专职的安全生产管理人员，主要负责人和安全生产管理人员均持有相应的资质证书，所有从业人员均经过培训考核合格后，持证上岗，编制有健全的岗位责任制、安全管理制度和操作规程，有事故应急救援预案并能定期进行演练。其中，2个汽油罐的价值为6.2万元（人民币），2个柴油罐的价值为5.81万元，增长系数为1.16，2个汽油罐每月产值为0.35万元，2个柴油罐每月产值为0.28万元；估计损失时间是30天。试采用道化学火灾、爆炸危险指数评价法，对该站的火灾、爆炸危险性进行定量评价。

10. 已知某工厂工人进行冲床操作时可能会发生冲床伤手事故，已知冲床无红外线光电等保护装置，而且既未设计使用安全模，也无钩、夹等辅助工具。采用LEC评价法评价事故的危险性。

11. 某装置分析工人现场采样作业时，因设备取样口布置不当或操作不慎，可能被射出物溅伤、灼伤或吸入，引起人员伤害事故。采用LEC评价法评价事故的危险性。

12. 请以某成品油输油站中的风险"给油泵入口压力超低"为例，进行LOPA分析，其风险与场景分析见表15-40。

表15-40 风险及对应场景分析表

风险1—给油泵入口压力超低

场景1	上游管线异常截断（储罐阀组区阀门误关断和管线堵塞）导致给油泵入口压力超低，给油泵抽空、气蚀，设备损坏
场景2	储罐液位过低导致给油泵入口压力超低，给油泵抽空、气蚀，设备损坏
场景3	给油泵入口阀误关断或故障导致给油泵入口压力超低，给油泵抽空、气蚀，设备损坏
场景4	给油泵入口过滤器堵塞导致给油泵入口压力超低，给油泵抽空、气蚀，设备损坏

13. 阐述风险矩阵法的分析步骤。

14. 人员可靠性分析方法的特点及适用条件是什么？

15. 简述层次分析法的计算步骤。

16. 简述层次分析法与模糊数学如何综合应用。

17. 简述风险矩阵法如何与其他方法开展综合评价。

16 安全对策措施

📝 **本章学习目标：**

（1）熟悉安全对策措施的内容及基本要求，掌握其制定原则。

（2）了解安全技术对策措施的总体内容，掌握其制定思路和原则。

（3）熟悉安全管理对策措施的主要内容及制定原则。

（4）熟悉事故应急救援预案的内容和类型，掌握其编写步骤。

（5）能对熟悉的行业制定合理、有效的安全对策措施。

16.1 安全对策措施概述

安全对策措施是为了实现安全生产，防止事故的发生或减少事故发生后的损失而采取的方法、手段和技术对策等的总称。在对项目或系统进行了定性、定量或综合安全评价之后，应针对评价找出的危险、有害因素及具体危险状况，制定合理的安全对策措施。因此，安全对策措施是安全评价工作的重要组成部分。

安全对策措施主要包括安全技术对策措施、安全管理对策措施和事故应急救援对策措施3个方面。安全技术对策措施是从工程技术上采取对策，防止事故发生或减少事故造成的损失，包含防火、防爆、电气、机械、起重等方面的对策措施；安全管理对策措施则是通过科学、有效的管理手段，防止发生事故和减轻事故的危害；事故应急救援对策措施则指万一发生事故，为迅速开展应急救援行动、有效降低事故损失而预先制定的应急救援及应急预案等方面的对策措施。

16.1.1 安全对策措施的基本要求

安全评价过程中制定安全对策措施时的基本要求如下：

（1）安全对策措施应系统、全面，涵盖被评价单位的厂址选择、厂区平面布置、工艺流程、设备、消防设施、防雷设施、防静电设施、公用工程、安全预警装置和安全管理等方面。

（2）安全对策措施应按"轻、重、缓、急"划分为立即整改、限期整改、建议整改等几个等级，并应与被评价单位协商、安排整改进度，使安全对策措施落到实处。

（3）在考虑、提出安全对策措施时，应符合被评价单位的实际情况，有针对性和实用性，主要包括如下几点：①能消除或减弱生产过程中产生的危险和危害；②处置危险和有害物，并降低到国家规定的限值内；③能预防生产装置失灵和操作失误产生的危险和危害；④能有效地预防重大事故和职业危害的发生；⑤发生意外事故时，能为遇险人员提供自救和互救条件。

16.1.2 制定安全对策措施的原则

1. 按照安全技术措施的等级顺序制定

根据安全技术措施等级顺序的要求，制定安全对策措施时所应遵循的具体原则有：

（1）消除。通过合理的设计和科学的管理，尽可能从根本上消除危险、有害因素，如采用无害化工艺技术，生产中以无害物质代替有害物质，实现自动化作业，采用遥控技术等。

（2）预防。当消除危险、有害因素确有困难时，可采取预防性技术措施，预防危险、危害的发生，如使用安全阀、安全屏护、漏电保护装置、安全电压、熔断器、防爆膜、危害物质排放装置等。

（3）减弱。在无法消除危险、有害因素并且难以预防的情况下，可采取减少危险、危害的措施，如采用局部通风排毒装置，生产中以低毒性物质代替高毒性物质，采取降温措施，安装避雷装置、消除静电装置、减振装置、消声装置等。

（4）隔离。在无法消除、预防和减弱危险、有害因素的情况下，应将人员与危险、有害因素隔开，或将不能共存的物质分开，如采用遥控作业、安全罩、防护屏、隔离操作室、事故发生时的自救装置（如防护服、防毒面具）等。

（5）联锁。当操作者发生失误或设备运行一旦达到危险状态时，应通过联锁装置终止危险或危害的发生。

（6）警告。在易发生事故和危险性较大的地方，配置醒目的安全色或安全标志，必要时设置声、光或声光组合报警装置。

当安全技术措施与经济效益发生矛盾时，应优先考虑安全技术措施上的要求，并应按下列安全技术措施等级顺序选择安全技术措施：

（1）直接安全技术措施。生产设备本身应具有本质安全性能，不出现任何事故和危害。

（2）间接安全技术措施。若不能或不完全能实现直接安全技术措施时，必须为生产设备设计出一种或多种安全防护装置，最大限度地预防、控制事故或危害的发生。

（3）指示性安全技术措施。当间接安全技术措施也无法实现或实施时，须采用安装检测报警装置、警示标志等措施，警告、提醒作业人员注意，以便采取相应的对策措施或紧急撤离危险场所。

（4）若间接、指示性安全技术措施仍然不能避免事故和危害的发生，则应采用制定安全操作规程、进行安全教育和培训，以及发放个体防护用品等措施来预防或减弱系统的危险。

2. 安全对策措施应具有针对性、可操作性和经济合理性

（1）针对不同行业的特点和安全评价中提出的主要危险、有害因素及其后果，有针对性地提出安全对策措施。

（2）提出的安全对策措施是设计单位、建设单位、生产经营单位进行安全设计、生产、管理的重要依据，因而对策措施应在经济、技术，以及时间上是可行的，是能够落实和实施的。此外，要尽可能具体指明对策措施所依据的法规、标准，说明应采取的具体的对策措施，以便于应用和操作。

（3）在采用先进技术的基础上，考虑到进一步发展的需要，以安全法规、标准和指标为依据，结合评价对象的经济、技术状况，使安全技术装备水平与工艺装备水平相适应，实现经济、技术与安全的合理统一。

3. 安全对策措施应符合国家标准和行业规定

安全对策措施应符合相关国家标准和行业安全设计规定的要求，在进行安全评价时，应严格按照相关标准和设计规定提出安全对策措施。

16.2 安全技术对策措施

安全技术对策措施是最为基本的安全对策措施，涉及内容很多，下面择要介绍。

16.2.1 厂址及厂区平面布局的对策措施

16.2.1.1 项目选址

选址时，除考虑建设项目的经济性和技术合理性并满足工业布局和城市规划要求外，在安全方面应重点考虑地质、地形、水文、气象等自然条件对企业安全生产的影响和企业与周边区域的相互影响。

1. 自然条件影响

（1）不得在各类（风景、自然、历史文物古迹、水源等）保护区、有开采价值的矿藏区、各种地质灾害（滑坡、泥石流、溶洞、流沙等）直接危害地段、高放射本底区、采矿陷落（错动）区、淹没区、地震断层区、地震烈度高于九度的地震区等区域建设。

（2）依据地震、台风、洪水、雷击、地形和地质构造等自然条件资料，结合建设项目生产过程和特点，采取易地建设或采取有针对性的、可靠的对策措施，如设置可靠的防洪排涝设施，按地震烈度要求设防，工程地质和水文地质不能完全满足工程建设需要时的补救措施，产生有毒气体的工厂不宜设在盆地窝风处等。

（3）对产生和使用危险、危害性大的工业产品、原料、气体、烟雾、粉尘、噪声、振动和电离、非电离辐射的建设项目，必须依据国家有关法规、标准的要求，提出对策措施。例如，生产和使用氰化物的建设项目禁止建在水源的上游附近。

2. 与周边区域的相互影响

除环保、应急管理部门的相关要求之外，主要考虑风向和建设项目与周边区域在危险、危害性方面相互影响的程度，采取位置调整、安全距离和卫生防护距离等安全对策措施。

16.2.1.2 厂区平面布置

在满足生产工艺流程、操作要求、使用功能需要和消防、环保要求的同时，主要从风向、安全（防火）距离、交通运输安全和各类作业、物料的危险、危害性出发，在平面布置方面采取对策措施。

1. 功能区分

将生产区、辅助生产区（含动力区、储运区等）、管理区和生活区按功能相对集中分别布置，布置时应考虑生产流程、生产特点和火灾爆炸危险性，结合周边地形、风向等条件，以减少危险、有害因素的交叉影响。管理区、生活区一般应布置在全年或夏季主导风向的上风侧或全年最小频率风向的下风侧。

辅助生产设施的循环冷却水塔（池）不宜布置在变配电所、露天生产装置和铁路的冬季主导风向的上风侧和怕受水雾影响设施的全年主导风向的上风侧。

2. 厂内运输和装卸

厂内运输和装卸包括厂内铁路、道路、输送机通廊和码头等运输和装卸设施。厂内运输和装卸应根据工艺流程、货运量、货物性质和消防等方面需要，选用适当运输和运输衔接方式，合理组织车流、物流、人流，保持运输畅通、运距最短、经济合理，避免迂回和平面交叉运输、道路与铁路平交和人车混流等。为保证运输、装卸作业安全，应从设计上对厂内道路（包括人行道）的布局、宽度、坡度、转弯（曲线）半径、净空高度、安全界线及安全视线、建筑物与道路间距和装卸（特别是危险品装卸）场所、堆场（仓库）布局等方面采取对策措施，并具体制定运输作业、装卸作业的安全对策措施。

根据满足工艺流程的需要和避免危险、有害因素交叉相互影响的原则，布置厂房内的生产装置、物料存放区和必要的运输、操作、安全、检修通道。

3. 危险设施、处理有害物质设施的布置

可能泄漏或散发易燃、易爆、腐蚀、有毒、有害介质（气体、液体、粉尘等）的生产、储存和装卸设施，如锅炉房、污水处理设施等，以及有害废弃物堆场等设施，应遵循以下原则进行布置：

（1）可能泄漏或散发易燃、易爆、腐蚀的有关设施应远离管理区、生活区、中央实（化）验室、仪表修理间，尽可能露天、半封闭布置；处理有害物质的设施应布置在人员集中场所、控制室、变配电所和其他主要生产设备的全年或夏季主导风向的下风侧或全年最小频率风向的上风侧，并保持安全、卫生防护距离；储存、装卸区宜布置在厂区边缘地带。

（2）有毒、有害物质的有关设施应布置在地势平坦、自然通风良好地段，不得布置在窝风低洼地段。

（3）剧毒物品的有关设施应布置在远离人员集中场所的单独地段内，宜以围墙与其他设施隔开。

（4）腐蚀性物质的有关设施应按地下水位和流向，布置在其他建筑物、构筑物和设备的下游。

（5）易燃易爆区应与厂内外居住区，人员集中场所，主要人流出入口，铁路、道路干线和产生明火地点保持安全距离；易燃易爆物质仓储、装卸区宜布置在厂区边缘；可能泄漏、散发液化石油气及相对密度大于 0.7 的可燃气体和可燃蒸气的装置不宜毗邻生产控制室、变配电所布置；油、气储罐宜低位布置。

（6）辐射源（装置）应设在僻静的区域，与居住区、人员集中场所、人流密集区和交通主干道、主要人行道保持安全距离。

4. 强噪声源、振动源的布置

（1）强噪声源应远离厂内外要求安静的区域，宜相对集中、低位布置；高噪声厂房与低噪声厂房应分开布置，其周围宜布置对噪声非敏感设施（如辅助车间、仓库、堆场等）和较高大、朝向有利于隔声的建（构）筑物作为缓冲带；交通干线应与管理区、生活区保持适当距离。

（2）强振动源（包括锻锤、空压机、重型冲压设备等生产装置，发动机实验台和火车、重型汽车道路等）与管理区、生活区和对其敏感的作业区（如实验室、超精加工、精密仪器等）之间，应按功能需要和精密仪器、设备的允许振动速度要求保持防振距离。

5. 建筑物自然通风及采光

为了满足采光、避免日晒和自然通风的需要，建筑物的采光应符合《建筑采光设计标准》（GB/T 50033—2001）和《工业企业设计卫生标准》（GBZ 1—2010）的要求，建筑物的朝向应根据当地纬度和夏季主导风向确定，一般夏季主导风向与建筑物长轴线垂直或夹角大于45°。半封闭建筑物的开口方向面向全年主导风向，其开口方向与主导风向的夹角不宜大于45°。在丘陵、盆地和山区，则应综合考虑地形、纬度和风向来确定建筑物的朝向。建筑物的间距应满足采光、通风和消防要求。

6. 厂区平面布置的其他问题

厂区平面布置应依据《工业企业总平面设计规范》（GB 50187—2012）、《厂矿道路设计规范》（GBJ 22—1987）、其他行业规范和单项规范的要求，采取平面布置的其他对策措施。

16.2.2 防火、防爆对策措施

理论上讲，在可燃物质不处于危险状态或消除一切着火源这两项措施中，只要控制其一，就可以防止火灾和爆炸事故的发生。但在实践中，往往两方面措施会同时应用，以提高生产过程的安全程度。另外，还应考虑其他辅助措施，以便在万一发生火灾爆炸事故时，减弱危害的程度，将损失降到最低限度。具体应做到以下几点。

16.2.2.1 防止可燃、可爆系统的形成

防止可燃、可爆系统的形成就是要防止可燃物质、助燃物质（空气、强氧化剂）、引燃能源（明火、撞击、炽热物体、化学反应热等）同时存在；防止可燃物质、助燃物质混合形成的爆炸性混合物与引燃能源同时存在。

为防止可燃物与空气或其他氧化剂作用形成危险状态，在生产过程中，首先应加强对可燃物的管理和控制，利用不燃或难燃物料取代可燃物料，不使可燃物料泄漏和聚集形成爆炸性混合物；其次是防止空气和其他氧化性物质进入设备内，或防止泄漏的可燃物料与空气混合。具体可通过以下几项措施实现：①取代或控制用量，在生产过程中不用或少用可燃可爆物质；②加强密闭，防止易燃气体、蒸气和可燃性粉尘与空气形成爆炸性混合物；③通风排气，保证易燃、易爆、有毒物质在厂房生产环境中的浓度不超过危险浓度；④惰性化，即在可燃气体或蒸气与空气的混合气中充入惰性气体，消除其爆炸危险性并阻止火焰的传播。

16.2.2.2 消除、控制引燃火源

为预防火灾及爆炸事故，对点火源进行控制是消除燃烧三要素同时存在的一个重要措施。引起火灾爆炸事故的火源主要有明火、高温表面、摩擦和撞击、绝热压缩、化学反应热、电气火花、静电火花、雷击和光热射线等，应采取严格的控制措施。

（1）尽量避免采用明火，避免可燃物接触高温表面。对于易燃液体的加热应尽量避免采用明火；如果必须采用明火，设备应严格密封，燃烧室应与设备分开建筑或隔离，并按防火规定留出防火间距。在使用油浴加热时，要有防止油蒸气起火的措施；在积存有可燃气体、蒸气的管沟、深坑、下水道及其附近，没有消除危险之前，不能有明火作业。应防止可燃物散落在高温表面上；可燃物的排放口应远离高温表面，如果接近，则应有隔热措施；高温物料的输送管线不应与可燃物、可燃建筑构件等接触。

（2）避免摩擦与撞击。摩擦与撞击时常成为引起火灾爆炸事故的原因。因此，在有火灾爆炸危险的场所，应尽量避免摩擦与撞击。

（3）防止电气火花。一般的电气设备很难完全避免电火花的产生，因此在火灾爆炸危险场所必须根据物质的危险特性正确选用合适的防爆电气设备；必须设置可靠的避雷设

施；有静电积聚危险的生产装置和装卸作业应有控制流速、导除静电、静电消除器、添加防静电剂等有效的消除静电措施。

16.2.2.3 有效控制和及时处理火灾隐患

应加强检查监督，及时发现、有效处理各种火灾隐患。在可燃气体、蒸气可能泄漏的区域设置检测报警仪，当可燃气体或液体万一发生泄漏时，检测报警仪可在设定的安全浓度范围内发出警报，提示操作人员及时处理泄漏点，消除或控制火灾隐患，避免发生火灾事故。

16.2.3 电气安全对策措施

防止电气事故的安全对策措施如下。

16.2.3.1 安全认证与备用电源

电气设备必须具有国家指定机构的安全认证标志。

对于停电会造成重大危险后果的场所，必须按规定配备自动切换的双回路供电电源或备用发电机组。

16.2.3.2 防触电对策措施

为有效防止人体直接、间接和跨步电压触电（电击、电伤）事故，需采取以下措施：①接零、接地保护系统；②漏电保护；③绝缘；④电气隔离；⑤安全电压（或称安全特低电压）；⑥屏护和安全距离；⑦连锁保护；⑧其他对策措施。

16.2.3.3 电器防火、防爆对策措施

（1）在爆炸危险环境中，应根据电气设备使用环境的等级、电气设备的种类和使用条件等选择电气设备。

（2）在爆炸危险环境中，电气线路安装位置、敷设方式、导体材质、连接方法等均应根据环境的危险等级来确定。

（3）电气防火防爆的基本措施有：①消除或减少爆炸性混合物；②隔离和保留间距；③消除引燃源；④爆炸危险环境接地和接零。

16.2.3.4 防静电对策措施

为预防静电妨碍生产、影响产品质量、引起静电电击和火灾爆炸，从消除、减弱静电的产生和积累着手采取对策措施，具体措施有：①工艺控制；②泄漏；③中和；④屏蔽；⑤综合措施；⑥其他措施。

还应根据行业、专业有关静电标准（化工、石油、橡胶、静电喷漆等）的具体要求，采取其他所需对策措施。

16.2.3.5 防雷对策措施

应当根据建筑物和构筑物、电力设备以及其他保护对象的类别和特征，分别对直击雷、雷电感应、雷电侵入波等采取合理、有效的防雷措施。

16.2.4 机械安全对策措施

16.2.4.1 设计与制造的本质安全措施

机械设备的设计与制造应追求本质安全，包括以下两个方面的措施：

（1）选用适当的设计结构，主要包括：①采用本质安全技术；②限制机械应力；③提高材料和物质的安全性；④遵循安全人机工程学原则；⑤防止气动和液压系统的危险；⑥预防电气危险。

（2）采用机械化和自动化技术，主要包括：①操作自动化；②装卸搬运机械化；③确保调整、维修的安全。

16.2.4.2　安全防护措施

安全防护措施是通过采用安全装置、防护装置或其他手段，对一些机械危险进行预防的安全技术措施，以防止机器运行时对人员产生的各种接触伤害。防护装置和安全装置也统称为安全防护装置。安全防护的重点是机械的传动部分、操作区、高处作业区、机械的其他运动部分、移动机械的移动区域，以及某些机器由于特殊危险形式需要采取的特殊防护等。

1. 安全防护装置的一般要求

安全防护装置必须满足与其保护功能相适应的安全技术要求，具体是：

（1）装置的形式和布局应设计合理，具有切实的保护功能，以确保人体不受到伤害。

（2）装置结构应坚固耐用，不易损坏；装置应安装可靠，不易拆卸。

（3）装置表面应光滑，无尖棱利角，不增加任何附加危险，不成为新的危险源。

（4）装置应不容易被绕过或避开，不应出现漏保护区。

（5）应满足安全距离的要求，使人体各部位（特别是手或脚）不会接触到危险物。

（6）装置应不影响正常操作，不与机械的任何可动零件接触；对人的视线障碍最小。

（7）装置应便于检查和修理。

2. 安全防护装置的设置原则

安全防护装置的设置原则有以下几点：

（1）以操作人员所站立的平面为基准，凡高度在2m以内的各种运动零部件应设防护。

（2）以操作人员所站立的平面为基准，凡高度在2m以上，有物料传输装置、皮带传动装置以及在施工机械施工处的下方，应设置防护。

（3）在坠落高度基准面2m以上的作业位置，应设置防护。

（4）为避免挤压伤害，直线运动部件之间或直线运动部件与静止部件之间的间距应符合安全距离的要求。

（5）运动部件有行程距离要求的，应设置可靠的限位装量，防止因超行程运动而造成伤害。

（6）对可能因超负荷发生部件损坏而造成伤害的，应设置负荷限制装置。

（7）若有惯性冲撞运动部件，必须采取可靠的缓冲装置，防止因惯性而造成伤害事故。

（8）运动中可能松脱的零部件，必须采取有效措施加以紧固，防止由于启动、制动、冲击、振动而引起松动。

（9）每台机械都应设置紧急停机装置，使已有的或即将发生的危险得以避开。紧急停机装置的标识必须清晰、易识别，并可迅速接近其装置，使危险过程立即停止且不产生附加风险。

3. 安全防护装置的选择

选择安全防护装置应考虑所涉及的机械危险和其他非机械危险，根据运动件的性质和人员进入危险区的需要决定。特定机器安全防护应根据对该机器的风险评价结果来选择。

（1）机械正常运行期间操作者不需要进入危险区的场合，应优先考虑选用固定式防护装置，包括进料、取料装置，辅助工作台，适当高度的栅栏及通道防护装置等。

（2）机械正常运转时需要进入危险区的场合，因操作者需要进入危险区的次数较多，经常开启固定防护装置会带来不便时，可考虑采用连锁装置、自动停机装置、可调防护装置、自动关闭防护装置、双手操纵装置、可控防护装置等。

（3）对非运行状态等其他作业期间需进入危险区的场合，用于进行机器的设定、示教、过程转换、查找故障、清理或维修等作业时，防护装置必须移开或拆除，或安全装置功能受到抑制，可采用手动控制模式、操纵杆装置或双手操纵装置、点动操纵装置等。有些情况下，需要几个安全防护措施联合使用。

16.2.4.3 安全人机工程学原则

遵循安全人机工程学原则，要注意以下几方面的要求：①操纵（控制）器的安全人机学要求；②显示器的安全人机学要求；③工作位置的安全性；④操作姿势的安全要求。

16.2.4.4 安全信息应用

对文字、标记、信号、符号或图表等，以单独或联合使用的形式向使用者传递信息，用以指导使用者（专业或非专业）安全、合理、正确地操作机器。

16.2.5 起重作业安全对策措施

起重吊装作业潜在的危险性是起重伤害、物体打击和机械伤害。如果吊装的物体是易燃、易爆、有毒、腐蚀性强的物料，若吊索吊具意外断裂，吊钩损坏或违反操作规程等发生吊物坠落，除有可能直接伤人外，还会将盛装易燃、易爆、有毒、腐蚀性强的物件包装损坏，介质流散出来，造成污染，甚至会发生火灾、爆炸、腐蚀、中毒等事故；起重设备在检查、检修过程中，存在着触电、高处坠落、机械伤害等危险性；汽车吊在行驶过程中存在着引发交通事故的潜在危险性。起重作业的安全对策措施如下。

（1）吊装作业人员必须持有特殊工种作业证。吊装质量大于10 t的物体应办理吊装安全作业证。

（2）吊装质量大于等于40 t的物体和土建工程主体结构，应编制吊装施工方案。吊物虽不足40 t，但形状复杂、刚度小、长径比大、精密贵重、施工条件特殊的情况下，也应编制吊装施工方案。吊装施工方案经施工主管部门和安全技术部门审查，报主管厂长或总工程师批准后方可实施。

（3）各种吊装作业前，应预先在吊装现场设置安全警戒标志并设专人监护，非施工人员禁止入内。

（4）吊装作业中，夜间应有足够的照明，室外作业遇到大雪、暴雨、大雾及六级以上大风时，应停止作业。

（5）吊装作业人员必须佩戴安全帽。高处作业时应遵守厂区高处作业安全规程的有关规定。

（6）吊装作业前，应对起重吊装设备、钢丝绳、揽风绳、链条、吊钩等各种机具进行检查，必须保证安全可靠，不准在机具有故障的情况下使用。

（7）进行吊装作业时，必须分工明确、坚守岗位，并按《起重机 手势信号》（GB/T

5082—2019）规定的联络信号，统一指挥。

（8）严禁利用管道、管架、电杆、机电设备等做吊装锚点。未经相关部门审查核算，不得将建筑物、构筑物作为锚点。

（9）吊装作业前必须对各种起重吊装机械的运行部位、安全装置，以及吊具、索具进行详细的安全检查，吊装设备的安全装置应灵敏可靠。吊装前必须试吊，确认无误方可作业。

（10）任何人不得随同吊装重物或吊装机械升降。在特殊情况下必须随之升降的，应采取可靠的安全措施，并经过现场指挥员批准。

（11）吊装作业现场如需动火时，应遵守厂区动火作业安全规程的有关规定。吊装作业现场的吊绳索、揽风绳、拖拉绳等应避免同带电线路接触，并保持安全距离。

（12）用定型起重吊装机械（履带吊车、轮胎吊车、桥式吊车等）进行吊装作业时，除遵守通用标准外，还应遵守该定型机械的操作规程。

（13）进行吊装作业时，必须按规定负荷进行吊装，吊具、索具经计算选择使用，严禁超负荷运行。所吊重物接近或达到额定起重吊装能力时，应检查制动器，用低高度、短行程试吊后，再平稳吊起。

（14）悬吊重物下方严禁人员站立、通行和工作。

（15）有下列情况之一者不准进行吊装作业：①指挥信号不明；②超负荷或物体质量不明；③斜拉重物；④光线不足、看不清重物；⑤重物下站人，或重物超过人头；⑥重物埋在地下；⑦重物紧固不牢，绳打结、绳不齐；⑧棱刃物体没有衬垫措施；⑨容器内介质过满；⑩安全装置失灵。

（16）汽车吊作业时，除要严格遵守起重作业和汽车吊的有关安全操作规程外，还应保证车辆的完好，不准带病运行，做到安全行驶。

16.2.6 有害因素控制对策措施

有害因素控制对策措施的原则是：优先采用无危害或危害性较小的工艺和物料，减少有害物质的泄漏和扩展；尽量采用生产过程密闭化、机械化、自动化的生产装置（生产线），采用自动监测、报警装置，以及连锁保护、安全排放等装置，实现自动控制、遥控或隔离操作；尽可能避免、减少操作人员在生产过程中直接接触产生有害因素的设备和物料。

16.2.6.1 预防中毒的对策措施

根据《职业性接触毒物危害程度分级》（GBZ 230—2010）、《有毒作业分级》（GB 12331—1990）、《工业企业设计卫生标准》（GBZ 1—2010）、《工作场所有害因素职业接触限值 第1部分：化学有害因素》（GBZ 2.1—2019）、《生产过程安全卫生要求总则》（GB/T 12801—2008）、《使用有毒物品作业场所劳动保护条例》等，对物料和工艺、生产设备（装置）、控制及操作系统、有毒介质泄漏（包括事故泄漏）处理、抢险等技术措施进行优化组合，采取综合对策措施。

（1）物料和工艺。尽可能以无毒、低毒的工艺和物料代替有毒、高毒工艺和物料，是防毒的根本性措施。

（2）工艺设备（装置）。生产装置应密闭化、管道化，尽可能实现负压生产，防止有毒物质泄漏、外溢。生产过程机械化、程序化和自动控制，可使作业人员不接触或少接触有毒物质，防止误操作造成的中毒事故。

（3）通风净化。应设置必要的机械通风排毒、净化（排放）装置，使工作场所空气中有毒物质浓度限制在规定的最高容许浓度值以下。

（4）应急处理。对有毒物质泄漏可能造成重大事故的设备和工作场所，必须设置可靠的事故处理装置和应急防护设施。应设置有毒物质安全排放装置（包括储罐）、自动检测报警装置、连锁事故排毒装置，还应配备事故泄漏时的解毒（含冲洗、稀释、降低毒性）装置。

（5）急性化学物中毒事故的现场急救。对急性化学物中毒人员进行及时有效的处理与急救，对挽救患者的生命，防止并发症具有关键作用。

（6）其他措施。在生产设备密闭和通风的基础上实现隔离、遥控操作；定期检测工作环境空气中有毒物质浓度，有条件时应安装自动检测空气中有毒物质浓度和超限报警装置；生产、储存、处理极度危害和高度危害毒物的厂房和仓库，其天棚、墙壁、地面均应光滑，便于清扫，必要时应加设防水、防腐等特殊保护层以及专门的负压清扫装置和清洗设施；根据农药、涂装作业等有关标准要求，采取其他防毒措施等。

16.2.6.2　预防缺氧、窒息的对策措施

（1）针对缺氧危险工作环境中缺氧窒息和中毒窒息的原因，配备氧气浓度、有害气体浓度检测仪器、报警仪器，隔离式呼吸保护器具、通风换气设备和抢救器具。

（2）按先检测、通风，后作业的原则，工作环境空气中氧气浓度大于18%且有害气体浓度达到标准要求后，在密切监护下才能实施作业；对氧气、有害气体浓度可能发生变化的作业和场所，作业过程中应定时或连续检测，保证安全作业。

（3）在由于防爆、防氧化的需要不能进行通风换气的工作场所，以及受作业环境限制不易充分通风换气的工作场所和已发生缺氧、窒息的工作场所，作业人员、抢救人员必须立即使用隔离式呼吸保护器具，严禁使用净气式面具。

（4）有缺氧、窒息危险的工作场所，应在醒目处设警示标志，严禁无关人员进入。

16.2.6.3　防尘对策措施

（1）工艺和物料。选用不产生或少产生粉尘的工艺，采用无危害或危害性较小的物料。这是消除、减弱粉尘危害的根本途径。

（2）限制、抑制扬尘和粉尘扩散。

（3）通风除尘。建筑设计时要考虑工艺特点和除尘的需要，利用风压、热压差，合理组织气流（如进排风口、天窗、挡风板的设置等），充分发挥自然通风改善作业环境的作用。当自然通风不能满足要求时，应设置全面或局部机械通风除尘装置。

（4）其他措施。由于工艺、技术上的原因，通风和除尘设施无法达到劳动卫生指标要求的有尘作业场所，操作人员必须佩戴防尘口罩、工作服、头盔、呼吸器、眼镜等个体防护用品。

16.2.6.4　噪声控制措施

根据《噪声作业分级》（LD 80—1995）、《工业企业噪声控制设计规范》（GB/T 50087—2013）、《工业企业噪声测量规范》（GBJ 122—1988）、《建筑施工场界环境噪声排放标准》（GB 12523—2011）、《工业企业厂界环境噪声排放标准》（GB 12348—2008）和《工业企业设计卫生标准》（GBZ 1—2010）等，采取低噪声工艺及设备、合理平面布置、隔声、消

声、吸声等综合技术措施，控制噪声危害。

1. 工艺设计与设备选择

（1）减少冲击性工艺和高压气体排空的工艺。尽可能以焊代铆、以液压代冲压、以液动代气动，物料运输中避免大落差翻落和直接撞击。

（2）选用低噪声设备。采用振动小、噪声低的设备，使用哑音材料降低撞击噪声；控制管道内的介质流速，管道截面不宜突变，选用低噪声阀门；强烈振动的设备、管道与基础、支架、建筑物及其他设备之间采用柔性连接或支撑等。

（3）采用操作机械化（包括进、出料机械化）和运行自动化的设备工艺，实现远距离的监视操作。

2. 噪声源的平面布置

（1）主要强噪声源应相对集中，宜低位布置，充分利用地形隔挡噪声。

（2）主要噪声源（包括交通干线）周围宜布置对噪声较不敏感的辅助车间、仓库、料场、堆场、绿化带及高大建（构）筑物，用以隔挡对噪声敏感区、低噪声区的影响。

（3）必要时，噪声敏感区与低噪声区之间需保持防护间距，设置隔声屏障。

3. 隔声、消声、吸声和隔振降噪

采取上述措施后噪声级仍达不到要求，则应采取隔声、消声、吸声、隔振等综合控制技术措施，尽可能使工作场所的噪声危害指数达到《噪声作业分级》（LD 80—1995）规定的 0 级，且各类地点噪声 A 声级不得超过《工业企业噪声控制设计规范》（GB/T 50087—2013）规定的噪声限制值（55～90 dB）。

对流动性、临时性噪声源和不宜采取噪声控制措施的工作场所，主要依靠个体防护用品（耳塞、耳罩等）防护。

16.2.6.5 其他有害因素控制措施

1. 防辐射（电离辐射）对策措施

（1）外照射源应根据需要和有关标准的规定，设置永久性或临时性屏蔽（屏蔽室、屏蔽墙、屏蔽装置）。

（2）设置与设备的电气控制回路连锁的辐射防护门，并采取迷宫设计，设置监测、预警和报警装置和其他安全装置，高能 X 射线照射室内应设紧急事故开关。

（3）在可能发生空气污染的区域，如操作放射性物质的工作箱、手套箱、通风柜等，必须设有全面或局部的送、排风装置，其换气次数、负压大小和气流组织应能防止污染的回流和扩散。

（4）工作人员进入辐射工作场所时，必须根据需要穿戴相应的个体防护用品（防放射性服、手套、眼面护品和呼吸防护用品），佩戴相应的个人剂量计。

（5）开放型放射源工作场所入口处，一般应设置更衣室、淋浴室和污染检测装置。

（6）应设有完善的监测系统和特殊需要的卫生设施，如污染洗涤、冲洗设施和洗消急救室等。

（7）根据《电离辐射防护与辐射源安全基本标准》（GB/T 18871—2002）的要求，对有辐射照射危害的工作场所的选址、防护、监测、运输、管理等方面提出应采取的其他措施。

（8）核电厂的核岛区和其他控制设施的防护措施，依据《核电厂安全系统　第 1 部分：设计准则》(GB/T 13284.1—2008)、《核动力厂环境辐射防护规定》(GB 6249—2011)，以及国家核安全局的专业标准、规范制定。

2. 防非电离辐射对策措施

(1) 防紫外线措施。电焊等作业、灯具和炽热物体（达到1200℃以上）发射的紫外线，主要通过防护屏蔽（滤紫外线罩、挡板等）和保护眼睛、皮肤的个人防护用品（防紫外线面罩、眼镜、手套和工作服等）防护。

(2) 防红外线（热辐射）措施。尽可能采用机械化、遥控作业，避开热源；应采用隔热保温层、反射性屏蔽（铝箔制品、铝挡板等）、吸收性屏蔽（通过对流、通风、水冷等方式冷却的屏蔽）等措施，应穿戴隔热服、防红外线眼镜、面具等个体防护用品。

(3) 防激光辐射措施。为防止激光对眼睛、皮肤的灼伤和对身体的伤害，应采取下列措施：

① 优先采取用工业电视、安全观察孔监视的隔离操作。观察孔的玻璃应有足够的衰减指数，必要时还应设置遮光屏罩。

② 作业场所的地、墙壁、天花板、门窗、工作台应采用暗色不反光材料和磨砂玻璃；工作场所的环境色与激光色谱错开（如红宝石激光操作室的环境色可取浅绿色）。

③ 整体光束通路应完全隔离，必要时设置密闭式防护罩。当激光功率能伤害皮肤和身体时，应在光束通路影响区设置保护栏杆，栏杆门应与电源、电容器放电电路连锁。

④ 设局部通风装置，排除激光束与靶物相互作用时产生的有害气体。

⑤ 激光装置宜与所需高压电源分室布置；针对大功率激光装置可能产生的噪声和有害物质，采取相应的对策措施。

⑥ 穿戴有边罩的激光防护镜和白色防护服。

(4) 防电磁辐射对策措施。根据《电磁环境控制限值》(GB 8702—2014)，按辐射源的频率（波长）和功率分别或组合采取对策措施。

3. 高温作业的防护措施

根据《工业设备及管道绝热工程施工及验收规范》(GB 50126—2008)、《高温作业分级检测规程》(LD 82—1995)，按各区对限制高温作业级别的规定采取措施。

(1) 尽可能实现自动化和远距离操作等隔热操作方式，设置热源隔热屏蔽，即热源隔热保温层、水幕、隔热操作室（间）和各类隔热屏蔽装置。

(2) 通过合理组织自然通风气流，设置全面、局部送风装置或空调，降低工作环境的温度。

(3) 使用隔热服（面罩）等个体防护用品。尤其是特殊高温作业人员，应使用适当的防护用品，如防热服装（头罩、面罩、衣裤和鞋袜等）以及特殊防护眼镜等。

(4) 注意补充营养及合理的膳食，供应防高温饮料。口渴饮水以少量多次为宜。

4. 低温作业、冷水作业防护措施

根据《低温作业分级》(GB/T 14440—1993)、《冷水作业分级》(GB/T 14439—1993)，提出相应的对策措施。

(1) 实现自动化、机械化作业，尽量避免或减少低温作业和冷水作业。控制低温作业、冷水作业时间。

(2) 穿戴防寒服（手套、鞋）等个体防护用品。

（3）设置采暖操作室、休息室、待工室等。

（4）冷库等低温封闭场所应设置通信、报警装置，防止误将人员锁闭在内。

16.2.7　其他安全对策措施

16.2.7.1　防高处坠落、物体打击对策措施

可能发生高处坠落危险的工作场所，应设置便于操作、巡检和维修作业的扶梯、工作平台、防护栏杆、护栏、安全盖板等安全设施；梯子、平台和易滑倒操作通道的地面应有防滑措施；设置安全网、安全距离、安全信号、安全标志和安全屏护，佩戴个体防护用品（安全带、安全鞋、安全帽、防护眼镜等），是避免高处坠落、物体打击事故的重要措施。针对强风、高温、低温雨天、雪天、夜间、带电、悬空和抢救高处作业等特殊高处作业，应提出针对性的防护措施。

另外，高处作业应遵循"十不登高"：

（1）患有禁忌证者不登高。

（2）未经批准者不登高。

（3）未戴好安全帽、未系牢安全带者不登高。

（4）脚手板、跳板、梯子不符合安全要求不登高。

（5）在脚手架上作业，不直接攀爬登高。

（6）穿易滑鞋、携带笨重物体时不登高。

（7）石棉、玻璃钢瓦上无垫脚板不登高。

（8）高压线旁无可靠隔离安全措施不登高。

（9）酒后不登高。

（10）照明不足不登高。

16.2.7.2　安全色、安全标志

根据《安全色》（GB 2893—2008）、《安全标志及其使用导则》（GB 2894—2008）的规定，充分利用红（禁止、危险）、黄（警告、注意）、蓝（指令、遵守）、绿（通行、安全）四种传递安全信息的安全色，使相关人员能够迅速发现或分辨安全标志，及时得到提醒，以防止发生事故或伤害。

1. 安全标志的分类与功能

安全标志分为禁止标志、警告装置、指令标志和提示标志4类：

（1）禁止标志，表示不准或制止人们的某种行为。

（2）警告标志，使人们注意可能发生的危险。

（3）指令标志，表示必须遵守，用来强调或限制人们的行为。

（4）提示标志，示意目标地点或方向。

2. 安全标志应遵守的原则

（1）醒目清晰：一目了然、易从复杂背景中识别；符号的细节、线条之间易于区分。

（2）简单易辨：由尽可能少的关键要素构成，符号与符号之间易分辨，不致混淆。

（3）易懂易记：容易被人理解（即使是外国人或不识字的人），并牢记。

3. 安全标志应满足的要求

（1）含义明确无误。标志、符号和文字警告应明确无误，不使人费解或误会，标志必须符合公认的标准。

（2）内容具体且有针对性。符号或文字警告应表示危险类别，具体且有针对性，不能笼统写"危险"两字。

（3）标志的设置位置应醒目。标志牌应设置在醒目且与安全有关的地方，使人们看到后有足够的时间来注意它所表示的内容。

（4）标志应清晰持久。直接印在机器上的信息标志应牢固，在机器的整个寿命期内都应保持颜色鲜明、清晰、持久。

16.2.7.3 储运安全对策措施

1. 厂内运输安全对策措施

（1）应着重就铁路、道路线路与建筑物、设备、电力线、管道等的安全距离，安全标志和信号，人行通道，防护栏杆，以及车辆装卸等方面的安全设施提出对策措施。

（2）根据《工业企业厂内铁路、道路运输安全规程》（GB 4387—2008）、《工业车辆安全要求和验证　第1部分：自行式工业车辆（除无人驾驶车辆、伸缩臂式叉车和载运车）》（GB/T 10827.1—2014）和各行业有关标准的要求，提出其他对策措施。

2. 危险化学品储运安全对策措施

（1）危险货物包装应按《危险货物包装标志》（GB 190—2009）设置明确标志；应按《化学品安全标签编写规定》（GB 15258—2009）编写危险化学品标签。

（2）危险货物包装运输应按《危险货物运输包装通用技术条件》（GB 12463—2009）执行。

（3）应按《常用化学危险品贮存通则》（GB 15603—1995）对上述物质进行妥善贮存，加强管理。

（4）化学危险品作业场所的管理及使用应遵照《危险化学品安全技术说明书编写规定》。

（5）根据《危险化学品安全管理条例》，危险化学品应当储存在专用仓库、专用场地或者专用储存室（以下统称专用仓库）内，并由专人负责管理；剧毒化学品以及储存数量构成重大危险源的其他危险化学品，应当在专用仓库内单独存放，并实行双人收发、双人保管制度。

危险化学品专用仓库应当符合国家标准、行业标准的要求，并设置明显的标志。储存剧毒化学品、易制爆危险化学品的专用仓库，应当按照国家有关规定设置相应的技术防范设施。储存危险化学品的单位应当对其危险化学品专用仓库的安全设施、设备定期进行检测、检验。

16.2.7.4 焊割作业的安全对策措施

（1）存在易燃、易爆物料的企业应建立严格的动火制度，动火必须经批准并制定动火方案。

（2）焊割作业应遵循相关要求。焊割作业应严格遵守《焊接与切割安全》（GB 9448—1999）等有关国家标准和行业标准。电焊作业人员除进行特殊工种培训、考核、持证上岗外，还应严格按照焊割规章制度、安全操作规程进行作业。进行电弧焊时应采取隔离防护，保持绝缘良好，正确使用劳动防护用品，正确采取保护接地或保护接零等措施。

（3）焊割作业应严格遵守"十不焊"：

① 无操作证，不准焊割。

② 禁火区，未经审批并办理动火手续，不准焊割。

③ 不了解作业现场及周围情况，不准焊割。

④ 不了解焊割物内部情况，不准焊割。

⑤ 盛装过易燃、易爆、有毒物质的容器、管道，未经彻底清洗置换，不准焊割。

⑥ 用可燃材料作保温层的部位及设备未采取可靠的安全措施，不准焊割。

⑦ 有压力或密封的容器、管道，不准焊割。

⑧ 附近堆有易燃、易爆物品，未彻底清理或采取有效安全措施，不准焊割。

⑨ 作业点与外单位相邻，在未弄清对外单位或区域有无影响或明知危险而未采取有效的安全措施，不准焊割。

⑩ 作业场所及附近有与明火相抵触的工作，不准焊割。

16.2.7.5 防腐蚀安全对策措施

腐蚀的分类及针对各种腐蚀的安全对策措施如下：

(1) 大气腐蚀。在大气中，由于氧的作用、雨水的作用、腐蚀性物质的作用，裸露的设备、管线、阀、泵及其他设施会产生严重腐蚀，容易诱发事故。因此，设备、管线、阀、泵及其设施等，需要选择合适的材料及涂覆防腐涂层予以保护。

(2) 全面腐蚀。在腐蚀介质及一定温度、压力下，金属表面会发生大面积均匀的腐蚀，如果腐蚀速度控制在 0.05 ~ 0.5 mm/a，金属材料耐蚀等级为良好，腐蚀速度 < 0.05 mm/a 则为优良。

对于这种腐蚀，应考虑介质、温度、压力等因素，选择合适的耐腐蚀材料或在接触介质的内表面涂覆涂层，或加入缓蚀剂。

(3) 电偶腐蚀。这是容器、设备中常见的一种腐蚀，也称为"接触腐蚀"或"双金属腐蚀"。它是两种不同金属在溶液中直接接触，因其电极电位不同构成腐蚀电池，使电极电位较负的金属发生溶解腐蚀。

(4) 缝隙腐蚀。在生产装置的管道连接处，以及衬板、垫片等处的金属与金属、金属与非金属间及金属涂层破损时，金属与涂层间所构成的窄缝浸于电解液中，会造成缝隙腐蚀。防止缝隙腐蚀的措施有：①采用合适的抗缝隙腐蚀材料；②采用合理的设计方案，如尽量减少缝隙宽度（1/40 mm ≤ 缝隙腐蚀 ≤ 8/25 mm）、死角、腐蚀液（介质）的积存，法兰配合严密，垫片要适宜等；③采用电化学保护；④采用缓蚀剂等。

(5) 孔蚀。由于金属表面露头、错位、介质不均匀等，使其表面膜的完整性遭到破坏，成为点蚀源，腐蚀介质会集中于金属表面个别小点上形成深度较大的腐蚀。防止孔蚀的方法有：①减少溶液中腐蚀性离子的浓度；②减少溶液中氧化性离子的浓度，降低溶液温度；③采用阴极保护；④采用点蚀合金。

(6) 其他。金属及合金在拉应力和特定介质环境的共同作用下会产生应力腐蚀破坏，其外观见不到任何变化，裂纹发展迅速，危险性更大。

建（构）筑物应严格按照《工业建筑防腐蚀设计标准》（GB/T 50046—2018）的要求进行防腐设计，并按《建筑防腐蚀工程施工规范》（GB 50212—2014）的进行竣工验收。

16.2.7.6 生产设备的选择应用

在选用生产设备时，除考虑满足工艺功能外，应对设备的劳动安全性能给予足够的重视；保证设备在按规定使用时不会发生任何危险，不排放出超过标准规定的有害物质；应尽量选用自动化程度及本质安全程度高的生产设备。

选用的锅炉、压力容器、起重运输机械等危险性较大的生产设备，必须由具备安全、专业资质的单位进行设计、制造、检验和安装，并应符合国家标准和有关规定的要求。

16.2.7.7 采暖、通风、照明、采光措施

（1）根据《工业建筑供暖通风与空气调节设计规范》（GB 50019—2015）提出采暖、通风与空气调节的常规措施和特殊措施。

（2）根据《建筑照明设计标准》（GB 50034—2004）提出常规和特殊照明措施。

（3）根据《建筑采光设计标准》（GB/T 50033—2001）提出采光设计要求。

必要时，根据工艺、建（构）筑物特点和评价结果，针对存在问题，依据有关标准提出其他对策措施。

16.2.7.8 体力劳动

（1）为消除超重搬运和限制重体力劳动（例如消除Ⅳ级体力劳动强度），应采取降低体力劳动强度的机械化、自动化作业措施。

（2）根据成年男、女单次搬运重量、全日搬运重量的限制提出对策措施。

（3）针对女职工体力劳动强度、体力负重量的限制提出对策措施。

16.2.7.9 定员编制、工时制度、劳动组织

（1）定员编制应满足国家现行工时制的要求。

（2）定员编制还应满足女职工劳动保护规定（包括禁忌劳动范围）和有关限制接触有害因素时间（例如，有毒作业、高处作业、高温作业、低温作业、冷水作业和全身强振动作业等）、监护作业的要求，以及其他方面安全需要，做必要的调整和补充。

（3）根据工艺、工艺设备、作业条件的特点和安全生产的需要，在设计中对劳动组织提出具体安排。

（4）劳动安全管理机构的设置。

（5）根据《中华人民共和国劳动法》及《国务院关于职工工作时间的规定》，提出工时安排方面的其他对策措施。

16.2.7.10 工厂辅助用室的设置

根据生产特点、实际需要和使用方便的原则，按职工人数、设计计算人数设置生产卫生用室（浴室、存衣室、盥洗室、洗衣房）、生活卫生用室（休息室、食堂、厕所）和医疗卫生、急救设施。

16.2.7.11 女职工劳动保护

根据《中华人民共和国劳动法》《女职工劳动保护特别规定》《女职工保健工作规定》等，提出女职工"四期"保护等特殊的保护措施。

16.3 安全管理对策措施

安全管理对策措施是通过系列管理手段，将人、设备、物质、环境等涉及安全生产工作的各个环节有机地结合起来，进行整合、完善、优化，以保证企业在生产经营活动全过程的职业安全和健康，使已经采取的安全技术对策措施得到制度上、组织上、管理上的保证。

各类危险危害存在于生产经营活动之中，只要有生产经营活动就存在事故发生的可能性。即使本质安全性能较高的自动化生产装置，也不可能彻底控制、预防所有的危险、有害因素和作业人员的失误，必须采取有效的安全管理措施给予保证。因此，安全管理对策措施对于所有生产经营单位都是企业管理的重要组成部分，是保证安全生产必不可少的措施。

安全管理对策措施涉及面比较广泛，本节将其总结为如下几个方面。

16.3.1 建立、健全安全管理制度

《中华人民共和国安全生产法》第四条规定，生产经营单位必须遵守本法和其他有关安全生产的法律、法规，加强安全生产管理，建立健全全员安全生产责任制和安全生产规章制度，加大对安全生产资金、物资、技术、人员的投入保障力度，改善安全生产条件，加强安全生产标准化、信息化建设，构建安全风险分级管控和隐患排查治理双重预防机制，健全风险防范化解机制，提高安全生产水平，确保安全生产。不管是法律法规和技术标准的要求，还是生产经营单位实际安全生产的需要，都必须建立健全企业安全生产责任制、落实生产经营单位安全生产规章制度和操作规程。

例如，依据企业的自身特点，应建立安全生产总则、安全生产守则等指导性安全管理文件，制定安全生产责任制、安全操作规程等；对日常安全管理工作，应建立相应的安全检查制度、安全生产巡视制度、安全监督制度、安全生产确认制度、安全生产奖惩制度等管理制度；对工伤事故处理，应建立伤亡事故管理制度、伤亡事故责任者处理规定、职业病报告处理制度等制度；对设备、工机具管理，应建立特种设备管理责任制度，危险设备管理制度，手持电动工具管理制度，吊索具安全管理规程，蒸汽锅炉、压力容器管理细则等制度；在安全教育培训方面，应建立各级领导安全培训教育制度、新进员工三级安全教育制度、日常安全教育和考核制度和临时性安全教育等制度；对检修、动火和紧急状态，应建立设备检修安全联络挂牌制度、动火作业管理规定、动力管线管理制度、危险作业审批制度等管理制度；对特殊工种，应建立特种作业人员的安全教育、持证上岗管理规定等制度；对外协、临时工和承包工程队的安全管理，也应建立相应的管理制度。

16.3.2 完善安全管理机构和人员配置

建立并完善生产经营单位的安全管理组织机构和人员配置，保证各类安全生产管理制度能认真贯彻执行，各项安全生产责任制能落实到人。明确各级第一负责人为安全生产第一责任人。

例如，生产经营单位设立安全生产委员会（或者相类似的管理机构），由单位负责人任主任，下设办公室，安全科长任办公室主任；建立安全员管理网络。各生产经营单位的安全管理机构设安全科，各作业区（包括物资储存区）设作业区级兼职安全员，各大班均设班组级兼职安全员等。

16.3.2.1 安全管理机构和人员的配置

《中华人民共和国安全生产法》第二十四条规定，矿山、金属冶炼、建筑施工、运输单位和危险物品的生产、经营、储存、装卸单位，应当设置安全生产管理机构或者配备专职安全生产管理人员。前款规定以外的其他生产经营单位，从业人员超过一百人的，应当设置安全生产管理机构或者配备专职安全生产管理人员；从业人员在一百人以下的，应当配备专职或者兼职的安全生产管理人员。

16.3.2.2　安全管理机构以及安全生产管理人员的主要职责

贯彻执行国家安全生产方针、政策、法律、法规、规定、制度和标准，在厂长（经理）和安全生产委员会的领导下开展安全生产管理和监督工作；负责员工安全教育、培训、考核工作，组织开展各种安全宣传、教育、培训活动；组织制定、修订本单位安全管理制度和安全技术规程，编制安全技术措施计划，并监督检查执行情况；组织安全大检查，协调和督促有关部门对查出的隐患和问题制订防范措施和整改计划，并检查监督隐患整改工作的完成情况；参加新建、改建、扩建工程及大修、技改项目的劳动保护设施"三同时"审查、验收，保证符合安全卫生要求；对锅炉、压力容器等特种设备及各类安全附件进行安全监督检查；依据相关法律法规要求，委托具有资质的中介机构，做好本企业的安全评价和职业安全健康管理体系认证工作；建立重大危险源的监控体系，制定重大事故应急救援预案等保障安全生产的基础工作；深入现场进行安全监督检查，纠正违章，督促并协调解决有关安全生产的重大问题。遇有危及安全生产的紧急情况，安全管理人员有权责令其停止作业，并立即报告企业主管及有关领导；如实负责各类事故汇总、统计上报工作，参加各类事故的调查、处理和工伤认定工作；按照国家有关规定，负责制定职工劳动保护用品、保健食品和防暑降温饮料的发放标准，并监督检查有关部门按规定及时发放和合理使用；综合分析企业安全生产中的突出问题，及时向企业主管及有关领导汇报，并会同有关部门提出改进意见；对企业各部门安全生产工作进行考核评比，对在安全生产中有贡献者或事故责任者，提出奖惩意见；会同工会等有关部门组织开展安全生产竞赛活动，总结交流安全生产先进经验；开展安全技术研究，推广安全生产科研成果、先进技术及现代安全管理方法；监督检查有关安全技术装备的维护保养和管理工作；建立健全安全管理网络，加强安全工作基础建设，做好各种安全台账、记录的管理；定期召开安全专业人员会议，指导基层安全工作。

16.3.3　安全培训、教育和考核

在建立了各类安全生产管理制度和安全操作规程，落实了全体机构和人员的安全生产责任制后，安全管理对策措施所要涉及的内容是各类人员的安全教育和安全培训。生产经营单位的主要负责人、安全生产管理人员和生产一线作业人员，都必须接受相应的安全教育和培训。

《中华人民共和国安全生产法》第十三条规定，各级人民政府及其有关部门应当采取多种形式，加强对有关安全生产的法律、法规和安全生产知识的宣传，增强全社会的安全生产意识。

《中华人民共和国安全生产法》还有如下几项规定，生产经营单位的主要负责人和安全生产管理人员必须具备与本单位所从事的生产经营活动相应的安全生产知识和管理能力。危险物品的生产、经营、储存、装卸单位以及矿山、金属冶炼、建筑施工、运输单位的主要负责人和安全生产管理人员，应当由主管的负有安全生产监督管理职责的部门对其安全生产知识和管理能力考核合格。考核不得收费。危险物品的生产、储存、装卸单位以及矿山、金属冶炼单位应当有注册安全工程师从事安全生产管理工作。鼓励其他生产经营单位聘用注册安全工程师从事安全生产管理工作。

生产经营单位应当对从业人员进行安全生产教育和培训，保证从业人员具备必要的安全生产知识，熟悉有关的安全生产规章制度和安全操作规程，掌握本岗位的安全操作技

能，了解事故应急处置措施，知悉自身在安全生产方面的权利和义务。未经安全生产教育和培训合格的从业人员，不得上岗作业。生产经营单位使用被派遣劳动者的，应当将被派遣劳动者纳入本单位从业人员统一管理，对被派遣劳动者进行岗位安全操作规程和安全操作技能的教育和培训。劳务派遣单位应当对被派遣劳动者进行必要的安全生产教育和培训。生产经营单位应当建立安全生产教育和培训档案，如实记录安全生产教育和培训的时间、内容、参加人员以及考核结果等情况。

生产经营单位的特种作业人员必须按照国家有关规定经专门的安全作业培训，取得相应资格，方可上岗作业。

从业人员应当接受安全生产教育和培训，掌握本职工作所需的安全生产知识，提高安全生产技能，增强事故预防和应急处理能力。

1. 安全培训教育的层次

（1）主要负责人的安全培训教育。生产经营单位主要负责人培训的主要内容包括：国家安全生产方针、政策和有关安全生产的法律、法规、规章及标准；安全生产管理基本知识、安全生产技术、安全生产专业知识；重大危险源管理、重大事故防范、应急管理和救援组织以及事故调查处理的有关规定；职业危害及其预防措施；国内外先进的安全生产管理经验；典型事故和应急救援案例分析等。

（2）安全管理人员的安全培训教育。培训的主要内容包括：国家安全生产方针、政策和有关安全生产的法律、法规、规章及标准；安全生产管理、安全生产技术、职业卫生等知识；伤亡事故统计、报告及职业危害的调查处理方法；应急管理、应急预案编制，以及应急处置的内容和要求；国内外先进的安全生产管理经验；典型事故和应急救援案例分析等。

（3）从业人员的安全培训教育。从业人员是指除生产经营单位的主要负责人和安全生产管理人员以外，该单位从事生产经营活动的所有人员，包括其他负责人和管理人员、技术人员和各岗位的工人，以及临时聘用的人员。企业应加强对新职工的安全教育、专业培训和考核。新进人员必须经过严格的三级安全教育和专业培训，并经考试合格后方可上岗。对转岗、复工人员，应参照新职工的办法进行培训和考试。当企业采用新工艺、新技术或新设备、新材料进行生产时，应对作业人员进行有针对性的安全生产教育培训。

（4）特种作业人员的安全培训教育。在特种作业人员上岗前，必须按照国家有关规定经专门的安全作业培训，取得特种作业操作资格证书后方可上岗。要选拔具有一定文化程度、操作技能、身体健康和心理素质好的人员从事相关工作，并定期进行考察、考核、调整。重大危险岗位的作业人员还需要进行专门的安全技术训练，有条件的单位最好能对该类作业人员进行身体素质、心理素质、技术素质和职业道德素质的测定，避免由于作业人员的先天性素质缺陷而造成隐患。

对于上述4个层面人员的教育和培训，都要求作业人员具有高度的责任心、缜密的态度，熟悉相应的业务，掌握相关操作技能，具备应急处理能力，有预防火灾、爆炸、中毒等事故和职业危害的知识，应对突发事故具有自救和互救能力。

2. 安全教育方式

（1）入厂教育。企业新进人员，包括新工人、合同工、临时工、外包工和培训、实习、外单位调入本厂人员等，均须经过厂级、车间（科）级、班组（工段）级三级安全教育；厂内调动（包括车间内调动）及脱岗半年以上的职工，必须对其进行第二级或第三级安全教育，然后进行岗位培训，考试合格，成绩记入"安全作业证"内，方准上岗作业。

厂级教育（第一级），由企业人力资源劳资部门组织，安全技术、工业卫生与防火（保卫）部门负责。教育内容包括：安全生产的意义，党和国家有关安全生产的方针、政策、法规、规定、制度和标准；一般安全知识，本厂生产特点，重大事故案例；厂规厂纪以及入厂后的安全注意事项，工业卫生和职业病预防等。

车间级教育（第二级），由车间主任负责。教育内容包括：车间生产特点、工艺流程、主要设备的性能；安全技术规程和安全管理制度；主要危险和有害因素、事故教训、预防工伤事故和职业危害的主要措施及事故应急处理措施等。

班组（工段）级教育（第三级），由班组（工段）长负责。教育内容包括：岗位生产任务、特点，主要设备结构原理、操作注意事项；岗位责任制和安全技术规程；事故案例及预防措施；安全装置和工（器）具、个人防护用品、防护器具、消防器材的使用方法等。

（2）日常教育。各级领导和各部门要对职工进行经常性的安全思想、安全技术和遵章守纪教育，提高劳动者的安全意识和法治观念，定期研究解决职工安全教育中存在的问题。利用各种形式定期开展安全教育培训活动，如班组安全活动可每周进行一次（即安全活动日）。

在进行大修或重点项目检修以及重大危险性作业（含重点施工项目）时，安全技术部门应督促指导各检修（施工）单位进行检修（施工）前的安全教育。

职工违章及重大事故责任者和工伤人员复工，应由所属单位领导或安全技术部门进行安全教育，并将教育内容记入"安全作业证"内。

（3）特殊教育。特种作业人员应按《特种作业人员安全技术培训考核管理规定》的要求，进行安全技术培训考核，取得特种作业证后，方可从事特种作业。到期应进行复审，复审合格后，方可继续从事特种作业。

采用新工艺、新技术、新设备、新材料或新产品投产前，应按新的安全操作规程，对岗位作业人员和有关人员进行专门教育，考试合格后，方能进行独立作业。

发生重大事故和恶性未遂事故后，企业主管部门应组织有关人员进行现场教育，吸取事故教训，防止类似事故重复发生。

安全培训、教育的具体要求、培训内容、培训学时等应按照《生产经营单位安全培训规定》执行。

3. 安全培训考核

（1）厂级主管人员的安全技术培训和考核，由上级有关部门组织进行。厂级以下的其他管理人员的安全技术考核，由企业人事部门和安全技术部门负责组织进行。

（2）职工的安全技术培训和考核，由车间（单位）领导负责组织，工段长具体执行，车间安全员参加。

（3）安全作业证的发放和管理。安全作业证是职工独立作业的资格凭证，记录安全培训、教育考核以及安全工作奖罚等内容，其发放范围限于企业直接从事独立作业的所有人员。安全作业证发给经过岗位教育培训，有一定的生产理论知识，具备安全操作技能，并经考试合格，能独立从事某项生产活动的职工。安全作业证是职工上岗作业的凭证，凡是独立直接从事生产作业的人员，应持证上岗。特种作业人员，除取得特种作业人员操作证外，还应取得本企业的安全作业证。

16.3.4 安全投入与安全设施

建立健全生产经营单位安全生产投入的长效保障机制，从资金和设施装备等物质方面保障安全生产工作的正常进行，也是安全管理对策措施的一项内容。主要内容包括满足安全生产条件所必需的安全投入、安全技术措施的制定和安全设施的配备。

16.3.4.1 安全投入

《中华人民共和国安全生产法》第二十三条规定，生产经营单位应当具备的安全生产条件所必需的资金投入，由生产经营单位的决策机构、主要负责人或者个人经营的投资人予以保证，并对由于安全生产所必需的资金投入不足导致的后果承担责任。有关生产经营单位应当按照规定提取和使用安全生产费用，专门用于改善安全生产条件。安全生产费用在成本中据实列支。

《中华人民共和国安全生产法》第三十一条规定，生产经营单位新建、改建、扩建工程项目的安全设施，必须与主体工程同时设计、同时施工、同时投入生产和使用。安全设施投资应当纳入建设项目概算。

建设项目在可行性研究阶段和初步设计阶段都应该考虑投入用于安全生产的专项资金的预算。生产经营单位在日常运行过程中应该安排用于安全生产的专项资金，进行安全生产方面的技术改造，配备足量的安全仪表、安全设施和防护设备，以及个体防护用品。

16.3.4.2 安全设施配备

生产经营单位应根据企业规模和需要，配备必要的安全管理、检查、事故调查分析、检测检验的用房和检查、检测、通信、录像、照相、计算机、车辆等设施、设备；根据安全管理的需要，配备必要的培训教育及应急抢救仪器、设备与设施，如配备有急救药品的医护室、女工卫生室、供高温作业人员休息的空调室、防止化学事故所配备的防毒面具及淋洗设施等。

16.3.5 安全生产监督检查

安全管理对策措施的动态表现就是监督与检查，包括对有关安全生产方面国家法律法规、技术标准、规范和行政规章执行情况的监督与检查，以及对本单位所制定的各类安全生产规章制度和责任制的落实情况的监督与检查。通过监督检查，保证本单位各层面的安全教育和培训能正常有效地进行；保证本单位安全生产投入的有效实施；保证本单位安全设施、安全技术装备能正常发挥作用。同时，经常性督促、检查本单位的安全生产工作，及时消除事故隐患。

《中华人民共和国安全生产法》第四十六条规定，生产经营单位的安全生产管理人员应当根据本单位的生产经营特点，对安全生产状况进行经常性检查；对检查中发现的安全问题，应当立即处理；不能处理的，应当及时报告本单位有关负责人，有关负责人应当及时处理。检查及处理情况应当如实记录在案。

例如，某生产经营单位的安全生产检查制度规定，安全管理部门每季度进行一次安全生产综合大检查，各作业区每月进行两次安全检查，明确了季节性安全检查、专业性安全检查和节假日安全检查的制度安排。

16.4 事故应急救援及应急预案

事故应急救援在安全管理对策措施中占有重要地位，在安全评价报告中亦必须有相关内容。

16.4.1 事故应急救援及其基本要求

16.4.1.1 事故应急管理

事故应急管理是一个动态过程，包括预防、预备、响应和恢复4个阶段。尽管在实际情况下，这些阶段往往是交叉的，但每一阶段都有其明确的目标，而且每一阶段又是构筑在前一阶段的基础之上，这构成了重大事故应急管理的循环过程。

预防工作就是从应急管理的角度，防止紧急事件或事故发生。预备又称准备，是在应急发生前进行的工作，主要是为了建立应急管理能力。响应是在事故发生之前以及事故期间和事故后立即采取的行动。响应的目的，是通过发挥预警、疏散、搜寻和营救以及提供避难所和医疗服务等紧急事务功能，使人员伤亡及财产损失减少到最小，恢复工作应在事故发生后立即进行，尽快恢复到正常状态。

事故应急预案又称事故应急计划，是事故预防系统的重要组成部分。应急预案总目标是控制紧急事件的发展并尽可能消除事故，将事故对人、财产和环境造成的损失减少到最低限度。

事故的应急救援，尤其是重大事故应急救援是社会极其关注的一项社会性防灾减灾工作，既涉及科学技术，也涉及计划、管理、政策等，重大事故会对社会造成极大的危害，而救援工作又涉及众多部门和多种救援队伍的协调配合。因此建立事故应急预案和应急救援体系是一项复杂的安全系统工程。

16.4.1.2 事故应急救援的基本原则和任务

事故应急救援工作是在预防为主的前提下，贯彻统一指挥、分级负责、区域为主、单位自救和社会救援相结合的原则。其中预防工作是事故应急救援工作的基础，除了平时做好事故的预防工作，避免或减少事故的发生外，落实好救援工作的各项准备措施，做到预先准备，一旦发生事故就能及时实施救援。

事故应急救援的基本任务包括下述几个方面：

（1）立即组织营救受害人员，组织撤离或者采取其他措施保护危险区域内的其他人员。抢救受害人员是应急救援的首要任务，在应急救援行动中快速、有序、有效地实施现场急救与安全转运伤员是降低死亡率，减少事故损失的关键。

（2）迅速控制危险源并对事故造成的危害检测、监测，确定事故的危险区域、危害性质及危害程度，及时控制住造成事故的危险源是应急救援工作的重要任务，只有及时控制住危险源，防止事故的继续扩展，才能及时有效地进行救援。

（3）做好现场清洁，消除危害后果。迅速采取封闭、隔离、洗消等措施，对事故外溢的有毒有害物质和可能对人和环境继续造成危害的物质。应及时组织人员予以消除，消除危害后果，防止对人的继续危害和环境污染。

（4）查清事故原因，评估危害程度。事故发生后应及时调查事故的发生原因和事故性质，评估出事故的危害范围和危险程度，查明人员伤亡情况，做好事故调查工作。

16.4.1.3 事故应急救援体系

生产安全事故的应急救援体系是保证生产安全事故应急救援工作顺利实施的组织保障。安全生产应急救援体系主要由组织体系、运行机制、支持保障体系以及法律法规体系等构成。

1. 组织体系

组织体系是安全生产应急救援体系的基础。主要包括应急管理的领导决策层、管理与协调指挥系统以及应急救援队伍。应急救援体系建设中的管理机构是指维持日常应急管理的负责部门;功能部门包括与应急活动有关的各类组织机构,如消防、医疗机构等;应急指挥系统是在应急预案启动后,负责活动场外与场内的指挥系统;而应急救援队伍则由专业人员和志愿人员组成。

2. 运行机制

运行机制是安全生产应急救援体系的重要保障,目标是实现统一领导,分级管理。条块合、以块为主,分级响应、统一指挥,资源共享、协同作战,一专多能、专兼结合,防救结合、平战结合,以及动员公众参与,以切实加强安全生产应急救援体系内部的应急管理,明确和规范响应程序,保证应急救援体系运转高效、应急反应灵敏,取得良好的抢救效果。

应急救援活动一般划分为应急准备、初级反应、扩大应急和应急恢复 4 个阶段,应急机制与 4 个阶段的应急活动密切相关。应急运行机制主要由统一指挥、分级响应、属地为主和公众重大活动等动员这 4 个基本机制组成。

统一指挥是应急活动的基本原则之一。应急指挥一般可分为集中指挥与现场指挥,或场外指挥与场内指挥等。无论采用哪一种指挥系统,都必须实行统一指挥的模式,无论应急救援活动涉及单位的行政级别高低还是隶属关系不同,都必须在应急指挥部的统一组织协调下行动。

分级响应是指在初级响应到扩大应急的过程中实行的分级响应的机制。扩大或提高应急级别的主要依据是事故灾难的危害程度、影响范围和控制事态能力。影响范围和控制事故能力是"升级"的基本条件。扩大应急救援主要是提高指挥级别、扩大应急范围等。

属地为主强调"第一反应"的思想和以现场应急、现场指挥为主的原则。公众动员机制是应急机制的基础,也是整个应急体系的基础。

3. 法律法规体系

法律法规体系是应急体系的法制基础和保障,也是开展各项应急活动的依据,与应急有关的法律法规主要包括由立法机关通过的法律、政府和有关部门颁布的规章、规定以及与应急救援活动直接有关的标准或管理办法等。

4. 支持保障系统

支持保障系统是安全生产应急管理体系的有机组成部分,是体系运转的物质条件和手段,主要包括通信信息系统、培训演练系统、技术支持系统、物资与装备保障系统等。

构筑集中管理的信息通信平台是应急体系重要的基础建设。应急信息通信系统要保证所有预警、报警、警报、报告、指挥等活动的信息交流快速、顺畅、准确,以及应急资源装备及时到位;人力资源保障包括专业队伍的加强、职员人员,以及其他有关人员的应急保障,应建立专项应急科目,如应急基金等。

此外,应急救援体系还包括与其建设相关的基金、正常运行支持等。

16.4.2 事故应急预案及其编制

16.4.2.1 事故应急预案的目的与原则

编制事故应急预案的目的有两个:

(1) 采取预防措施将事故控制在局部,消除蔓延条件,防止突发性重大或连锁事故发生;

(2) 在事故发生后迅速有效控制和处理事故,尽量减轻事故对人和财产的影响。

事故应急预案应该由事故的预防和事故发生后的损失控制两部分构成,其制定原则是"以防为主,防救结合",具体编制原则如下。

1. 从事故预防的角度制定事故应急预案

从事故预防的角度,应该由技术对策和管理对策共同构成:

(1) 技术上采取措施,使"机-环境"系统具有保障安全状态的能力;

(2) 通过管理协调"人自身"及"人-机"系统的关系,以实现整个系统的安全。

2. 从事故发生后损失控制的角度制定应急预案

从事故发生后损失控制的角度,事先应该对可能发生的事故进行预测并制定救援措施,一旦发生事故则应做到:

(1) 能根据事故应急救援预案及时进行救援处理。

(2) 可最大限度地避免后续的恶性重大事故发生。

(3) 减轻事故所造成的损失。

(4) 能及时恢复生产。

事故应急预案应经常演练,以便在事故发生时作出快速反应,投入救援。"及时进行救援处理"和"减轻事故所造成的损失"是事故应急预案的两个关键点。

16.4.2.2 事故应急预案的类型

为有效处理多种类型的突发事故或灾害,应科学、合理地划分应急预案的层次和类型。应急预案可分为3个层次:综合预案、专项预案、现场处置方案。

1. 综合应急预案

综合应急预案是企业的整体应急预案,从总体上阐述企业的应急方针、政策、应急组织结构及相应的职责,以及应急行动的总体思路等。

通过综合预案可以很清晰地了解企业的应急体系及预案的文件体系,可以作为企业应急救援工作的基础和"底线",即使对没有预料的紧急情况也能起到一般的应急指导作用。

2. 专项应急预案

专项应急预案是针对某种具体的、特定类型的紧急情况,例如瓦斯爆炸、危险物质泄漏、火灾、某一自然灾害等的应急而制定的。

专项应急预案是在综合预案的基础上,充分考虑了某一特定危险的特点,对应急的形式、组织机构、应急活动等进行更具体的阐述,具有较强的针对性。

专项应急预案应制定明确的救援程序和具体的应急救援措施。

3. 现场处置方案

现场处置方案是在专项应急预案的基础上,根据具体情况而编制的。它是针对特定的具体场所（或具体装置、岗位），所制定的应急处置措施。例如，危险化学品事故专项应急预案下编制的某重大危险源的应急预案、防洪专项应急预案下的某洪区的防洪预案等。

现场处置方案的特点是针对某一具体现场的该类特殊危险及周边环境情况，在详细分析的基础上，对应急救援中的各个方面作出具体、周密而细致的安排，因而现场处置方案具有更强的针对性和对现场具体救援活动的指导性。

现场处置方案的另一特殊形式为单项预案。单项预案可以针对一项大型公众聚集活动（如经济、文化、体育、集会等活动）或高风险的建设施工或维修活动（如人口高密度区建筑物的定向爆破、生命线施工维护等活动）而制定的临时性应急行动方案。随着这些活动的结束，预案的有效性也随之终结。单项预案主要是针对临时活动中可能出现的紧急情况，预先对相关应急机构的职责、任务和预防性措施作出安排。

16.4.2.3 应急预案的编制要求

《生产安全事故应急预案管理办法》第八条规定，应急预案的编制应当符合下列基本要求：

（1）有关法律、法规、规章和标准的规定；

（2）本地区、本部门、本单位的安全生产实际情况；

（3）本地区、本部门、本单位的危险性分析情况；

（4）应急组织和人员的职责分工明确，并有具体的落实措施；

（5）有明确、具体的应急程序和处置措施，并与其应急能力相适应；

（6）有明确的应急保障措施，满足本地区、本部门、本单位的应急工作需要；

（7）应急预案基本要素齐全、完整，附件提供的信息准确；

（8）应急预案内容与相关应急预案相互衔接。

编制应急预案必须以科学的态度，在全面调查的基础上，实行领导与专家相结合的方式，开展科学分析与论证，使应急预案真正具有科学性、完整性、针对性、可操作性、指导性、符合性、衔接性和逻辑性。

16.4.2.4 应急预案编制步骤

根据《生产经营单位生产安全事故应急预案编制导则》（GB/T 39369—2020），生产经营单位应急预案编制程序包括成立应急预案编制工作组、资料收集、风险评估、应急资源调查、应急预案编制、桌面推演、应急预案评审和批准实施8个步骤。

1. 成立应急预案编制工作组

结合本单位职能和分工，成立以单位有关负责人为组长，单位相关部门人员（如生产、技术、设备、安全、行政、人事、财务人员）参加的应急预案编制工作组，明确工作职责和任务分工，制订工作计划，组织开展应急预案编制工作。预案编制工作组中应邀请相关救援队伍以及周边相关企业、单位或社区代表参加。

2. 资料收集

应急预案编制工作组应收集下列相关资料：

（1）适用的法律法规、部门规章、地方性法规和政府规章、技术标准及规范性文件。

（2）企业周边地质、地形、环境情况及气象、水文、交通资料。

（3）企业现场功能区划分、建（构）筑物平面布置及安全距离资料。

（4）企业工艺流程、工艺参数、作业条件、设备装置及风险评估资料。

（5）本企业历史事故与隐患、国内外同行业事故资料。

（6）属地政府及周边企业、单位应急预案。

3. 风险评估

开展生产安全事故风险评估，撰写评估报告，其内容包括但不限于：

（1）辨识生产经营单位存在的危险有害因素，确定可能发生的生产安全事故类别。

（2）分析各种事故类别发生的可能性、危害后果和影响范围。

（3）评估确定相应事故类别的风险等级。

4. 应急资源调查

全面调查和客观分析本单位以及周边单位和政府部门可请求援助的应急资源状况，撰写应急资源调查报告，其内容包括但不限于：

（1）本单位可调用的应急队伍、装备、物资、场所。

（2）针对生产过程及存在的风险可采取的监测、监控、报警手段。

（3）上级单位、当地政府及周边企业可提供的应急资源。

（4）可协调使用的医疗、消防、专业抢险救援机构及其他社会化应急救援力量。

5. 应急预案编制

应急预案编制应当遵循以人为本、依法依规、符合实际、注重实效的原则，以应急处置为核心，体现自救互救和先期处置的特点，做到职责明确、程序规范、措施科学，尽可能简明化、图表化、流程化。应急预案编制工作包括但不限下列：

（1）依据事故风险评估及应急资源调查结果，结合本单位组织管理体系、生产规模及处置特点，合理确立本单位应急预案体系。

（2）结合组织管理体系及部门业务职能划分，科学设定本单位应急组织机构及职责分工。

（3）依据事故可能的危害程度和区域范围，结合应急处置权限及能力，清晰界定本单位的响应分级标准，制定相应层级的应急处置措施。

（4）按照有关规定和要求，确定事故信息报告、响应分级与启动、指挥权移交、警戒疏散方面的内容，落实与相关部门和单位应急预案的衔接。

6. 桌面推演

按照应急预案明确的职责分工和应急响应程序，结合有关经验教训，相关部门及其人员可采取桌面演练的形式，模拟生产安全事故应对过程，逐步分析讨论并形成记录，检验应急预案的可行性，并进一步完善应急预案。

7. 应急预案评审

1）评审形式

应急预案编制完成后，生产经营单位应按法律法规有关规定组织评审或论证。参加应急预案评审的人员可包括有关安全生产及应急管理方面的、有现场处置经验的专家。应急预案论证可通过推演的方式开展。

2）评审内容

应急预案评审内容主要包括：风险评估和应急资源调查的全面性、应急预案体系设计的针对性、应急组织体系的合理性、应急响应程序和措施的科学性、应急保障措施的可行性、应急预案的衔接性。

3）评审程序

应急预案评审程序包括下列步骤：

（1）评审准备。成立应急预案评审工作组，落实参加评审的专家，将应急预案、编制说明、风险评估、应急资源调查报告及其他有关资料在评审前送达参加评审的单位或人员。

（2）组织评审。评审采取会议审查形式，企业主要负责人参加会议，会议由参加评审的专家共同推选出的组长主持，按照议程组织评审；表决时，应有不少于出席会议专家人数的三分之二同意方为通过；评审会议应形成评审意见（经评审组组长签字），附参加评审会议的专家签字表。表决的投票情况应以书面材料记录在案，并作为评审意见的附件。

（3）修改完善。生产经营单位应认真分析研究，按照评审意见对应急预案进行修订和完善。评审表决不通过的，生产经营单位应修改完善后按评审程序重新组织专家评审，生产经营单位应写出根据专家评审意见的修改情况说明，并经专家组组长签字确认。

8. 批准实施

通过评审的应急预案，由生产经营单位主要负责人签发实施。

16.4.3　应急预案的实施及修订

16.4.3.1　应急预案的实施与演练

《生产安全事故应急预案管理办法》中对应急预案的实施做了明确规定。各级人民政府应急管理部门、各类生产经营单位应当采取多种形式开展应急预案的宣传教育，普及生产安全事故避险、自救和互救知识，提高从业人员和社会公众的安全意识与应急处置技能。

生产经营单位应当组织开展本单位的应急预案、应急知识、自救互救和避险逃生技能的培训活动，使有关人员了解应急预案内容，熟悉应急职责、应急处置程序和措施。应急培训的时间、地点、内容、师资、参加人员和考核结果等情况应当如实记入本单位的安全生产教育和培训档案。

生产经营单位应当按照应急预案的规定，落实应急指挥体系、应急救援队伍、应急物资及装备，建立应急物资、装备配备及其使用档案，并对应急物资、装备进行定期检测和维护，使其处于适用状态。

生产经营单位应当制定本单位的应急预案演练计划，根据本单位的事故风险特点，每年至少组织1次综合应急预案演练或者专项应急预案演练，每半年至少组织1次现场处置方案演练。

应急预案演练结束后，应急预案演练组织单位应当对应急预案演练效果进行评估，撰写应急预案演练评估报告，分析存在的问题，并对应急预案提出修订意见。

生产经营单位发生事故时，应当第一时间启动应急响应，组织有关力量进行救援，并按照规定将事故信息及应急响应启动情况报告应急管理部门和其他负有安全生产监督管理职责的部门。

生产安全事故应急处置和应急救援结束后，事故发生单位应当对应急预案实施情况进行总结评估。

16.4.3.2　应急预案的修订

应急预案编制单位应当建立应急预案定期评估制度，对预案内容的针对性和实用性进行分析，并对应急预案是否需要修订作出决策。

矿山、金属冶炼、建筑施工企业和易燃易爆物品、危险化学品等危险物品的生产、经营、储存企业、使用危险化学品达到国家规定数量的化工企业、烟花爆竹生产、批发经营企业和中型规模以上的其他生产经营单位，应当每3年进行1次应急预案评估。应急预案评估可以邀请相关专业机构或者有关专家、有实际应急救援工作经验的人员参加，必要时可以委托安全生产技术服务机构实施。

有下列情形之一的，应急预案应当及时修订并归档：

（1）依据的法律、法规、规章、标准及上位预案中的有关规定发生重大变化的。

（2）应急指挥机构及其职责发生调整的。

（3）面临的事故风险发生重大变化的。

（4）重要应急资源发生重大变化的。

（5）预案中的其他重要信息发生变化的。

（6）在应急演练和事故应急救援中发现问题需要修订的。

（7）编制单位认为应当修订的其他情况。

本 章 小 结

本章介绍了安全对策措施及其内容分类，说明了安全评价中制定安全对策措施的意义和原则，分别从安全技术措施、安全管理措施和事故应急预案3个方面，系统、简练、明确地介绍了相关对策措施的基本内容，分析了对策措施的制定思路和程序。通过本章学习，读者能够理解安全对策措施的内容及其制定方法，并能将其应用到安全评价工作中。

思 考 与 练 习

1. 简述安全对策措施的内容划分和基本要求。

2. 简述制定安全对策措施的基本原则。

3. 如何对建设项目进行选址？

4. 怎样对厂区进行平面布置？

5. 制定安全技术对策措施应主要考虑哪几个方面？

6. 如何防止可燃、可爆系统的形成？

7. 引起火灾爆炸事故的火源主要有哪些？

9. 安全防护装置的设置原则是什么？

10. 简要叙述电离辐射的防护措施。

11. 制定安全管理对策措施应主要考虑哪几个方面？

12. 简述安全防护装置的设置原则。

13. 简述防尘对策措施。

14. 事故应急救援预案划分为哪几类？其核心要素包括哪些？

15. 应急救援预案编制的步骤。

17　安全评价的工作程序与技术文件

📝 **本章学习目标：**

（1）熟悉安全评价的工作过程及安全评价资料、数据的分析、处理。

（2）熟悉安全评价过程控制的概念与意义，了解安全评价过程控制体系的内容及过程控制文件的编制。

（3）理解编制安全评价结论的原则和安全评价结论确定的逻辑过程。

（4）掌握安全评价报告的内容与格式要求，能够编制安全评价报告。

（5）熟悉安全评价项目实施计划管理及项目成果管理相关内容。

17.1　安全评价的工作程序

本章各节所述内容均针对安全评价机构所承担的安全评价工作，其他类型的安全评价，如日常安全评价或研究性安全评价不在本章讨论之列。

17.1.1　安全评价的工作过程

1. 风险分析和签订合同

每个安全评价项目都应签订安全评价合同，合同中应注明评价范围和承担的责任。受理新领域的项目、重大项目或合同额较高的评价项目之前，应使用"风险分析程序"，填写《评价项目风险分析记录表》。

2. 建立评价项目组

每个评价项目均由安全评价负责人（总工程师）签发评价项目责任书，任命"项目组长"。"项目组长"组建评价项目组，并对评价项目组成员进行分工。

3. 评价现场检查

每个评价项目必须进行现场勘察和检查，做好现场记录，拍摄现场照片，项目组成员按项目组长的分工完成相应的现场工作。

4. 项目自审

项目组长邀请非本项目组的评价人员或外聘专家对安全评价报告进行审核。项目组长主持召开项目组全体成员参加的项目自审会议。

5. 技术审核

技术负责人根据发布的各类安全评价要求，对报告进行技术审核，提出报告修改意见。

6. 过程控制审核

项目组长按安全评价过程控制要求，每完成一个过程均要报过程控制负责人确认。技术审核完成后，项目组长将评价报告和过程证据交过程控制负责人进行过程控制审核。

7. 报告审批

项目组长将安全评价报告及评价项目所有相关资料交安全评价负责人或总工程师，对报告进行审批，并进行技术和过程控制审核意见的综合审定。若评价报告要进行外审，安全评价技术负责人需要对所准备材料的完整性进行核实。

安全评价负责人或总工程师审批通过的评价项目，除内部审核流转单中"报告签发"栏外，其他所有评价工作全部完成且相关资料齐全。

8. 报告签发

完成上述步骤后，项目组长将评价项目全套资料交法人代表进行签发。

17.1.2　前期准备和现场勘察

17.1.2.1　安全评价的前期准备

前期准备工作主要包括：采集安全评价相关的法律法规信息；采集与安全评价对象有关的生产安全事故案例信息；采集安全评价过程中涉及的人、机、环、管等基础信息技术资料。

前期准备工作中，应注意评价对象及评价范围的确定。评价范围是指评价机构对评价项目实施评价时，评价内容所涉及的领域和评价对象所处的地理界限，必要时还包括评价责任界定。评价范围保证评价项目包含了所有要做的工作，而且只包含要求的工作。

评价范围确定主要考虑两方面因素：一是对评价范围的定义；二是评价范围的说明。在评价范围说明中要突出3点：说明评价内容所涉及的领域、说明评价对象所处的地理界限、说明评价责任的界定。评价范围的定义和说明，是评价机构、委托评价单位和相关方（政府管理部门）的共识，是进行安全评价的基础，必须写入安全评价合同和安全评价报告。

17.1.2.2　安全评价现场勘察

1. 现场调查的常用分析方法

（1）现场询问观察法。可采用如下方法进行现场询问和观察：

① 按部门调查：是以企业部门为中心进行调查的方式。

② 按过程调查：是以过程为中心进行调查的方式。

③ 顺向追踪：顺向追踪也称归纳式调查，是顺序调查的方式，从安全管理理念、安全管理制度、责任制等文件查到安全管理措施，危险、有害因素的控制。

④ 逆向追溯：逆向追溯也称演绎式调查，是逆向调查的方式，先假设事故发生，调查危险、有害因素的控制过程，再追查企业安全管理制度及安全理念等文件；从事故形成条件的可能性调查发生事故的原因及概率。

（2）特尔菲法。也叫德尔菲法（Delphi method），又名专家意见法或专家函询调查法，是采用背对背的通信方式征询专家小组成员的预测意见，最后作出符合未来发展趋势预测结论的方法。既可作为一种有效的调查分析的方法，也可作为安全评价的具体方法。

特尔菲法依据系统的程序，采用匿名发表意见的方式，以集结团队的共识。该方法主要是由调查者拟定调查表，按照既定程序，以函件的方式分别向专家组成员进征询；而专家组成员又以匿名的方式（函件）提交意见。经过几次反复征询和反馈，专家组成员的意见逐步趋于集中，最后获得具有很高准确率的集体判断结果。该方法可以用于安全评价过程或系统生命周期的任何阶段。特尔菲法的一般程序如下：

（1）成立调查组，确定调查目的，拟定调查提纲。首先必须确定目标，拟定出要求专家回答问题的详细提纲，并同时向专家提供有关背景材料，包括预测目的、期限、调查表填写方法及其他希望要求等说明。

（2）选择一批熟悉本问题的专家，一般至少为20人，包括安全理论和实践等各方面专家。

（3）以通信方式向各位选定专家发出调查表，征询意见。

（4）对返回的意见进行归纳综合，定量统计分析后再寄给有关专家，每个成员收到一本问卷结果的复印件。

（5）看过结果后，再次请成员提出他们的方案。第一轮的结果常常是激发出新的方案或改变某些人的原有观点。

（6）重复（4）（5）两步，直到取得大体上一致的意见。

这种方法的优点主要是简便易行，用途广泛，费用较低，具有一定科学性和实用性，在大多数情况下可以得到比较准确的预测结果，可以避免会议讨论时产生的害怕权威随声附和，或固执己见，或因顾虑情面不愿与他人意见冲突等弊病；同时也可以使大家发表的意见较快收敛，参加者也易接受结论，具有一定程度综合意见的客观性。其缺点是调查建立在专家主观判断的基础之上的，专家的学识、兴趣和心理状态对调查结果影响较大，预测结论不够稳定。

2. 现场勘察的主要内容

（1）选址及平面布置布局勘察。评价机构在签订评价合同前，应先对评价项目所处位置的水文、地质和气象条件进行了解，项目建于江海边是否会受潮汛或洪水的影响，地质条件与项目的建构筑防震等级是否匹配，项目是否考虑地质沉降因素，评价项目平面布置是否考虑本地区全年风向和夏季风向的影响，石油化工企业不宜设在窝风地带等等。特别是预评价项目更要深入分析平衡各种问题，找出最优方案。

要进行周边环境调查。按照国务院645号令《危险化学品安全法管理条例》第十九条规定，除运输工具加油站、加气站外，危险化学品生产装置或者储存数量构成重大危险源的危险化学品储存设施，与居民区以及商业中心、公园等人员密集场所，学校、医院、影剧院、体育场（馆）等公共设施等地点的距离必须符合国家有关规定。

对重大危险源周边分布要进行调查，尤其针对具有爆炸性危险范围内500 m内基本情况及有毒泄漏的1000 m以内的基本情况要做好登记和记录，为风险评价的定量分析计算距离是否符合法规要求提供基本数据参考。

（2）主要频率风向调查。

① 风向：气象上把风吹来的方向确定为风的方向。因此，风来自北方叫作北风，风来自南方叫作南风，风来自西方叫作西风，风来自东方叫作东风。当风向在某个方位左右摆动不能确定时，则加以"偏"字，如偏北风。当风速小于或等于0.2 m/s时，称为静风。

② 风向频率：为了表示某个方向的风出现的频率，通常用风向频率这个量，它是指一年（月）内某方向风出现的次数和各方向风出现的总次数的百分比。由风向频率，可以知道某一地区哪种风向比较多，哪种风向最少。

（3）平面设计及功能分区。平面设计包括的主要内容有：合理确定各建筑物、构筑物和各种工程设施的平面位置；合理组织人流、物流，选择运输方式，布置交通运输线路；根据工艺、运输等要求，结合地形，合理进行竖向设计；根据各有关专业的管线设计进行管线综合布置；进行厂区绿化和美化设计。

企业功能分区也是安全评价现场勘察需要关注的重点。功能分区内容包括：将生产性质相同、功能相近，工艺联系密切的建（构）筑物布置在一个生产区内；原料或燃料相同或者采用的运输方式相同的车间，可以合并在一个功能区内；布置在统一生产的建（构）筑物对防火、职业健康、防震等要求相同或相近；要求统一动力供应的车间，尽量集中布置在同一生产区内；功能分区应考虑人流和交通的便利，一般是以道路或通道作为分区的界限。

3. 评价项目现场勘察

（1）安全距离检查。一般认为"安全距离"是防火间距、卫生防护距离、机械防护安全距离等"安全防护距离"的总称。安全防护距离一般有内部安全距离和外部安全距离之分，其主要区别在于"可被接受"的标准，即破坏标准，同时要考虑建设项目用地和周边环境。

（2）安全设备设施的运行检查。主要包括防火设施、防爆设施及自动控制系统的检查。防火设施检查包括：建筑物的耐火等级规定；建筑物的面积规定；与相邻建筑物的间距规定；建筑物的逃生通道；必须配备的灭火设施。

（3）防范及监控设施检查。防范设施实际上是对事故防范的设施，属于控制型的安全设施，也包括"安全附件的间接设施"。监控设施实际上是事故发生前的警示设施，属于提示型的安全设施，也包括"预先警告的提示设施"。

（4）检测检验状况核查与汇总。根据评价项目重大危险源的实际情况，核对防爆电器检测、安全阀检测、报警仪标定、避雷设施检测、压力容器检验和防爆起重机检验等情况。

（5）安全管理情况调查。安全管理情况调查主要包括：安全管理组织和制度检查、安全生产日常管理检查、安全设施维护、安全培训及监督和检查等内容。

17.1.2.3 安全评价计划编制

安全评价工作计划是评价机构在完成某个安全评价项目期间，对评价工作进行的总体设计、对评价工作内容预先作出的日程安排。通过编制安全评价计划对评价工作的内容和过程提出总体设计方案，保证安全评价工作的进度，增加评价工作的可操作性。

安全评价工作计划是安全评价工作过程实施方案和日程安排，因此要从"做什么""怎么做"和"做到何种程度"进行具体说明。与委托评价单位签订安全评价合同之后，在工况调查、分析危险和有害因素分布及其受控情况的基础上，依据委托评价单位的需求、评价类型和评价机构的技术能力，对照有关安全生产的法律法规和技术标准，确定安全评价的重点和要求，考虑评价项目的实际情况选择评价方法，并测算安全评价进度，编制安全评价工作计划。

将安全评价具体工作，按工作过程顺序相连（纵坐标），标出每个项目工作起始时间和完成时间（横坐标），建立评价工作计划进度表，即甘特图。表17-1是某项目安全评价工作计划进度表，也是其甘特图。

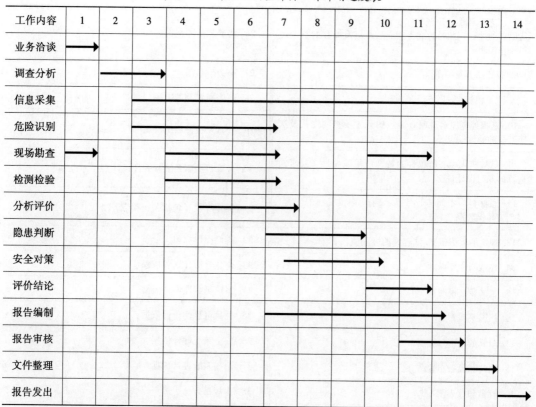

表17-1　某项目安全评价工作计划进度表

17.1.3　安全评价资料、数据的采集与处理、分析

17.1.3.1　评价资料、数据的采集

安全评价资料、数据采集是进行安全评价的关键性基础工作。安全预评价与验收评价资料以可行性研究报告及设计文件为主，同时要求可类比的安全卫生技术资料、监测数据；适用的法律、标准、规范是评价的依据；还要包括安全卫生设施及其运行效果，安全卫生的管理以及运行情况，安全、卫生、消防组织机构情况等。安全现状评价所需资料则复杂得多，它重点要求被评价的厂矿企业提供反映现实运行状况的各种资料与数据，而这类资料、数据往往由生产一线的车间，或设备管理部门、安全、卫生、消防管理部门、技术检测部门等分别掌握，有些资料还需要财务部门提供。表17-2是美国CCPS（化工过程安全中心）针对化工行业安全评价列出的"安全评价所需资料一览表"。

表17-2　安全评价所需资料一览表

1. 化学反应方程式和主次的二次反应的最佳配比	4. 主要过程反应，包括顺序、反应速率、平衡途径、反应动力学数据等
2. 所用催化剂类型和特性	5. 不希望的反应，如分解、自聚合反应的动力学数据
3. 所有的包括工艺化学物质的流量和化学反应数据	6. 压力、浓度、催化速率比值等参数的极限值，以及超出极限值的情况下，进行操作可能产生的后果

表17-2（续）

7. 工艺流程图、工艺操作步骤或单元操作过程，包括从原料的储存，加料的准备至产品产出及储存的整个过程操作说明	26. 检验和检测报告
8. 设计动力及平衡点	27. 电力分布图
9. 主要物料量	28. 仪表布置及逻辑图
10. 基本控制原料说明（例：辨识主要控制变化及选择变化的原因）	29. 控制及报警系统说明书
11. 对某些化学物质包含的特殊危险或特性、要求而进行的专门设计说明	30. 计算机控制系统软硬件设计
12. 原材料、中间体、产品、副产品和废物的安全、卫生及环保数据	31. 操作规程（包括关键参数）
13. 规定的极限值和/或容许的极限值	32. 维修操作规程
14. 规章制度及标准	33. 应急救援计划和规程
15. 工艺变更说明书	34. 系统可靠性设计依据
16. 厂区平面布置图	35. 通风可靠性设计依据
17. 单元的电力分级图	36. 安全系统设计依据
18. 建筑和设备布置图	37. 消费系统设计依据
19. 管道和仪表图	38. 事故报告
20. 机械设备明细表	39. 气象数据
21. 设备一览表	40. 人口分布数据
22. 设备厂家提供的图纸	41. 场地水文资料
23. 仪表明细表	42. 已有的安全研究
24. 管道说明书	43. 内部标准和检查表
25. 公用设施说明书	44. 有关行业生产经验

安全评价资料、数据的采集应遵循以下原则：首先保证满足评价的全面、客观、具体、准确的要求；其次应尽量避免不必要的资料索取，从而给企业带来不必要负担。根据这一原则，结合我国对各类安全评价的具体要求，各类安全评价的资料、数据应满足表17-3所示的一般要求。

表17-3 安全评价所需资料、数据

资料 类别	评价 类别		
	安全预评价	安全验收评价	安全现状综合评价
有关法规、标准、规范	√	√	√
评价所依据的工程设计文件	√	√	√

表 17-3（续）

资　料　类　别	评　价　类　别		
	安全预评价	安全验收评价	安全现状综合评价
厂区或装置平面布置图	√	√	√
工艺流程图与工艺概况	√	√	√
设备清单	√	√	√
厂区位置图及厂区周围人口分布数据	√	√	√
开车试验资料	—	√	√
气体防护设备分布情况	√	√	√
强制检定仪器仪表标定检定资料	—	√	√
特种设备检测和检验报告	—	√	√
近年来的职业卫生监测数据	—	√	√
近年来的事故统计及事故记录	—	—	√
气象条件	√	√	√
重大事故应急预案	√	√	√
安全卫生组织机构网络	√	√	√
厂消防组织、机构、装备	√	√	√
预评价报告	—	√	√
验收评价报告	—	—	√
安全现状综合评价报告	—	—	—
不同行业的其他资料要求	—	—	—

17.1.3.2　评价数据的分析处理

安全评价资料、数据的收集要以满足安全评价需要为前提，要尽量保证收集到的数据、资料全面、客观、具体、准确。

1. 数据、资料内容

安全评价要求提供的数据、资料内容一般分为人力与管理数据、设备与设施数据、物料与材料数据、方法与工艺数据、环境与场所数据。涉及被评价单位提供的设计文件（可行性研究报告或初步设计）、生产系统实际运行状况和管理文件等；其他法定单位测量、检测、检验、鉴定、检定、判定或评价的结果或结论等；评价机构或其委托检测单位，通过对被评价项目或可类比项目实地检查、检测、检验得到的相关数据，以及通过调查、取证得到的安全技术和管理数据；以及相关的法律法规、相关的标准规范、相关的事故案例、相关的材料或物性数据、相关的救援知识等资料。

数据、资料的真实性和有效性关系到安全评价工作的成败，应注意以下几方面问题：

（1）收集的资料数据，要对其真实性和可信度进行评估，必要时可要求资料提供方书面说明资料来源。

（2）对用作类比推理的资料要注意类比双方的相关程度和资料获得的条件。

（3）代表性不强的资料（未按随机原则获取的资料）不能用于评价。

（4）安全评价引用反映现状的资料必须在数据有效期限内。

2. 数据处理与质量控制

通过现场检查、检测、检验及访问，得到大量数据资料，首先应将数据资料分类汇总，再对数据进行处理，保证其真实性、有效性和代表性，必要时可进行复测，经数理统计将数据整理成可以与相关标准比对的格式，采用能说明实际问题的评价方法，得出评价结果。

（1）数据筛选与处理。收集到的数据要经过筛选和整理，才能用于安全评价。要做到：来源可靠，收集到的数据要经过甄别，舍去不可靠的数据；数据完整，凡安全评价中要使用的数据都应设法收集到；取值合理，取值合理，尽量减少主观性。

为提高取值准确性可从以下3个方面着手：严格按技术守则规定取值；有一定范围的取值，可采用内插法提高精度；较难把握的取值，可采用向专家咨询方法，集思广益来解决。

（2）统计分析与异常数据处理。在安全检测检验中，通常用随机抽取的样本来推断总体。为了使样本的性质充分反映总体的性质，在样本的选取上遵循随机化原则：样本各个体选取要具有代表性，不得任意删除或留存；样本各个体选取必须是独立的，各次选取的结果互不影响。对获得的数据在使用之前，要进行数据统计处理，消除或减弱不正常数据对检测结果的影响。

17.1.4　安全评价与安全评价结论

17.1.4.1　安全评价的分析与计算工作

针对具体安全评价项目，根据《安全评价通则》（AQ 8001—2007）、《安全预评价导则》（AQ 8002—2007）、《安全验收评价导则》（AQ 8003—2007）等，选择科学、合理的定性安全评价、定量安全评价，或定性、定量相结合的一种或多种安全评价方法，通过分析、计算等工作进行项目的安全评价。具体的方法和内容已在前面各章详细介绍，不再赘述。

17.1.4.2　安全评价结论

安全评价结论是安全评价工作的总结性判断结果，是安全评价必须阐明的最为关键的问题，也是安全评价机构和安全评价人员必须为之负责的问题。

安全评价结论应体现系统安全的概念，要明确说明整个被评价系统的安全能否得到保障、系统存在的危险能否得到控制及其受控的程度如何等问题。

17.1.5　安全评价报告的编制与审核

17.1.5.1　安全评价报告

安全评价报告是安全评价工作的结果性文件，也是安全评价工作最主要的技术文件。

17.1.5.2　安全评价报告的审核

安全评价报告由评价项目组编制完成。之后，要经过相关机构和相关负责人的多方面、严格审核，以保证安全评价报告的质量。只有通过全部审核的安全评价报告，才能经安全评价机构的法人代表签发，成为安全评价的结果文件。

1. 安全评价报告的校核与审核

安全评价机构应制定并实施报告校核、报告审核的管理制度或程序，对校核和审核的人员职责、方式、内容、标准、结论等提出明确要求，规范报告校核、内部审核、技术负责人审核及过程控制负责人审核工作。

报告校核是指安全评价报告草稿完成后，应由评价项目组对报告格式是否符合评价机构作业文件要求、文字和数据是否准确等进行校核。

内部审核应在报告校核完成后进行，审核人员必须是非项目组成员。内部审核应包括以下内容：评价依据是否充分、有效，危险、有害因素识别是否全面，评价单元划分是否合理，评价方法选择是否适当，对策措施是否可行，结论是否正确，格式是否符合要求，文字、数据是否准确等。

评价报告经内部审核并修改完成后，应由技术负责人进行技术审核。技术负责人审核应包括以下内容：现场收集的有关资料是否齐全、有效，危险、有害因素识别的充分性，评价方法的合理性，对策措施的针对性、合理性，结论的正确性，格式的符合性、文字的准确性等。

经技术负责人审核并作出修改的安全评价报告，应由过程控制负责人进行审核。过程控制负责人审核应包括以下内容：是否进行了风险分析，是否编制了项目实施计划，是否进行了报告校核、审核，记录是否完整，纸质记录和影像记录是否满足过程控制要求等。

2. 安全评价报告内部审核的方法与过程

安全评价报告应该进行内部审核；如有需要，也可进行外部审核。下面简单介绍内部审核的方法与过程。

内部审核，由项目组长邀请非本项目组的评价人员或外聘专家对报告进行审核。项目组长主持召开审核会议，首先介绍项目概况及评价过程；然后核对项目组成员按分工完成的工作，就报告是否真实反映项目现状等问题征求项目组成员意见，确认项目组每个成员对报告的贡献；最后听取非本项目组的评价人员和外聘专家对报告提出的问题和意见。以上会议内容必须有会议记录，并作为下一步审核的依据。

17.2 安全评价过程控制

17.2.1 安全评价过程控制及其意义

17.2.1.1 安全评价过程控制的概念

安全评价过程控制是安全评价机构为实现其方针和目标，依据一系列文件化的管理制度，对本机构的安全评价业务活动所实施的管理措施的总和，体现为保证安全评价工作质量的一系列文件。

安全评价作为一项有目的的行为，必须具备一定的质量水平，才能满足企业安全生产的需求。

17.2.1.2 安全评价过程控制的意义

安全评价机构建立过程控制体系的重要意义，主要体现在以下几方面：

（1）强化安全评价质量管理，提高安全评价工作质量水平。

（2）有利于安全评价规范化、法治化及标准化的建设和安全评价事业的发展。

（3）提高了安全评价的指数就能使安全评价在安全生产工作中发挥更有效的作用，确保人民生命安全、生活安定，具有重要的社会效益。

（4）有利于安全评价机构管理层实施系统和透明的管理，学习运用科学的管理思想和方法。

（5）促进安全评价工作的有序进行，使安全评价人员在评价过程中做到各负其责，提高工作效率。

（6）加强对安全评价人员的培训，促进其工作交流，持续不断地提高其业务技能和工作水平。

（7）提高安全评价机构的市场信誉，在市场竞争中取胜。

17.2.1.3 安全评价过程控制的方针和目标

1. 安全评价过程控制方针

安全评价过程控制方针是评价机构安全评价工作的核心，表明了评价机构从事安全评价工作的发展方向和行动纲领，阐明安全评价机构的质量目标和改进安全评价绩效的管理承诺。

安全评价过程控制方针，在内容上应适合安全评价机构安全评价工作的性质和规模，确保其对具体工作的指导作用；应包括对持续改进的承诺，并包括遵守现行的安全评价法律法规和其他要求的承诺。方针须经最高管理者批准，确保与员工及其代表进行协商，并鼓励员工积极参与。方针应文件化，付诸实施，予以保持；应传达到全体员工；并可为相关方所获取。安全评价过程控制方针应定期评审，以适应评价机构不断变化的内外部条件和要求，确保体系的持续适宜性。

2. 安全评价过程控制目标

评价机构应针对其内部相关职能和层次，建立并保持文件化的安全评价机构过程控制目标。评价机构在确立和评审其过程控制目标时，应考虑法律法规及其他要求，考虑可选安全评价技术方案，适应财务、运行和经营要求。目标应符合安全评价过程控制方针，并遵循过程控制体系对持续改进的承诺。

17.2.1.4 安全评价过程控制体系的建立依据

安全评价过程控制体系的建立，首先应考虑国家安全生产监督管理部门对安全评价机构的监督管理要求，主要从从业人员管理、机构管理、质量控制和内部管理制度这四方面对安全评价机构提出要求。

对于安全评价机构而言，一方面是对机构的管理，另一方面是保证评价过程的质量。安全评价机构应运用管理学的原理——全过程控制、强调持续改进的 PDCA 循环原理和目标管理原理，结合自身的特点，建立适合本机构自身发展的过程控制体系。

17.2.2 安全评价过程控制体系的构成

17.2.2.1 安全评价过程控制体系的内容

安全评价过程控制按其内容可划分为"硬件管理"和"软件管理"两大部分。前者主要指安全评价机构建设的管理，包括安全评价内部机构的设置，各职能部门职责的划定、相互间分工协作的关系，安全评价人员及专家的配备等管理；后者主要指"硬件"

运行中的管理，包括项目单位的选定，合同的签署，安全评价资料的收集，安全评价报告的编写，安全评价报告的内部评审，安全评价技术档案的管理，安全评价信息的反馈，安全评价人员的培训等一系列管理活动。

安全评价过程控制体系主要包括以下内容：①机构的设置与职责的划定；②评价人员的培训和专家的配备；③项目单位的选定；④合同的签署；⑤评价资料的收集；⑥安全评价报告的编写；⑦安全评价报告的审核；⑧安全评价信息的反馈；⑨安全评价技术档案的管理；⑩安全评价文件的记录。

17.2.2.2　安全评价过程控制文件的构成

安全评价过程控制体系就是安全评价机构为保障安全评价工作的质量而形成的文件化的体系，是安全评价机构实现其质量管理方针、目标和进行科学管理的依据。安全评价机构应建立并保持系统化的安全评价过程控制文件，所建立的过程控制文件应满足《安全评价过程控制文件编写指南》（安监总规划字〔2005〕177号）的要求，严格按照过程控制文件的规定运行并保持相关记录，不断改进、完善安全评价过程控制文件。

安全评价过程控制体系文件的内容主要包括：风险分析、实施评价、报告审核、技术支撑、作业文件、内部管理、档案管理和检查改进等。

安全评价过程控制体系的文件通常分管理手册（一级）、程序文件（二级）、作业文件（三级）三个层次，其层次关系和构成内容如图17-1和图17-2所示。

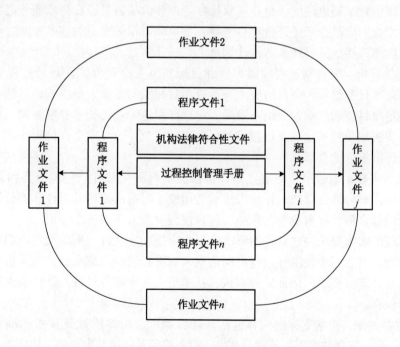

图17-1　安全评价过程控制体系文件的层次关系

需要指出的是：安全评价过程控制体系文件应相互协调一致。各评价机构可以根据自身的规模大小和实际情况来划分体系文件的层次和等级；另外，安全评价文件的编制也应与具体安全评价项目相适应。

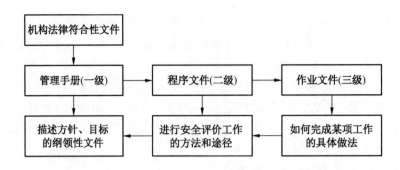

图 17-2 安全评价过程控制体系文件的构成内容

17.2.3 安全评价过程控制文件的编制

17.2.3.1 安全评价过程控制文件编写的内容

安全评价过程控制文件的内容包括：风险分析、实施评价、报告审核、技术支撑、作业文件、内部管理、档案管理和检查改进等。其层次关系如图 17-1 所示，构成内容如图 17-2 所示。

（1）风险分析。风险分析应在安全评价项目合同签订之前进行，分析的重点在于被评价单位的基本概况、评价类别（预评价、验收评价、现状评价、专项评价）和项目投资规模、地理位置、周边环境、行业风险特性等；评价项目是否在资质业务范围之内，现有评价人员专业构成是否满足评价项目需要，是否聘请相关专业的技术专家，承担项目的风险；项目的经济性、可行性和工作计划。

（2）实施评价。要根据过程控制方针和目标实施安全评价，在评价过程中组建评价项目组并任命项目组组长。项目组应由与评价项目相关的专业人员组成，且评价人员专业配备能够满足项目要求。专业人员不足时，应选择相应专业的技术专家参加。要求项目组按照有关法律法规和技术标准及过程控制要求进行安全评价。安全评价程序应包括从评价准备到编制评价报告的全部过程。

（3）报告审核。报告审核的重点是评价依据资料的完整性、危险有害因素辨识的充分性、评价单元划分的合理性、评价方法的适用性、对策措施的针对性和评价结论的正确性等，包括内部审核、技术负责人审核、过程控制负责人审核三个方面。

报告审核的实施要求是建立并不断改进报告审核程序文件；明确报告内部审核部门和审核人员职责，重点明确技术和过程控制负责人职责；明确内部审核、技术负责人审核和过程控制负责人审核要求，保证内部审核、技术负责人审核和过程控制负责人审核记录应完整并进行保存。

（4）技术支撑。技术支撑的内容包括基础数据库、法律法规及技术标准数据库、有关物质特性、事故案例数据库、技术及软件、检测检验及科研开发能力、协作支撑渠道等。

（5）作业文件。作业文件是程序文件的支持性文件。安全评价机构必须按照相关规定和技术标准，结合业务范围及领域，编制相应的安全评价作业文件。

作业文件的实施要求是根据不同的评价种类分别编制安全预评价、验收评价、现状评价和专项安全评价作业文件，并不断完善。同时评价机构要根据其业务范围及领域，编制相应的作业文件，并通过加强内部培训，保证其贯彻执行。

（6）内部管理。内部管理包括评价人员和技术专家管理、业绩考核、业务培训、信息通报、跟踪服务、保密制度和资质以及印章管理。

内部管理的实施要求是建立评价人员和技术专家管理制度、业绩考核管理制度、业务培训制度、信息通报制度、跟踪服务制度、保密制度和资质以及印章管理制度。

（7）档案管理。档案管理的文件和资料主要包括法律法规及技术标准、过程控制手册、程序文件、作业文件、管理制度、基础数据库、评价项目档案、过程控制记录和外部文件等。

（8）检查改进。检查改进是安全评价机构过程控制实现自我约束、自我发展、自我完善的重要环节，包括内部审查以及采取纠正和预防措施。

检查改进的实施要求是建立并不断改进内部审查程序和投诉申诉处理程序。

17.2.3.2　安全评价过程控制文件编写的层次

安全评价过程控制文件编写包括过程控制管理手册、程序文件和作业文件三大层次，经安全评价机构主要负责人批准实施，并定期检查改进。

1. 安全评价过程控制管理手册的编写

安全评价过程控制管理手册一般应包括如下内容：①安全评价过程控制方针指标；②组织结构及安全评价管理工作的职责和权限；③安全评价机构运行中涉及重要环节的控制要求和实施要求；④安全评价过程控制管理手册的审批、管理和修改的规定。

安全评价过程控制管理手册应当按照评价机构安全评价工作分析的结果，对体系的构成、涉及的内容及其相互之间的联系作出系统、明确的规定。手册编写流程如图 17 - 3 所示。

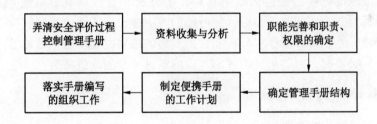

图 17 - 3　过程控制管理手册编写流程图

2. 安全评价过程控制程序文件的编写

程序是为实施某项活动而规定的方法，安全评价过程控制体系程序文件是指为进行某项活动所规定的途径。由于程序文件是管理手册的支持性文件，是手册中原则性要求的进一步展开和落实，因此编制程序文件必须以安全评价管理手册为依据，符合安全评价管理手册的有关规定和要求，并从评价机构的实际出发，进行系统编制。程序文件的编写要求如下：

（1）程序文件至少应包括体系重要控制环节的程序。

（2）每一个程序文件在逻辑上都应该是独立的，程序文件的数量、内容和格式由评价机构自行确定。程序文件一般不涉及纯技术的细节，细节通常在工作指令或作业指导书中具体规定。

（3）程序文件应结合评价机构的业务范围和实际情况具体阐述。

（4）程序文件应有可操作性和可检查性。

安全评价机构程序文件的多少，每个程序的详略、篇幅和内容，在满足安全评价过程控制的前提下，应做到越少越好。每个程序之间应有必要的链接，但要避免相同的内容在不同的程序之间重复。

3. 安全评价过程控制作业文件的编写

作业文件是程序文件的支持性文件。为了使各项活动具有可操作性，一个程序文件可能涉及几个作业文件。作业文件应与程序文件相对应，是对程序文件的补充和细化。

17.2.4 安全评价过程控制体系的建立、运行及改进

17.2.4.1 安全评价过程控制体系的建立与运行

安全评价机构按照自身的过程控制方针与目标，根据前述过程控制体系的建立依据，编写安全评价过程控制体系文件，建立适应自身特点的安全评价过程控制体系。之后，安全评价机构应使过程控制体系真正运行起来，使质量管理职能得到充分的实施。

17.2.4.2 安全评价过程控制体系的持续改进

制定安全评价过程控制文件，不仅要使安全评价过程控制体系正确、有效地运行，还要达到持续改进的目的。因为在安全评价过程控制体系运行的过程中，难免会发生偏离过程控制方针和目标的情况，这些情况应该及时加以纠正，以便预防同类问题的再次发生，建立的这些纠正和预防措施也是对过程控制运行过程的有效监督。因此评价机构在完成每一个PDCA循环的基础上，都应根据内部条件和外部环境的变化，制定新的安全评价过程控制方针和目标，通过不断检查和改进，来实现新的方针和目标，实现安全评价全过程的持续改进。

持续改进是安全评价过程控制体系的核心思想，体现了安全评价管理体系的持续发展的理念。持续改进的内容主要包括以下几点：①分析和评价现状，以便识别改进区域；②确定改进目标；③为实现改进目标寻找可能的解决办法；④评价这些解决办法；⑤实施选定的解决办法；⑥测量、验证、分析和评价实施的结果以证明这些目标已经实现；⑦正式采纳更改；⑧必要时，对结果进行评审，以确定进一步的改进机会。

17.3 安全评价结论的编制

17.3.1 安全评价结论编制原则

安全评价结论应体现系统安全的概念，要阐述整个被评价系统的安全能否得到保障，系统客观存在的固有危险、有害因素在采取安全对策措施后能否得到控制及其受控的程度如何。

由于系统进行安全评价时，通过分析和评估将单元各评价要素的评价结果汇总成各单元安全评价的小结，因此，整个项目的评价结论应是各评价单元评价小结的高度概括，而不是将各评价单元的评价小结简单地罗列起来作为评价的结论。

评价结论的编制时，应遵循客观公正、观点明确、清晰准确的原则，而且结论要有概括性、条理性，语言要求精练。

1. 客观公正性

评价报告应客观地、公正地针对评价项目的实际情况，实事求是地给出评价结论。应注意既不夸大危险也不缩小危险。

（1）对危险、危害性分类、分级的确定，如火灾危险性分类、防雷分类、重大危

源辨识、火灾危险区域的划分、毒性分级等，应恰如其分，实事求是。

（2）对定量评价的计算结果应认真分析其是否与实际情况相符，如果发现计算结果与实际情况出入较大，就应该认真分析所建立的数学模型或采用的定量计算方法是否科学、基础数据是否合理、计算是否有误。

2. 观点明确

在评价结论中观点要明确，不能含糊其词、模棱两可、自相矛盾。

3. 清晰准确

评价结论应是评价报告进行充分论证的高度概括，层次要清楚，语言要精练，结论要准确，要符合客观实际，要有充足的理由。

17.3.2　评价结果与评价结论

评价结果是指评价单元（或子系统）的各评价要素通过检查、检测、检验、分析、判断、计算、评价，汇总后得到的结果；评价结论是对整个被评价系统进行安全、卫生综合评判的结果，是各个评价结果的综合。

显然，简单地以各单元评价小结来代替评价结论是不合适的，可能犯以下 3 种错误：

（1）未得出整个系统的综合评价结论。

（2）没有考虑各评价单元之间的关联、影响和相互作用。

（3）忽略了各评价单元对整个系统不同的安全贡献。

评价结果与评价结论的关系是输入与输出的关系，输入的各单元评价结果按照一定的原则整合后，就可以在输出端得到评价结论。通过将各单元评价小结按照一定的原则整合，可以从结果之间的相互关系及结果对结论的贡献两方面进行考虑，得出系统评价的结论。例如，要得出危险程度的结论，可以将结果的重要度和频率分别作为横坐标和纵坐标的输入。两个输入结果的交点至原点的距离，就表示危险程度的结论。输入结果不同，距离也随之变动。根据距离的长短可以比较危险程度的大小，如图 17 - 4 所示；根据重要度和频率变化的组合，还可按一定规律划出不同的半径区域，如特危区 A 级、高危区区 B 级、中危区 C 级、低危区 D 级等。这样，就可以将危险程度进行分级，体现出"从量变到质变"的原理，如图 17 - 5 所示。

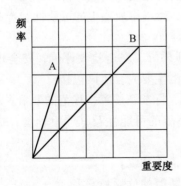

图 17 - 4　根据距离的长短比较危险程度

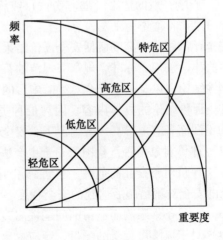

图 17 - 5　危险程度区域和分级

危险程度的评价结论可以分为定性和定量两种：

（1）定性结论：以半径划分出的区域，定性确定危险的级别。例如，若重要度和频率的点在高危区就属于高危级。

（2）定量结论：以距或弧的长短，定量评价危险的具体大小。

17.3.3 评价结论的主要内容

17.3.3.1 评价结论应考虑的主要问题

作出评价结论之前，应对如下主要问题进行认真考虑。

（1）在总体上对被评价项目中提出的安全技术措施、安全设施进行考查，看其是否能满足系统安全的要求；对于安全验收评价项目，还需考虑安全设施和技术措施的运行效果及其可靠性。

（2）对生产过程和主要设备的本质安全性进行分析，应考虑：

① 工艺、设备的本质安全程度。

② 系统、装置、设备能否保证安全。主要分析：总图布置是否合理；生产工艺条件在正常和发生变化时的适应能力；一旦超越正常的工艺条件或发生误操作时，系统能否保证安全；控制系统的有效性及可靠性。

（3）给出的作业环境是否符合安全卫生要求。

（4）自然条件对评价对象的影响；周围环境对评价对象的影响；评价对周围环境有否严重影响。

（5）管理体系、管理制度方面的情况。

17.3.3.2 评价结果归类及重要性判断

由于系统内各单元评价结果之间存在关联，且各评价结果在重要性上不平衡，对安全评价结论的贡献有大有小，因此，在编写评价结论之前，最好对评价结果进行整理、分类，并按重要度和频率分别将结果排序列出。

例如，可将下列评价结果排序列出：

（1）影响特别重大的危险（群死群伤）或故障（或事故）频发的结果。

（2）影响重大的危险（个别伤亡）或故障（或事故）发生的结果。

（3）影响一般的危险（偶有伤亡）或故障（或事故）、偶然发生的结果；等等。

17.3.3.3 评价结论的主要内容

安全评价结论应高度概括安全评价结果，从风险管理角度给出被评价对象是否符合国家有关法律、法规、标准、规章、规范的符合性结论，给出事故发生的可能性和严重程度的预测性结论，以及采取安全对策措施后的安全状态等。

安全评价结论的具体内容，因评价种类（安全预评价、安全验收评价、安全现状评价）的不同而各有差异。一般情况下，安全评价结论的主要内容应该包括：

（1）评价对象是否符合国家安全生产法律、法规、标准、规章、规范的要求。

（2）评价对象存在的危险、有害因素引发各类事故的可能性及其严重程度；在采取所要求的安全对策措施后达到的安全程度。

（3）对受条件限制而遗留的问题提出改进方向和措施建议。

（4）对于风险可接受的项目，还应提出需要重点防范的危险和危害。

（5）对于风险不可接受的项目，要指出存在的问题，列出不可接受的充足理由。

另外，在安全评价结论中，还可提出建设性的建议和希望。

具体地说，根据《安全预评价导则》（AQ 8002—2007）安全预评价结论应包括：概括评价结果，给出评价对象在评价时的条件下与国家有关法律法规、标准、行政规章、规范的符合性结论，给出危险、有害因素引发各类事故的可能性及其严重程度的预测性结论，明确评价对象建成或实施后能否安全运行的结论。

根据《安全验收评价导则》（AQ 8003—2007）安全验收评价结论应包括：符合性评价的综合结果；评价对象运行后存在的危险、有害因素及其危险危害程度；明确给出评价对象是否具备安全验收的条件。对达不到安全验收要求的评价对象，明确提出整改措施建议。

17.4　安全评价报告

安全评价报告是安全评价工作的成果体现，是提交给被评价单位应用、提交给相关政府部门作为安全监管依据的重要技术文件，应做到内容完整、结论准确和格式规范。

安全评价报告是最为重要的安全评价技术文件，报告的载体一般采用文本形式。为适应信息处理、交流和资料存档的需要，报告也可采用多媒体电子载体。电子版本中能容纳大量评价现场的照片、录音、录像及文件扫描，可增强安全评价工作的可追溯性。

17.4.1　安全评价报告的特点及要求

安全评价报告是安全评价过程的具体体现和概括性总结，也是评价对象实现安全运行的技术性指导文件，对完善自身安全管理、应用安全技术等方面具有重要作用。对于国家要求进行的安全预评价、安全验收评价、安全现状评价，安全评价报告作为第三方出具的技术性咨询文件，可作为政府应急管理部门、行业主管部门等相关单位对评价单位开展安全管理的重要依据。

安全评价报告应全面、概括地反映安全评价过程的全部工作，文字叙述应简洁、准确，技术资料应清楚、可靠，安全评价结论应明确、清晰。

17.4.2　安全评价报告的内容

17.4.2.1　安全预评价报告的基本内容

根据《安全预评价导则》（AQ 8002—2007），安全预评价报告的基本内容为：

（1）结合评价对象的特点，阐述编制安全预评价报告的目的。

（2）列出有关的法律法规、标准、规章、规范和评价对象被批准设立的相关文件及其他有关参考资料等安全预评价的依据。

（3）介绍评价对象的选址、总图及平面布置、水文情况、地质条件、工业园区规划、生产规模、工艺流程、功能分布、主要设施、设备、装置、主要原材料、产品（中间产品）、经济技术指标、公用工程及辅助设施、人流、物流等概况。

（4）列出辨识与分析危险、有害因素的依据，阐述辨识与分析危险、有害因素的过程。

（5）阐述划分评价单元的原则、分析过程等。

（6）列出选定的评价方法，并做简单介绍，阐述选定此方法的原因。详细列出定性、定量评价过程。明确重大危险源的分布、监控情况以及预防事故扩大的应急预案内容。给出相关的评价结果，并对得出的评价结果进行分析。

（7）列出安全对策措施建议的依据、原则、内容。

（8）作出评价结论。安全预评价结论应简要列出主要危险、有害因素评价结果，指出评价对象应重点防范的重大危险、有害因素，明确应重视的安全对策措施建议，明确评价对象潜在的危险、有害因素在采取安全对策措施后，能否得到控制以及受控的程度如何。给出评价对象从安全生产角度是否符合国家有关法律法规、标准、规章、规范的要求。

17.4.2.2　安全验收评价报告的基本内容

根据《安全验收评价导则》（AQ 8003—2007），安全验收评价报告的基本内容为：

（1）结合评价对象的特点，阐述编制安全验收评价报告的目的。

（2）列出有关的法律法规、标准、行政规章、规范；评价对象初步设计、变更设计或工业园区规划设计文件；安全预评价报告；相关的批复文件等评价依据。

（3）介绍评价对象的选址、总图及平面布置、生产规模、工艺流程、功能分布、主要设施、设备、装置、主要原材料、产品（中间产品）、经济技术指标、公用工程及辅助设施、人流、物流、工业园区规划等概况。

（4）危险、有害因素的辨识与分析。列出辨识与分析危险、有害因素的依据，阐述辨识与分析危险、有害因素的过程。明确在安全运行中实际存在和潜在的危险、有害因素。

（5）阐述划分评价单元的原则、分析过程等。

（6）选择适当的评价方法并做简单介绍。描述符合性评价过程、事故发生可能性及其严重程度分析计算；得出评价结果，并进行分析。

（7）列出安全对策措施建议的依据、原则、内容。

（8）列出评价对象存在的危险、有害因素种类及其危险危害程度；说明评价对象是否具备安全验收的条件；对达不到安全验收要求的评价对象明确提出整改措施建议。明确评价结论。

17.4.2.3　安全现状评价报告的基本内容

参照《安全评价通则》（AQ 8001—2007）等标准和规章，安全现状评价报告宜包括如下基本内容。具体评价工作中，可根据实际需要进行部分调整或补充。

（1）前言。

（2）目录。

（3）评价项目概述。包括：评价项目概况、评价范围、评价依据。

（4）评价程序和评价方法。包括：评价程序、评价方法。

（5）危险、有害因素分析。针对项目涉及的如下材料、设备设施、工艺等开展危险、有害因素分析：工艺过程、物料、设备、管道、电气、仪表自动控制系统，水、电、汽、风、消防等公用工程系统，危险物品的储存方式、储存设施、辅助设施、周边防护距离，其他。

（6）定性、定量化评价及计算。通过分析，对上述生产装置和辅助设施所涉及的内容进行危险、有害因素识别后，运用定性、定量的安全评价方法进行定性化和定量化评价，确定危险程度和危险级别以及发生事故的可能性和严重后果，为提出安全对策措施提供依据。

（7）事故原因分析与重大事故的模拟。包括：重大事故原因分析；重大事故概率分析；重大事故预测、模拟。

（8）安全对策措施与建议。

（9）安全评价结论。

17.4.3　安全评价报告的格式

17.4.3.1　安全评价报告的基本格式要求

（1）封面。封面的内容应包括：委托单位名称；评价项目名称；标题（统一写为"安全××评价报告"，其中××应根据评价项目的类别填写为：预、验收或现状）；安全评价机构名称；安全评价机构资质证书编号；评价报告完成时间。

（2）安全评价机构资质证书影印件。

（3）著录项。"安全评价机构法定代表人、评价项目组成员"等著录项一般分2页布置。第1页署明安全评价机构的法定代表人、技术负责人、评价项目负责人等主要责任者姓名，下方为报告编制完成的日期及评价机构公章用章区；第2页则为评价人员、各类技术专家以及其他有关责任者名单，评价人员和技术专家均应亲笔签名。

（4）前言。

（5）目录。

（6）正文。

（7）附件。

（8）附录。

17.4.3.2　安全评价报告的格式规定

《安全评价通则》（AQ 8001—2007）中，对安全评价报告规定了明确的格式要求，包括规格、封面格式、著录项格式等，应严格遵照执行。

17.5　安全评价项目管理

17.5.1　项目实施计划管理

17.5.1.1　评价项目承接风险的分析

安全评价是一项责任重大、风险性高的工作。评价机构在制订项目实施计划前，必须先对承接评价项目的风险进行分析。根据委托方的要求、自身的业务能力和资质范围，分析、预测承担评价项目的风险程度，策划评价过程，确定实施评价项目的可行性，明确评价机构自身的法律责任，以确保评价工作符合国家法律、法规的要求。

进行项目风险分析时，根据项目所属行业特有风险，结合现有的技术资源情况，判断是否有能力完成评价项目。风险分析结论要明确风险程度，并提出项目是否可行的建议，为评价机构管理层的决策提供依据。

17.5.1.2　评价项目人员配置管理计划制定

根据评价项目目标和任务的要求，需要正确选择、合理使用人员，在适当的时候、以合适的人员完成项目规定的各项工作。人员配置管理计划是为确保整个项目目标和各项任务完成，并使项目人员能够有效完成安全评价工作的计划。

17.5.1.3　现场勘察方案的编制

不同的安全评价项目所需的现场勘察内容是不同的。在进行现场勘察之前，应考虑项目要求和自身现有条件，编制一个合理可行的现场勘察方案。

现场勘察方案中，应包括现场勘察的人员安排及具体分工，应包括现场勘察器材、设备的配置方案；为提高现场勘察工作的效率，宜编制现场勘察调查表。

17.5.1.4 评价项目实施方案的编制

项目实施方案的内容通常包括：工作内容、工作进度、职责与权限、项目成果等。其中，工作进度安排及工作计划编制尤为重要，应通过认真、仔细地分析、计算和规划，明确安全评价各阶段工作及其过程控制内容，编制项目工作计划进度表（甘特图）。

17.5.2 项目成果管理

17.5.2.1 项目成果信息

1. 项目信息

项目信息是指报告、数据、计划、安排、会议等与项目实施有直接或间接关系的各种信息。能否准确地收集项目信息，并将项目信息及时传递给项目决策者，是关系到项目成功与否的关键，需要对项目信息进行科学、系统的管理。

2. 项目信息交流与反馈

项目信息交流是指项目执行时为实现组织目标而进行的信息传递和交流活动，既包括人际信息交流，也包括组织信息交流。组织信息交流是指组织之间的信息传递。

项目信息交流过程中，应特别注意信息的反馈，即信息接收者对发送者提供的信息有疑问、不清楚的地方作出的反应，项目组应该对反馈信息作出及时的处理和澄清。信息反馈可以是语言的，也可以是非语言的。

17.5.2.2 项目完成情况的跟踪与反馈

在项目执行过程中，必须对项目的执行情况进行跟踪评价，以确保项目执行符合计划的要求，跟踪的方法可分为正规跟踪和非正规跟踪。

正规跟踪就是定期召开本项目进展情况汇报会，提交项目进度报告，使项目管理者了解项目的执行情况。根据进度报告，与与会者讨论项目遇到的问题，分析并找出问题的原因，研究、确定应对方案和预防措施，为项目控制提供依据。非正规跟踪是项目负责人通过观察、与评价人员交谈、收集数据等方式了解情况，发现问题。在项目管理过程中，非正规跟踪常常比正规跟踪更加有效。

17.5.2.3 用户对评价报告意见的处理

评价报告是评价机构提交给用户的最终产品。在评价报告初稿完成后，评价机构要与用户就评价报告的内容进行充分的沟通交流。用户在审阅完评价报告后，通常会反馈一些对评价报告的意见。这些意见有些是合理的，有些则是为了各种目的而提出的不合理要求。因此，在采纳用户意见前，应经过认真分析、讨论，去伪存真，不能盲目遵从，但应该认真做好沟通、解释工作。

特别是，对于用户提出的危险、有害因素辨识的异议，首先应进行核实，确认辨识方法的适宜性和辨识过程的充分性，避免遗漏重大危险、有害因素。要认真分析用户的意见，若合理，应予接纳、改进评价工作；若不合理，则不可简单听从。对于风险等级、评价结论、安全对策措施等方面的异议，也按照这一原则处理。

17.5.2.4 项目成果管理注意事项

1. 注意项目信息管理的时效性

在信息管理流程中，应该特别注意信息的时效性，采用项目运行阶段的有效信息，避免使用过期或其他不符合时效的信息。

2. 注意对项目过程中的信息管理

项目实施过程中，项目各阶段资料的管理也是十分重要的，主要包括：

（1）项目过程资料，包括现场勘察记录表、被评价单位所提供资料清单等。

（2）项目管理文件，包括项目策划书、项目报告审核表、用户反馈意见等。

（3）评价报告书。

本 章 小 结

本章介绍了安全评价的完整工作程序，对安全评价过程控制进行了详细说明；详细介绍了安全评价结论及其编制原则，以及安全预评价、安全现状评价和安全验收评价报告的内容与格式。之后，简要介绍了安全评价项目管理相关内容。

通过本章学习，应熟悉安全评价的工作程序与工作方法，能够合理确定安全评价结论，编制内容完整、格式正确的安全评价报告，并了解过程控制文件等相关文件的编制过程。

思 考 与 练 习

1. 试述安全评价的完整工作程序及其主要内容。

2. 论述建设项目安全验收评价与"三同时"的关系。

3. 什么是安全评价过程控制？安全评价过程控制体系的内容包括哪些方面？

4. 安全评价过程控制体系文件的内容是什么？其构成层次是怎样的？

5. 安全评价过程控制体系建立的原则和步骤分别是什么？

6. 如何保证安全评价过程控制体系的运行和持续改进？

7. 安全评价技术文件包含的资料和文件有哪些？

8. 阐述安全评价结果和安全评价结论的区别与联系。

9. 简述安全评价报告的编制原则，说明安全预评价、安全现状评价、安全验收评价报告的主要内容。

10. 简述安全评价报告的格式。

11. 简述安全评价项目管理的内容与思路。

12. 某公司已开展多年安全评价工作，为参与安全评价市场竞争，公司准备申报安全评价甲级机构资质，决定由你来编制安全评价技术支撑文件，请叙述安全评价技术支撑文件的主要内容。

第 3 篇

安全预测、危险控制与安全系统工程应用

18　安全预测与决策方法

📝 **本章学习目标:**

(1) 掌握安全预测的概念、类别及事故预测步骤。

(2) 掌握马尔科夫过程分析的方法与程序。

(3) 了解安全决策的概念、过程及要素。

(4) 运用所学方法解决实际问题。

18.1　安全预测方法

安全预测按预测对象范围可分为宏观预测和微观预测;按时间长短分,可分为长期预测。中期预测和短期预测。预测分析方法主要有定性分析、定量分析、定时分析、定比分析和评价分析。现有预测方法包括经验推断预测法、时间序列预测法和计量模型预测法。

18.1.1　安全预测的概念和类别

预测,作为人类的一种思维活动早已存在于人类的社会实践中,并一直为人们所重视。两千多年前的"孙子兵法"就谈到预测,如"生死之地,存亡之道,不可不察也。"这里的察,就是预测的意思;"凡事预则立,不预则废",则是我国古代学者对预测的深刻认识,精辟地概括了预测的重要意义。

预测是研究未来的一门学科。随着科学技术的进步和生产水平的日益提高,人类的预测活动越来越频繁,涉及的领域越来越广阔,预测方法和手段越来越科学和先进,广泛应用于经济、技术和社会发展的各个领域。当然,在现代工业生产中,为了实现安全生产,不可不重视预测工作。否则,就难以做到防患于未然。可以说,预测技术和控制手段的有效结合,是现代安全技术的基本发展方向。

安全预测,或称事故预测、危险性预测,是对系统未来的安全状况进行预测,预测系统中存在哪些危险及其危险程度,以便对事故进行预报和预防。通过预测,可以掌握一个企业或部门伤亡事故的变化趋势,帮助人们认识事故的客观规律,制订政策、发展规划和技术方案。

目前,预测方法很多,如回归分析法、指数加权平滑预测法、灰色预测法、马尔科夫链预测法、组合预测法等。这些方法各有其使用特点和条件,对于同样的预测对象,体现着各自的优缺点。广义上可以把预测方法分为定性预测和定量预测,定性预测包括专家调查法、主观概率法、交叉影响法等。其中较为普遍采用的是 Land 公司于 1964 年创造的特尔菲预测法,这是一种专家集体预测法,其在长期预测中有较高的威望。这种方法最后采用经典的统计方法处理专家们的意见,专家意见的概率分布符合或接近正态分布。由于定性预测是预测者利用以往的经验,凭借直觉作出的预感和猜测,其结果的准确与否取决于预测者的知识和经验,因而带有较大的主观性。但是对于社会和经济等领域内的一些大型复杂系统，以及一些关于未来发展趋势的长期预测，在人们尚未完全认识系统的运动规律之前，定性预测方法仍占有较大比重。

定量预测则是将预测信息按一定的数学模型，进行形式化的计算，从而求出预测结果。常见的经典数学模型有趋势外推时间序列模型、相关和回归分析模型、灰色数列预测模型等。由于定量预测通过建立数学或统计模型，利用模型对于历史数据的拟合优良性来反映系统运行的规律性，并以此为基础预测今后的发展趋势，因而在整个预测跨度区间内，系统的运行相对于既定的模型不发生大的结构性变动是预测成功的先决条件。当预测时限较短，各种经济的、社会的、政治的、技术的等因素变化不大时，这时定量预测的准确性较高。随着预测时限的拉长，各种不确定因素大大增加，预测结果的准确性也就大大降低。

就其预测对象来讲，安全预测可分为宏观预测和微观预测。前者是预测一个企业或部门未来一个时期的伤亡事故变化趋势，如预测明年某煤矿百万吨死亡率的变化；后者是具体研究一个企业的某种危险能否导致事故、事故发生概率及其危险程度。

对于微观预测，可以综合应用各种系统安全分析方法，本书第1篇的各个章节对其中比较重要的方法进行了较为系统的介绍。

对于宏观预测，主要应用现代数学的一些方法，如经验判别法、回归预测法、指数平滑预测法、马尔科夫预测法、灰色系统预测法等。

经验判别法是最简单的事故预测预报方法。长期以来，它几乎是人们赖以避免事故的唯一方法；回归分析法在预测中已得到了广泛的应用。它具有预测结果比较接近实际、易于表示数据的离散性并给出预测区间等优点；而马尔科夫链，在事物未来的发展及演变仅受当时状况的影响，即具有马尔科夫性质，且一种状态转变为另一种状态的规律又是可知的情况下，就可以利用马尔科夫链的概念进行计算和分析，预测未来特定时刻的状态。

随着技术手段不断变得先进，事故类型也不断丰富，因此，产生了许多新的预测方法。在天然气进口方面，选取恰当全面的指标建立安全指标体系，并用熵值法确定指标权重后采用加速平移转换与加权均值生成，以及曲线估计法对中国天然气进口进行安全预测。在船舶信息安全方面，利用模型链整合区块链技术与信息安全预测算法，实现船舶信息的安全传输，模型链选取 Boosting 算法作为信息安全预测算法，预测传播信息传输节点的决策权重。

综上，新的预测方法，可对指标进行加速平移转换和加权均值生成，以及曲线估计的方法进行预测；也可选取合适的算法进行预测。

18.1.2 事故预测的原则和步骤

任何事故都是随机事件，但也是有规律可循的。对于工伤事故预测的研究，是将其作为一种不断变化的动态过程来研究的，认为事故的发生是与它的过去和现状紧密相关的，这就有可能经过对事故的现状和历史的综合分析，推测它的未来。预测的结论不是来自主观臆断，而是建立在对事故的科学分析上。因此，只有掌握了事故随机性所遵循的规律，才能对事故进行预测预报。

认识事故的发展变化规律，利用其必然性，是进行科学预测所应遵循的总的原则。具体进行事故预测时，要借助以下几项原则：①惯性原则；②类推原则；③概率推断原则；

④相关原则。

事故预测的步骤如图 18 – 1 所示。

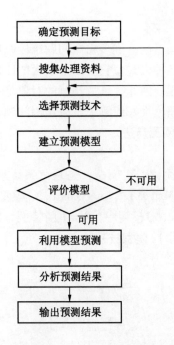

图 18 – 1 事故预测的步骤

18.2 灰色系统预测法

18.2.1 灰色系统及其在事故预测中的应用

18.2.1.1 灰色系统理论

灰色系统理论是我国学者邓聚龙教授于 1982 年创立的。对于掌握信息的完备程度，人们常用颜色作出简单、形象的描述。例如，把内部信息已知的系统称为白色系统；把信息未知的或非确知的系统，称为黑色系统；而把信息不完全确知的系统，也就是系统中既含有已知的信息又含有未知的或非确知的信息，称为灰色系统（GREY – SYSTEM）。

灰色系统理论认为，世界是物质的世界，同时也是信息的世界。在作为信息的世界里，已被认识的白色系统和未被认识的黑色系统只是相对的、暂时的，而介于二者之间的灰色系统是永恒的、绝对的。灰色系统理论的任务就是挖掘、发现有用的信息，充分利用和发挥现有信息的作用，以分析和完善系统的结构，预测系统的未来，改进系统的功能。

灰色系统将一切随机变量看作是在一定范围内的灰色量，将随机过程看作是在一定范围内变化的与时间有关的灰色过程。对灰色量不是从统计规律的角度通过大样本量进行研究，而是用数据处理的方法（数据生成），将杂乱无章的原始数据整理成规律较强的生成数列，再做研究。

18.2.1.2 灰色系统的用途

灰色系统的内容与用途主要是：

（1）灰色关联分析。

（2）灰色预测。

（3）灰色决策。

（4）灰色控制。

事故的发生存在着很大的偶然性，许多安全问题难以归纳成简明严谨的数学模型。但是，历史事故序列中肯定存在某种模式，它表面上给人的印象往往是杂乱无章、无规律可循，但具有外推性，能够被预测。因此，事故预测的对象是一些影响因素众多的、不确定的灰色系统，可应用灰色预测理论很好地解决事故预测问题。

18.2.2　GM(1,1)模型及灰色预测方法

18.2.2.1　灰色模型

灰色模型（GREY MODEL）简称 GM 模型，是灰色系统理论的主要组成部分。常用的灰色模型有 GM(1,N)模型和 GM(1,1)模型。GM(1,N)模型是 1 阶 N 个变量的微分方程模型；GM(1,1)模型则是 GM(1,N)模型中，$N=1$ 的特例，即 1 阶 1 个变量的微分方程模型。灰色预测主要是通过 GM(1,1)模型进行的。

GM(1,1)模型的微分形式为

$$\frac{\mathrm{d}x^{(1)}}{\mathrm{d}t} + ax^{(1)} = u \tag{18-1}$$

式中　　a——发展系数；

　　　　u——灰作用量；

　　　　$x^{(1)}$——原始数据序列 $x^{(0)}$ 的累加生成变量。

模型的离散形式：

$$x^{(1)}(k+1) = \left(x^{(0)}(1) - \frac{u}{a}\right)\mathrm{e}^{-ak} + \frac{u}{a} \tag{18-2}$$

式中　　　　　k——时间序号；

　　　$x^{(1)}(K+1)$——$(K+1)$时刻累加生成值；

　　　　$x^{(0)}(1)$——$x^{(0)}$中第一个数据。

灰色建模和求解过程可以用图 18-2 来表示。

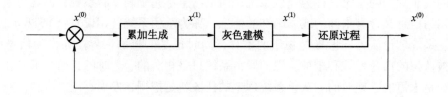

图 18-2　灰色建模和求解过程示意图

18.2.2.2　灰色预测方法步骤

下面结合实例介绍用 GM(1,1)模型进行事故预测的方法步骤。

【例 18-1】某矿某年 3—7 月的轻伤事故情况见表 18-1，试预测 8 月的轻伤事故人次。

表18-1 轻 伤 事 故 人 次

月 份	3	4	5	6	7
轻伤人次	29	33	34	35	37

1. 数据的累加生成

建立灰色预测模型时，要对原始数据作累加处理，即对非负数列 $x^{(0)}(i) = \{x^{(0)}(1)$，$x^{(0)}(2), x^{(0)}(3), x^{(0)}(4), x^{(0)}(5)\}$，做一次累加处理（1-AGO），求得新数列 $x^{(1)}(i)$：

$$x^{(1)}(i) = \sum_{k=1}^{i} x^{(0)}(k), \quad i = 1,2,\cdots,n \tag{18-3}$$

本例中，原始数据序列为：

$$x^{(0)}(i) = \{29,33,34,35,37\}$$

用式（18-3）对原始数据序列作一次累加处理，生成新数列 $x_{(1)}(i)$ 为：

$$x_{(1)}(i) = \{29,62,96,131,168\}$$

2. 构造数据矩阵 B 及数据向量 Y

式（18-2）所示的 GM(1,1) 模型中，需确定参数 a、u 的具体数值。为此，令 $\bar{a} = [a,u]^T$，给出下列矩阵形式的方程：

$$Y = B\bar{a} \tag{18-4}$$

其中，

$$Y = [X(0)(2), X(0)(2), \cdots, X(0)(n)]^T$$

$$B = \begin{bmatrix} -\dfrac{1}{2}(x^{(1)}(1) + x^{(1)}(2)) & 1 \\ -\dfrac{1}{2}(x^{(1)}(2) + x^{(1)}(3)) & 1 \\ \cdots\cdots \\ -\dfrac{1}{2}(x^{(1)}(n-1) + x^{(1)}(n)) & X1 \end{bmatrix} \tag{18-5}$$

本例中，

$$Y = [X(0)(2), X(0)(2), \cdots, X(0)(n)]^T$$
$$= \{33,34,35,37\}^T$$

3. 求 GM(1,1) 的系数向量 $\bar{a}$

根据最小二乘法，求 $\bar{a}$

$$B = \begin{bmatrix} -45.5 & 1 \\ -79 & 1 \\ -113.5 & 1 \\ -149.5 & 1 \end{bmatrix}$$

$$\bar{a} = [a,u]^T = [B^T B]^{-1} B^T Y \tag{18-6}$$

本例中，

$$\bar{a} = [B^T B]^{-1} B^T Y$$
$$= \begin{pmatrix} -0.0386148777 \\ 31.00910735 \end{pmatrix}$$

所以：

$$a = -0.0386148777 ; \quad u = 31.00910735$$

4. 建立预测模型

根据式（18-2），建立预测模型。

本例中，$x(0)(1) = 29$，

$$\frac{u}{a} = -803.035$$

$$x^{(1)}(k+1) = \left(x^{(0)}(1) - \frac{u}{a} \right) e^{-ak} + \frac{u}{a}$$

$$= 832.035 e^{0.0386k} - 803.035$$

即本例中的事故预测公式为

$$\hat{x}^{(1)}(k+1) = 832.035 e^{0.0386k} - 803.035 \tag{18-7}$$

根据此公式可计算出今后各个时期的 $\hat{x}^{(1)}(k)$，即生成数列的预测值。

5. 求还原数列

为了得到原始数列的预测值，还需要将生成数列的预测值作累减还原为原始值，即

$$\hat{x}^{(0)}(k) = \hat{x}^{(1)}(k) - \hat{x}^{(1)}(k-1) \tag{18-8}$$

式中　$\hat{x}^{(0)}(k)$——原始数列的预测值；

　　　$\hat{x}^{(1)}(k)$——生成数列的预测值。

本例中，由式（18-7）求得生成数列的预测值，由式（18-8）求得原始数列的还原值，分别列在表18-2、表18-3中。

6. 误差及精度检验

由预测模型得到的预测值 $\hat{x}^{(1)}(k)$，必须经过统计检验，才能确定其精度等级。

（1）相对误差：

$$q_i = \frac{\varepsilon^{(0)}(i)}{x^{(0)}(i)} \times 100\% \tag{18-9}$$

其中，$\varepsilon^{(0)}(i)$ 为原始数列值与预测值的差值，即残差。

$$\varepsilon^{(0)}(i) = x^{(0)}(i) - \hat{x}^{(0)}(i) \tag{18-10}$$

（2）后验差比值 C：

后验差比值 C 是残差均方差 s_e 与数据均方差 s_x 之比，即

$$C = \frac{s_e}{s_x} \tag{18-11}$$

显然，残差的方差 s_e^2 越小，预测精度越高，但其数值大小与原始数据的大小有关。因此，取它们的比值作为统一的衡量标准。残差方差与数据方差的计算分别为

$$s_e^2 = \frac{1}{N} \sum_{k=1}^{N} \left[\varepsilon^{(0)}(k) - \bar{\varepsilon} \right]^2 \tag{18-12}$$

$$s_x^2 = \frac{1}{N} \sum_{k=1}^{N} \left[x^{(0)}(k) - \bar{x}^{(0)} \right]^2 \tag{18-13}$$

式中　　$\bar{\varepsilon}$——残差均值；

　　　　$\bar{x}^{(0)}$——原始数据的平均值。

（3）小误差概率 P：

$$p = P\{\,|\,\varepsilon^{(0)}(k) - \bar{\varepsilon}\,| < 0.6745 s_x\}\qquad(18-14)$$

后验差比值 C 和小误差概率 P 算出后，可按表 18-2 进行精度等级划分。

表 18-2 预测精度等级划分表

预 测 精 度	P	C
好	$P > 0.95$	$C < 0.35$
合格	$P > 0.80$	$C < 0.50$
勉强	$P > 0.70$	$C < 0.65$
不合格	$P \leqslant 0.70$	$C \geqslant 0.65$

本例中，生成数列的预测值与误差检验见表 18-3，原始数列的还原值与误差检验见表 18-4。

表 18-3 生成数列的预测值与误差检验

K	$x^{(1)}(k+1)$	$\hat{x}(1)(k+1)$	$\varepsilon^{(1)}(k+1)$	$\varepsilon^{(1)}\%$
0	29	29	0	0
1	62	61.74	0.26	0.42
2	96	95.78	0.22	0.23
3	131	131.15	-0.15	0.11
4	168	167.91	0.09	0.05

表 18-4 原始数列的还原值与误差检验

K	$x^{(0)}$	$\hat{x}^{(0)}$	ε	$\varepsilon\%$
1	29	29	0	0
2	33	32.74	0.26	0.79
3	34	34.04	-0.04	0.12
4	35	35.37	-0.37	1.05
5	37	36.76	0.24	0.65
平均值	33.6	33.582	0.0225	

求残差方差与数据方差，有：

$$s_e^2 = \frac{1}{N} \sum_{k=1}^{N} \left[\varepsilon^{(0)}(k) - \bar{\varepsilon} \right]^2 = 0.06542$$

$$s_x^2 = \frac{1}{N} \sum_{k=1}^{N} \left[x^{(0)}(k) - \bar{x}^{(0)} \right]^2 = 7.16$$

后验差比值 C

$$C = \frac{s_e}{s_x} = 0.096$$

小误差概率 P 的计算。

先计算 $0.6745 s_x$ 和 $|\varepsilon(0)(k) - \bar{\varepsilon}|$：

$$0.6745 s_x = 0.6745 \times 2.67582 = 1.8048$$

因此，

$$|\varepsilon^{(0)}(1) - \bar{\varepsilon}| = |0.26 - 0.0225| = 0.2375$$

$$|\varepsilon^{(0)}(2) - \bar{\varepsilon}| = |-0.04 - 0.0225| = 0.0625$$

$$|\varepsilon^{(0)}(3) - \bar{\varepsilon}| = |-0.37 - 0.0225| = 0.3925$$

$$p = P\{|\varepsilon^{(0)}(k) - \bar{\varepsilon}| < 0.6745 s_x\} = 1$$

$$|\varepsilon^{(0)}(4) - \bar{\varepsilon}| = |0.24 - 0.0225| = 0.2175$$

根据 $P > 0.95$ 和 $C < 0.35$ 的评价标准（表18-2），本预测结果的评价等级为好。

采用式（18-7），可以对下一月份（8月份）的轻伤事故进行预测。对于下一月份，序号 $k = 5$。

$$x^{(1)}(k+1) = x^{(1)}(6) = 832.035 e^{0.0386k} - 803.035 = 206.13$$

$$\hat{x}^{(0)}(6) = \hat{x}^{(1)}(6) - \hat{x}^{(1)}(5) = 206.13 - 167.91 = 38.22$$

即根据预测，如果不能采取更有效的事故预防措施的话，下一月份的轻伤事故人次将是38。

一般灰色预测模型均需经过检验合格后才能使用。若按 $X^0(k)$ 建立的 GM(1,1) 模型经检验后精度不合格，我们可以考虑用残差建立 GM(1,1) 模型，对原模型进行修正，其具体方法可参考有关书籍。

另外，距离现在时间越近的数据，对预测未来的意义和重要性越大，而越远的数据意义和重要性越小，因此可采用新陈代谢模型进行预测。其方法是：每次求出一个预测值，加入原始数据中，并把最老的一期数据去掉，以构成新的原始数据序列，再建模、预测，直到求出所需要的预测值。

18.2.3 事故预测实例

【例18-2】某工厂2017—2022年的千人伤亡率见表18-5。采用该表数据，按照灰色预测的方法步骤，建立预测各指标的 GM(1,1) 模型，见表18-6；采用表中预测公式进行预测，预测结果见表18-7。

表18-5 某工厂历史事故数据

年　度	2017	2018	2019	2020	2021	2022
千人伤亡率	7.81	54.67	39.05	38.1	46.86	37.5

表18-6 某工厂事故指标预测模型

指标	a	u	预测模型：$x^{(0)}(k+1)=x^{(1)}(k+1)-x^{(1)}(k)$
千人伤亡率	0.065	51.066	$x^{(1)}(k+1)=(7.81-785.63)e^{-0.065k}+785.63$

表18-7 某工厂事故预测值结果

年份	2023	2024
千人伤亡率预测值	7.810	39.050

18.3 专家咨询法

特尔菲专家咨询法起源于20世纪40年代，由Helmer和Gordon首创。专家咨询法就是在预测、评价和决策的过程中收集有关专家的意见，通过规范化程序，从中提取出最一致的信息，利用专家的知识、经验来对系统进行预测、评价和决策，也叫专家评估法。下面介绍两种应用较为广泛的专家咨询法。

18.3.1 逐步形成群的意见方法

所谓群是指一组专家、一个团体中的成员组等。逐步形成群的意见方法，可以用在决策（评价）、预测等方面。该方法简称为NGT法（Nominal Group Technique，又称为名义群体技术），是对一决策问题发动群的成员提意见，然后按一定程序集结成员的意见，以作出群的判断的方法。这种方法适合规模较小的群，以5~9个成员为宜；若群的规模太大，收集意见和讨论问题都不方便。

实施NGT法的步骤有以下6步：

第一步 每个成员在安静的环境下写出自己的意见。

第二步 组织者不分先后地听取并记录这些意见。

第三步 集体逐条讨论这些意见，弄清楚它们的意义。

第四步 对归纳意见所形成的条目的重要性作初步投票。

第五步 讨论初步投票结果。

第六步 最终投票。

群中设有一个组织者，去指导实施以上步骤。

在第一步，组织者分发给每个成员一张写有需要他考虑的问题的卡片。同时，由组织者将这些问题向全体成员宣读，要求每个成员安静地倾听和独立地思考，并写下他对这些问题的关键意见。对于决策问题，这种意见是提可行的方案；对于预测问题，是辨识可能发生的事件，并且把它们以条目的形式表达出来。

第二步的目的是让群中成员表达自己的意见。这一步中，群的组织者应顺序地听取成员的意见，并把意见记录下来，但应避免重复；组织者应使用成员原话记录意见，但应鼓励他们简明扼要地表达意见。在这一步不讨论任何意见。

第三步讨论意见。将每条意见顺序地提交集体讨论。这一步的主要目的是弄清楚成员的想法，增进相互了解。组织者应公正无私、不带偏见，不使某一条意见在讨论时受到过分重视，也不使某一条意见受到轻视，而且不能使讨论变成争论。

第四步的目的是尝试性地集结个人的偏好，使在第三步中提出的各个条目的相对重要性被确定下来。集结的步骤是：

（1）让每个人独立地作出判断。

（2）每个人按自己的偏好把条目顺序地排列出来，定量地表达他的判断。

（3）群的判断被定义为个人判断的平均值。

（4）把由此得到的结果传达给群，然后转入第五步和第六步，讨论和重新投票。

上述集结偏好的步骤，可以提高群判断的准确性。

收集成员对条目排队顺序的方法是：组织者向每个成员散发卡片，要求每人列出 5 ~ 9 个优先条目的一份清单。这就是说，每个人必须从所有条目中选出 5 ~ 9 个他认为最重要的条目。条目的选择限制在 5 ~ 9 个，是因为事实证明，人们对这个数目的条目能较准确地排队。条目选定以后，每个成员应把他选中的条目按重要性排序，最重要的条目排在最前面。卡片由组织者去收集并计票，然后求统计平均值。

第五步是讨论初步投票的结果。有这种可能性，即群中有某些成员比其他成员有更多的信息和更了解被制订决策的问题，对初步投票结果作简短的讨论往往能更准确地表达群的意见和偏好。组织者必须使群的成员懂得，讨论的目的是澄清意见，讨论是简短的。

第六步是重复第四步的集结步骤，这一步结束了 NGT 的过程。整个过程通常约需 60 ~ 90 min。

18.3.2 特尔菲法

18.3.2.1 特尔菲法的概念和特点

特尔菲是古希腊城市名称，相传为预言之神阿波罗的神殿所在。特尔菲法（Delphi Method）是以匿名方法，轮番征询专家意见，最终得出评价、预测或决策结果的一种集体经验判断法。

特尔菲法是决策、预测和技术咨询的一种有效方法。特尔菲法最先由美国兰德公司（RAND Corporation）在 20 世纪中期创立，在软科学领域得到了广泛应用。它与 NGT 法有相似之处，都是通过征求和集结群中成员的意见，对复杂的决策问题作出群的判断。但是，这两种方法也有不同之处。采用特尔菲法时，群中成员的人数一般比 NGT 法要多，以 20 ~ 50 人为宜，并且不要求成员面对面的接触，仅靠成员的书面反应，因此群的成员能处在地理位置分布很广的地区；另外，NGT 法通常可在 1 ~ 2 h 内完成，特尔菲法则需要数周甚至更长的时间。

特尔菲法有 3 个主要的特征，使它成为征求和提炼群的成员意见的一个有效方法。这 3 个特征是：

（1）匿名反应。向群中成员每人分发一份意见咨询表，从表中得到他们匿名的反应。匿名的目的是使他们的意见仅按其本身的价值去评价，不受提意见的人的声誉、地位等的影响。

（2）迭代和受控的反馈。特尔菲法是一种逐步进行的方法，它包括几次迭代，每次迭代称为一轮，每一轮都把收集到的意见经过统计处理反馈给群中的成员。经过这种信息反馈，群中成员的意见将逐步集中；

（3）统计的群反应。把最后一轮得到的成员的意见组合成群的意见。

由以上 3 个特征可知，特尔菲法是对专家群的意见进行统计处理、归纳和综合，然后进行多次信息反馈，使成员意见逐步集中，从而作出群的比较正确的判断方法。

特尔菲法参加人员包括 3 部分：一是决策人，他提出问题，要求进行特尔菲分析，并指望使用分析的结果；二是专业人员，他们负责解决特尔菲法的一些技术问题，包括收集并整理咨询意见等。这两部分人构成特尔菲法的组织人；三是反应者，他们是特尔菲法征求意见的对象，是制订决策的专家群的成员，通常是按照某种规则选定的有关方面的专家。

18.3.2.2 特尔菲法的实施程序

特尔菲法的实施步骤可分为以下 9 步：

第一步　提出问题。

第二步　选择并确定群中成员（反应人）。

第三步　制订第一个咨询表，并散发给群的成员。

第四步　收集第一个咨询表，并进行分析。

第五步　制订第二个咨询表，并散发给群的成员。

第六步　收集第二个咨询表，并对数据进行统计处理。

第七步　制订第三个咨询表，并散发给群的成员。

第八步　收集第三个咨询表，并对新的数据进行统计处理。

第九步　准备最后的报告。

以上各个步骤的具体内容如下：

在特尔菲过程的第一步，提出要作出决策、进行预测或技术咨询的问题。这是很关键的一步，无论决策、预测或是技术咨询问题，都应当提得很清楚、很确切、简明扼要。如果提出了错误的问题，或者把正确的问题用错误的方式表达，都会使特尔菲咨询过程得不到预期的效果。

第二步是选择和确定群的成员。出于特尔菲法是通过征求群中成员的意见去作出群的决定，因此选择成员是此法能否获得正确结果的关键。对成员的要求主要有：①他们的代表性应相当广泛，在成员中一般应包括技术专家、管理专家、情报专家和行政干部等；②他们对于需要制订决策或进行预测的问题比较熟悉，有较丰富的知识和经验，有较高的权威性；③他们对提出的问题深感兴趣，并且有时间参加特尔菲的全过程；④成员人数要适当。人数过多，数据收集和处理工作量大，工作周期长，对结果的准确性提高并不多。因此，一般以 20～50 人为宜。有时为了其他目的，例如使特尔菲的结果得到更广泛的支持，成员的人数可以适当多一些。

在此法开始之前，要把需要制订决策或进行预测的问题向成员说清楚，使他们充分理解所提问题的目的、意义。有时，还要向成员介绍特尔菲法的方法步骤，重点是讲清特尔菲法的过程、特点、各轮反馈的作用，以及平均值、方差、四分位点等统计量的意义。

第三步是把第一个咨询表散发给群中成员。这个咨询表只提出决策或预测的问题，包括要达到的目标。由群的成员提出要达到目标的各种可能的方案，或各种可能发生的事件。例如，美国国防部 20 世纪后期曾组织了一次预测，第一轮只提出预测目标，这个目标是到 2000 年，有哪些关键技术将对未来战争发生重大影响。专家从不同角度提出了集成电路、计算机、激光、空间技术等 100 多项事件。

咨询表没有统一的形式，应根据提出的问题去设计，但要求符合以下原则：

（1）表格的每一栏目要紧扣决策或预测的目标，但又不应限制反应人的思考，使他们能充分利用自己的知识和经验去发表意见。

（2）表格应简明扼要。设计得好的表格，通常使成员思考决断的时间长，应答填表的时间短。填表时间一般以 2～4 h 为宜。

（3）填表方式简单。对某些类型的事件（如决策方案的重要性、迫切性和可行性，预测事件发生的时间、费用分析等）进行评估时，应尽可能用数字或英文字母表示成员的评估意见。

第四步是组织人收回第一个咨询表并进行分析。这需要把成员们提出的各种决策方法或预测事件进行筛选、分类、归纳和整理，归并那些相似的，删除那些对特定的目的不重要的，并厘清这些方案或事件之间的关系，以准确的技术语言、简洁的方式制订一份方案或事件的一览表，使成员容易阅读。这样，就完成了特尔菲法的第一轮。

在整理成员们的反应时，任何情况下，组织者都不要把自己的意见掺杂到群的反应中去，组织者不要干预群的考虑。如果组织者认为群的意见明显地忽略了所提问题中某些有意义的重要领域，群的判断不能采纳，则群被认为是不合格的，组织者可重新挑选成员组成新的群，再次进行咨询。

第五步是组织者把第一轮整理的一览表（第二个咨询表）再分发给群的成员，开始特尔菲法的第二轮咨询。这一轮除了要求反应人对一览表中列的条目（方案或事件）继续发表补充或修改的意见外，更主要的是要求他们对表中的每个方案或事件作出评估。对于决策问题，一般要求选择最优方案，或对所有方案按其优良性排队；对于预测问题，则要求对事件发生的时间作出估计等。成员的评估意见应以最简单的方式表达。例如，方案的择优可以采用对每个方案打分（五分制或百分制均可），也可以用方案排队的顺序号表示；事件发生时间的估计，则可用年、月、日来表示。同时，希望成员简单明了地说明作出自己选择或估计的理由。

第六步是组织者把群的成员对第二个咨询表反应的意见收集起来，进行数据的统计处理，再制订第三个咨询表。在每轮咨询之后，把收集到的数据进行统计处理，是特尔菲法一项重要的工作。通常采用的统计方法有四分位法和平均值－方差法，它们都能表示分散数据的统计结果。在第三个咨询表中除了统计的结果以外，还应当对成员提出的意见作一分析小结。这个小结既要简洁便于阅读，又要充分反应成员们分歧的意见。这样，这个表就高度概括了群的成员在第二轮反应中的信息。至此，完成了特尔菲法的第二轮。

第七步是组织者把第三个咨询表散发给群的成员，要求他们审阅统计的结果，了解分歧的意见及各种意见的主要理由，再对方案或事件作出新的评估。成员可以根据总体意见的倾向（以平均值表示）、分散程度（以方差表示）和评估的各种意见及其主要理由，思考、修改自己前一轮的评估。对于预测问题，如果任何估计的日期迟于上四分位点或早于下四分位点（处在四分位点区间之外），作出这种估计的成员被要求说明理由，论证他的观点，并对群中持反对观点的成员的意见给予评论；采用平均值－方差法对方案择优或排队，也可以像四分位法那样，对成员提出类似的要求。这种辩论可以把其他成员忽视的那些因素和没有考虑到的一些事实包括进去。这样，群的成员即使分处各地，仍然能像面对面那样进行辩论，但现在的辩论是匿名的。

第八步是组织者把第三个咨询表收集到的意见进行处理，即重新计算方案或事件的平均值、方差和四分位点，对成员间的辩论作出小结。至此，完成了特尔菲法的第三轮。并为第四轮准备了第四个咨询表。

第九步进行第四轮咨询，它只不过是第三轮的重复。在第四轮之末收集和整理第四个咨询表的结果。

经典的特尔菲法第四轮是最后的一轮。在多数情况下，经过几次信息反馈，已能得到协调程度较高的结果。但是，如果群的成员的确难于达成一致意见，则组织者需要从各方得到他们的最后意见，并把这种不能达成一致的意见作为特尔菲法的最终结果。

特尔菲法的最终结果包括组织者草拟的一份报告，其中包括方案或事件的一览表，方案排队或事件发生日期的平均值、方差和四分位点等。

实施特尔菲法，一般的情况是：①第一轮成员的反应是非常分散的；②在以后各轮，通过信息反馈，成员分散的反应将逐步集中；③从一轮到下一轮，群的反应（反应的平均值）将越来越精确。

18.3.2.3 专家意见的统计处理

当预测结果需要用数量或时间来表示时，专家们的回答将是一系列可比较大小的数据或有前后顺序排列的时间。常用中位数和上、下四分位点的方法，处理专家们的答案，从而求出预测的期望值和时间。

把专家们的回答按从小到大的顺序排列。当有 n 个专家时，共有 n 个（包括重复的）回答，排列如下：

$$x_1 \leqslant x_2 \leqslant \cdots \leqslant x_{n-1} \leqslant x_n$$

其中位数按下式计算

$$\bar{x} = \begin{cases} x_{k+1}(n=2k+1)（奇数） \\ \dfrac{x_k + x_{k+1}}{2}(n=2k)（偶数） \end{cases} \tag{18-15}$$

式中　　$\bar{x}$——中位数；

x_k——第 k 个中位数；

x_{k+1}——第 $k+1$ 个中位数；

k——正整数。

上四分位点记为 $x_上$，其计算公式如下：

$$x_上 = \begin{cases} x_{\frac{1}{2}(3k+3)}(n=2k+1, k 为奇数) \\ \dfrac{x_{\frac{3}{2}k+1} + x_{\frac{3}{2}k+2}}{2}(n=2k+1, k 为偶数) \\ x_{\frac{1}{2}(3k+3)}(n=2k, k 为奇数) \\ \dfrac{x_{\frac{3}{2}k} + x_{\frac{3}{2}k+1}}{2}(n=2k, k 为偶数) \end{cases} \tag{18-16}$$

下四分位点记为 $x_下$，其计算公式如下：

$$x_下 = \begin{cases} x_{\frac{k+1}{2}}(n=2k+1, k 为奇数) \\ \dfrac{x_{\frac{k}{2}} + x_{\frac{k}{2}+1}}{2}(n=2k+1, k 为偶数) \\ x_{\frac{k+1}{2}}(n=2k, k 为奇数) \\ \dfrac{x_{\frac{k}{2}} + x_{\frac{k}{2}+1}}{2}(n=2k, k 为偶数) \end{cases} \tag{18-17}$$

【例18-3】 某矿邀请16位专家对该矿某事件发生概率进行预测，得16个数据，即 $n=16$，$n=2k$，$k=8$ 为偶数。由小到大将所得数据排列，见表18-8。

表18-8　事件概率专家预测值

n	1	2	3	4	5	6	7	8	9	10	11	12	13	14	15	16
事件发生概率 $P/\times10^{-3}$	1.35	1.38	1.40	1.40	1.40	1.45	1.47	1.50	1.50	1.50	1.50	1.53	1.55	1.60	1.60	1.65

$k=8$ 为正整数，$n=2k$ 为偶数，则中位数 $\bar{x}$ 为

$$\bar{x} = \frac{1}{2}(x_8 + x_{8+1}) = \frac{1}{2}(1.50 + 1.50) = 1.50$$

由于 $k=8$ 是偶数，$\frac{3}{2}k=12$，$\frac{3}{2}k+1=13$，则上四分位点是第12个数与第13个数的平均值：

$$x_{\pm4} = \frac{1}{2}(x_{12} + x_{13}) = \frac{1}{2}(1.53 + 1.55) = 1.54$$

$k/2=4$，$k/2+1=5$ 可知下四分位点是第4个数与第5个数的平均值：

$$x_{\mp4} = \frac{1}{2}(x_4 + x_5) = \frac{1}{2}(1.40 + 1.40) = 1.40$$

处理结果如下：

该事件发生概率期望值为

$$P = \bar{x} \times 10^{-3} = 1.50 \times 10^{-3}$$

预测区间如下：

上限为

$$P_{\pm} = 1.54 \times 10^{-3}$$

下限为

$$P_{\mp} = 1.40 \times 10^{-3}$$

18.3.2.4　派生的特尔菲法

以上介绍的内容是经典的特尔菲法，即美国兰德公司的专家们在1964年提出的方法。以后又产生了几种派生的特尔菲法，它们也都有实际应用价值。派生的特尔菲法是对原来的方法作了某些修改，这些修改主要是：

（1）取消第一轮的咨询，由组织者根据已掌握的资料直接拟订方案或事件的一览表，以减轻成员的负担和缩短周期。

（2）提供背景资料和数据，以缩短成员查找资料和计算数据的时间，使成员能在较短的时间内作出正确判断。

（3）部分取消匿名和部分取消反馈。匿名和反馈是特尔菲法的重要特点，但在某些情况下，部分取消匿名和部分取消反馈，有利于加快进程。

18.4　马尔科夫过程分析

18.4.1　马尔科夫过程分析概述

马尔科夫过程分析法（Markov Process Analysis）又称为马尔科夫转移矩阵法，是根据

俄国数学家 A. 马尔科夫（A. Markov）的随机过程理论提出来的，指在马尔科夫过程的假设前提下，通过分析随机变量的现时变化情况来预测这些变量未来变化情况的一种预测方法。它将时间序列看作一个随机过程，通过对事物不同状态的初始概率和状态之间转移概率的研究，确定状态变化的趋势，以预测事物的未来。

若过程在事件 t 所处的状态为已知条件，过程在事件 $t(t>t_0)$ 所处的状态和过程在 t_0 事件之前的状态无关，这个特性称为无后效性。用分布函数来描述，就是如果对事件 t 的任意几个数值 $t_1 < t_2 < \cdots < t_n (n \geqslant 3)$，在条件 $X(t_i)=X_i, i=1,2,\cdots,n-1$ 下，$X(t_n)$ 的分布函数恰好等于在条件 $X(t_{n-1})=X_{n-1}$ 下 $X(t_{n-1})$ 的分布函数，即

$$F(x_n;t_n \mid x_{n-1},x_{n-2},\cdots,x_1,t_{n-1},t_{n-2},\cdots,t_1)=F(x_n;t_n \mid x_{n-1};t_{n-1})$$
$$n=3,4,\cdots$$

（18－18）

则 $X(t)$ 称为马尔科夫过程，简称马氏过程。式（18－18）右端的条件分布函数则为马氏过程的转移概率。

如果条件概率密度 f 存在；那么式（18－18）等价于

$$F(x_n;t_n \mid x_{n-1},x_{n-2},\cdots,x_1,t_{n-1},t_{n-2},\cdots,t_1)=F(x_n;t_n \mid x_{n-1};t_{n-1})$$
$$n=3,4,\cdots$$

$x_{(t)}$ 的 n 维概率密度为

$$f_n(x_1,x_2,\cdots,x_n;t_1,t_2,\cdots,t_n)=f_1(x_n;t_1)\prod_{k=1}^{n-1}f(x_{k+1};t_{k+1} \mid x_k;t_k)$$
$$n=1,2,\cdots$$

当取 t_1 为初始时刻时，$f_1(x_1;t_1)$ 表示初始分布（密度），于是上式表明，马氏过程的统计特性完全由其初始分布（密度）和转移概率（密度）所确定。

18.4.2 马尔科夫过程分析的方法与程序

最简单的马氏过程是马氏链，即状态和时间参数都是离散的马氏过程。把发生状态转移的时刻记为 $t_1,t_2,\cdots,t_n,\cdots$，在 t_n 时发生的转移标为第 n 次转移；并假设在每一个时间 $t_n(n=1,2,\cdots)$，$X_n=X(t_n)$，所可能取的状态（可能值）为 $a_1,a_2,\cdots,a_n$ 这时相对于式（18－18）有

$$P\{x_{n-1}=a_{in-1},\cdots,x_1=a_{i1}\}=P\{x_n=a_{in} \mid x_{n-1}=a_{i1-1}\}$$

如果进一步假设"在 $X_n-1=a_i$ 的条件下，第 n 次转移出现 a_j，即 $X_n=a_j$ 成立的概率与 n 无关"，那我们可以把这个概率记为 P_{ij}，即

$$P_{ij}=P\{x_n=a_j \mid x_{n-1}=a_i\} \quad i,j=1,2,\cdots,N; \quad n=1,2,\cdots$$

并称它为马氏链的（一步）转移概率。转移概率具有如下的性质：

$$P_{ij} \geqslant 0 \quad i,j=1,2,\cdots,N$$

由转移概率 P_{ij} 构成的矩阵称为马氏链的转移概率矩阵，它决定了 X_1，X_2，$\cdots$ 状态转移过程的概率法则

$$\prod = \begin{pmatrix} P_{11} & P_{12} & \cdots & P_{1N} \\ P_{21} & P_{22} & \cdots & P_{2N} \\ \cdots & \cdots & \cdots & \cdots \\ P_{N1} & P_{N2} & \cdots & P_{NN} \end{pmatrix}$$

例如，假设有一个盲人（或者作一个随机点）在如图 18－3 所示的线段上游走，其

步长为 S，假定他只能停留在 $a_1 = 2S$，$a_2 = S$，$a_3 = 0$，$a_4 = -S$，$a_5 = -2S$ 这 5 个点上，且只有在 $t = 1$，2，…时间发生游移。

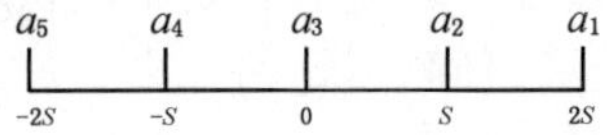

图 18-3 盲人行走线段

游移的概率法则为：如果他游走之前在 a_2、a_3、a_4 这几个点上，那么就分别以 1/2 的概率向左或向右走动一步；如果游走前他在 a_1 点上，那么他就以概率 1 走动到点 a_2；如果游走前他在 a_5 点上，那么他就以概率 1 走动到 a_4 点。

以 $X_n = a_i$，$i = 1, 2, 3, 4, 5$ 表示盲人在时刻 $t = n$ 位于 a_i 处，则容易看出 X_1，X_2，…是马氏链，而且游走的移动概率矩阵为

$$\begin{pmatrix} 0 & 1 & 0 & 0 & 0 \\ 0.5 & 0 & 0.5 & 0 & 0 \\ 0 & 0.5 & 0 & 0.5 & 0 \\ 0 & 0 & 0.5 & 0 & 0.5 \\ 0 & 0 & 0 & 1 & 0 \end{pmatrix}$$

上述游走问题中，盲人不能越过 a_1、a_5 点，故称为一维不可越壁的随机游走，是一维随机游走的一种。改变游走的概率法则（转移概率）就有不同类型的随机游走过程。

18.4.3 马尔科夫过程分析应用实例

【例 18-4】职工的健康状况预测。某单位对 1250 名接触硅尘人员进行健康检查时，发现职工的健康状况分布见表 18-9。

表 18-9 接触硅尘人员的健康状况分布

健康状况	健康	疑似硅沉着病	硅沉着病
代表符号	$s_1(0)$	$s_2(0)$	$s_3(0)$
人数/人	1000	200	50

根据统计资料，一年后接触硅尘人员的健康变化规律为：健康人员继续保持健康者剩 70%，有 20% 的人变为疑似硅沉着病，10% 的人被定为硅沉着病；原有疑似硅沉着病者一般不可能恢复为健康者，仍保持原状者为 80%，有 20% 被正式定为硅沉着病；硅沉着病患者一般不可能恢复为健康或返回疑似硅沉着病。试用马尔科夫预测法，预测下一年职工的健康状况。

解：预测下一年职工的健康状况如下。

健康人员继续保持健康者剩 70%，有 20% 变为疑似硅沉着病，10% 的人被定为硅沉着病，即

$$p_{11} = 0.7, \quad p_{12} = 0.2, \quad p_{13} = 0.1$$

原有疑似硅沉着病者一般不可能恢复为健康者，仍保持原状者为 80%，有 20% 被正

式定为硅沉着病，即

$$p_{21} = 0, \quad p_{22} = 0.8, \quad p_{23} = 0.2$$

硅沉着病患者一般不可能恢复为健康或返回疑似硅沉着病，即

$$p_{31} = 0, \quad p_{32} = 0, \quad p_{33} = 1$$

状态转移矩阵为

$$P = \begin{bmatrix} P_{11} & P_{12} & P_{13} \\ P_{21} & P_{22} & P_{23} \\ P_{31} & P_{32} & P_{33} \end{bmatrix}$$

预测一年后接触硅尘人员的健康状况为

$$S^{(1)} = S^{(0)}P = \begin{pmatrix} s_1^{(0)} & s_2^{(0)} & s_3^{(0)} \end{pmatrix} \begin{pmatrix} p_{11} & p_{12} & p_{13} \\ p_{21} & p_{22} & p_{23} \\ p_{31} & p_{32} & p_{33} \end{pmatrix}$$

$$= (700 \quad 360 \quad 190)$$

即一年后，仍然健康者为 700 人，疑似硅沉着病者 360 人，被定为硅沉着病者 190 人。预测表明，该单位硅沉着病发展速度很快，必须加强防尘工作和医疗卫生工作。

18.5 安全决策方法

18.5.1 安全决策概述及分类

18.5.1.1 决策的概念

决策是指人们在求生存与发展过程中，以对事物发展规律及主客观条件的认识为依据，寻求并实现某种最佳准则和行动方案而进行的活动。决策通常有广义、一般和狭义的 3 种解释。广义解释包括抉择准备、方案优选和方案实施等全过程；一般含义的解释决策是人们按照某个（些）准则在若干备选方案中的选择，它只包括准备和选择两个阶段的活动；狭义的决策就是作决定，即抉择。

决策是人们行动的先导。决策学是为决策提供科学的理论和方法，以支持和方便人们作决策的科学，是自然科学与社会科学并涉及人类思维的新兴交叉学科。

一个合理的准则（标准）体系、足够可靠的信息数据、可供选择的决策方法、落实的决策组织和实施办法，是科学决策的基本要素。

决策与评价既有区别，又有共同点。评价是指评价主体估测评价对象（客体）达到既定需求的过程，是根据既定的准则体系来测评客体的各种属性量值及其满足主体需求的效用（价值），以综合评价原定需求满足程度的活动。评价通常亦有狭义和广义两种含义，狭义的含义是作为决策过程的一个步骤；广义的评价与一般意义的决策相类似，常称为系统评价或综合评价。所以，决策和综合评价有共同的理论基础和组成要素，其方法和步骤也大同小异。只不过决策往往是事前进行的选择，而系统评价大多在事后进行；决策总是在多个备选方案中作抉择，而系统评价可以只对一个方案进行评判。

在决策中经常用到准则，准则与标准同义，是衡量、判断事物价值的标准，是事物对主体的有效性的标度，是比较评价的基准。能数量化的准则常称为指标，在实际决策问题

中，准则经常以属性或目标的形式出现。

决策的目标是指主体对客体的需求在观念上的反映，是决策者关于被研究问题（客体）所希望达到的状态、所追求的方向的陈述，属于主观范畴。

指标亦常称为目标，常指能数量化的准则，它反映实际存在的事物的数量概念和具体数值，既包括准则的名称，也包括准则的数值。前者体现事物质的规定性，后者体现事物量的规定性，指标值是二者的统一。指标值是先验的渴望水平或数值，是在给定问题里暂时固定而尽可能接近的需求的明确陈述。指标是用属性或目标预先确定的数量或水平，如最大利润是目标，希望获利 100 万元是指标。

18.5.1.2　决策的分类

决策的分类方法很多。根据决策系统的约束性与随机性原理，可分为确定型决策和非确定型决策两种。

确定型决策是在一种已知的完全确定的自然状态下，选择满足目标要求的最优方案。确定型决策问题一般应具备 4 个条件：①存在着决策者希望达到的一个明确目标（收益大或损失小）；②只存在一个确定的自然状态；③存在着决策者可选择的两个或两个以上的抉择方案；④不同的决策方案在确定的状态下的益损值可以计算。

当决策问题存在两种以上自然状态时，哪种状态的发生是不确定的，在此情况下的决策称为非确定型决策。非确定型决策又可分为两类：如果决策问题自然状态的概率能确定，即在概率基础上做决策，但要冒一定的风险，这种决策称为风险型决策；如果自然状态的概率不能确定，即没有任何有关每一自然状态可能发生的信息，在此情况下的决策就称为完全不确定型决策。

风险型决策问题通常要具备如下 5 个条件：①存在着决策者希望达到的一个明确目标；②存在着决策者无法控制的两种或两种以上的自然状态；③存在着可供决策者选择的两个或两个以上的抉择方案；④不同的抉择方案在不同的自然状态下的益损值可以计算出来；⑤每种自然状态出现的概率可以估算出来。

根据管理层次、存在问题、目标和任务的不同，安全决策可分为宏观决策和微观决策。

（1）宏观决策：以解决全局性重大问题和大系统的共性问题为目标的高层决策。它包括：安全方针、政策、规划、体制、法规、监察、教育等方面重大问题的决策。人力资源和社会保障部和各产业部都要进行这方面的决策。这些决策将最终影响到危险控制的效果。

（2）微观决策：为各企业所进行的、针对具体危险源所作的控制决策。它包括具体工程项目的改、扩建或新建时的安全决策，预防事故和处理事故的决策以及为了改善一般安全状况所进行的决策。

安全决策必须做到优化，就是说，要处理好以下几个关系：①安全目标与生产目标相结合，既保证安全，又促进生产；②安全性与经济性相结合，以最少的消耗，避免较大的损失，获得最好的安全状态；③先进性与适用性相结合，以实效和工程技术为主，与管理、教育、法制紧密结合；④当前目标与长远建设相结合；⑤以预防为主，人、机、环相结合。

18.5.2　安全决策过程与决策要素

18.5.2.1　决策过程

决策是人们为实现某个（些）准则而制定、分析、评价、选择行动方案，并组织实施的全部活动，也是提出、分析和解决问题的全部过程。典型的决策过程主要包括 5 个阶段，如图 18 - 4 所示。

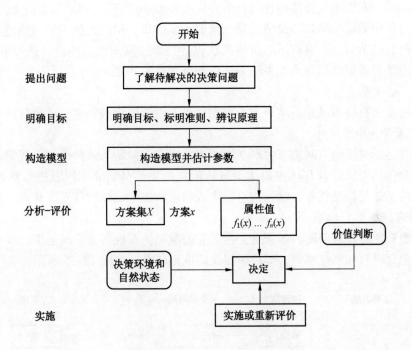

图 18 - 4　典型的决策过程

在这种典型的决策过程中，系统分析、综合、评价是系统工程的基本方法，亦是决策（评价）的主要阶段。

分析一般是指把一件事物、一种现象或一个概念分成较简单的组成部分，找出这些部分的本质属性和相互关系。系统分析是为了给决策者提供判断、评价和抉择满意方案所需的信息资料，系统分析人员使用科学的分析方法对系统的准则、功能、环境、费用、效益等进行充分的调查研究，并收集、分析和处理有关的资料和数据，对方案的效用进行计算、处理或仿真试验，把结果与既定准则体系进行比较和评价，作为抉择的主要依据。

综合一般是指把分析过的对象的各个部分、各种关系联合成一个整体。系统综合就是根据分析结果确定系统的组成部分及它们的构成方式和运作方式，进行系统设计，形成满足约束条件的可供优选的备选方案集。

评价是对分析、综合结果的鉴定。评价的主要目的是判别设计的系统（备选方案）是否达到了预定的各项准则要求，能否投入使用。这是决策过程中的评价，属于狭义评价的范畴。

最后，根据分析、综合评价的结果，再引入决策者的倾向性信息和酌情选定的决策规划排列各备选方案的顺序，由决策者选择满意方案付诸实施。如果实施的结果不满意或不够满意，可根据反馈的信息，返回到上述4个阶段的任何一个阶段，重复地更深入地进行决策分析研究，以期获得尽可能满意的结果。

关于价值判断，需要作一解释。在每个决策过程中，都包含有真实元素和价值元素。真实元素能用科学的方法去检验，可经过科学的加工，变换为其他能被检验的元素。而价值元素却不同，它们不能直接用任何科学方法去检验和处理。"判断""倾向性意见"是在制定决策过程中的最常遇到的价值元素。价值元素的集合构成价值系统。价值系统是属于社会科学研究的范畴。决策离不开主体的认识、判断、倾向性、评价、选择等价值元素，所以不能用纯自然科学的观念和方法来认识和处理决策问题。

18.5.2.2 决策要素

决策的要素有决策者和决策单元、准则体系、决策结构和环境、决策规则等。

1. 决策者和决策单元

决策者是指对所研究问题有权利、有能力作出最终判断与选择的个人或集体。所谓决策单元常常包括决策者及共同完成决策分析研究的决策分析者，以及进行信息处理的设备。它们的工作是接受任务、输入信息、生成信息和加工成智能信息，从而产生决策。

2. 准则（指标）体系

对一个有待决策的问题，必须首先定义它的准则。在现实决策问题中，准则常具有层次结构，包含有目和属性两类，形成多层次的准则体系，如图18-5所示。

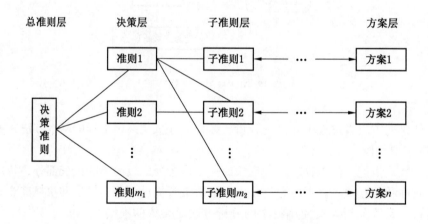

图18-5 准则体系的层次结构

准则体系最上层的总准则只有一个，一般比较宏观、笼统、抽象，不便于量化、测算、比较、判断。为此要将总准则分解为各级子准则，直到相当具体、直观，并可以直接或间接地用备选方案本身的属性（性能、参数）来表征的层次为止。在层次结构中，下层的准则比上层的准则更加明确、具体并便于比较、判断和测算，它们可作为达到上层准则的某种手段。下层子准则集合一定要保证上层准则的实现，子准则之间可能一致，亦可能相互矛盾，但均要与总准则相协调，并尽量减少冗余。

设定准则体系是为了评价、选择备选方案，所以准则体系最低层是直接或间接表征方案性能、参数的属性层。应当尽量选择属性值能够直接表征与之联系达到程度的属性，否则，只好选用间接表征与之联系的达到程度的代用属性。代用属性与相应目标之间的关系表现为间接关系，其中隐含有决策人的价值判断。

当将一个或一组属性与一个准则联系时，应该具备综合性和可度量性。如果属性的值可充分地表明满足与之联系准则的程度，则称该属性（集）是综合的；如果对于备选方案可以用某一种标度赋予该属性一定值，则称该属性是可度量的。常用来度量属性的标度有比例标度、区间标度和序标度。

3. 决策结构和环境

决策结构和环境属性决策的客观态势（情况）。为阐明决策态势，必须尽量清楚地识别决策问题（系统）的组成、结构和边界，以及所处的环境条件。它需要标明决策问题的输入类型和数量、决策变量（备选方案）集和属性集以及测量它们的标度类型、决策变量（方案）和属性间以及属性与准则间的关系。

决策变量也称可控（受控）变量，它是决策（评价）的客观对象。在自然系统中，决策变量集常以表征系统主要特征的一组性能、参数形式出现，由它们可以组合出无限多个备选方案。方案是连续型，其范围由一组约束条件所限制。而在实际（社会）系统中，例如安全系统，因变量之间、变量与属性之间的结构过于复杂，有许多是半结构化甚至非结构化形式，尚难以给予形式化的表述，所以决策变量常以有限个离散的备选方案的形式出现。决策变量的这两种类型（连续、离散），导致了两类不同的决策方法，有人称前者为多目标决策，称后者为多属性决策，二者又统称为多准则决策。

决策的环境条件可区分为确定性和非确定性两大类。由于决策是面向未来发生事件所做的抉择，所以决策的环境条件都带有不确定性，只是在很多情况下，正常环境出现的概率很大，非正常条件发生的可能性很小（近似认为是小概率事件），而认为环境条件是确定的。在非确定性中，又分因果关系不确定的随机型和排中律不确定的模糊型。发展初期的经典决策，就是在随机环境下进行的单准则优选，称之为统计决策。

4. 决策规则

决策就是要从众多的备选方案中选择一个用以付诸实施的方案，作为最终的抉择。在作出最终抉择的过程中，要按照多准则问题方案的全部属性值的大小进行排序，从而依序择优。这种促使方案完全序列化的规则，被称为决策规则。决策规则一般粗分为最优规则和满意规则两大类。最优规则是使方案完全序列化的规则，只有在单准则决策问题中，方案集才是完全有序的，因此，总能够从中选中最优方案。

然而在多准则决策问题中，方案集并不是完全有序的，准则之间往往存在矛盾性、不可公度性（各准则的量纲不同）。所以，各个准则均最优的方案一般是不存在的。因而，只能在满意规则下寻求决策者满意的方案。在系统优化中，用"满意解"替代"最优解"，就会使复杂问题大大简化。决策者的满意性一般通过所谓"倾向性结构（信息）"来表述，它是多准则决策不可缺少的重要组成部分。

18.5.2.3 安全决策要素

安全决策与通常的决策过程一样，应按照一定的程序和步骤进行。不同的是，在进行安全决策时，应注意安全问题的特点，确定各个步骤的具体内容。

1. 确定目标

决策过程首先需要明确目标，也就是要明确需要解决的问题。对安全而言，从大安全观出发，安全决策所涉及的主要问题就是保证人们的生产安全、生活安全和生存安全。但是这样的目标所涉及的范围和内容太大了，以至于无法操作，应进一步界定、分解和量化。

例如，生产安全是一个总目标，它可以分解为预防事故发生、消除职业病和改善劳动条件。而且，对已分解的目标，还应根据行业不同、现实条件不同（如经济保证、技术水平）、边界约束条件不同区分目标的实现层次和内涵。

又如，生活安全可以分解为个人生活安全、家庭生活安全和社会生活安全，也可以分解为生命安全、财产安全和生活舒适与健康；生存安全中的危害因素可以分解为自然灾害、人为灾害，也可分解为生态环境安全、灾害、交通安全，以及突发事件（战争、冲突等）。

另外，对于决策目标应有明确的指标要求；对于技术问题，应有风险率、严重度、一定可靠度下的安全系数以及事故率、时间域和空间域等具体量化指标；对于难以量化的定性目标，则应尽可能加以具体说明。

2. 确定决策方案

在目标确定之后，决策人员应依据科学的决策理论，对要求达到的目标进行调查研究，进行详细的技术设计、预测分析，拟出几个可供选择的方案。

首先，应根据总目标和指标的要求将那些达不到目标基本要求的方案舍弃掉，然后再用加权法或其他数学方法对各个方案进行排序。排在第一位的方案也称为备选决策提案。备选决策提案不一定是最后决策方案，还需要经过技术评价和潜在问题分析，做进一步的慎重研究。

3. 潜在问题或后果分析

对备选决策方案，决策者要向自己提出"假如采用这个方案，将要产生什么样的结果""假如采用这个方案，可能导致哪些不良后果和错误"等问题，从这些可能产生的后果中进行比较，以决定方案的取舍。

对安全问题，考虑其决策方案后果，应特别注意如下一些潜在问题：

（1）人身安全方面。

（2）人的精神和思想方面。

（3）人的行为方面。

4. 实施与反馈

决策方案在实施过程中应注意制定实施规划，落实实施机构、人员职责，并及时检查与反馈实施情况，使决策方案在实施过程中趋于完善并达到预期效果。

18.5.3　安全决策方法

安全决策学是一门交叉学科，它既含有从运筹学、概率论、控制论、模糊数学等引入的数学方法，也有从安全心理学、行为科学、计算机科学、信息科学引入的各种社会、技术科学。

根据决策环境，考虑属性量化程度，可以把多属性决策（MADM）问题区分为确定性和非确定性两类，相应的决策方法就有确定性多属性决策方法、定性与定量相结合的决策方法（非确定性）和模糊多属性决策方法（非确定性）。

1. 确定性多属性决策方法

一种多属性决策（MADM）方法就是一个对属性及方案信息进行处理选择的过程。

该过程所用的基础数据主要是决策矩阵、属性 $f_j(j \in M)$ 和/或方案 $x_i(i \in N)$ 的偏好信息（倾向性）。决策矩阵 A 一般由决策分析人员给出，它提供了分析决策问题的基本信息，是各种 MADM 方法的基础。需要指出的是，A 的元素从形式上看不一定非是定量化的，它们也可以是定性的，甚至是模糊的。对于确定性多属性决策，a 多是定量化的 $f_j(j \in M)$ 和/或方案 $x_i(i \in N)$。倾向性信息一般是由决策者给出。根据决策者对决策问题提供倾向性信息的环节及充分程度的不同，可将求解 MADM 问题的方法归纳为无倾向性信息的方法、有关于属性的倾向性信息的方法和有关于方案的倾向性信息的方法 3 类。

2. 评分法

评分法就是根据预先规定的评分标准对各方案所能达到的指标进行定量计算比较，从而达到对各个方案排序的目的。

1）评分标准

一般按 5 分制评分：优、良、中、差、最差。当然也可按 7 个等级评分，这要视决策方案多少及其之间的差别大小和决策者要求而定。

2）评分方法

多数是采用专家打分的办法，即以专家根据评价目标对各个抉择方案评分，然后取其平均值或除去最大、最小值后的平均值作为分值。

3）评价指标体系

评价指标一般应包括 3 个方面的内容：技术指标、经济指标和社会指标。对于安全问题决策，若有几个不同的技术抉择方案，则其评价指标体系大致有如下内容：技术方面有先进性、可靠性、安全性、维修性、可操作性等；经济方面有成本、质量可靠性、原材料、周期、风险率等；社会方面有劳动条件、环境、精神习惯、道德伦理等。当然要注意指标因素不宜过多，否则不但难以突出主要因素，而且会造成评价结果不符合实际。

4）加权系数

由于各评价指标其重要性程度不一样，必须给每个评价指标一个加权系数。为了便于计算，一般取各个评价指标的加权系数 g_i 之和为 1，加权系数值可由经验确定或用判断表法计算。

5）计算总分

计算总分也有多种方法（表 18－10），可根据其适用范围选用，总分或有效值高者当为首选方案。

表 18－10　总分计算方法

序号	方法名称	公式	适用范围
1	分值相加法	$Q_1 = \sum\limits_{i=1}^{n} k_i$	计算简单、直观
2	分值相乘法	$Q_2 = \prod\limits_{i=1}^{n} k_i$	各方案总分相差大，便于比较
3	均值法	$Q_3 = \dfrac{1}{n} \sum\limits_{i=1}^{n} k_i$	计算简单、直观

表 18 – 10（续）

序号	方法名称	公　式	适　用　范　围
4	相对值法	$Q_4 = \dfrac{\sum\limits_{i=1}^{n} k_1}{nQ_0}$	$Q_4 \leq 1$，能看出与理想方案的差距
5	有效值法	$N = \sum\limits_{i=1}^{n} k_i g_i$	总分中考虑了各评价指标的重要程度

本 章 小 结

本章主要讲解回归分析、灰色理论、马尔科夫链等知识分析安全现象的演变规律，预测其发展趋势；安全决策的定义和要素，还包括安全决策与系统安全分析、安全评价的区别和联系，确定性多属性决策法、决策树法、技术经济评价法、模糊决策法等典型的安全决策方法。学习本章内容需要对上述基础数学知识进行温习，之后运用本章介绍的方法进行预测与决策练习，课后亦可尝试将新的数学方法应用到安全预测与决策中。

思 考 与 练 习

1. 何为安全预测（事故预测）？其类别有哪些？

2. 何为灰色系统？说明其主要内容和用途。

3. 如何利用 GM（1,1）模型进行事故预测？

4. 回归预测、马尔科夫预测、特尔菲预测各用在哪些情况下？

5. 已知某企业连续 5 年的千人伤亡率数据为：2.874，3.278，3.337，3.39，3.679，试用灰色系统方法预测该企业第 6 年、第 7 年的千人伤亡率。

6. 专家咨询法中有哪些具体方法？其基本步骤如何？

7. 何为特尔菲法？它的实施程序是什么？如何进行数据处理？

8. 马尔科夫过程分析的概念是什么？

9. 决策的要素有哪几个？安全决策的过程是什么？

10. 某单位对 1250 名接触硅尘人员进行健康检查时，发现职工的健康状况分布见表 18 – 11。

表 18 – 11　职工健康状况分布

健康状况	健康	疑似硅沉着病	硅沉着病
代表符号	$s_1(0)$	$s_2(0)$	$s_3(0)$
人数/人	1000	200	50

　　根据统计资料，一年后接触硅尘人员的健康变化规律为：健康人员继续保持健康者剩70%，有20%的人变为疑似硅沉着病，10%的人被定为硅沉着病；原有疑似硅沉着病者一般不可能恢复为健康者，仍保持原状者为80%，有20%被正式定为硅沉着病；硅沉着病患者一般不可能恢复为健康或返回疑似硅沉着病。试用马尔科夫预测法，预测下一年职工的健康状况。

19　危险控制技术

本章学习目标:

（1）了解危险控制的目的及危险控制技术分类。

（2）熟悉危险控制的基本方法和基本原则。

（3）掌握固有危险源的定义，熟悉各类固有危险源。

（4）掌握固有危险控制技术和安全措施。

（5）掌握重大危险源的监控与事故应急措施。

19.1　危险控制的基本原则

19.1.1　危险控制的目的

安全系统工程的最终目的是控制事故危险，即在现有的技术水平上，以最少的消耗，达到最优的安全水平，具体目标有以下两个:

（1）降低事故发生频率。即降低千人负伤率和死亡率，以及按产品产量（或利税）计算的死亡（或重伤）率。

（2）减少事故的严重程度和每次事故的经济损失。

必须注意的是，上述两方面的目标，对于每个企业都有一个合理的目标值。一般地说，基于安全工作现实状况，并不是以"事故为零"作为目标值的。这正是安全系统工程与传统安全管理的一个重要不同之处。

19.1.2　危险控制技术分类

危险控制技术有宏观控制技术和微观控制技术两类。

宏观控制是以整个系统作为控制对象，运用系统工程的原理，对危险进行控制。它接近于上层建筑范畴。采用的手段主要有法制手段（政策、法令、规章）、经济手段（奖、罚、征、补）和教育手段（长期的、短期的、学校的、社会的）。

微观控制则是以具体的危险源为对象，以系统工程的原理为指导，对危险进行控制。所采用的手段主要是工程技术措施和管理措施。随着对象的不同，措施也不相同。但是，只有遵循或符合共同的系统工程方法论时，才能更好地发挥各种工程技术和管理措施在控制危险方面的作用。

宏观控制与微观控制互相依存，互为补充，互相制约，缺一不可。

19.1.3　危险控制的原则

在事故危险控制中，主要应遵循如下的控制原则:

1. 闭环控制原则

系统包括输入、输出，通过信息反馈进行决策，并控制输入。这样一个完整的控制过程称为闭环控制。很显然，只有闭环控制才能达到优化的目的，如图 19-1 所示。搞好闭环控制，最重要的是必须要有信息反馈和控制措施。在反馈方面，对于系统的输入，要有自检、评价、修正的功能。

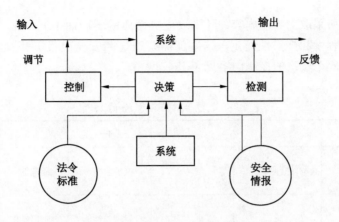

图 19 - 1 安全系统工程闭环控制图

2. 动态控制原则

系统是运动、变化的，而非静止不变的，只有正确、适时地进行控制，才能收到预期的效果。

3. 分级控制原则

系统中的各子系统或分系统，其规模、范围互不相同，危险的性质、特点也不相同。因此，必须采用分级控制。各子系统可以自己调整和实现控制，图 19 - 2 是分级控制系统示例。

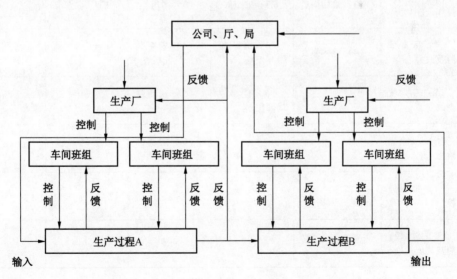

图 19 - 2 分级控制系统示意图

4. 多层次控制原则

对于事故危险，必须采取多层次控制，以增加其可靠程度，一般包括 6 个层次：根本的预防性控制、补充性控制、防止事故扩大的预防性控制、维护性能的控制、经常性控制以及紧急性控制。

各层次控制所采取的具体内容，随事故危险性质的不同而不同。是否采取6个层次，则视事故的危险程度和严重性而定。这些就需要通过"安全决策"来决定。以爆破危险的控制为例，其6个层次的控制内容见表19-1。

表19-1　控制爆炸危险的方案

顺序	1	2	3	4	5	6
目的	预防性	补充性	防止事故扩大	维护性能	经常性	紧急性
分类	根本性	耐负荷	缓冲、吸收	强度与性能	防误操作	紧急撤退、人身防护
内容提要	不使产生爆炸事故	保持防爆强度、性能，抑制爆炸	使用安全防护装置	对性能作预测监视及测定	维持正常运转	撤离人员
具体内容	（1）污染物性质:燃烧、有毒 （2）反应危险 （3）起火、爆炸条件 （4）固有危险及人为危险 （5）危险状态改变 （6）消除危险源 （7）抑制失控 （8）数据检测及其他	（1）材料性能 （2）缓冲材料 （3）结构构造 （4）整体强度 （5）其他	（1）距离 （2）隔离 （3）安全阀 （4）检测、报警与控制 （5）使事故局部化	（1）性能降低与否 （2）强度蜕化与否 （3）耐压 （4）安全装置的性能检查 （5）材质蜕化与否 （6）防腐蚀管理	（1）运行参数 （2）工人技术教育 （3）其他条件	（1）危险报警 （2）紧急停车 （3）个体防护用品

19.2　固有危险控制技术

固有危险指企业生产中客观存在的危险，即平常所说的危险源。为保证企业安全生产，必须有效控制固有危险。

19.2.1 固有危险源

危险源（hazard）是可能导致伤害或疾病、财产损失、工作环境破坏或这些情况组合的基本条件，包括可能发生意外释放而伤害人员和破坏财物的能量、能量载体或有毒、有害、危险物质，以及导致这些能量或物质失控的物质因素或环境因素。

固有危险源是指企业生产中实际存在的危险源。按其性质的不同，固有危险源可以分为化学、电气、机械（含土木）、辐射和其他5大类。

19.2.1.1 化学危险源

化学危险源是指在生产过程中，原材料、燃料、成品、半成品和辅助材料中所含的化学危险物质。其危险程度与这些物质的性质、数量、分布范围及存在方式有关。它包括4种：

（1）火灾爆炸危险源：构成事故危险的易燃、易爆物质、禁水性物质，以及易氧化自燃的物质。如可燃气体，液体；易燃性物质和粉尘；爆炸性物质；自燃发热性物质；禁水性物质等。

（2）工业毒害源：在工业生产中，能导致职业病、中毒窒息的有毒、有害物质、窒息性气体、刺激性气体、有害性粉尘、腐蚀性物质和剧毒物。

（3）大气污染源：造成大气污染的工业性烟气和粉尘。如煤烟、粉尘、废气等。

（4）水质污染源：造成水质污染的工业废弃物和药剂。如恶臭物，废液、废弃物等。

19.2.1.2 电气危险源

电气危险源是指那些引起人员触电、电气火灾、电击和雷击的不安全因素。它包括：

（1）漏、触电危险。电气设备和线路损坏、绝缘损坏，以及缺少必需的安全防护等。如电气设备、装置、布线、配线等不合要求而引起的漏电。

（2）着火危险。包括电弧、电火花和静电放电等危险。

（3）电击、雷击危险。

19.2.1.3 机械（含土木）危险源

（1）重物伤害的危险。包括矿山顶板冒落的危险和建筑物塌落的危险。

（2）速度和加速度造成伤害的危险。包括设备的往复式运动、物体的位移、运输车辆和起重提升设备的运行造成的伤害危险。

（3）冲击、振动危险。包括各种冲压、剪切、轧制设备和设备中有冲撞危险的部分。

（4）旋转和凸轮机构动作伤人的危险。

（5）切割和刺伤危险。

（6）高处坠落的危险。具有位能而缺乏防护的地点。

（7）倒塌、下沉的危险。

19.2.1.4 辐射危险源

（1）放射源指 α、β、γ 射线源。

（2）红外射线源。

（3）紫外射线源。

（4）无线电辐射源。包括射频源和微波源。

辐射危险与辐射强度、暴露作用时间有关。辐射强度与辐射剂量成正比，与距离平方成反比。各种辐射线在通过不同介质时，其强度均有不同程度的衰减。

19.2.1.5　其他危险源

（1）噪声源。长期在噪声环境中作业的人员，会引起重听、耳聋等职业病或神经性疾病。而且，在噪声环境中作业，往往事故频率增高。

（2）强光源。如电焊弧光、冶炼中高温熔融物的强光。

（3）高压气体。具有爆炸和机械伤害的危险。

（4）高温源。具有烫伤、烧伤及火灾危险。

（5）湿度。长期在潮湿的场所作业的人员，会引起风湿等职业病害。

（6）生物危害。如毒蛇、猛兽伤害。这种伤害在林业和地质勘探中较常见，并与地理区域和地形有关。

以上分类是为了便于辨识。在生产实际中，这些危险不是孤立的，而是互相影响的，往往发生多种危险的综合作用，而且可能相互转化。

19.2.2　固有危险源控制方法

对于上述危险源的控制，总的来说，就是要求尽可能地做到工艺安全化。即要求尽可能地变有害为无害、有毒为无毒、事故为安全；至少要求减少事故发生频率和减轻事故损失程度。还必须考虑经济因素，做到控制措施的优化。从微观上说，危险控制有6种具体方法，按依次递减原则加以选择：消除危险→控制危险→防护危险→隔离防护→保留危险→转移危险。

19.2.2.1　消除危险

即根据危险源或危险因素的特点，从以下4个方面着手消除危险。

1. 布置安全

厂房、工艺流程、设备、运输系统、动力系统和交通道路等的布置做到安全化。

如设备布局：车间生产设备设施的摆放、相互之间的距离，以及墙、柱的距离，操作者的空间，高处运输线的防护罩网，均与操作人员的安全有很大关系。如果设备布局不合理或错误，操作者空间窄小，当设备部件移动或工作、材料等飞出时，容易造成人员的伤害或意外事故。

车间生产设备分为大、中、小型三类。最大外形尺寸长度＞12 m者为大型设备，6～12 m为中型设备，＜6 m为小型设备。大、中、小型设备间距和操作空间的要求如下：

（1）设备间距（以活动机件达到的最大范围计算），大型设备≥2 m，中型设备≥1 m，小型设备≥0.7 m。大、小设备间距按最大的尺寸要求计算。如果在设备之间有操作工位，则计算时应将操作空间与设备间距一并计算。若大、小设备同时存在时，大、小设备间距按大的尺寸要求计算。

（2）设备与墙、柱距离（以活动机件的最大范围计算）大型设备≥2 m，中型设备≥1 m，小型设备≥0.7 m，在墙、柱与设备间有人操作的应满足设备与墙、柱间和操作空间的最大距离要求。

2. 机械安全

指设备在制造时做到产品安全，包括：

（1）结构安全，又称内建安全，指设备自身能达到保护人、机、环和保证正常生产的性能。如：避免锐边、尖角和凸出部分，保证足够的安全距离，确定有关物理量的限值，使用本质安全工艺过程和动力源；限值机械应力，机械零件的机械应力不超过许用值，并保证足够的安全系数。

（2）位置安全。做到设备内部的零部件和组件的位置布置合理，使设备在生产运行和检修中不致发生危险部件伤害人员的事故。

3. 电能安全

（1）电气设备的金属外壳要采取保护接地或接零。

（2）安装带漏电保护功能的自动断电装置。

（3）尽可能采用安全电压。

（4）保证电气设备具有良好的绝缘性能。

（5）采用电气安全用具。

（6）设立屏护装置。

（7）保证人或物与带电体的安全距离。

（8）定期检查用电设备。

4. 物质安全

采用无毒、无腐蚀、无火灾爆炸危险的物质。要做到这些，必须在设计中予以解决。即在新建、扩建、改建设计和产品设计中实施。这是彻底解决问题的方法。国家要求和强调的安全工作"三同时"（同时设计、同时施工、同时投产）、"五同时"（同时计划、同时布置、同时检查、同时总结、同时评比），其意皆在于此。但是，这样做往往受资金、效益和技术发展的限制，有时是技术上不可能，有时是经济上不合理。于是我们往往退而求其次。

19.2.2.2 控制危险

当事故危险不可能根除时，就要采取措施予以控制，以达到减少危险的目的。

1. 直接控制

直接控制措施举例如下：

（1）熔断器：用不同规格的熔丝来限制过电流，保护电气设备的安全。例如，用快速熔断器保护可控硅、硅堆等电气元件的安全。

（2）限速器：用于控制车床转速和车辆行驶的速度。

（3）安全阀：用以防止高压气体和蒸汽过压。

（4）爆破膜：装有爆破膜的金属压力容器和反应釜，当其中的压力超过一定值时，则爆破膜破裂卸压，以便防止该设备破坏，避免或减少周围物品的损坏。

（5）轻质顶棚：采用石棉瓦等轻质材料作易燃易爆仓库或车间顶棚，以减小事故的破坏程度。

2. 间接控制

包括检测各类导致事故危险的工业参数，以便根据检测结果予以处理。如对温度、压力、含氧量以及毒气含量的检测。

以上列举的方法都不能消除危险，只能达到减少危害、控制危险的目的。其方法简便易行，经济、有效。因此，这些方法得到了广泛的应用。

19.2.2.3 防护危险

防护分为设备防护和人体防护两类。

1. 设备防护

又称为机械防护，包括以下各种防护措施：

（1）固定防护。如将放射性物质放在铅罐中，并设置贮井，把铅罐放在地下。

（2）自动防护。如自动断电、自动洒水、自动停气等；又如故障停止、故障激活等。

（3）联锁防护。例如，将高电压设备的门与电气开关联锁，只要开门，设备就断电，以保证人员免受伤害。

（4）快速制动防护，又称跳动防护。当发生事故的瞬间，这种装置能紧急制动，起到防止发生和扩大事故的作用。

（5）遥控防护。即对危险性较大的设备和装置实行远距离控制。

2．人体防护

即保护人员的生命和健康的防护用品，包括：

（1）安全带。可以防止高空坠落危险。

（2）安全鞋。有绝缘鞋、防砸鞋。

（3）护目镜。有电焊眼镜、防红外眼镜、防金属屑眼镜、防毒眼镜。

（4）安全帽和头盔。

（5）呼吸护具。有防尘口罩、呼吸器、自救器等。

（6）面罩。

这些都是局部的防护措施。它们具有投资省的优点，对保护设备和人身安全起着重要的作用。

19.2.2.4　隔离防护

对于危险性较大，而又无法消除或控制的场合，可以采用长期或暂时隔离的防护方法，包括：

（1）禁止入内。采用设置警卫、悬挂标牌、装设栏杆、铁丝网或挖水沟等方式实施。

（2）固定隔离。设置防火墙、防油堤、防爆堤、防水堤等。有些需要认真进行结构和强度计算。

（3）安全距离。合理地运用安全距离，可以防止火灾爆炸危险、爆炸冲击波的危害。

实践中，常常将上述3种方式配合使用。

19.2.2.5　保留危险

保留危险仅在预计到可能会发生危险，而又没有很好的防护方法的场合下采用。这时，必须做到使其损失最小。因此，要进行一系列的计算、分析和比较，要尽可能地估计各种意外因素，再作出决定。

19.2.2.6　转移危险

对于难以消除和控制的危险，在进行各种比较、分析之后，可选取转移危险的方法。例如，1951年在长江上游修建的荆江分洪工程就是一个运用得极好的范例。这一年，由于长江水位上升，给荆江大堤和武汉市造成很大的威胁，特别是洪峰连续不断地出现，使大堤面临着溃决的危险。一旦大堤溃决，淹没江汉平原，将带来很大的损失。在这种情况下，采用分洪措施，牺牲了小的局部的利益，保证了全局的安全。这是我们应该学习应用的一个好方法。

综上所述，对于任何固有危险源，可以选择采取消除、控制、防护、隔离、保留和转移等一种或数种方法予以控制，以达到安全生产的目的。

19.3 安全措施

研究安全系统工程的最终目的，是通过控制危险达到系统最优化的安全状态。根据系统安全评价的结果，为了减少事故的发生应采取的基本安全措施有：降低事故发生概率的措施，降低事故严重度的措施和加强安全管理的措施；为了减少事故损失，还应考虑事故应急措施。

19.3.1 降低事故发生概率的措施

影响事故发生概率的因素很多，如系统的可靠性、系统的抗灾能力、人为失误和环境不良等。在生产作业过程中，既存在自然的危险因素，也存在人为的及生产技术方面的危险因素。这些因素能否转化为事故，不仅取决于组成系统各要素的可靠性，而且还受到企业管理水平和物质条件的限制。因此，降低系统中事故的发生概率，最根本的措施是设法使系统达到本质安全化，使系统中的人、机、环、管安全化。要做到系统的本质安全化，应采取以下综合措施。

19.3.1.1 提高设备的可靠性

要减少事故的发生概率，提高设备的可靠性是基础。为此，应采取以下措施：

（1）提高元件的可靠性。设备的可靠性取决于组成元件的可靠性。要提高设备的可靠性，必须加强对元件的质量控制和维修检查。具体措施有：

① 使元件的结构和性能符合设计要求和技术条件，选用可靠性高的元件代替可靠性低的元件。

② 合理规定元件的使用周期，严格检查维修，定期更换或重新生产。

（2）增加备用系统。在一定条件下，增加备用系统，当发生意外事件时，可随时启用，不致中断正常运行，也有利于系统的抗灾救灾。例如，对矿井的一些关键性设备，如供电线路、通风机、电动机、水泵等均配置一定量的备用设备，以提高矿井的抗灾能力。

（3）利用平行冗余系统。实际上，平行冗余系统也是一种备用系统，就是在系统中选用多台单元设备，每台单元设备都能完成同样的功能，一旦其中1台或几台设备发生故障，系统仍能正常运转。只有当平行冗余系统的全部设备都发生故障，系统才可能失败。在规定时间内，多台设备同时全部发生故障的概率等于每台设备单独发生故障的概率的乘积。显然，由于每台设备单独发生故障的概率就很小，平行冗余系统发生故障的概率则是相当低的，可使系统的可靠性大大增加。

（4）对处于恶劣环境下运行的设备采取安全保护措施。例如，煤矿井下环境较差，应采取一切办法控制温度、湿度和风速，改善设备周围的环境条件，对受摩擦、腐蚀、侵蚀等影响的设备，应采取相应的防护措施，例如，采用油漆防腐等；对振动大的设备应加强防振、减振和隔振等措施。

（5）加强预防性维修。预防性维修是排除事故隐患、排除设备的潜在危险、提高设备可靠性的重要手段。为此，应制定相应的维修制度，并认真贯彻执行。

19.3.1.2 选用可靠的工艺技术，降低危险因素的感度

危险因素的存在是事故发生的必要条件。危险因素的感度是指危险因素转化成事故

的难易程度。虽然物质本身所具有的能量和性质不可改变，但危险因素的感度是可以控制的，其关键是选用可靠的工艺技术。例如，在煤矿用火药中加入消焰剂等安全成分、爆破中使用水炮泥，在井巷掘进中采用湿式打眼、清扫巷道煤尘等，都是降低危险因素感度的措施。

19.3.1.3　提高系统抗灾能力

系统的抗灾能力是指当系统受到自然灾害和外界事物干扰时，自动抵抗而不发生事故的能力，或者指系统中出现某危险事件时，系统自动将事态控制在一定范围的能力。因此，应采取综合管理、技术措施，有效提高系统抗灾能力。例如，提高煤矿生产系统的抗灾能力，应该建立健全通风系统，实行独立通风，建立隔爆水棚，采用安全防护装置，如风电闭锁装置、漏电保护装置、提升保护装置、斜井防跑车装置、安全监测和监控装置等；矿井主要设备实行双回路供电、增加备用设备（备用主要通风机、备用电动机、备用水泵等）。

19.3.1.4　减少人为失误

由于人在生产过程中的可靠性远比机电设备差，很多事故都是由于人的失误造成的。要降低系统事故发生概率，必须减少人的失误，主要方法有：

（1）对人进行充分的安全知识、安全技能、安全态度等方面的教育和训练。

（2）以人为中心，改善工作环境，为工人提供安全性较高的劳动生产条件。

（3）提高生产机械化程度，尽可能用机器代替人工操作。

（4）注意用人机工程学原理改善人机接口的安全状况。

19.3.1.5　加强监督检查

建立健全各种自动制约机制，加强专职与兼职、专管与群管相结合的安全检查工作，采用日常巡检、专项检查、定期安全检查、经常性安全检查、季节性安全检查、节假日安全检查、开工及复工安全检查、专业性安全检查和设备设施安全验收检查等不同的检查形式，对系统中的人、机、环境进行严格的监督检查。在各种劳动生产过程中都是必不可少的，也是提高系统运行可靠性、减少事故发生概率的重要措施。

19.3.2　降低事故严重度的措施

事故严重度是指因事故造成的财产损失和人员伤亡的严重程度。事故的发生是由于系统中的能量失控造成的，事故的严重度与系统中危险因素转化为事故时释放的能量有关，能量越大，事故的严重度越大；也与系统本身的抗灾能力有关，抗灾能力越大，事故的严重度越小。因此，降低事故严重度可采取以下措施。

19.3.2.1　限制能量或分散风险的措施

为了减少事故损失，必须对危险因素的能量进行限制，其中，危险因素的能量包括动能、势能、压力能、声能、热能、电能等。如矿山井下火药库的爆破器材储存量的限制，工厂中各种限流、限压、限速设备等，都是对危险因素的能量进行限制。

分散风险的办法是把大的事故损失化为小的事故损失。例如，煤矿中采用并联通风方式，每一采区、每一工作面均实行独立通风，可达到分散风险的效果。

19.3.2.2　防止能量逸散的措施

防止能量逸散就是设法把有毒、有害、有危险的能量源储存在有限允许范围内，而不影响其他区域的安全。如放射性物质的密封装置、井下防爆设备的外壳、密闭墙、密闭火区、采空区密闭等。

19.3.2.3　加装缓冲能量的装置

在生产中，设法使能量释放的速度减慢，可大大降低事故的严重度。使能量释放速度减慢的装置称为能量缓冲装置。工业生产中和日常生活中使用的能量缓冲装置较多，如安全带、安全阀，汽车、轮船上装备的缓冲设备，矿车上装置的缓冲碰头、缓冲阻车器等。

19.3.2.4　避免人身伤亡的措施

避免人身伤亡的措施包括两方面的内容：一是防止发生人身伤害，例如，采用遥控操作，提高机械化程度，使用整体或局部的人身个体防护都是避免人身伤害的措施；二是一旦发生人身伤害时，采取相应的急救措施，例如，在生产过程中及时注意观察各种灾害的预兆，做好救护和工人自救准备工作等。

19.3.3　加强安全管理的措施

要控制事故发生概率和事故后果的严重度，制定与实施各种安全技术措施，都必须以科学合理的安全管理作为保证。

19.3.3.1　建立健全安全管理机构

应依法建立健全各级安全管理机构，足额配备素质高、技术过硬的安全管理人员。例如，《中华人民共和国安全生产法》中规定了金属冶炼、建筑施工、运输单位和危险物品的生产、经营、储存、装卸单位以及除此之外的其他生产经营单位，从业人员超过一百人的，应当设置安全生产管理机构或者配备专职安全生产管理人员。要充分发挥安全管理机构的作用，并使其与设计、生产、安全监督等职能部门密切配合，形成一个有机的安全管理机构，全面贯彻落实"安全第一，预防为主，综合治理"的安全生产方针。

19.3.3.2　建立健全安全生产责任制

安全生产责任制是根据管生产必须管安全的原则，明确规定各级领导和各类人员在生产中应负的安全责任。它是企业岗位责任制的一个组成部分，是企业中最基本的一项安全措施，是安全管理规章制度的核心。

应根据各企业的实际情况，建立健全安全生产责任制，并在安全工作实践中不断加以完善。其建设内容主要包括两方面，一是纵向方面，即从上到下所有类型人员的安全生产职责。在建立责任制时，可首先将本单位从主要负责人一直到岗位工人分成相应的层级；然后结合本单位的实际工作，确定不同层级的人员在安全生产中应承担的职责。二是横向方面，即各职能部门（包括党、政、工、团）的安全生产职责。在建立责任制时，可按照本单位职能部门的设置（如安全、设备、计划、技术、生产、基建、人事、财务、设计、档案、培训、党办、宣传、工会、团委等部门），分别定出其在安全生产中应承担的责任。特别应当指出的是，厂（矿）长要对本企业的安全生产负责，厂（矿）长是否能落实安全生产责任制是搞好安全生产的关键。

19.3.3.3　编制安全技术措施计划，制定安全操作规程

安全技术措施计划是安全管理的重要手段，编制和实施安全技术措施计划，有利于有计划、有步骤地解决重大安全问题，合理地使用安全经费。安全技术措施计划的编制过程详见第16章安全技术措施计划部分。制定安全操作规程是安全管理的一个重要方面，是事故预防措施的一个重要环节，可以规范作业人员的操作活动，限制作业人员在作业环境中的不安全行为，调整人与生产的关系。

19.3.3.4 加强安全监督和检查

安全监督和检查是劳动生产过程中必不可少的基础工作，也是运用群众路线加强安全的方法，是揭露和消除隐患、交流经验、推动安全工作的有效措施。各厂（矿）应建立安全信息管理系统，加快安全信息的运转速度，以便对安全生产进行经常性的"动态"检查，对系统中的人、机、环境进行严格控制。

通过对国家有关安全生产法律、法规、标准、规范和本单位所制定的各类安全生产规章制度和责任制执行情况的监督与检查，以促进和保证安全教育和培训工作的正常进行，促进和保证安全生产投入的有效实施，促进和保证安全设施、安全技术装备能正常发挥作用，促进和保证对生产全过程进行科学、规范、有序、有效的安全控制和管理。

经常性的检查、监督是完善和加强安全管理的重要手段。通过安全检查，可以发现生产经营单位生产过程中的危险因素，以及控制及管理方法是否有效或失控，以便及时得到整改纠正，及时消除事故隐患，保证安全生产。

19.3.3.5 加强职工安全教育

职工安全教育的内容，主要包括思想政治教育、劳动纪律教育、方针政策教育、法制教育、安全技术培训以及典型经验和事故教训的教育等。职工安全教育不仅可提高企业各级领导和职工搞好安全生产的责任感和自觉性，而且能普及和提高职工的安全技术知识，使其掌握不安全因素的客观规律，提高安全操作水平，掌握检测技术和控制技术的科学知识，学会消除工伤事故和职业病的技术本领。

生产经营单位的安全培训和教育工作分以下 3 个层面进行。

（1）单位主要负责人和安全生产管理人员的安全培训教育，侧重面为国家有关安全生产的法律法规、行政规章和各种技术标准、规范，了解企业安全生产管理的基本脉络，掌握对整个企业进行安全生产管理的能力，取得安全管理岗位的资格证书。

（2）从业人员的安全培训教育在于了解安全生产知识，熟悉有关的安全生产规章制度和安全操作规程，掌握本岗位的安全操作技能。

（3）特种作业人员必须按照国家有关规定经专门的安全作业培训，取得特种作业操作资格证书。要选聘具有一定文化程度、操作技能、身体健康和心理素质好的人员从事相关工作，并定期进行考察、考核、调整。重大危险岗位作业人员还需要专门的安全技术训练，有条件的单位最好能对该类作业人员进行身体素质、心理素质、技术素质和职业道德素质的测定，避免由于作业人员先天性素质缺陷造成的安全隐患。

19.3.4 事故应急措施

1. 事故应急措施的必要性

事故应急措施属于补救措施，主要包括事故应急救援体系的建立和应急预案的编制实施。为防止和减少生产安全事故，减少事故中的人员伤亡和财产损失，生产安全事故应急救援体系的建立就显得十分迫切和必要。重大事故应急预案、应急救援体系对发生事故后，及时组织抢救，防止事故扩大，减少人员伤亡和财产损失具有十分重要的作用。

《中华人民共和国安全生产法》规定，县级以上地方各级人民政府应当组织有关部门制定本行政区域内生产安全事故应急救援预案，建立应急救援体系。乡镇人民政府和街道办事处，以及开发区、工业园区、港区、风景区等应当制定相应的生产安全事故应急救援预案，协助人民政府有关部门或者按照授权依法履行生产安全事故应急救援工作职责。生产经营单位应当制定本单位生产安全事故应急救援预案，与所在地县级以上地方人民政府组织制定的生产安全事故应急救援预案相衔接，并定期组织演练。危险物品的生产、经营、储存单位以及矿山、金属冶炼、城市轨道交通运营、建筑施工单位应当建立应急救援组织；生产经营规模较小的，可以不建立应急救援组织，但应当指定兼职的应急救援人员。危险物品的生产、经营、储存、运输单位以及矿山、金属冶炼、城市轨道交通运营、建筑施工单位应当配备必要的应急救援器材、设备和物资，并进行经常性维护、保养，保证正常运转。

2. 企业应急救援体系

企业生产安全事故应急救援体系是保证生产安全事故应急救援工作顺利实施的组织保障。如上所述，危险物品的生产、经营、储存单位，以及矿山、建筑施工单位应当建立应急救援组织。以矿山应急救援体系为例，主要包括应急救援指挥系统、应急救援管理系统、应急救援组织系统、应急救援技术支持系统、应急救援装备保障系统、应急救援通信信息系统、应急救援体系运行机制，如图 19-3 所示。

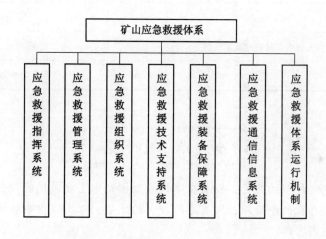

图 19-3 矿山应急救援体系构成图

3. 事故应急救援预案

事故应急救援预案是指通过事前计划制定事故应急处理程序与措施，充分利用一切可能的资源，在事故发生后能及时予以控制，有效组织抢险和救援，防止事故蔓延并尽可能排除事故，保护人员和财产的安全，将事故造成的损失降至最低程度。为预防和消除（减弱）各类事故，保障整个生产经营过程的安全，每个企业都应根据其可能发生的事故制定应急救援预案，尤其是危险物品的生产、经营单位，以及矿山、建筑施工单位，由于事故危险性较大，制定事故应急救援预案更是必不可少。

应急救援预案的文件体系框架由预案的基本方案和程序文件两部分组成。应急预案体系可以由 6 个一级和 16 个二级核心要素构成，见表 19-2。其中，应急策划是制定应急预案的技术基础，包括 4 个二级要素；应急准备包括 4 个二级要素；应急响应是应急预案中核心的内容，包括 8 个二级要素。

表19-2 应急救援预案体系框架及核心要素

级号	要 素 内 容	级号	要 素 内 容
1	方针与原则	4	应急响应
2	应急策划	4.1	现场指挥与控制
2.1	基本情况	4.2	报警与通知系统
2.2	危险源辨识与风险评价	4.3	事故汇报程序
2.3	资源分析	4.4	确定施救方案和处理程序
2.4	事故预防和法律法规要求	4.5	紧急处置
3	应急准备	4.6	实施抢救
3.1	组织机构设置及职责划分	4.7	医疗与卫生服务
3.2	应急资源	4.8	应急结束
3.3	应急人员培训教育和预案演练	5	事故恢复程序
3.4	互助协议	6	预案管理与评审改进

本 章 小 结

本章介绍了危险控制的目的，以及在事故危险控制中主要遵循的控制原则；详细介绍了企业生产中实际存在的危险源、固有危险控制的方法，以及减少事故的发生应采取的基本安全措施等相关内容。

通过本章学习，应熟悉企业生产中实际存在化学危险源、电气危险源、机械（含土木）危险源、辐射危险源和其他危险源等，掌握危险控制的基本原则和方法，能够提出减少事故的措施。

思 考 与 练 习

1. 危险控制的目的是什么？有哪些主要控制技术？
2. 阐述宏观控制的含义及主要手段。
3. 阐述微观控制的含义及主要手段。
4. 试述危险控制的基本原则。
5. 什么是多层次控制原则？
6. 什么是固有危险源？通常分为哪几类？
7. 固有危险控制的方法有哪些？如何选择和应用？简述各种方法的思路和适用条件。
8. 说明降低事故发生概率的措施，分析其应用。

9. 减少人的失误的主要方法有哪些?

10. 试述降低事故严重度的措施。

11. 什么是危险源? 什么是重大危险源? 如何对重大危险源进行管理?

12. 简述安全措施的种类和选择思路?

13. 事故应急预案的核心要素包括哪些?

14. 简述事故应急措施和应急救援预案。

20　安全系统工程新技术、新方法研究应用

📝 **本章学习目标:**

（1）了解安全系统工程的研究与安全评价程序创新，熟悉安全评价新方法研究思路。

（2）熟悉煤矿安全评价方法、步骤及其研究思路，了解研究工作中需要做哪些基础工作。

（3）了解国内机械工业企业安全评价方法及其具体应用。

（4）了解现代信息技术，特别是大数据、云计算等对安全系统工程的支撑与促进作用，分析它们在安全系统工程中的应用方式。

20.1　安全系统工程研究与安全评价研究创新

20.1.1　安全系统工程的研究现状分析

安全系统工程作为系统工程的一个子学科，研究对象是人、机、环所组成的系统，包括人、机、环三大子系统，相互联系、相互作用，构建了安全系统工程的研究体系。统计表明，安全系统工程学主要内容包括系统理论、系统分析、系统评价、安全预测，以及安全决策等内容。根据近10年安全系统工程学的发展研究统计，安全系统原理与方法、安全系统评价及方法、系统安全分析、安全系统工程学应用、系统安全危险控制技术等为主要研究内容，通过危险的识别、分析与事故预测；消除、控制导致事故的危险；对安全系统各单元间之间的关系及相互影响因素进行分析评价，优化系统单位之间的联系，实现系统设计最佳的目标。

通过统计分析，近10年随着安全系统工程学的发展，安全系统工程学主要应用于安全评价、安全评估、安全管理、风险管理、风险评价、风险分析、风险评估、风险控制等方面，如图20-1所示。安全系统工程在安全评价中的应用约占三分之一，其次就是安全管理，由此可见，安全系统工程对提高安全管理效率有着重要的作用，是安全的风险控制和安全管理的重要手段。

在安全系统工程这一领域的研究，呈现出较多的研究层次，其中包括像工程技术、行业指导、基础与应用基础研究、政策研究、职业指导、教育、标准与质量控制、专业实用技术等，多样化的研究层次拓宽了视角。基于公共数据，从不同的研究层次对文献进行计量统计，得出了安全系统工程学的主导层次积极发展的趋势。安全系统工程不同研究层次文献分布如图20-2所示。

基于公共数据库文献检索计量，根据图20-2统计分析，安全系统工程研究层次主要在工程技术层面上，对工程技术推动具有积极的作用，在行业指导和基础与应用研究上也

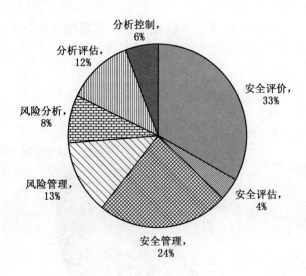

图 20 - 1　安全系统工程文献主题分布

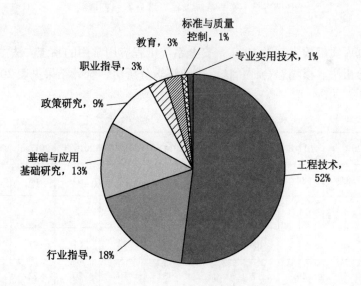

图 20 - 2　安全系统工程研究层次分布

起到了较大的作用。其中从文献的分布来分析，工程技术行业占据了一半以上，因为安全系统工程在工程领域中指导安全管理与风险评价、安全决策等。

　　从安全系统工程不同研究层次近 10 年发展趋势分析，2014 年以后，工程技术方面的研究呈现了急剧的下降，而在基础与应用基础、政策研究方面发展一直较为稳定。

近10年来，安全系统工程学在众多学者和专家的推动下，学科建设得到了快速的发展，安全系统工程学的应用领域也越来越宽。根据对近10年的文献检索发现，安全系统工程广泛应用于安全、交通运输、矿业、工业经济、建筑科学、石油天然气、化学工程、计算机、航空航天等。近10年学科发展分类分布情况如图20-3所示。

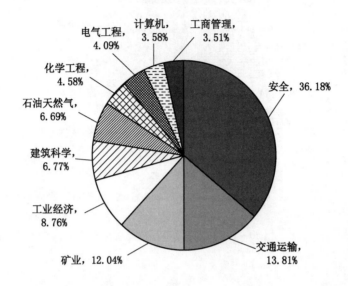

图20-3 安全系统工程应用分类分布情况

通过对数据库文献检索，近10年来安全系统工程应用常用的系统方法主要有事故树、事件树、层次分析法、模糊综合评价法、事故逻辑分析法，统计结果见表20-1。

表20-1 安全系统工程学系统方法分布

分 类	2010年	2011年	2012年	2013年	2014年	2015年	2016年	2017年	2018年	2019年
事故树	85	84	67	88	80	82	63	68	72	53
事件树	4	4	2	3	4	7	2	3	4	1
层次分析法	73	75	104	80	81	90	61	41	55	37
模糊综合评价法	7	19	17	15	13	16	20	22	8	5
事故逻辑分析法	14	14	19	17	21	19	14	5		

分析可知，应用较多的安全系统方法主要为安全评价方法的事故树和层次分析法，像事故逻辑法等很多系统方法还没有得到广泛的应用，传统的故障树等评价方法还有改进的余地，将更加专业系统地分析评价和评估项目。

安全系统工程学是以运用先进的系统工程的理论和方法，分析和评价安全及其影响因素，使系统设计最佳，并持续有效运行。从统计数据看，安全评价方法在工程实践中应用较为成熟，但系统工程方法真正地用于安全生产实践还是有限，尤其在工程和项目设计的决策阶段，将安全系统工程学融入项目决策全阶段将更有利于项目的系统设计，使之在今后的运行中系统性能最优，从而降低事故的发生。

基于公共数据，通过计量学统计显示，安全系统工程学在工程设计中的应用将是一个主要的发展趋势，将应用于民生、国家重大工程设计策划与实施全阶段，尤其在一些高危行业、精细化的施工作业中，采取安全系统工程分析评价方法，可以防止决策的重大失误。

另外，系统评价方法理论研究和应用还有较大的差距，开展安全系统原理与评价方法研究，指导决策分析，开展战略研究与管理。随着科技的进步，智能与智慧并行，开发安全系统仿真及系统分析软件，安全系统工程智慧化是今后发展的趋势。

20.1.2　安全评价的研究

在长期的安全工作实践中，国内外专家从不同角度入手，研究出各种各样的安全评价方法，期望对被评价系统的职业安全状况及危险程度作出符合实际的科学评价结论。但是，除法规要求的安全评价之外，我国安全评价工作开展得并不是很普遍，不少企业还没有开展系统的安全评价工作，安全评价的过程、方法和内容等还有待进一步完善；同时，随着安全科学技术的不断发展，安全评价的方法与程序也应该得到不断的创新与进步。

为讨论安全评价的方法与程序创新，应进一步明确安全评价拟实现的目的和安全评价方法的选择问题，并对其应用情况作出分析。

1. 安全评价的目的及安全评价方法选择

安全评价的对象主要是企业生产系统。对企业进行安全评价工作，不外乎如下4个方面的目的；针对安全评价工作的每一目的，考虑评价工作和生产工作的时间关系，对安全评价方法的选择问题分析如下。

（1）在生产过程中，随时了解其实际安全状况，以便及时采取安全技术措施，进行事故预防工作。

针对这一目的，应采用日常安全评价，并应平行于生产工作，每班（或每天、每周等）进行评价。可以说，对于事故预防和安全管理工作来说，日常评价是最重要，也是最实用的。

（2）在生产工作进行之前，即在规划设计阶段或某一时期的生产工作进行之前，评价即将开展的生产过程中的危险程度，以便安排事故预防措施，降低生产中的危险性。

此时，应根据具体阶段，采用安全预评价或安全验收评价；对于正常生产企业的生产过程，则采用安全现状评价。

（3）对某一时期的安全生产状况进行总体评价，指导下一时期的安全管理工作。

针对这一目的，应采用安全现状评价。

（4）综合评价各企业某一时期安全生产工作及安全管理水平的优劣，作为主管部门宏观安全管理工作的依据，也可作为安全工作选优评比工作的依据。

针对这一目的，应采用安全现状评价。

2. 安全评价的用途及应用情况分析

根据国内多年来的安全评价工作实践，安全评价的用途可总结为如下3项；针对安全评价的每一用途，其应用情况及存在问题分析如下。

（1）安全评价作为政府安全监管依据，也作为企业中长期安全工作和事故预防依据。即针对项目建设不同阶段开展的安全预评价、安全验收评价、安全现状评价，按照国家法规的强制性规定，对矿山、危险化学品等行业予以实施。

这些安全评价是强制性的，在相关行业实施正常，政府部门很重视，但很多企业重视程度不够。

（2）安全评价作为企业日常事故预防依据。即日常安全评价。有的企业、有些大学和研究单位开展了多方面研究，有些企业实施并取得了良好效果；但大多数企业未实施，也不重视。

（3）安全评价作为一种职业。安全评价已经成为一种职业，大量安全评价师在众多安全评价机构中执业，提供专业性的安全评价服务。安全评价的职业化提高了安全评价工作的地位，规范了安全评价工作行为，但安全评价师的专业素养和安全评价机构的运作仍需提高和完善。

3. 安全评价程序的作用

安全评价程序是达成安全评价目标的途径，是安全评价方法得以有效实施、安全评价效果得以有效发挥的过程保障。因此，无论是现有安全评价方法的实施，还是新安全评价方法的开发研究，都需要充分重视、合理规划安全评价程序。

安全评价的方法众多，安全评价的程序多样。由前面各章的介绍可知，根据《安全评价通则》（AQ 8001—2007）开展的安全预评价、安全验收评价和安全现状评价，其程序相对固定，评价方法也主要在《安全评价通则》（AQ 8001—2007）和相关安全评价导则的规定范围内选取；而对于日常事故预防和安全管理工作指导作用大、随着生产进程同步开展的日常安全评价，其评价程序则相对灵活，应在安全评价方法开发研究的同时合理确定。本小结讨论的评价程序主要用于日常安全评价方法。

4. 煤矿事故三步安全评价法

"煤矿事故三步安全评价法"，即"指数法、事故树法和安全对策"三步安全评价法，由曹庆贵于1989年提出，用于评价煤矿生产过程中的实际安全状况。也就是说，这一评价方法用于评价生产过程中的危险程度，即事故发生的可能性及其风险率的大小。这一方法的评价结果，主要用于指导日常的事故预防工作。

煤矿事故三步安全评价法是一种日常评价方法。这一评价方法综合考虑了定性评价、指数法的定量评价和概率安全评价法的不同特点，以评价结果具有足够的可靠性和评价工作简单易行作为判别准则，是经过综合比较后选定的煤矿事故安全评价方法，可以作为研究其他各类煤矿安全评价方法的基础。

煤矿事故三步安全评价法的具体内容及做法是：

第一步：指数评价法。首先确定评价项目，并设计出评价用的安全检查表。然后根据安全检查表进行检查，评定出各项目的危险指数，再结合各项目的权重算出被评地点发生事故的危险指数 W_r。根据 W_r 数值的大小，将事故危险性分为 I、II、III、IV 4级，其具体评价意义分别为很危险、危险、较危险和安全。

若事故危险等级为Ⅰ级或Ⅱ级，则进行第二步事故树评价；否则，直接进行第三步。

第二步：事故树评价法。用事故树分析法对事故危险性进行分析和评价，求出事故树的最小割集和最小径集、各基本事件的结构重要度、事故的发生概率和风险率。如果风险率小于安全指标，则认为危险性在允许值以下；否则，要根据最小径集（或最小割集）和结构重要度所指出的方向，采取措施降低事故危险性，并重新进行评价，直到事故的风险率小于安全指标为止。

第三步：安全对策。据第一步得出的危险等级，有针对性地采取安全对策措施，以有效地降低事故危险性。如果危险等级为Ⅰ级或Ⅱ级，在确定安全对策时，要充分考虑第二步评价所得出的结论，使采取的措施更加切实可行。

"指数法、事故树法及安全对策"三步安全评价法的流程图如图20-4所示。

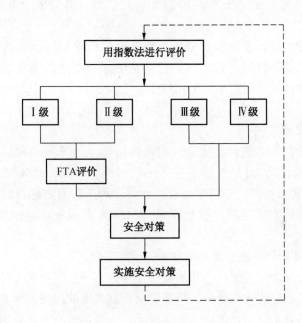

图20-4　三步安全评价法流程图

20.1.3　安全系统工程研究及创新

20.1.3.1　安全系统工程分析方法研究

经过多年来的研究和实践，安全系统工程分析方法从定性方法到定量方法，又从定量方法到模糊评价方法，经历了一个由简单到复杂、由粗放到精确的发展过程。直到如今，安全系统工程分析方法也一直处于探索、提高和完善的进程中。人们既希望找到理想的、完善的定量数学模型开展安全系统工程分析，又希望分析方法简单、方便、易于实施。有关学者和相关研究机构、生产企业对安全系统工程分析方法进行了多方面的研究，取得了一批研究成果，可总结为如下几个方面。

1. 基于新方法、新技术的评价方法

基于系统分析和系统工程的新方法、新技术，开发了更为科学、准确和有效的新方法。具体来说，基于数值模拟、灰色系统方法、人工神经网络、贝叶斯网络和证据理论等方法开展安全系统工程分析工作。由于所依据方法的科学性和先进性，所开发的分析方法在科学性和可靠性等方面也获得明显提高。

这类方法是在指数法、概率风险评价和综合评价等方法的基础上，应用数值模拟方法，建立危险物质、设施、装置和环境的结构特性参数及数值模拟结果的数据库，应用人工智能、专家系统实现安全分析过程中的判断、推理、决策过程，确定有关安全系统结构参数。这类方法的应用，可以避免传统分析方法的局限性、专家评价的主观性以及数据来源的单一性等弊端。

人工神经网络具有极强的非线性逼近、模糊推理、自组织和良好的容错性等特点，将人工神经网络技术用于评价分析，对解决非线性、离散系统的分析过程中因素变权等关键问题有独特优势，能克服传统分析方法的一些缺陷，比较准确地对系统的综合安全水平作出评价，提高安全分析的可靠度和可信度，并使安全管理工作具有一定的智能性。

采用灰色系统方法进行安全综合分析，则是通过计算不同企业的特征参数序列（由事故情况、经济损失等参数组成的序列）与其基准参数序列的关联度来综合评价各企业安全生产状况的优劣，其评价结果用于比较企业之间安全生产工作的好坏和安全管理水平的高低。

2. 多种方法的集成方法

可以说，定性评价是"估计"安全，定量评价是"计算"风险，取长补短，综合利用是方法选择的基本原则，这是本书多次讨论的问题。但是，此处讨论的"多种方法的集成方法"，不是多种分析方法的简单综合，而是多种方法有机融合的集成方法，集成后可以作为一种新的分析方法应用，如 HAZOP 和 LOPA 集成方法，以及 F&EI、HAZOP 和 LOPA 集成方法等。

3. 工业企业实用安全系统工程分析方法的研究实施

以科学、可靠的方法和方便、有效的程序为基础，研究实施了多种实用的工业企业安全分析方法，用于工业企业安全评价，指导安全管理和事故预防工作。例如，机械工厂安全性评价标准、核工业总公司评价法、航空航天部安全评价法等，分别用于相关行业的安全管理工作；煤矿安全分析方法，用于对煤矿生产系统的现实危险性进行评价，作为日常事故预防工作的依据。这些实用分析方法的研究实施，既取得了良好的防灾效果，也有力地推动了安全系统工程分析技术的发展。

4. 计算机及信息技术在安全系统工程中的应用

采用计算机和计算机网络进行安全系统工程分析和其他安全管理工作是一条必由之路。利用数据库技术和计算机技术开发安全管理软件，是定量安全分析方法，特别是概率风险评价方法应用的基础性工作。国内外较为成熟的安全分析软件有挪威 DNV 公司开发的定量风险分析软件 SAFETI、瑞典 RELCON AB 公司开发的概率风险分析软件 Risk‒Spectrum、中国科学院合肥物质科学研究院开发的概率风险分析软件 Risk A 等。

在研究分析方法的同时，有关机构、学者也研制了多种不同的安全管理应用软件，有的开发了较为完善的安全信息管理系统，可利用计算机方便、准确、迅速地进行安全管理工作，利用计算机网络及时、准确地传递安全信息。如曹庆贵教授对风险评价、风险监控与应急救援技术体系进行了研究探讨，以提高企业防灾减灾的总体水平。

信息技术的发展日新月异，近年快速发展的大数据、云计算等新技术，也必将在安全系统工程分析的技术创新中发挥引领作用。

20.1.3.2　F&EI、HAZOP 和 LOPA 集成方法

1. 集成方法及其程序

F&EI、HAZOP 和 LOPA 集成方法，是多种安全系统工程分析方法集成方法的代表性方法。该方法将道化学公司火灾、爆炸危险指数 F&EI 评价法和危险与可操作性研究 HAZOP、保护层分析 LOPA 有机集成，形成一个完善的方法体系，其评价程序如图 20 - 5 所示。

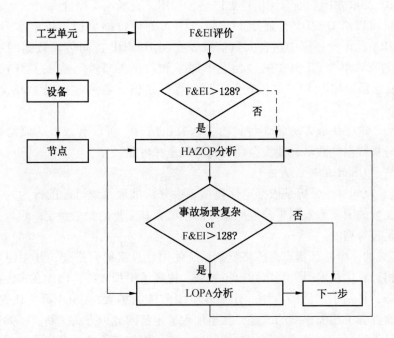

注：虚线箭头表示不进行或少进行 HAZOP 分析

图 20 - 5　F&EI、HAZOP 和 LOPA 集成方法流程图

首先划分安全评价的工艺单元，采用道化学公司火灾、爆炸危险指数评价法进行评价，如果 F&EI 大于 128，则该工艺单元发生火灾、爆炸事故的严重度较大，应进行详细的 HAZOP 分析；否则，少进行或者不进行 HAZOP 分析。

通过 HAZOP 分析，如发现某个偏差下事故场景比较复杂，难以进行准确评价时，需进一步采取半定量的 LOPA 分析，其结果返回给未完成的 HAZOP 分析；LOPA 分析可由 HAZOP 分析启动，也可由 F&EI 直接启动。如此往复进行，直到本单元分析结束，再分析下一单元，直至整个系统分析、评价完成。

在开展道化学公司火灾、爆炸危险指数评价法之后，确定后续评价方法时，除直接应用 F&EI 评价结果以外，采用风险矩阵进行危险等级评价，并确定后续安全评价方法的走向，是更为常用的处理方式。

2. 集成方法中的信息融合与数据共享

这一集成方法中，评价基础数据共享，各单项评价的信息相互融合，使之科学、全面、有效、可靠。

对于道化学公司火灾、爆炸危险指数 F&EI，不但直接用于划分危险等级，亦作为选取后一步安全评价方法、深入开展安全评价的依据。即由 F&EI 的数值来确定，下一步是先启动 HAZOP 作详细分析，据分析结果再启动 LOPA，还是直接启动 LOPA，开展系统分析和全面安全评价工作。

LOPA 可以从 HAZOP 中获取相关信息，用始发事件频率等级、后果严重程度，以及独立保护层的失效概率来评定事故场景的风险大小，以确定是否存在足够的独立保护层，通过对 HAZOP 的事故场景等有用信息加以整合利用，完成风险评价。

信息不仅可以由 HAZOP 传递至 LOPA，LOPA 的评价结果也可以丰富 HAZOP 案例库。由于 LOPA 在评价过程中包含大量信息，在向 HAZOP 逆向传输数据的过程中，需要注意信息的有效整合。LOPA 的"始发事件"和"条件事件"构成了 HAZOP 的"原因"，而"独立保护层"和"非独立保护层的保护措施"则一起构成了 HAZOP 的"安全措施"。

研究认为，这一集成方法将 3 种评价方法有机结合，可以有效提高评价结果的准确性，有利于分析数据的共享，使安全评价更为规范和可靠。

20.1.3.3　基于 QSIM 的集成方法

定性模拟（QSIM）分析是依据定性模型着手分析推理系统可能的行为的方法。通常将与系统有关联的因素和数据整合成能推导的模型，其变量的量值设定既可以是数字类型的，也可以是符号型的。

QSIM 算法的一个显著特点是能将复杂系统使用计算机语言描述，并能使用计算机进行模拟。它将计算机技术引入到定性模拟领域，提高了模拟效率，因此在定性模拟及相关领域备受追捧，得到了广泛的应用。伴随着应用范围的扩大，QSIM 算法在变量、约束、操作域等方面都有了很大程度的改进，甚至加入了定量的分析方法，其流程如图 20-6 所示，可从变量设置、模拟过滤过程、模拟结果分析、模拟停止条件及定性模拟规则设置等方面研究煤矿职工群体安全行为定性模拟方法。

20.1.3.4　安全系统工程研究创新

基于对安全系统工程相关文献的统计分析，对学科发展趋势进行了分析，安全系统工程的发展需要开展以下几个方面的创新研究。

（1）基于系统工程学，进一步开展安全系统原理和方法的研究与应用。

（2）在现有安全评价方法的基础上，对评价方法做进一步的改进，开展科学的评价和预测，指导生产安全管理。

（3）加强跨学科的研究与应用，将安全系统工程与安全管理、安全科学、安全技术、安全工程紧密结合。

（4）开展安全系统仿真及系统动力学方法研究，管理创新研究，将安全系统工程更加深入地应用到项目评价、决策、实施的全过程。将以系统工程的方法论为引导，对工程、项目实现系统组织和管理，实现系统设计最佳的目标。

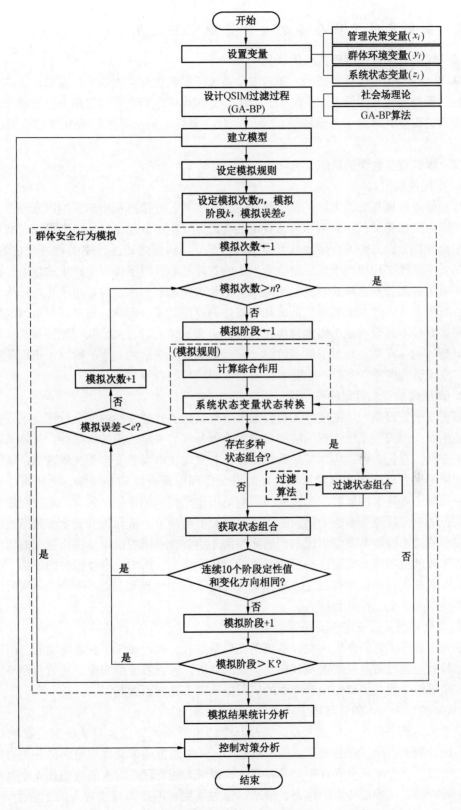

图 20－6　QSIM 集成方法的流程

20.2　安全系统工程在煤矿安全管理中的应用

20.2.1　煤矿安全管理的研究应用状况

从 20 世纪 80 年代后期开始，随着安全系统工程在煤炭系统的推广应用，煤矿安全管理工作的重要性也逐步被人们所认识，有关学者和煤矿生产企业对煤矿安全管理方法进行了多方面的研究，取得了一批研究成果。本节主要介绍安全系统工程在煤矿企业的应用情况。

20.2.2　煤矿安全管理的功能

1. 识别危险因素

煤矿作业环境相对恶劣，矿井下作业占绝大多数，开采过程中的影响因素较多，很多与生产安全息息相关，一旦不够谨慎就可能会造成安全事故发生。所以要想切实有效做好煤矿安全管理，首先必须要做的就是要全面、充分认识到煤矿生产中的每一个危险因素，这也是安全系统工程应用于煤矿安全管理中的首要功能。对于煤矿生产中的危险，人们常常并不陌生，但并不意味着对安全风险因素都足够熟悉。比如，煤矿生产瓦斯爆炸，造成的伤亡和损失非常严重。然而，造成瓦斯爆炸的原因是多方面的，很多时候事故的发生是因为很多看似不起眼的微小因素聚集在一起，引起了大灾难。如果我们能够对这些原因都有明确的认识，在某一环节予以有效阻止，就能够避免事故的发生。所以，识别危险因素是煤矿安全管理的重要基础，也是系统安全工程应用的首要功能。

2. 保证煤矿安全管理的科学性

煤矿安全管理是一项系统性工程，如果仅仅只是展开经验性的安全管理，难以真正保证安全生产。而安全系统工程的应用将极大地提升煤矿安全管理的科学性，具体来说有如下几个方面。首先，通过应用安全系统工程，有效地获取煤矿安全相关的数据，从而使安全管理由定性管理转变为定量管理，提高安全管理的精确性和有效性。比如通过安全评价，对系统中各环节的风险发生概率与影响范围作出精准的评估。其次，通过应用安全系统工程，能够发现整个系统中的安全管理短板和薄弱环节，从而提升安全管理措施的针对性。安全管理本身也需要付出成本，然而如何才能够让有限的成本发挥出更大的效用？安全系统工程的应用能够实现这一目标。通过对风险概率、影响、潜在损失的评估，我们能够使投资者根据目的性和针对性，避免安全管理系统中出现明显的"短板"，从而达到提升整个煤矿系统安全性的目的。

3. 安全系统工程在煤矿安全管理中的应用

从安全系统工程的角度出发，系统的安全是由人、机、环 3 个要素决定的，所以系统安全工程就是通过对这三要素及其相互关系的分析，保证系统的安全、功效和经济。基于此，安全系统工程在煤矿安全管理中的应用应从以下几方面做起。

1）坚持以人为本的管理理念

从"人、机、环"三要素来看，人是其中的主导因素，也是对系统安全影响最大的因素。统计数据表明，在各类企业安全事故中，90% 以上的事故发生原因都有人为失误的影响。所以，在煤矿安全管理中必须要高度重视对人的管理。对人的管理首先要尊重人的正常生理特征，正确看待人的体力、情绪、智力周期，不得强行违背人的正常生理规律，同时还可以根据人体节奏找出科学的波动规律，尽量规避在不利于安全操作时的生产作业，这样能够让人在生产中具备正常的警惕、控制能力，从而提高安全保障。大量的研究数据证实，在管理中以人体生物节律理论为基础，不违背人的正常生理规律，能够降低60%的事故发生率。此外，还应从社会学、心理学等方面展开对人的研究，一方面探讨如何有效提升人对安全的重视和认识，另一方面要分析对安全行为产生影响的心理因素。比如，总结人的兴趣、性格、素质、态度、能力等对安全的影响，进而作出相应的预防措施。比如在班前会发现员工情绪有问题，可暂时禁止员工进入生产区域。

2）建立完善的煤矿安全管理体系

安全管理是一个非常复杂的系统工程，就其管理内容来看，有对人的管理、对机器的管理，还有对环境的管理。通过安全系统工程应用于煤矿安全管理，最重要的是能够帮助煤矿建立完善的安全管理体系，具体来说可以认为有如下的六大体系：一是安全生产责任体系，二是安全规章制度体系，三是安全教育培训体系，四是设备维护和检修体系，五是应急救援体系，六是科研防治体系。在这六大体系的支撑下，才能使煤矿形成一个全方位覆盖的安全体系。在这样的安全体系下，企业各部门各司其职，各自明确自身责任，按照相应的规章制度执行，同时通过针对性的教育培训，不断地提升企业员工的安全意识和安全能力；另外，再通过对设备的维护和检修，控制设备安全隐患，降低整个企业的安全系统风险；再加上应急救援体系与科研防治体系，从而推动企业的安全管理不断完善和提升。

3）坚持预防型安全管理

在企业的安全管理中，预防性安全管理是一种主动防御策略，通常是按照如下管理步骤展开：首先结合企业的实际情况，以安全系统工程为依托，提出系统安全目标；其次针对系统展开全面的问题分析，找出系统中的安全问题；然后再针对性地制定安全防范措施，并安排相应的资源，确保安全防范措施得到充分落实；最后对系统进行安全评价，确定措施的有效性，从而实现系统的安全管理目标。由此可以看出，预防性安全管理是一种与传统的单因素安全管理截然不同的管理方式，是一种综合性的安全管理。将传统安全管理工作中针对某单一事故展开的管理，转变为系统化的隐患分析，从而实施针对性的管理，实现了从事后管理到事前预防的转变，从被动防御到主动预防的转变。预防性安全管理充分调动了企业各系统，齐心协力，齐抓共管，从而为企业安全管理做好保障。

4）坚持以系统工程理论展开事故分析

安全系统工程应用于煤矿安全管理中，务必要经常坚持以系统工程理论展开事故分析，其中常用的分析方法有如下几种。

（1）危险性预先分析。该方法的实际应用就是在正式开展某项工程活动前，首先对该工程系统展开风险分析，分析相关的风险要素、出现条件、出现概率，以及潜在后果，然后针对性作出防范。这也是一种非常重要的事前防范分析法。

（2）检查表分析。该方法就是首先针对系统相关的安全风险因素，制定明确的检查表，检查表中包括各风险因素的内容、检查周期、检查内容等，然后按照检查表执行。这种方法的优势在于具有较强的针对性，且容易实施，往往能够收到立竿见影的效果，在实践中有较多的应用。

（3）事故树分析法。这种方法是一种从结果分析原因的逻辑树分析方法，通过对事故的发生展开定量、定性分析，从而找出事故原因，并总结原因，吸取教训，避免以后再发生同类事故。事故树分析方法也是一种常用方法。

20.2.3 煤矿日常安全管理方法

以"煤矿事故三步安全评价法"为基础，研究实施了实用的煤矿日常安全管理方法，对煤矿生产系统的现实危险性进行评价，并研制了与之配套的应用程序。20 世纪 90 年代，山东科技大学（山东矿业学院）与新汶矿务局等单位合作，开展了煤矿安全管理实用方法的研究与应用工作。

如上所述，日常安全管理是最实用、最重要的一种煤矿安全管理方法。日常安全监察与矿井生产工作同时进行，及时为煤矿安全管理提供决策依据，其具体做法是：采用评分法（指数法）进行煤矿安全管理工作，并根据结果选择实施安全对策。因此，这一分析方法采用了三步安全评价法的第一步和第三步。

煤矿日常安全管理方法的主要部分，是采煤工作面安全评价和掘进工作面安全评价，还包括运输、机电和通防系统的安全评价，以及全矿井安全评价。

下面主要介绍采煤工作面安全评价方法。掘进工作面安全评价，以及运输系统、机电系统和通防系统的安全评价方法与采煤系统的安全评价方法基本相同，可参照采煤系统安全评价的方法、步骤进行这几个系统的安全评价工作；全矿井的安全评价，则根据采煤、掘进、运输、机电和通防 5 个子系统的评价结果综合确定，即根据各个子系统的安全度分数值，采用加权评分法计算全矿井的安全度分数值，然后由全矿井的安全度分数值，确定矿井的安全等级。

20.2.3.1 安全评价的方法步骤

科学而实用的安全评价方法，既要具有足够的可靠性，又要简单易行、便于掌握，这是判别评价方法优劣的 2 个重要准则。采煤工作面（或掘进工作面等）的安全评价方法，正是根据这 2 个准则确定的，其具体步骤如下：

（1）现场检查评定。根据安全评价表（评价用安全检查表），在生产现场逐条进行检查评定，确定各评价指标是否合格，并记录在安全评价表中。

（2）计算安全指数。根据现场检查结果，按照各评价指标的基础分数值，计算出采煤工作面或掘进工作面的安全指数。根据安全指数的大小，将工作面安全程度划分为 A 级、B 级、C 级或 D 级，其评价意义分别为安全、较安全、危险和很危险。

（3）选择并实施安全对策。根据评价结果，选择相应的安全对策，并及时将这些对策付诸实施，确保工作面安全生产。

20.2.3.2 安全评价项目设置

采用评分法进行安全评价工作，首先必须选择评价项目、确定各评价项目的基础分数值并编印评价用安全检查表。

研究过程中，提出了安全评价项目的选择原则。再根据选择原则，经过系统研究，确定了采煤工作面安全评价项目和其他子系统的安全评价项目。由于各矿的自然地质条件和生产技术条件存在很大差别，所以在进行采煤工作面安全评价时，各矿使用的评价项目也不尽相同。对于采用单体液压支柱支护的炮采工作面，可采用如下 10 个评价项目进行采煤工作面安全评价工作：①安全组织与管理；②顶板管理；③工作面支护；④安全出口与端头支护；⑤回柱放顶；⑥煤壁与机道；⑦机电设备；⑧打眼爆破及火药管理；⑨煤炭回收；⑩区段平巷管理与文明生产。

上述每一个评价项目中，又分别包括若干条具体的评价指标。此处，我们将评价项目中的若干条小项目称为"评价指标"，以便于区别。例如，"回柱放顶"评价项目中包括"移溜与支设排柱的距离是否小于 8 m？""回柱放顶的开茬距离是否大于 15 m""是否先支后回、两人放顶？"等 5 个评价指标。这些评价指标内容具体、要求明确，便于进行检查和评定。

采煤工作面的上述 10 个评价项目中，共设有 46 个评价指标，表 20 - 2 列出了部分评价指标。

表 20 - 2　采煤工作面安全评价表（部分）

单位	地点	年　　月	日	班次
序号	评价项目	基础分值	1	2
一	安全组织与管理	135		
1	本班是否有区队管理人员上岗？	28		
2	班长和管理人员是否在现场交接班？	27		
3	特殊工种（各类司机、放炮工、维修工）是否全部持证上岗？	15		
4	工作面现场有"五图一表"并实行工种岗位责任制？	11		
5	作业人员是否坚持"敲帮问顶"和"挂牌开工"制度？	15		
6	本班无轻伤以上事故，并且无"三违"人员吧？	40		
二	顶板管理	89		
7	工作面没有冒顶（面积超过 1 m²，冒高超过 0.3 m）吧？	28		
⋮	⋮	⋮		
※	重要评价项目			
1	初次放顶			
2	基本顶初次来压			
3	基本顶周期来压			
4	过断层带			
5	大游离岩块			
主要存在问题				

采用上述指标进行安全评价工作，在正常情况下，可以对工作面的实际安全状况作出较为系统、全面的评价。但是，若工作面处于某些特殊情况下，例如，若工作面处于初次放顶阶段，仅仅利用这些指标进行安全评价，就难以对工作面安全状况作出客观、真实的

反应。为了解决这一问题，又增设了"初次放顶""老顶来压"等4个"重要评价项目"，并用这4个重要评价项目的评价结果对正常评价情况进行干预。即当工作面处于这4个重要评价项目所指出的情况下，则按降低后的安全等级进行管理，见表20-3。

表20-3 重要评价项目

序号	项 目	评 价 结 果 处 理
1	初次放顶	若工作面处于初次放顶阶段，则其安全等级降低2级
2	老顶来压	老顶初次来压，工作面安全等级降低2级；老顶周期来压，工作面安全等级降低1级
3	过断层带	若工作面的某一（些）部位过破碎断层带，其安全等级降低1级
4	游离岩块	若工作面的某一（些）部位处于大范围游离岩块下，其安全等级降低1级

20.2.3.3 评价项目基础分数值确定与安全评价表设计

1. 评价项目基础分数值的确定

评价指标的基础分数值即该指标所占的安全度分数值，是表示该指标对于安全工作的重要性程度的数值，评价时用这一数值来代表该指标所处的实际状况。基础分数值合理与否，直接影响到安全评价结果的合理性，是决定评价工作成败的关键之一。

由于评价指标涉及的范围较广，所以确定评价指标的基础分数值是一个比较复杂的问题。采用层次分析法，可以较好地解决这一问题，即可以利用层次分析法，求得各个评价项目、评价指标的基础分数值。

我们编制了应用程序，采用层次分析法来确定基础分数值，列在表20-2中。

2. 安全评价表设计

安全评价表即评价用安全检查表，是一种专业性安全检查表。根据评价工作的实际需要，此表中不但列出了安全评价指标和用于记录每班两次评价结果的栏目，还列出了各指标的基础分数值，并设立了"主要存在问题"栏目。采煤工作面安全评价表见表20-2。

20.2.3.4 安全评价结果计算与安全等级划分

1. 班评价结果的计算

进行采煤工作面安全评价时，根据安全评价表在采煤工作面逐条进行检查评定。采煤工作面每班检查评定两次，第一次检查结果作为督促现场整改的依据，在接班后的2 h之内进行；第二次检查情况用于计算当班的安全评价结果，于交班前2 h之内进行。

工作面的安全度分数值由合格指标的分数值之和与该面存在的所有指标的分数值之和的比值乘以100求得，其计算公式为

$$W_i = \frac{\sum\limits_{j=1}^{m} F_{tj}}{\sum\limits_{j=1}^{m} F_{tj} + \sum\limits_{l=1}^{n} F_{fl}} \times 100 \qquad (20-1)$$

式中 W_i——采煤工作面第 i 班的安全度分数值；

F_{tj}——合格指标 j 的分数值；

F_{fl}——不合格指标 l 的分数值；

m——合格指标的数目；

n——不合格指标的数目。

这样，就可以用 $0 \sim 100$ 之间的某一具体数值定量地反映工作面当班的安全状况，并根据表 20 – 4 划分当班安全等级。

如果"重要评价项目"存在问题，则根据表 20 – 3 的原则，按降低后的等级进行管理。

2. 日评价结果的计算

每日 3 个班的安全度分数值算出后，如何计算日评价结果也是个重要的问题。日评价分数的计算公式为

$$W = S \cdot \frac{W_1 + W_2 + W_3}{3} + (1 - S)W' \qquad (20 - 2)$$

式中 W——采煤工作面当日的评价分数，即工作面当日的安全度分数值；

W_1, W_2, W_3——该工作面当日一、二、三班的班评价分数；

W'——该工作面前一日的日评价分数；

S——加权系数，$0 < S < 1$，一般取 $S = 0.9$，并可根据需要作适当的调整。

采用这一公式求得的日评价分数，实际上并非本来意义上的"当日"的安全度分数值，而是次日安全度分数值的预测值。因为这一计算公式，实际上是时间序列法中的一个预测公式。它包括了当天的评价值 $(W_1 + W_2 + W_3)/3$，前一天的评价值 W'，前两天的评价值（因为前一天的评价值 W' 中包括前两天的评价值）……并体现了当天的评价结果对次日的影响最大，近期的评价结果影响较大，远期的评价结果影响较小的客观规律，能较好地与实际情况相吻合，也与人们的思维方式相一致。

3. 安全等级与安全对策

根据工作面日评价分数 W 的数值大小，将采煤工作面的安全状况划分为 A、B、C、D 四个等级，并根据评价结果采取安全对策，见表 20 – 4。

表 20 – 4 评价标准与安全对策

安 全 等 级	A	B	C	D
安全度分数	$W \geqslant 90$	$90 > W \geqslant 80$	$80 > W \geqslant 70$	$W < 70$
评价意义	安全	较安全	危险	很危险
安全对策	注意防止	及时整改	立即整改	停产整改

20.2.3.5 评价结果的反馈及安全对策的实施

各工作面每班的安全评价结果均应进行及时的分析，并及时反馈给有关管理人员和职能科室。根据需要，可进行班评价结果、日评价结果及日分析报表的打印，输出每班的评价分数、评价等级和当班存在问题（主要是不合格指标等）。评价结果分析表及时交安监

处、矿调度室，以及生产矿长等领导。有关领导签署处理意见后，交各责任部门及时作出处理和改进。

20.2.4　煤矿安全管理应用软件

在研究安全系统工程分析方法的同时，应该研制与之配套的应用软件，以便用计算机方便、准确、迅速地进行安全管理工作。如下煤矿安全管理应用软件系统可供参考。该软件的扫描输入部分需要 OCR（Optical Character Recognition，光学字符识别）软件的支持；软件由多个功能模块和数据库组成，如图 20 – 7 所示。

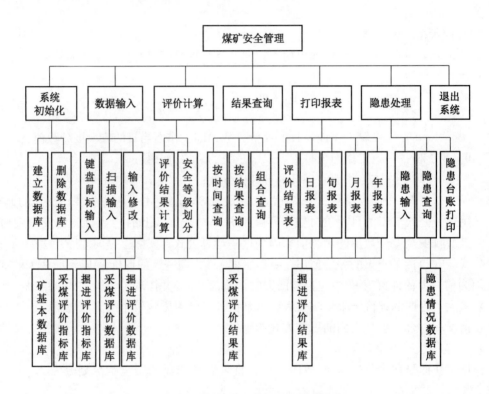

图 20 – 7　煤矿安全管理软件总体结构

煤矿安全管理应用软件可完成评价结果的计算、安全等级的划分、安全评价结果及分析报表的打印等工作。其中，各评价指标的评定结果既可用键盘、鼠标输入，也可用扫描仪扫描输入。

20.3　现代信息技术在安全系统工程中的应用与展望

20.3.1　信息技术及系统科学概述

20.3.1.1　信息技术与系统科学

信息技术（Information Technology，缩写为 IT），是主要用于管理和处理信息所采用的各种技术的总称。它主要是应用计算机科学和通信技术来设计、开发、安装和实施信息系统及应用软件。它也常被称为信息和通信技术（Information and Communications Technology，缩写为 ICT）。主要包括传感技术、计算机与智能技术、通信技术和控制技术。

系统科学是以系统思想为中心的一类新型的科学群，着重考察各类系统的关系和属性，揭示其活动规律，探讨有关系统的各种理论和方法。系统科学包括系统论、信息论、控制论、耗散结构论、协同学，以及运筹学、系统工程、信息传播技术、控制管理技术等等许多学科在内，是 20 世纪中叶以来发展最快的一大类综合性科学。

这些学科是分别在不同领域中诞生和发展起来的。它们本来都是独立形成的科学理论，但它们相互间紧密联系，互相渗透，在发展中趋向综合、统一，有形成统一学科的趋势。因此国内外许多学者认为，把以系统为中心的这一大类新兴科学联系起来，可以形成一门有着严密理论体系的科学。

20.3.1.2 大数据与云计算

1. 大数据及其特点

大数据，虽然是近几年的热门话题和研究议题，但作为一个专业术语，其历史要久远得多，其出现大约是在 30 年前。据可查证的资料，1987 年，美国学者泽莱尼（Zeleny），在其论文"管理支持系统：迈向集成知识管理"中首次提出了大数据（Big Data）的概念。不过当时，还没有进入数据爆炸时代，只是随着信息技术的发展，处理数据的软件的重要性日益下降，而数据本身的重要性日趋上升，因此，那时泽莱尼提及的"大数据"之大，主要是指数据的价值大，而非体积庞大。

随着计算机技术全面和深度地融入社会生活，信息爆炸已经积累到了一个开始引发变革的程度。它不仅使世界充斥着比以往更多的信息，而且其增长速度也在加快。信息总量的变化还导致了信息形态的变化——量变引起了质变。综合观察社会各个方面的变化趋势，我们能真正意识到信息爆炸或者说大数据的时代已经到来。

时至今日，学术界对"大数据"这一新兴的科学，还没有明确的定义。全球知名的IT 研究与顾问咨询公司高德纳（Gartner）曾这样描述大数据：大数据是一种多样性的、海量的且增长率高的信息资产，其基于新的处理模式，产生强大的决策力、洞察力，以及流程优化能力。世界著名咨询机构麦肯锡（McKinsey）公司于 2011 年 5 月在下一个创新、竞争和生产力的前沿的技术报告中认为：大数据是指其大小超出了典型数据库软件的采集、储存、管理和分析等能力的数据集。

有人定义大数据的 3 个特点，即 3 V 特征：容量（volume）、多样性（variety）、速度快（velocity）。更为流行的，是认为大数据的 4 V 特征，除前 3 V 外，还有 Value（价值），且 Value 比前面 3 V 更重要，是大数据的最终意义——获得洞察力和价值。

2. 云计算及其应用

云计算（cloud computing）的"云"不是蓝天中飘荡的白云，而是散布在 Internet 上的各种资源的统称。把 Internet 比喻为蓝天，把 Internet 上所有可以利用的资源称为"云"，利用 Internet 上的"云"来为我服务，就叫作"云计算"。关于云计算的专业解释为：云计算是商业化的超大规模分布式计算技术。即用户可以通过已有的网络将所需要的庞大的计算处理程序自动分拆成无数个较小的子程序，再交由多部服务器所组成的更庞大的系统，经搜寻、计算、分析之后将处理的结果回传给用户。

最简单的云计算技术在网络服务中已经随处可见并为我们所熟知，比如搜寻引擎、网络信箱等，使用者只要输入简单指令即可获得到大量信息。而在未来的"云计算"的服务中，"云计算"就不仅仅是只做资料搜寻工作，还可以为用户提供各种计算技术、数据分析等的服务。通过"云计算",人们能够利用手边的 PC 机和网络,在极短时间(数秒)之内,处理数以千万计甚至亿计的信息,得到和"超级计算机"同样强大效能的网络服务,获得更多,更复杂的信息计算的帮助。

在云计算中,"云"不仅仅是信息源,还包括一系列可以自我维护和管理的虚拟的计算资源,比如大型计算服务器、存储服务器、宽带资源等等。云计算将所有的信息资源和计算资源集中起来,由软件实现自动管理,无须人为参与。使用者只需提出目标,而把所有事务性的事情都交给"云计算"。可见,云计算不是一个单纯的产品,也不是一项全新的技术,而是一种产生和获取计算能力的新的方式。有人这样解释道:云计算是一种服务,这种服务可以是 IT 和软件,也可以是与互联网相关的任意其他的服务。可用一句话来概括:云计算就是网格计算的一个商业升级版。

3. 大数据和云计算的关系

大数据和云计算相辅相成,有人比喻它们的关系就像一枚硬币的正反面一样密不可分。它们关系的一个形象解释为:云计算是硬件资源的虚拟化,大数据则是海量数据的高效处理。也就是说,大数据相当于海量数据的"数据库",云计算则作为计算资源的底层,支撑着上层的大数据处理。

20.3.2 安全系统工程中现代信息技术的研究应用

20.3.2.1 计算机及网络技术在安全系统工程中的应用

采用计算机和计算机网络进行安全管理、安全评价等工作,本书 20.1 节中已有讨论,20.2 节中煤矿安全评价应用软件的开发,也是这方面研究应用的一个示例。

20.3.2.2 风险评价、风险监控与应急救援技术——网络信息技术的应用

1. 煤矿重大事故风险评价方法概述

为便于开展煤矿重大事故风险评价工作,提高风险评价的速度、准确性和规范性,并开展科学有效的风险管理工作,本书建立了风险评价的指数评价模型,采用指数法(评分法)开展重大事故危险性的日常评价工作,分别根据"煤矿水灾事故危险性评价表"和"瓦斯煤尘爆炸与火灾事故危险性评价表"对各自的评价指标进行检查和评定。根据检查评定结果,确定每一评价指标的得分,然后计算危险性指数,划分危险性等级,以便开展风险监测、风险预警和风险控制工作。

例如,通过评价,计算出矿井水灾危险性指数 F_w 后,根据 F_w 的数值大小,将矿井水灾危险性划分为 Ⅰ,Ⅱ,Ⅲ,Ⅳ 4 个等级,分别代表"很危险""危险""一般"和"安全"。

2. 煤矿事故应急救援预案及其数据库

要保证应急救援系统的正常运行,必须事先制定完善的应急救援预案;为建立科学的煤矿重大事故应急救援体系,应采用计算机和计算机网络对其进行管理。为此,需建立重大事故应急救援预案数据库。本书所建立的煤矿重大事故应急救援预案数据库,为 SQL Server 或 MySql 数据库,可以在矿业集团公司(或某一煤矿)企业内部网 Intranet 或智能手机上管理和应用。

3. 煤矿重大事故风险评价、风险监控与应急救援方法体系

煤矿重大事故风险评价、风险监控和应急救援体系相结合,则可以建立煤矿重大事故风险监控与应急救援的完整方法体系。以网络技术和信息技术为依托,利用计算机和计算

机网络实施。该体系包括如下内容。

(1) 采用指数法，对瓦斯煤尘爆炸、水害和火灾三类煤矿重大事故进行日常风险评价。

(2) 利用计算机处理煤矿重大事故日常风险评价结果。

(3) 根据风险评价结果，利用计算机对煤矿重大事故风险进行监控预警；同时，利用计算机对煤矿其他事故风险——主要是严重事故隐患进行监控预警。

(4) 制定煤矿重大事故应急救援预案，建立重大事故应急救援预案数据库。

(5) 建立专用网站，利用计算机网络，传输和管理煤矿重大事故风险监控与应急救援信息，发布风险控制对策，开展风险管理的日常工作。

(6) 应用配套软件系统——煤矿重大事故风险监控与应急救援预警系统，开展煤矿重大事故危险性评价与风险监控预警、重大事故应急救援预案管理、重大事故应急救援预案启动等工作。

4. 煤矿重大事故风险监控与应急救援预警系统

"煤矿重大事故风险监控与应急救援预警系统"是与"煤矿重大事故风险评价、风险监控与应急救援方法体系"配套的应用软件，为网络版的应用软件系统。为便于系统操作和维护，本书采用 B/S 模式开发"煤矿重大事故风险监控与应急救援预警系统"。该系统具备信息输入、信息处理、重大事故风险评价、重大事故危险性预警、重大隐患预警提示、应急救援预案查询和安全指令发布等功能。该系统用浏览器打开，系统主页如图 20 - 8 所示。

图 20 - 8　煤矿重大事故风险监控与应急救援预警系统主页

5. 基于 QSIM 的煤矿职工群体安全行为定性模拟平台

"基于 QSIM 的煤矿职工群体安全行为定性模拟平台"是与"煤矿重大事故风险监控

与应急救援预警系统"相结合的 QSIM 通用型仿真软件平台。该软件平台具备语言版本选择、模型管理、规则管理、定性模拟、结果管理、控制对策分析等功能。控制对策运用数据挖掘等算法从"煤矿重大事故风险监控与应急救援预警系统"中获取相关数据，并筛选最优的改进措施，以实现对策优选。该软件平台模拟和对策优选界面如图 20 – 9 和图 20 – 10 所示。

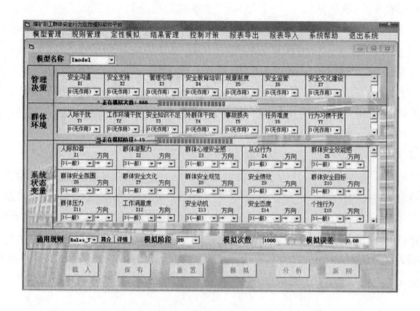

图 20 – 9　定性模拟管理界面

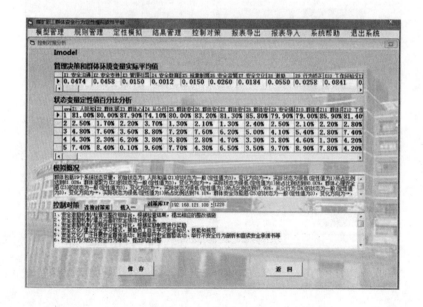

图 20 – 10　控制对策分析

20.3.3 大数据及信息技术对安全系统工程的支撑、促进与展望

在进入 21 世纪的今天，信息技术特别是近年来大数据技术的快速发展，给人类的生产生活活动带来了巨大的便利，也带来了巨大的冲击，的确是机遇与挑战并存。下面就作者的理解，分析大数据及信息技术对安全系统工程的支撑、促进与展望。

20.3.3.1 大数据与云计算技术在安全生产中应用的可行性

2015 年 4 月 2 日，国务院办公厅印发了《关于加强安全生产监管执法的通知》（以下简称《通知》），《通知》中把加快监管执法信息化建设作为创新安全生产监管执法机制的一项重要内容，并提及要整合建立安全生产综合信息平台，统筹推进安全生产监管执法信息化工作，实现与事故隐患排查治理、重大危险源监控、安全诚信、安全生产标准化、安全教育培训、安全专业人才、行政许可、监测检验、应急救援、事故责任追究等信息共建共享，消除信息孤岛。要大力提升安全生产"大数据"利用能力，加强安全生产周期性、关联性等特征分析，做到检索查询即时便捷、归纳分析系统科学，实现来源可查、去向可追、责任可究、规律可循。

大数据的精髓在于有利于分析信息时的 3 个转变。第一个转变是，在大数据时代，我们可以分析更多的数据，有时候甚至可以处理和某个特别现象相关的所有数据，而不再是只依赖于随机采样；第二个转变是，研究数据如此之多，以至于我们不再热衷于追求精确度；第三个转变是，我们不再热衷于寻找因果关系。

大数据对安全生产意义非凡。安全生产大数据可以定义为企业安全生产、政府安全监管、社会个人参与以及与此关联的经济活动全过程所形成的文本、音频、视频、图片等海量信息的集合。将大数据用到安全生产中，可提升源头治理能力，降低事故的发生。大数据应用可及时准确地发现事故隐患，提升排查治理能力。当前，企业生产中的隐患排查工作主要靠人力，通过人的专业知识去发现生产中存在的安全隐患。这种方式易受到主观因素影响，且很难界定安全与危险状态，可靠性差。通过应用海量数据库，建立计算机大数据模型，可以对生产过程中的多个参数进行分析比对，从而有效界定事物状态是否构成事故隐患。

相对于传统的安全管理模式，我国安全生产对于"互联网＋"、大数据的应用，现处于起步阶段。安全生产应做好准备迎接大数据，要在现有基础上加大力度。

20.3.3.2 大数据时代的安全监管监察模式展望

大数据也是创新安全监管监察模式的必由之路，全面增强运用安全生产大数据的责任感、使命感，加快构建"大数据、大支撑、大安全"服务平台，切实实现安全生产事故预测预判和风险防控"信息化、数字化、智能化"的目标。

对安全监管监察机构而言，大数据可带来六大转变，最终为实现事故的超前预防提供预测预警：

（1）从粗放式管理向精细化转变。

（2）从单向管制向政民互动转变。

（3）从各自为战向共享协作转变。

（4）从被动响应向主动预见转变。

（5）从行政主导的政府向以人为本服务型政府转变。

（6）从经验决策向基于大数据的科学决策转变。

大数据与信息技术在安全系统工程领域的进一步应用，可通过如下几个方面加以实施。

一是完善数据库，做好数据库衔接。应急管理、工信、建筑、交通、民航等具有安全监管职责的部门应做好安全生产相关数据的采集、整理和存储工作，建立和完善安全生产相关数据库，包括事故数据库、监管信息数据库等。各部门应统一安全生产相关数据库建设标准，事故数据库、监管信息数据库等应做好衔接。信息化主管部门做好相关协调和保障工作，建立部门间协调机制，保障安全生产相关数据的有效应用。

二是加强安全生产信息化建设，做好信息公开工作。进一步深化安全生产信息化工作，加强海量数据分析工具的开发和利用，推进大数据价值尽快实现；在现有信息公开的基础上加大信息公开力度，特别是做好事故信息和安全监管信息的公开，并保障信息的真实可靠。

三是用大数据寻求安全生产规律，实时评价安全生产状况。如研究建立起一套安全生产状况评价指标体系，并提炼出一个安全生产指数（如企业的安全生产指数），可通过对企业人、机、环、管等信息进行采集及智能判断，评价企业量化的安全生产指数，就可以重点盯住安全指数差的企业，兼顾安全指数一般的企业，对安全指数高的企业给予政策上的鼓励。同时，针对煤矿、非煤矿山、化工等不同的行业领域，进行大数据分析和及时判断企业的安全生产状态，可有效地找到安全生产规律。

本 章 小 结

本章系统介绍了安全系统工程与安全评价的方法研究与程序创新，介绍了煤矿安全评价方法的研究思路和应用方法，简要介绍了国内机械工业企业安全评价方法的研究与实施；分析了现代信息技术对安全评价的支撑与促进作用，介绍了计算机及网络技术在安全评价中的应用，并展望了大数据、云计算等现代信息技术对安全系统工程的引领作用及实施方案。本章可作为安全系统工程领域研究工作的参考。

思 考 与 练 习

1. 试分析安全系统工程的研究现状。
2. 试述安全评价的目的及安全评价方法的选择思路。
3. 简述安全评价的用途及应用情况。
4. 简述安全评价的程序研究。
5. 简述安全评价的方法创新。
6. 试述煤矿事故三步安全评价法的方法步骤，如何对其进行深入的研究和完善？
7. 试述安全系统工程的研究创新。
8. 说明煤矿日常安全评价法的方法步骤，分析其研究思路。
9. 采煤工作面安全评价的基础研究工作有哪些？如何进行采煤工作面安全评价？
10. 简述信息技术、系统科学、大数据、云计算的概念，分析它们与安全系统工程的关系。

参 考 文 献

[1] 曹庆贵. 安全系统工程 [M]. 北京：煤炭工业出版社，2010.

[2] 徐志胜. 安全系统工程 [M]. 北京：机械工业出版社，2007.

[3] 曹庆贵. 安全评价 [M]. 北京：机械工业出版社，2017.

[4] 谢振华. 安全系统工程 [M]. 北京：冶金工业出版社，2010.

[5] 景国勋，施式亮. 系统安全评价与预测 [M]. 2版. 徐州：中国矿业大学出版社，2016.

[6] 田宏. 安全系统工程 [M]. 北京：中国质检出版社. 中国标准出版社，2014.

[7] 王洪德. 安全系统工程 [M]. 北京：国防工业出版社，2013.

[8] 徐志胜，姜学鹏. 安全系统工程 [M]. 3版. 北京：机械工业出版社，2016.

[9] 王起全等. 安全评价 [M]. 北京：化学工业出版社，2015.

[10] 邓奇根，高建良，刘明举. 安全系统工程（双语）[M]. 徐州：中国矿业大学出版社，2011.

[11] 中国就业培训技术指导中心，中国安全生产协会. 安全评价师（国家职业资格二级）[M]. 2版. 北京：中国劳动社会保障出版社，2010.

[12] 中华人民共和国应急管理部. 危险化学品重大危险源辨识　GB 18218—2018 [S]. 北京：中国标准出版社，2018.

[13] 吴超，王婷等. 安全统计学 [M]. 北京：机械工业出版社，2014.

[14] 沈斐敏. 安全评价 [M]. 徐州：中国矿业大学出版社，2009.

[15] 何学秋等. 安全科学与工程 [M]. 徐州：中国矿业大学出版社，2008.

[16] 陈德山. 安全系统工程 [M]. 北京：应急管理出版社，2023.

[17] 朱令起，柳晓莉，董宪伟. 安全系统工程 [M]. 北京：冶金工业出版社，2022.

[18] 沈斐敏. 安全系统工程 [M]. 北京：机械工业出版社，2022.

[19] 林友，卢萍. 安全系统工程 [M]. 3版. 北京：冶金工业出版社，2022.

[20] 刘辉. 安全系统工程 [M]. 北京：中国建筑工业出版社，2016.

[21] 沈斐敏. 安全系统工程理论与应用 [M]. 北京：煤炭工业出版社，2001.

[22] 张景林. 安全系统工程 [M]. 3版. 北京：煤炭工业出版社，2019.

[23] 许素睿. 安全系统工程 [M]. 上海：上海交通大学出版社，2015.

[24] 赵耀江. 安全评价理论与方法 [M]. 2版. 北京：煤炭工业出版社，2015.

[25] 公伟，朱丰雪. 智慧城市网络安全评价制度及标准综述 [J]. 中国标准化，2022（24）：64 – 67.

[26] 夏利群. 成品油库安全评价技术研究进展 [J]. 现代职业安全，2022（12）：84 – 87.

[27] 曹二美. 化工工艺设计与安全评价对安全生产的影响分析 [J]. 清洗世界，2022，38（11）：173 – 175.

[28] 罗贵宾，李龙斌，周诗健，等. 基于层次分析 – 云模型的起重机械安全评价 [J]. 中国设备工程，2022（22）：172 – 174.

[29] 吴娉，徐唯唯. 化工设计与安全评价对化工安全生产的不良影响 [J]. 化工管理，2022（33）：105 – 108.

[30] 肖绑柱. 过程控制和风险管理在化工安全评价中的重要性 [J]. 消防界（电子版），2022，8（21）：9 – 11.

[31] 汤军，童尧. 基于MORT的机场特种车辆设计安全评价方法 [J]. 艺术与设计（理论），2022，2（11）：126 – 128.

[32] 刘春登. 水利工程安全评价及安全管理系统分析 [J]. 治淮，2022（11）：63 – 64.

[33] 黄莺，杜树，郭俊浩，等. 基于组合权重和集对分析法的煤矿生产安全评价研究 [J]. 工业安全与环保，2022，48（11）：9 – 13.

[34] 李贝贝. 基于改进组合赋权法的装配式建筑安全评价研究 [J]. 微型电脑应用, 2022, 38 (10): 35 – 38.

[35] 王立进. 化工工艺的风险识别与安全评价 [J]. 化学工程与装备, 2022 (10): 251 – 252.

[36] 马平安. 现场通风环境安全评价体系研究 [J]. 机械管理开发, 2022, 37 (10): 295 – 297 + 302.

[37] 闫莉. 化工设计与安全评价对化工安全生产的影响探究 [J]. 化工管理, 2022 (27): 107 – 109.

[38] 林贵超. 基于 AHP – 熵权 – 云模型的建筑施工安全评价研究 [J]. 工程机械与维修, 2022 (05): 243 – 247.

[39] 黄家远. 基于 IFAHP – 熵权法的煤矿瓦斯防治系统安全评价 [J]. 中国矿山工程, 2022, 51 (04): 9 – 15.

[40] 赵国良. 探究化工工艺的风险识别和安全评价 [J]. 山西化工, 2022, 42 (03): 228 – 229.

[41] 孔珊珊. 浅析安全评价技术在化工企业生产中的应用 [J]. 山东化工, 2022, 51(12): 170 – 171 + 181.

[42] 秦菲. 事故致因理论在化工企业安全评价中的应用研究 [J]. 现代企业文化, 2022 (15): 46 – 48.

[43] 张学群. 基于改进模糊层次分析法的煤矿一通三防系统安全评价 [J]. 中国矿山工程, 2022, 51 (02): 8 – 12.

[44] 任鑫. 大型工业企业的安全评价分析 [J]. 电子技术, 2021, 50 (04): 174 – 175.

[45] 朱敏. 过程控制和风险管理在安全评价中的重要性 [J]. 中小企业管理与科技 (中旬刊), 2021 (04): 23 – 24.

[46] 侯艳红. 过程控制和风险管理在化工安全评价中的重要性 [J]. 化工管理, 2021 (11): 104 – 105.

[47] 唐启军. 危险化学品安全评价现状与策略分析 [J]. 化工设计通讯, 2021, 47 (03): 71 – 72.

[48] 付林林, 李豪. 化工工艺的风险识别和安全评价 [J]. 化工设计通讯, 2021, 47 (03): 102 – 103.

[49] 曹金喜. 煤矿通风安全评价及优化实例 [J]. 机械管理开发, 2021, 36 (02): 148 – 149 + 198.

[50] 郑志国. 化工生产过程 HAZOP 安全评价技术 [J]. 化工管理, 2021 (05): 115 – 116 + 124.

[51] 刘瑞倩, 丁世玲. 过程控制和风险管理在化工安全评价中的重要性 [J]. 化工管理, 2021 (04): 108 – 109.

[52] 赵明辉, 杜晓芳, 吴浩. 模糊综合评价在煤矿供电安全评价中的应用 [J]. 内蒙古煤炭经济, 2021 (02): 143 – 148.

[53] 赵鹏飞. 煤矿安全评价方法综述及发展趋势 [J]. 化工矿物与加工, 2021, 50 (09): 29 – 31.

[54] 鲁璐. 矿井通风安全评价及管理系统设计研究 [J]. 能源与节能, 2021 (01): 107 – 108.

[55] 张洪武. 化工工艺的风险识别及安全评价初探 [J]. 化工设计通讯, 2020, 46 (04): 132 + 152.

[56] 熊友强. 化工厂安全评价中过程方法的应用研究 [J]. 化工管理, 2020 (11): 87 – 88.

[57] 吕建华. 化工工艺的风险识别与安全评价问题探讨 [J]. 科学技术创新, 2020 (09): 185 – 186.

[58] 袁荣华. 石油化工企业的安全评价技术方法及意义研究 [J]. 化工管理, 2019 (26): 99.

[59] 古继国. 探究化工生产过程 HAZOP 安全评价技术 [J]. 中国石油和化工标准与质量, 2019, 39 (01): 15 – 16.

[60] 常兆韦. 矿井通风系统安全评价体系构建原则及危险因素分析 [J]. 能源与节能, 2018(12): 18 – 19 + 25.

[61] 岳基伟, 马衍坤, 申晓静. 基于"新工科"理念指导下的安全系统工程课程教学改革浅析 [J]. 河南教育 (高等教育), 2022 (10): 54 – 55.

[62] 赵玲. "安全系统工程"混合式教学模式探析 [J]. 黑龙江教育 (理论与实践), 2022(08): 50 – 52.

[63] 李少泽. 安全系统工程在矿山安全管理中的应用 [J]. 矿业装备, 2022 (04): 148 – 149.

[64] 吴超. 国内《安全系统工程》教材的评述与展望 [J]. 安全, 2022, 43 (01): 36 – 40.

[65] 杜祥龙. 安全系统工程在矿山安全管理中的应用 [J]. 世界有色金属, 2021 (18): 164 – 165.

[66] 王文鑫, 姚璐. 基于安全系统工程的滑坡灾害研究与分析 [J]. 科学技术创新, 2020 (33): 38 – 39.

[67] 肖益盖, 邓红卫. 近 10a 我国安全系统工程学应用现状及发展趋势 [J]. 现代矿业, 2020, 36 (09): 85 – 90.

[68] 陆秋贵, 张兆云. 安全系统工程在项目安全文化建设中的研究 [J]. 珠江水运, 2020 (05): 47 – 48.

[69] 彭乐, 景国勋. 2019 年安全系统工程研究热点回眸 [J]. 科技导报, 2020, 38 (03): 200 – 207.

[70] 丁慧哲, 李国栋, 郭鑫禾. "新工科" 理念指导下《安全系统工程》课程系统化实践教学体系的建立 [J]. 河北工程大学学报 (社会科学版), 2019, 36 (04): 120 – 124.

[71] 贺大龙. 安全系统工程在煤矿安全管理中的应用研究 [J]. 化学工程与装备, 2019 (11): 254 + 276.

[72] 张东旭. 基于聚类的故障诊断方法及应用研究 [D]. 沈阳: 沈阳理工大学, 2012.

[73] 周长春, 姜浩然, 张智华. 基于故障模式与影响分析的电梯安全评价 [J]. 通信电源技术, 2019, 36 (05): 231 – 233.

[74] LI H, DIAZ H., GUEDES SOARES C.. A developed failure mode and effect analysis for floating offshore wind turbine support structures [J]. Renewable Energy, 2021, 164.

[75] HUANG G Q, XIAO L M, ZHANG G B. Risk evaluation model for failure mode and effect analysis using intuitionistic fuzzy rough number approach [J]. Soft Computing, 2021 (prepublish).

[76] 张胜男, 刘晓. 基于预先性危险分析法的火电厂磨煤制粉系统风险分析 [J], 中国设备工程, 2019, (09): 132 – 133.

[77] 战永佳, 颜忠诚, 蓝叶芬, 等. 高校实验室危险化学品安全检查表的设计 [J], 实验技术与管理, 2020, 37 (7): 268 – 271.

[78] 李祥春, 刘嵘, 崔哲. 安全工程专业实验室风险定量分析 [J], 实验室研究与探索, 2019, 38 (2): 272 – 276.

[79] 徐中轩, 丁海, 曹丽娟. 芳烃罐区油气回收危险与可操作性分析 [J], 科学管理, 2020, 27 (4): 359 – 360.

[80] 李靖, 周艳, 陈全, 等. HAZOP 在热电厂制氢系统中的应用 [J], 天津理工大学学报, 2010, 26 (1): 71 – 74.

[81] 樊振宇, 王文东, 付磊, 等. HAZOP 分析方法在化工项目应用中的探讨 [J], 山东化工, 2016, 45 (22): 174 – 175.

[82] 王定森, 栾庆全, 甘兆斌, 等. 苏州市水上交通事故统计分析及事故防控措施研究 [J]. 中国水运, 2020 (09): 30 – 31.

[83] 李生才, 笑蕾. 2020 年 11—12 月国内生产安全事故统计分析 [J]. 安全与环境学报, 2021, 21 (01): 447 – 449.

[84] 李志坤, 张茂镕, 杨昭, 等. 2010—2019 年昆明市老年人伤害死亡及变化趋势分析 [J]. 中国慢性病预防与控制, 2020, 28 (12): 945 – 948.

[85] 刘志刚, 曹玉华, 焦玉全. 危险预知训练在电梯专业高职学生实训过程中的应用与实践 [J]. 职业技术, 2020, 19 (01): 54 – 57.

[86] 王海燕, 钟小敏. 基于 MORT 的 "桑吉" 轮溢油事故致因分析 [J]. 安全与环境学报, 2020, 20 (05): 1624 – 1630.

［87］吴桂香，徐成林，王宇栋．安全系统工程课程思政建设探讨［J］．高教学刊，2021，7(28)：193－196.

［88］杜姗，谭钦文，段正肖，等．基于系统理论的新事故树编制研究［J］．工业安全与环保，2020，46（05）：73－77.

［89］张尧，王斌，尧春洪．基于 FTA 改进 AHP 的煤矿瓦斯爆炸事故分析［J］．采矿技术，2022，22（04）：112－116.

［90］张小娟．基于事故树分析的高校学生宿舍火灾规律探索及预防［J］．智能城市，2019，5（18）：85－87.

［91］师光达，李德顺．基于事故树的高校实验室火灾危险分析［J］．沈阳理工大学学报，2019，38（04）：75－79.

［92］李振明，康家宁，苗建楠，等．基于事故树分析的上三高速台州段"10·28"死亡交通事故分析应用［C］//．事故预防与灾害防治的理论与实践，2019：212－218.

［93］岳克明，刘珊，杨华．基于事故树分析法的变压器起重作业安全技术分析［J］．山西电力，2020（03）：70－72.

［94］朱传杰，林柏泉．双一流学科背景下多科融合性课程的教学改革与实践——以安全系统工程为例［J］．教育现代化，2019，6（65）：52－53.

［95］许兰娟．以工程教育专业认证为导向的安全系统工程课程改革［J］．山东化工，2019，48（11）：145－146.

图书在版编目（CIP）数据

安全系统工程/吴立荣，曹庆贵主编．－－北京：
应急管理出版社，2024

高等教育安全科学与工程类规划教材

ISBN 978－7－5020－9255－9

Ⅰ．①安…　Ⅱ．①吴…　②曹…　Ⅲ．①安全系统工
Ⅳ．①X913.4

中国版本图书馆 CIP 数据核字（2021）第 262719 号

安全系统工程（高等教育安全科学与工程类规划教材）

主　　编	吴立荣　曹庆贵
责任编辑	唐小磊　田　苑
责任校对	赵　盼
封面设计	罗针盘

出版发行	应急管理出版社（北京市朝阳区芍药居 35 号　100029）
电　　话	010－84657898（总编室）　010－84657880（读者服务部）
网　　址	www.cciph.com.cn
印　　刷	河北鹏远艺兴科技有限公司
经　　销	全国新华书店

开　　本	787mm×1092mm$^1/_2$　**印张** 28$^1/_2$　**字数** 690 千字
版　　次	2024 年 2 月第 1 版　2024 年 2 月第 1 次印刷
社内编号	20211446　　　　　**定价** 59.00 元